LENIMAR NUNES DE ANDRADE

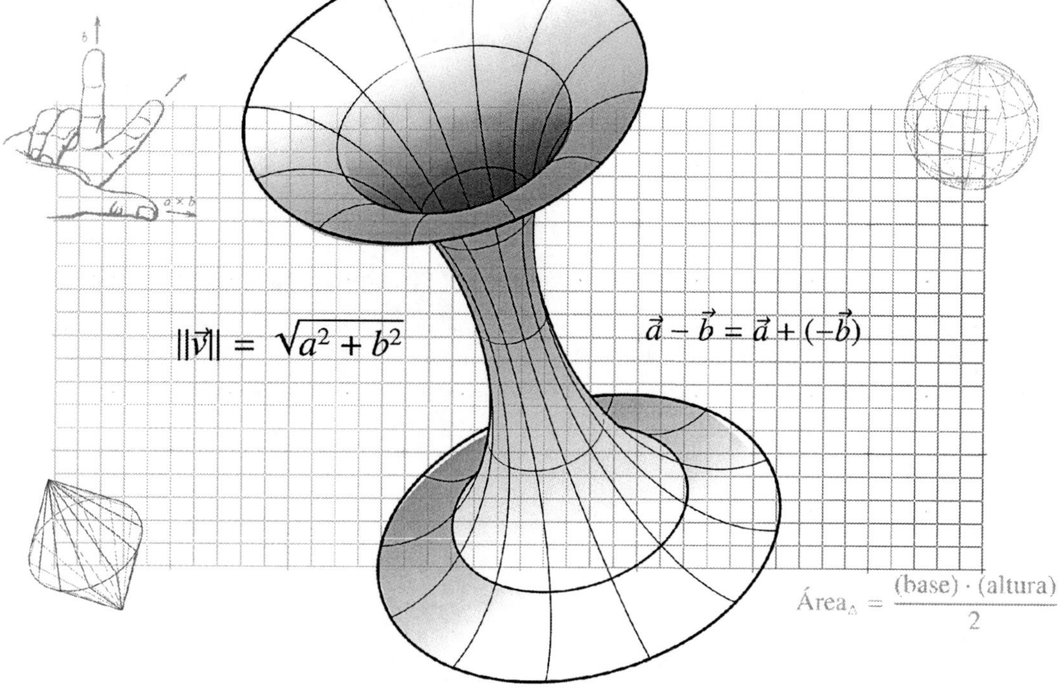

VETORES E GEOMETRIA ANALÍTICA

EDITORA CIÊNCIA MODERNA

Editor: Paulo André P. Marques
Produção Editorial: Dilene Sandes Pessanha
Capa: Daniel Jara
Copidesque: Equipe Ciência Moderna

FICHA CATALOGRAFICA

ANDRADE, Lenimar Nunes de.
Vetores e Geometria Analítica

Rio de Janeiro: Editora Ciência Moderna Ltda., 2026.

1.Geometeria Analítica
I — Título

ISBN: 978-65-5842-501-4

CDD 516.3

Editora Ciência Moderna Ltda.
R. Alice Figueiredo, 46 – Riachuelo
Rio de Janeiro, RJ – Brasil CEP: 20.950-150
Tel: (21) 2201-6662/ Fax: (21) 2201-6896
E-MAIL: LCM@LCM.COM.BR
WWW.LCM.COM.BR

01/26

Dedicado à minha esposa Luíza Amélia,
aos meus filhos
Diana, Euler, Marina e Débora,
às minhas netas
Aurora e Rita (as "pintinhas")
e aos meus netos
Jorge e Ravi (os "pintinhos").

Sobre o autor

O autor descobriu sua vocação para professor de Matemática aos 12 anos de idade, quando dava aulas particulares a muitos colegas do colégio. Obteve o título de Bacharel em Matemática pela Universidade Federal da Paraíba em 1982, Mestre em Matemática pela Universidade Federal de Pernambuco em 1987 e Doutor em Engenharia Elétrica pela UNICAMP em 1998. Em 1984, ingressou como professor de Matemática na Universidade Federal da Paraíba, em João Pessoa, e em 2014 passou a ser Professor Titutar. Ministrou muitas vezes disciplinas como Álgebra Linear, Cálculo Numérico, Cálculo Diferencial e Integral, Cálculo Vetorial e Geometria Analítica para alunos de diversos cursos como Engenharia Civil, Engenharia Mecânica, Engenharia Química, Engenharia Elétrica, Engenharia da Computação, Bacharelado em Física, Bacharelado em Matemática, entre outros. Dedicou-se também ao ensino a distância através da Universidade Aberta do Brasil por um período de 9 anos.

Prefácio

Este texto corresponde às notas de aula da disciplina "Cálculo Vetorial e Geometria Analítica" que vem sendo ministrada na Universidade Federal da Paraíba há seis décadas. Essa disciplina faz parte do currículo mínimo obrigatório das engenharias e cursos de Matemática, Física, Estatística e Computação, sendo fundamental em aplicações da Matemática.

No capítulo 1, fazemos uma rápida revisão de matrizes, determinantes e sistemas lineares. Esse é um assunto bastante explorado no Ensino Médio e, por isso, não entraremos em muitos detalhes aqui. Limitamo-nos apenas àquilo que é essencial para o entendimento dos capítulos posteriores.

No capítulo 2, introduzimos o estudo geométrico e analítico dos vetores, definimos as operações básicas de produto por escalar e adição de vetores e introduzimos os conceitos de dependência linear e base formada por um conjunto de vetores.

No capítulo 3, apresentamos os produtos interno, vetorial e misto de vetores, bem como suas principais propriedades. Usamos esses conceitos para dar novas demonstrações de fórmulas e resultados de Geometria e Trigonometria, que já devem ser bem conhecidos do Ensino Médio.

O capítulo 4 é uma continuação natural dos assuntos introduzidos no capítulo anterior. Trata-se do estudo das retas e planos, o início da Geometria Analítica tridimensional.

O capítulo 5 é sobre Geometria Analítica plana e apresenta as curvas conhecidas como cônicas: a parábola, a elipse e a hipérbole. O estudo dessas curvas é importantíssimo, tendo em vista que elas ocorrem em muitos fenômenos naturais e situações do dia a dia.

O capítulo 6 encerra o texto e trata do estudo das quádricas. É a versão tridimensional do estudo das cônicas do capítulo anterior. São apresentados o cilindro, o cone, a esfera, o elipsoide, dois tipos de hiperboloides e dois tipos de paraboloides.

Além disso, também no fechamento de cada parte, incluímos uma seção de "Apoio computacional". O objetivo dessa seção é apresentar algum programa que possa ser utilizado como auxiliar nos cálculos, uma espécie de assistente matemático.

No final, apresentamos um breve apêndice com os resumos de todos os capítulos anteriores. Essa compilação é útil para se fazer uma revisão rápida de todas as fórmulas apresentadas ao longo do texto.

Após cada capítulo, são propostos vários exercícios, quase todos com resposta. Eles podem ser classificados em três níveis: fácil (tipo A), médio (tipo B) e difícil (tipo C). Sobre sua resolução, recomendamos que sejam solucionados todos os exercícios classificados como fáceis ou médios (apesar dessa classificação ser bastante subjetiva), e que sejam considerados opcionais os tidos por difíceis.

Esse texto foi elaborado usando, exclusivamente, programas livres e gratuitos, que podem ser facilmente encontrados à disposição na Internet: Latex, Maxima e GeoGebra.

João Pessoa, 20 de fevereiro de 2024

Lenimar Nunes de Andrade

Sumário

Capítulo 1

Matrizes, determinantes e sistemas lineares

Neste capítulo inicial, revisamos alguns conceitos básicos que deveriam ser vistos no ensino médio. Definimos matrizes, operações com matrizes, determinantes e sistemas lineares. Esses são os pré-requisitos para os demais capítulos do livro, essenciais para um bom entendimento dos próximos capítulos. Alguns exemplos são resolvidos e damos ênfase às operações elementares com as linhas de uma matriz.

1.1 Matrizes

Chamamos **matriz de ordem** $m \times n$ (lê-se: "m por n") a toda tabela com elementos dispostos em m linhas e n colunas. Normalmente, esse tipo de tabela é envolvida por um par de parênteses ou colchetes.

Por exemplo, $M = \begin{bmatrix} 4 & 8 & 0 & -2 \\ 1 & 1 & 2 & 3 \\ -4 & 0 & 9 & 11 \end{bmatrix}$ é uma matriz de ordem 3×4 de números inteiros, enquanto que $A = \begin{bmatrix} -3 & 2 & \sqrt{2} & \pi \\ \frac{1}{3} & -\frac{3}{11} & 3 & 2\sqrt{7} \end{bmatrix}$ é uma matriz de ordem 2×4 de números reais.

Os elementos de uma matriz são denotados por uma variável com um duplo índice ij: o i corresponde à linha onde o elemento aparece na matriz e o j à coluna. Por exemplo, m_{23} denota o elemento de uma matriz que está na segunda linha e terceira coluna.

A **diagonal principal** de uma matriz $A = (a_{ij})_{m \times n}$ é formada por todos os elementos a_{ij} com $i = j$. Por exemplo, a diagonal principal de $A = \begin{bmatrix} \boxed{4} & 8 & 0 \\ 1 & \boxed{5} & 2 \\ 10 & 9 & \boxed{11} \end{bmatrix}$ são os elementos $a_{11} = 4, a_{22} = 5$ e $a_{33} = 11$.

Tipos especiais de matrizes

- **Matriz quadrada** é uma matriz que tem o mesmo número de linhas e colunas. Por exemplo, $M = \begin{bmatrix} 1 & 0 & -3 \\ 1 & 2 & -3 \\ 0 & 9 & 12 \end{bmatrix}$ é uma matriz quadrada de ordem 3×3. Nesse caso, também pode ser denominada, simplesmente, como matriz quadrada de ordem 3.

- **Matriz identidade** é uma matriz quadrada em que a diagonal principal é formada apenas por

1 e os demais elementos da matriz são iguais a 0. Por exemplo, $I = \begin{bmatrix} 1 & 0 & 0 \\ 0 & 1 & 0 \\ 0 & 0 & 1 \end{bmatrix}$ é uma matriz identidade de ordem 3×3

- **Matriz nula** é aquela em que todos os elementos são iguais a 0. Por exemplo, $O = \begin{bmatrix} 0 & 0 \\ 0 & 0 \\ 0 & 0 \end{bmatrix}$ é uma matriz nula 3×2.

- **Matriz triangular superior** é aquela em que todos os elementos abaixo da diagonal principal são iguais a 0. Por exemplo, $T = \begin{bmatrix} 3 & 1 & 5 \\ 0 & 4 & 7 \\ 0 & 0 & 9 \end{bmatrix}$ é uma matriz triangular superior 3×3.

- **Matriz triangular inferior** é aquela em que todos os elementos acima da diagonal principal são iguais a 0. Por exemplo, $R = \begin{bmatrix} 9 & 0 & 0 \\ 5 & 2 & 0 \\ 1 & 3 & 8 \end{bmatrix}$ é uma matriz triangular inferior 3×3.

Operações com matrizes

- Se $A = (a_{ij})_{m\times n}$ e $B = (b_{ij})_{m\times n}$ são matrizes de mesma ordem, então a adição de A e B é a matriz $A + B = (a_{ij} + b_{ij})_{m\times n}$. Exemplo: $\begin{bmatrix} 1 & 2 \\ 3 & 4 \end{bmatrix} + \begin{bmatrix} 5 & 20 \\ 9 & 7 \end{bmatrix} = \begin{bmatrix} 6 & 22 \\ 12 & 11 \end{bmatrix}$

- Se $A = (a_{ij})_{m\times n}$ e $k \in \mathbb{R}$, então a multiplicação de A pelo escalar k é definida como sendo a matriz $kA = (ka_{ij})_{m\times n}$. Exemplo: $5\begin{bmatrix} 1 & 2 \\ 3 & 4 \end{bmatrix} = \begin{bmatrix} 5 & 10 \\ 15 & 20 \end{bmatrix}$

- Se $A = (a_{ij})_{m\times p}$ e $B = (b_{ij})_{p\times n}$ são matrizes tais que o número de colunas da primeira é igual ao número de linhas da segunda, então a multiplicação de A por B é a matriz $AB = (c_{ij})_{m\times n}$, onde $c_{ij} = a_{i1}b_{1j} + a_{i2}b_{2j} + a_{i3}b_{3j} + \cdots + a_{ip}b_{pj}$.
Exemplo: $\begin{bmatrix} 1 & 2 \\ 3 & 4 \end{bmatrix}\begin{bmatrix} 5 & 20 \\ 9 & 7 \end{bmatrix} = \begin{bmatrix} 1\cdot 5 + 2\cdot 9 & 1\cdot 20 + 2\cdot 7 \\ 3\cdot 5 + 4\cdot 9 & 3\cdot 20 + 4\cdot 7 \end{bmatrix} = \begin{bmatrix} 23 & 34 \\ 51 & 88 \end{bmatrix}$

- Se A for uma matriz quadrada de ordem n, a inversa de A, quando existir, é a matriz A^{-1} tal que $AA^{-1} = A^{-1}A = I$, onde I é a matriz identidade de ordem n. Exemplo: Se $A = \begin{bmatrix} a & b \\ c & d \end{bmatrix}$ com $ad - bc \neq 0$, então $A^{-1} = \begin{bmatrix} \frac{d}{ad-bc} & \frac{-b}{ad-bc} \\ \frac{-c}{ad-bc} & \frac{a}{ad-bc} \end{bmatrix}$.

1.2 Determinantes

A toda matriz quadrada M, podemos associar um valor obtido através de operações de multiplicação e adição dos seus elementos, satisfazendo certas regras. Esse valor associado à matriz é denominado **determinante** da matriz, denotado por $\det M$, e pode ser definido da seguinte maneira:

- Caso 1×1: se $M = [a]$, então $\det M = a$;

- Caso 2×2: se $M = \begin{bmatrix} a & b \\ c & d \end{bmatrix}$, então $\det M = ad - bc$;

- Caso 3×3: se $M = \begin{bmatrix} a & b & c \\ d & e & f \\ g & h & i \end{bmatrix}$, então $\det M = aei + bfg + cdh - ceg - afh - bdi$;

- Caso $n \times n$: se $M = (m_{ij})_{n \times n}$ e M_{ij} for a matriz de ordem $(n-1) \times (n-1)$ obtida eliminando-se a linha i e a coluna j na matriz M, então o determinante de M pode ser definido por

$$\det M = m_{11} \det M_{11} - m_{12} \det M_{12} + m_{13} \det M_{13} - m_{14} \det M_{14} + \cdots + (-1)^{n+1} m_{1n} \det M_{1n}$$

É muito comum denotar o determinante da matriz M pelos elementos de M envolvidos por barras verticais. Por exemplo, se $M = \begin{bmatrix} x & y \\ z & w \end{bmatrix}$, então $\det M = \begin{vmatrix} x & y \\ z & w \end{vmatrix} = xw - yz$. Outro exemplo: se $M = \begin{bmatrix} a & b & c \\ d & e & f \\ g & h & i \end{bmatrix}$, então $\det M = \begin{vmatrix} a & b & c \\ d & e & f \\ g & h & i \end{vmatrix} = a \begin{vmatrix} e & f \\ h & i \end{vmatrix} - b \begin{vmatrix} d & f \\ g & i \end{vmatrix} + c \begin{vmatrix} d & e \\ g & h \end{vmatrix} = a(ei - fh) - b(di - fg) + c(dh - eg)$.

Exemplo 1.1: Vamos calcular o determinante da matriz $A = \begin{bmatrix} 7 & 3 & 2 \\ -1 & 4 & 0 \\ 1 & 2 & 5 \end{bmatrix}$.

Temos que $\det A = \begin{vmatrix} 7 & 3 & 2 \\ -1 & 4 & 0 \\ 1 & 2 & 5 \end{vmatrix} = 7 \cdot \begin{vmatrix} 4 & 0 \\ 2 & 5 \end{vmatrix} - 3 \cdot \begin{vmatrix} -1 & 0 \\ 1 & 5 \end{vmatrix} + 2 \cdot \begin{vmatrix} -1 & 4 \\ 1 & 2 \end{vmatrix} = 7 \cdot (20 - 0) - 3 \cdot (-5 - 0) + 2 \cdot (-2 - 4) = 140 + 15 - 12 = 143$.

Propriedades dos determinantes

O determinante de uma matriz possui muitas propriedades. Aqui, vamos mencionar algumas das mais utilizadas:

- Se a matriz tiver todos os elementos que não pertençam à diagonal principal iguais a zero, então o determinante é igual ao produto dos elementos da diagonal principal. Exemplo: $\begin{vmatrix} 5 & 0 & 0 \\ 0 & 4 & 0 \\ 0 & 0 & 2 \end{vmatrix} = 5 \cdot 4 \cdot 2 = 40$.

- Se a matriz for triangular superior ou inferior, então seu determinante é igual ao produto dos elementos da diagonal principal. Exemplo: $\begin{vmatrix} 8 & 3 & 25 \\ 0 & 2 & 13 \\ 0 & 0 & -2 \end{vmatrix} = 8 \cdot 2 \cdot (-2) = -32$.

- Se houver uma linha nula ou coluna nula, então o determinante é igual a zero. Exemplo: $\begin{vmatrix} -15 & 10 & 3 \\ 0 & 0 & 0 \\ 5 & -7 & 8 \end{vmatrix} = 0$.

- Se duas linhas ou duas colunas são iguais, então o determinante é igual a zero. Exemplo: $\begin{vmatrix} 17 & 1 & 17 \\ 4 & 8 & 4 \\ 11 & 5 & 11 \end{vmatrix} = 0$.

- Se duas linhas ou duas colunas são proporcionais, então o determinante é igual a zero. Exemplo: $\begin{vmatrix} 13 & 1 & 26 \\ 5 & 3 & 10 \\ -11 & 9 & -22 \end{vmatrix} = 0.$

- Se duas linhas ou duas colunas forem trocadas, então o determinante troca de sinal. Exemplo: $\begin{vmatrix} 2 & 4 & 5 \\ 1 & 1 & 1 \\ 13 & 10 & -2 \end{vmatrix} = -\begin{vmatrix} 1 & 1 & 1 \\ 2 & 4 & 5 \\ 13 & 10 & -2 \end{vmatrix}$

1.3 Sistemas lineares

Um sistema de equações é denominado **linear** quando todas as equações são polinomiais do primeiro grau. Por exemplo, $\begin{cases} 3x - 7y = 2 \\ 5x + 6y = 10 \end{cases}$ é linear, enquanto que $\begin{cases} 5x^2 + y^2 = 3 \\ x - 4y^3 = 11 \end{cases}$ não o é.

Resolver um sistema linear é encontrar os valores que devem ser atribuídos às variáveis de modo a tornar as equações sentenças verdadeiras. Esses valores são chamados de **solução** do sistema. Por exemplo, se substituirmos x por 4 e y por 2 no sistema $\begin{cases} 10x - 5y = 30 \\ x + 3y = 10 \end{cases}$ obtemos $\begin{cases} 40 - 10 = 30 \\ 4 + 6 = 10 \end{cases}$ que são verdadeiras; logo, $x = 4$, $y = 2$ é a solução desse sistema. Nesse caso, dizemos também que $(4, 2)$ é a solução.

1.4 Método de Eliminação de Gauss

O alemão Johann Carl Friedrich Gauss (1777 – 1855) é considerado por muitos como o maior gênio de toda a história da Matemática. Entre as muitas fórmulas e teoria matemática que ele elaborou, descrevemos aqui, uma técnica simples e eficiente para resolução de sistemas lineares.

O método de eliminação de Gauss consiste em transformar o sistema linear em outro equivalente (de mesma solução) que tenha matriz dos coeficientes no formato triangular superior, como por exemplo:

$$\begin{cases} a_{11}x_1 + a_{12}x_2 + a_{13}x_3 + \cdots + a_{1n}x_n = b_1 \\ \qquad\quad a_{22}x_2 + a_{23}x_3 + \cdots + a_{2n}x_n = b_2 \\ \qquad\qquad\qquad a_{33}x_3 + \cdots + a_{3n}x_n = b_3 \\ \qquad\qquad\qquad\qquad \ddots \quad \ddots \quad \vdots \\ \qquad\qquad\qquad\qquad\qquad a_{nn}x_n = b_n \end{cases}$$

Nesse formato, em determinada linha, se x_j for a variável associada ao primeiro coeficiente não nulo da linha, então todos os coeficientes de x_j das linhas abaixo dela são iguais a 0.

A partir daí, calculamos os valores de $x_1, x_2, \cdots, x_n$ de baixo para cima:

$$x_n \longrightarrow x_{n-1} \longrightarrow \cdots \longrightarrow x_3 \longrightarrow x_2 \longrightarrow x_1$$

Primeiro calculamos x_n na última equação. Depois, substituímos na penúltima e calculamos x_{n-1}. Por último, substituímos $x_n, x_{n-1}, \cdots, x_2$ na primeira equação e calculamos x_1.

Para transformar o sistema linear no formato triangular superior, podemos usar operações elementares com as linhas:

- Trocar a linha i pela linha j. Em símbolos: $L_i \leftrightarrow L_j$.

- Substituir a linha i pela mesma linha multiplicada por uma constante $k \neq 0$. Em símbolos: $L_i = kL_i$.

- Substituir a linha i pela soma dela com outra linha j. Em símbolos: $L_i = L_i + L_j$.

É permitido fazer várias operações elementares de uma única vez, como em $L_i = aL_i + bL_j$, bem como subtrair linhas ou dividir uma linha por uma constante: $L_i - L_j = L_i + (-1)L_j$ e $\frac{L_i}{k} = (\frac{1}{k})L_i$.

É recomendável (mas não obrigatório) que o primeiro coeficiente não nulo de cada linha seja igual a 1. Sendo assim, se o primeiro elemento não nulo da linha i for $a_{ij} = 1$, então podemos utilizar operações do tipo $L_k = L_k - a_{kj}L_i$ para $k = i+1, i+2, i+3, \cdots$

Um sistema linear pode ter solução única, pode ter uma infinidade de soluções ou pode não ter solução alguma. Se ele tiver solução única, diremos que é **possível determinado**, se tiver uma infinidade de soluções diremos que é **possível indeterminado** e se não possuir solução, diremos que é um **sistema impossível**. Por exemplo, $\begin{cases} x - 3y &= 1 \\ 2x - 6y &= 2 \end{cases}$ é possível indeterminado porque $(1,0)$, $(4,1)$, $(7,2)$, $(10,3), \ldots$ são soluções (entre outras), enquanto que $\begin{cases} x + y &= 5 \\ x + y &= 8 \end{cases}$ é impossível. Não é possível encontrar dois números cuja soma seja igual a 5 e também igual a 8.

Um teorema que é bastante útil é o seguinte: se um sistema linear possuir a mesma quantidade de variáveis e equações e se o determinante da matriz dos coeficientes das variáveis for diferente de zero, então o sistema possui solução única. Se o determinante for igual a zero, então ele pode ser indeterminado ou impossível.

Exemplo 1.2: Determinar a solução de

$$\begin{cases} 2x + 3y + 4z &= 17 \\ x - 7y + 2z &= 17 \\ 5x + 8y - z &= -2 \end{cases}$$

Solução: Efetuamos as seguintes operações com as linhas do sistema:

$$\begin{cases} 2x + 3y + 4z &= 17 \quad (L_1 \leftrightarrow L_2) \\ x - 7y + 2z &= 17 \\ 5x + 8y - z &= -2 \end{cases}$$

$$\longrightarrow \begin{cases} x - 7y + 2z &= 17 \\ 2x + 3y + 4z &= 17 \quad (L_2 = L_2 - 2L_1) \\ 5x + 8y - z &= -2 \quad (L_3 = L_3 - 5L_1) \end{cases}$$

$$\longrightarrow \begin{cases} x - 7y + 2z &= 17 \\ 17y &= -17 \quad (L_2 = \frac{1}{17}L_2) \\ 43y - 11z &= -87 \end{cases}$$

$$\longrightarrow \begin{cases} x - 7y + 2z &= 17 \\ y &= -1 \\ 43y - 11z &= -87 \quad (L_3 = L_3 - 43L_2) \end{cases}$$

$$\longrightarrow \begin{cases} x - 7y + 2z &= 17 \\ y &= -1 \\ -11z &= -44 \end{cases}$$

Note que obtivemos um formato triangular para o sistema, que o x foi eliminado da segunda e terceira equações e que o y foi eliminado da terceira equação.

Da última equação obtemos: $-11z = -44$, ou seja, $z = 4$. Da segunda equação obtemos $y = -1$ e substituindo os valores de y e z na primeira equação, obtemos finalmente que $x = 17 + 7y - 2z = 17 - 7 - 8 = 2$. Portanto a solução do sistema é $x = 2, y = -1, z = 4$.

Exemplo 1.3: Determinar a solução de

$$\begin{cases} x + 3y + 4z & = & \boxed{0} \\ x - 5y + 2z & = & \boxed{0} \\ 5x + 4y - 6z & = & \boxed{0} \end{cases}$$

Nesse caso, o sistema é denominado **homogêneo** porque os termos constantes (que não são coeficientes das variáveis) são todos nulos.

Efetuamos as operações indicadas:

$$\begin{cases} x + 3y + 4z & = & 0 \\ x - 5y + 2z & = & 0 \\ 5x + 4y - 6z & = & 0 \end{cases} \begin{matrix} \\ (L_2 = L_2 - 2L_1) \\ (L_3 = L_3 - 5L_1) \end{matrix} \longrightarrow \begin{cases} x + 3y + 4z & = & 0 \\ -8y - 2z & = & 0 \\ -11y - 50z & = & 0 \end{cases} \begin{matrix} \\ (L_2 = -\frac{1}{8}L_2) \\ (L_3 = -L_3) \end{matrix}$$

$$\longrightarrow \begin{cases} x + 3y + 4z & = & 0 \\ y + \frac{z}{4} & = & 0 \\ 11y + 50z & = & 0 \end{cases} \begin{matrix} \\ \\ (L_3 = L_3 - 11L_2) \end{matrix} \longrightarrow \begin{cases} x + 3y + 4z & = & 0 \\ y + \frac{z}{4} & = & 0 \\ \frac{189}{4}z & = & 0 \end{cases}$$

Dessa última equação, obtemos $z = 0$ que substituindo na segunda e, depois, na primeira linha fornece $y = 0$ e $x = 0$. Sendo assim, a única solução desse sistema é **solução nula:** $x = 0, y = 0, z = 0$. Todo sistema linear homogêneo possui pelo menos a solução nula.

Nesse caso, note que o determinante dos coeficientes de x, y, z é igual a

$$\begin{vmatrix} 1 & 3 & 4 \\ 1 & -5 & 2 \\ 5 & 4 & -6 \end{vmatrix} = 1 \cdot \begin{vmatrix} -5 & 2 \\ 4 & -6 \end{vmatrix} - 3 \cdot \begin{vmatrix} 1 & 2 \\ 5 & -6 \end{vmatrix} + 4 \cdot \begin{vmatrix} 1 & -5 \\ 5 & 4 \end{vmatrix} = 22 + 48 + 116 = 186 \neq 0.$$

Todo sistema linear com n equações e n variáveis cujo determinante dos coeficientes das variáveis seja diferente de zero possui solução única. No caso do sistema homogêneo, o determinante dos coeficientes ter um valor diferente de zero significa que o sistema possui apenas a solução nula.

Exemplo 1.4: Determinar a solução de

$$\begin{cases} 3x + 3y + 4z & = & 0 \\ 8x - 5y + 3z & = & 0 \\ 5x - 8y - z & = & 0 \end{cases}$$

Como os segundos membros das equações são todos iguais a zero, temos que este sistema também é homogêneo. Efetuamos as seguintes operações com as linhas do sistema:

$$\begin{cases} 3x + 3y + 4z & = & 0 \\ 8x - 5y + 3z & = & 0 \\ 5x - 8y - z & = & 0 \end{cases} \begin{matrix} (L_1 = \frac{1}{3}L_1) \\ \\ \\ \end{matrix} \longrightarrow \begin{cases} x + y + \frac{4}{3}z & = & 0 \\ 8x - 5y + 3z & = & 0 \\ 5x - 8y - z & = & 0 \end{cases} \begin{matrix} \\ (L_2 = L_2 - 8L_1) \\ (L_3 = L_3 - 5L_1) \end{matrix}$$

$$\longrightarrow \begin{cases} x + y + \frac{4}{3}z & = & 0 \\ -13y - \frac{23}{3}z & = & 0 \\ -13y - \frac{23}{3}z & = & 0 \end{cases} \begin{matrix} \\ \\ (L_3 = L_3 - L_2) \end{matrix} \longrightarrow \begin{cases} x + y + \frac{4}{3}z & = & 0 \\ -13y - \frac{23}{3}z & = & 0 \\ 0 & = & 0 \end{cases}.$$

Da segunda equação, obtemos: $y = -\frac{23}{39}z$ que substituindo na primeira equação, fornece $x = -y - \frac{4}{3}z = \frac{23}{39}z - \frac{4}{3}z = -\frac{29}{39}z$. Nesse caso, não calculamos o valor de z e por causa disso o z é chamado de **variável**

livre porque pode assumir qualquer valor real. Dizemos que $x = -\frac{29}{39}z,\ y = -\frac{23}{39}z,\ z \in \mathbb{R}$ é a **solução geral** do sistema. A partir da solução geral, escolhendo valores para z, obtemos soluções particulares do sistema. Por exemplo, se escolhermos $z = 39$, então obtemos $x = -29$ e $y = -23$.

Note que o determinante dos coeficientes de x, y, z é igual a

$$\begin{vmatrix} 3 & 3 & 4 \\ 8 & -5 & 3 \\ 5 & -8 & -1 \end{vmatrix} = 3(5+24) - 3(-8-15) + 4(-64+25) = 87 + 69 - 156 = 0.$$

Todo sistema linear homogêneo com n equações e n variáveis cujo determinante dos coeficientes é igual a zero, possui uma infinidade de soluções.

Exemplo 1.5: Determine k para que o sistema linear homogêneo

$$\begin{cases} kx + 3y + 2z &= 0 \\ 8x - ky + z &= 0 \\ x - 8y - 5z &= 0 \end{cases}$$

possua uma infinidade de soluções.

Nesse caso, o determinante dos coeficientes de x, y, z é igual a

$$D = \begin{vmatrix} k & 3 & 2 \\ 8 & -k & 1 \\ 1 & -8 & -5 \end{vmatrix} = k \cdot \begin{vmatrix} -k & 1 \\ -8 & -5 \end{vmatrix} - 3 \cdot \begin{vmatrix} 8 & 1 \\ 1 & -5 \end{vmatrix} + 2 \cdot \begin{vmatrix} 8 & -k \\ 1 & -8 \end{vmatrix}$$

$$= k(5k+8) - 3(-40-1) + 2(-64+k) = 5(k^2 + 2k - 1).$$

Para o sistema possuir uma infinidade de soluções, devemos ter $D = 0$ que implica $k^2 + 2k - 1 = 0$. Resolvendo essa última equação, obtemos $k = -1 \pm \sqrt{2}$.

Exemplo 1.6: Determinar a solução de

$$\begin{cases} 3x + y + z + w &= 6 \\ 2x - 3y - 3z - w &= -2 \\ x - y + 4z + 5w &= -11 \\ 2x + 2y - z - 10w &= 37 \end{cases}$$

Solução: No exemplo anterior, escrevemos todas as variáveis em todos os passos da solução. Isso não era necessário pois bastava escrever os coeficientes de cada equação. Portanto, neste exemplo, vamos ser um pouco mais econômicos e escrever apenas a matriz dos coeficientes das equações do sistema. E depois, vamos fazer operações elementares com as linhas dessa matriz.

$$M = \begin{bmatrix} 3 & 1 & 1 & 1 & 6 \\ 2 & -3 & -3 & -1 & -2 \\ 1 & -1 & 4 & 5 & -11 \\ 2 & 2 & -1 & -10 & 37 \end{bmatrix} \begin{matrix} (L_1 \leftrightarrow L_3) \\ \\ \longrightarrow \\ \\ \end{matrix}$$

$$\longrightarrow \begin{bmatrix} \boxed{1} & -1 & 4 & 5 & -11 \\ 2 & -3 & -3 & -1 & -2 \\ 3 & 1 & 1 & 1 & 6 \\ 2 & 2 & -1 & -10 & 37 \end{bmatrix} \begin{matrix} \\ (L_2 = L_2 - 2L_1) \\ (L_3 = L_3 - 3L_1) \\ (L_4 = L_4 - 2L_1) \end{matrix}$$

$$\longrightarrow \begin{bmatrix} 1 & -1 & 4 & 5 & -11 \\ 0 & -1 & -11 & -11 & 20 \\ 0 & 4 & -11 & -14 & 39 \\ 0 & 4 & -9 & -20 & 59 \end{bmatrix} \quad (L_2 = (-1)L_2)$$

$$\longrightarrow \begin{bmatrix} 1 & -1 & 4 & 5 & -11 \\ 0 & \boxed{1} & 11 & 11 & -20 \\ 0 & 4 & -11 & -14 & 39 \\ 0 & 4 & -9 & -20 & 59 \end{bmatrix} \quad \begin{matrix} \\ \\ (L_3 = L_3 - 4L_2) \\ (L_4 = L_4 - 4L_2) \end{matrix}$$

$$\longrightarrow \begin{bmatrix} 1 & -1 & 4 & 5 & -11 \\ 0 & 1 & 11 & 11 & -20 \\ 0 & 0 & -55 & -58 & 119 \\ 0 & 0 & -53 & -64 & 139 \end{bmatrix} \quad (L_3 = (-\tfrac{1}{55})L_3)$$

$$\longrightarrow \begin{bmatrix} 1 & -1 & 4 & 5 & -11 \\ 0 & 1 & 11 & 11 & -20 \\ 0 & 0 & \boxed{1} & \frac{58}{55} & -\frac{119}{55} \\ 0 & 0 & -53 & -64 & 139 \end{bmatrix} \quad (L_4 = L_4 + 53L_3)$$

$$\longrightarrow \begin{bmatrix} 1 & -1 & 4 & 5 & -11 \\ 0 & 1 & 11 & 11 & -20 \\ 0 & 0 & 1 & \frac{58}{55} & -\frac{119}{55} \\ 0 & 0 & 0 & -\frac{446}{55} & \frac{1338}{55} \end{bmatrix}$$

que é uma matriz no formato triangular superior: em cada linha, os elementos que estão abaixo do primeiro elemento não nulo são todos iguais a zero. Essa matriz é equivalente ao seguinte sistema:

$$\begin{cases} x - y + 4z + 5w &= -11 \\ y + 11z + 11w &= -20 \\ z + \frac{58}{55}w &= -\frac{119}{55} \\ -\frac{446}{55}w &= \frac{1338}{55} \end{cases}$$

- A quarta equação é $-\frac{446}{55}w = \frac{1338}{55}$, de onde obtemos $w = -3$.
- A terceira equação é $z + \frac{58}{55}w = -\frac{119}{55}$, o que fornece $z = -\frac{58}{55} \cdot (-3) - \frac{119}{55} = 1$.
- Da segunda equação, obtemos $y = -11z - 11w - 20 = -11 + 33 - 20 = 2$.
- Da primeira equação, temos $x = y - 4z - 5w - 11 = 2 - 4 + 15 - 11 = 2$.

Portanto, a solução do sistema é $x = 2$, $y = 2$, $z = 1$ e $w = -3$.

Nem sempre um sistema linear tem uma única solução. Às vezes, ele pode ter uma infinidade de soluções. Isso ocorre, por exemplo, quando o sistema tem uma quantidade de variáveis maior do que a quantidade de equações. Nesses casos, algumas variáveis não podem ser calculadas, elas são denominadas **variáveis livres** e podem assumir quaisquer valores. Quando um sistema possui uma infinidade de soluções, então determinamos o formato dessa solução e denominamos esse formato de **solução geral** do sistema.

Exemplo 1.7: Determinar a solução geral de

$$\begin{cases} 2x - y + 2z - w &= 2 \\ 3x - y + 3z + 4w &= 9 \\ x + 2y + 3z + 4w &= 10 \end{cases}$$

Solução: A matriz completa desse sistema é $M = \begin{bmatrix} 2 & -1 & 2 & -1 & 2 \\ 3 & -1 & 3 & 4 & 9 \\ 1 & 2 & 3 & 4 & 10 \end{bmatrix}$. Efetuamos a seguinte sequência de operações elementares com as linhas da matriz:

$$\begin{bmatrix} 2 & -1 & 2 & -1 & 2 \\ 3 & -1 & 3 & 4 & 9 \\ 1 & 2 & 3 & 4 & 10 \end{bmatrix} \xrightarrow{(L_1 \leftrightarrow L_3)} \begin{bmatrix} \boxed{1} & 2 & 3 & 4 & 10 \\ 3 & -1 & 3 & 4 & 9 \\ 2 & -1 & 2 & -1 & 2 \end{bmatrix} \begin{matrix} \\ (L_2 = L_2 - 3L_1) \longrightarrow \\ (L_3 = L_3 - 2L_1) \end{matrix}$$

$$\begin{bmatrix} 1 & 2 & 3 & 4 & 10 \\ 0 & -7 & -6 & -8 & -21 \\ 0 & -5 & -4 & -9 & -18 \end{bmatrix} (L_2 = -\tfrac{1}{7}L_2) \longrightarrow \begin{bmatrix} 1 & 2 & 3 & 4 & 10 \\ 0 & \boxed{1} & \frac{6}{7} & \frac{8}{7} & 3 \\ 0 & -5 & -4 & -9 & -18 \end{bmatrix} (L_3 = L_3 + 5L_2)$$

$$\longrightarrow \begin{bmatrix} 1 & 2 & 3 & 4 & 10 \\ 0 & 1 & \frac{6}{7} & \frac{8}{7} & 3 \\ 0 & 0 & \frac{2}{7} & -\frac{23}{7} & -3 \end{bmatrix}$$

que é uma matriz no formato triangular superior e que corresponde ao sistema

$$\begin{cases} x + 2y + 3z + 4w = 10 \\ y + \frac{6}{7}z + \frac{8}{7}w = 3 \\ \frac{2}{7}z - \frac{23}{7}w = -3 \end{cases}$$

Como o sistema tem mais variáveis do que equações, alguma variável tem que ficar livre, ou seja, não ser calculada. Escolhemos uma das variáveis para ficar livre. Por exemplo, podemos escolher w como variável livre do sistema. Isso significa que x, y, z ficam escritos em função de w.

- A última equação do sistema é $\frac{2}{7}z - \frac{23}{7}w = -3$ de onde obtemos $z = \dfrac{-21 + 23w}{2}$

- A segunda equação é $y + \frac{6}{7}z + \frac{8}{7}w = 3$ de onde obtemos $y = 3 - \frac{6}{7}z - \frac{8}{7}w$, ou seja, $y = 3 - \frac{6}{7}(\frac{-21+23w}{2}) - \frac{8}{7}w = \frac{84-77w}{7}$.

- A primeira equação é $x + 2y + 3z + 4w = 10 \Rightarrow x = 10 - 2y - 3z - 4w$. Substituindo os valores de y e z obtidos anteriormente e simplificando, obtemos $x = \frac{245-231w}{14}$.

Portanto, a solução geral do sistema é $x = \dfrac{245 - 231w}{14}$, $y = \dfrac{84 - 77w}{7}$, $z = \dfrac{-21 + 23w}{2}$, $\forall w \in \mathbb{R}$. Escolhendo valores para w, obtemos soluções particulares do sistema. Por exemplo, para $w = 1$, obtemos $x = 1$, $y = 1$ e $z = 1$ como solução particular. Para $w = 0$, obtemos $x = \frac{245}{14}$, $y = \frac{84}{7}$ e $z = \frac{-21}{2}$ como sendo outra solução particular.

1.5 Apoio computacional

O *Maxima* pode ser usado para efetuar qualquer tipo de cálculo com matrizes, determinantes ou sistemas lineares. Veja o apêndice A para algumas regras de utilização desse programa, bem como endereço de onde copiá-lo.

Exemplo 1.8: Neste exemplo definimos uma matriz A no *Maxima* e calculamos o seu determinante. Uma matriz é definida com um comando **matrix(linha1, linha2, ...)** e cada linha é uma sequência de valores entre colchetes.

```
(%i01)  A: matrix( [7,3,2], [-1,4,0], [1,2,5]);
```

(%o01) $\begin{bmatrix} 7 & 3 & 2 \\ -1 & 4 & 0 \\ 1 & 2 & 5 \end{bmatrix}$

```
(%i02) determinant(A);
```
(%o02) 143

Exemplo 1.9: Neste exemplo, resolvemos o sistema linear

$$\begin{cases} 3x + 2y + z &= 6 \\ 4x - 3y - 5z &= 0 \\ 2x + y + z &= 11 \end{cases}$$

no *Maxima* . Para isso, as equações devem ser introduzidas entre colchetes e, depois, resolvidas com um comando solve.

```
(%i03) sis: [3*x + 2*y + z = 6, 4*x - 3*y - 5*z = 0, 2*x + y + z = 11];
```
(%o03) $\begin{cases} 3x + 2y + z &= 6 \\ 4x - 3y - 5z &= 0 \\ 2x + y + z &= 11 \end{cases}$

```
(%i04) solve(sis, [x, y, z]);
```
(%o04) $[[x = \frac{65}{12}, y = -\frac{125}{12}, z = \frac{127}{12}]]$

Exemplo 1.10: Determine o valor de k para que o sistema linear homogêneo

$$\begin{cases} kx + 3y + 2z &= 0 \\ x - y + 5z &= 0 \\ x - 2y + kz &= 0 \end{cases}$$

possua solução não trivial. Neste caso, definimos uma matriz M formada pelos coeficientes do sistema e resolvemos a equação $\det M = 0$.

```
(%i05) M: matrix([k, 3, 2], [1, -1, 5], [1, -2, k]);
```
(%o05) $\begin{bmatrix} k & 3 & 2 \\ 1 & -1 & 5 \\ 1 & -2 & k \end{bmatrix}$

```
(%i06) eq: determinant(M) = 0;
```
(%o06) $(10 - k)k - 3(k - 5) - 2 = 0$

```
(%i07) solve(eq, k);
```
(%o07) $[k = -\frac{\sqrt{101}-7}{2}, k = \frac{\sqrt{101}+7}{2}]$

1.6 Exercícios propostos

A1) Determinar a solução de

$$\begin{cases} x + 8y + 4z &= 0 \\ x - 5y + z &= 0 \\ 4x + 4y - 7z &= 0 \end{cases}$$

Resp.: x=0, y=0, z=0

A2) Determinar a solução de

$$\begin{cases} 3x + 2y - 4z &= 0 \\ 6x - 5y - 5z &= 0 \\ 3x - 7y - z &= 0 \end{cases}$$

Resp.: $x = \frac{10}{9}z,\ y = \frac{z}{3},\ \forall z \in \mathbb{R}$

A3) Determine k para que o sistema linear homogêneo

$$\begin{cases} kx + 2y - 2z &= 0 \\ 4x + 2ky - z &= 0 \\ x - y - 10z &= 0 \end{cases}$$

possua uma infinidade de soluções. Resp.: $k = -2$ ou $k = \frac{43}{20}$

A4) a) Dê exemplo de um sistema linear com 4 equações nas variáveis x, y, z e t cuja única solução seja $x = 1$, $y = 2$, $z = 3$ e $t = 4$.

b) Resolva o sistema do item (a) usando o método de eliminação de Gauss.

Resp.: Inicialmente, escrevemos aleatoriamente os primeiros membros de quatro equações nas variáveis x, y, z, t:

$$\begin{cases} 5x + y + 10z - 3t &= \dots \\ 7x - 2y - 2z - 5t &= \dots \\ -3x + 4y + z + t &= \dots \\ -x - y - z + 14t &= \dots \end{cases}$$

Para o sistema ter solução única, deve-se ter o cuidado de não escrever uma equação como combinação das outras. Depois, substituímos a solução desejada $x = 1$, $y = 2$, $z = 3$, $t = 4$ nas equações acima e obtemos o exemplo desejado:

$$\begin{cases} 5x + y + 10z - 3t &= 25 \\ 7x - 2y - 2z - 5t &= -23 \\ -3x + 4y + z + t &= 12 \\ -x - y - z + 14t &= 50 \end{cases}$$

B1) Encontre a solução do sistema linear

$$\begin{cases} 4x + 2y + z - 2t &= 3 \\ 3x - 3y - z - t &= 2 \\ 3x + 5y + z + t &= 0 \\ x - y - z + 4t &= -2 \end{cases}$$

usando o método de eliminação de Gauss. Resp.: $x = 6/13,\ y = -5/13,\ z = 1,\ t = -6/13.$

B2) Encontre a solução geral do sistema

$$\begin{cases} 4x + 2y + z + w & = & 13 \\ 3x - 3y - t + w & = & 5 \\ x + 5y + z + t & = & 8 \\ 2x - z + 4t - 5w & = & 0 \end{cases}$$

usando o método de eliminação de Gauss.

Resp.: $x = \dfrac{-10t + 10w + 49}{24}, y = \dfrac{-6t + 6w + 3}{8}, z = \dfrac{-38t + 50w - 49}{12}, \quad \forall t, w \in \mathbb{R}.$

C1) Determine a solução do sistema de equações

$$\begin{cases} \frac{1}{x} + \frac{2}{y} + \frac{3}{z} + \frac{4}{w} & = & 13 \\ \frac{2}{x} + \frac{3}{y} + \frac{4}{z} + \frac{1}{w} & = & 8 \\ \frac{3}{x} + \frac{4}{y} + \frac{1}{z} + \frac{2}{w} & = & 23 \\ \frac{4}{x} + \frac{1}{y} + \frac{2}{z} + \frac{3}{w} & = & 26 \end{cases}$$

(Sugestão: faça mudanças de variáveis $1/x = p$, $1/y = q$, etc.)

Resp.: $x = \frac{1}{5},\ y = 1,\ z = -\frac{1}{2},\ w = \frac{1}{3}$

C2) Determine a solução $(x, y, z, w) \neq (0, 0, 0, 0)$ do sistema

$$\begin{cases} 4yzw + 2xzw + xyw + xyz & = & 13xyzw \\ 3yzw + xzw + 2xyw + 5xyz & = & 10xyzw \\ yzw + 2xzw - 3xyw + 4xyz & = & -5xyzw \\ 5yzw - 4xzw - xyw + xyz & = & 8xyzw \end{cases}$$

(Sugestão: divida todas as equações por $xyzw$).

Resp.: $x = \frac{37}{95},\ y = \frac{15}{8},\ z = \frac{185}{404},\ w = -\frac{555}{289}$

Capítulo 2

Vetores

2.1 Introdução

O estudo de *vetores* iniciou-se no final do século XIX. Eles constituem os instrumentos ideais para o desenvolvimento de muitos conceitos importantes da Física e da Matemática.

Existem, basicamente, três maneiras de se introduzir o estudo de vetores: geometricamente, analiticamente e axiomaticamente.

No método geométrico, os vetores são representados por segmentos de reta orientados (setas) e as operações com eles são definidas geometricamente.

No método analítico, os vetores e correspondentes operações são descritos em termos de números, chamados *componentes* dos vetores. A descrição analítica resulta, naturalmente, da descrição geométrica, desde que seja introduzido um sistema de coordenadas.

No método axiomático não se faz qualquer tentativa para se descrever um vetor ou as operações algébricas com vetores. Nesse caso, vetores e operações vetoriais são considerados conceitos não definidos, relativamente aos quais sabe-se apenas que eles satisfazem um certo conjunto de axiomas. Um tal sistema algébrico, com axiomas apropriados, chama-se *espaço vetorial*. Em todos os ramos da Matemática se encontram espaços vetoriais e eles são apresentados em cursos de Álgebra Linear.

Neste livro, inicialmente introduzimos vetores geometricamente. Depois, utilizamos o método analítico para introduzir outros conceitos.

2.2 Segmentos orientados e vetores

Nesta seção são definidos geometricamente segmentos orientados e vetores. Tentamos definir, formalmente, todos os conceitos envolvidos, algo que nem sempre é fácil de ser colocado em prática mantendo-se a simplicidade do texto.

2.2.1 Definição de segmento orientado

A **reta suporte** de dois pontos dados A e B, é a única reta que passa por eles. O conjunto de pontos formado por A, B e os pontos da reta suporte que estejam entre eles chama-se **segmento** AB, denotado por $\overline{AB}$. Nesse caso, A e B chamam-se os **extremos** do segmento. A figura 2.1 mostra um segmento de extremos A e B, com reta suporte r.

Um **segmento orientado** $\overrightarrow{AB}$ é definido por um segmento $\overline{AB}$ mais a escolha de um dos seus extremos. O extremo escolhido chama-se **ponto inicial** (ou **origem**) do segmento orientado e o outro extremo chama-se **ponto final**.

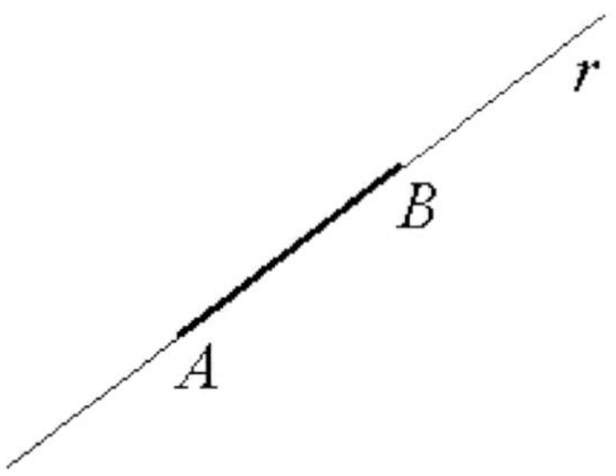

Figura 2.1: Segmento $\overline{AB}$

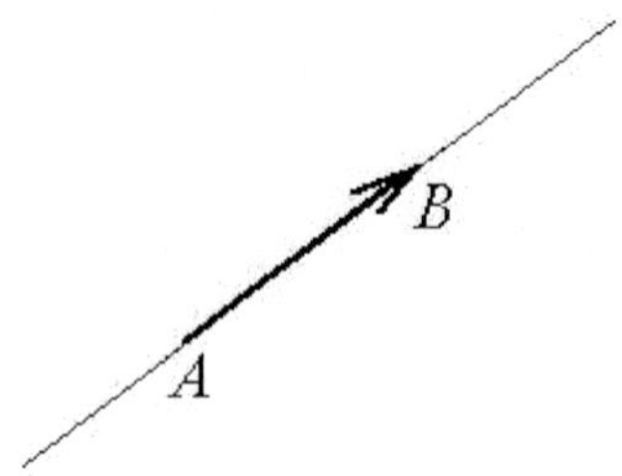

Figura 2.2: Segmento orientado

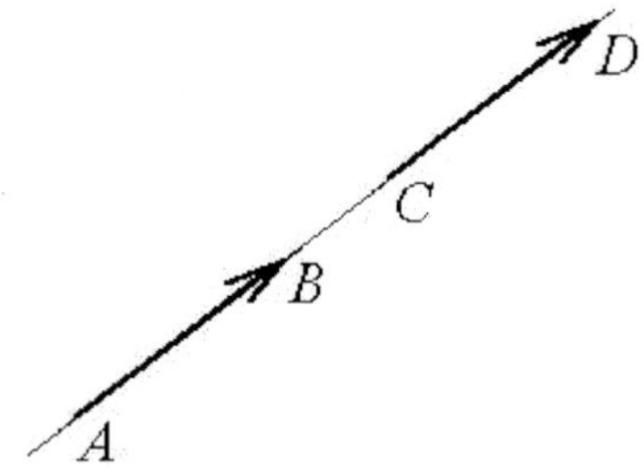

Figura 2.3: Segmentos colineares

Graficamente, um segmento orientado $\overrightarrow{AB}$ costuma ser representado como sendo uma seta de A para B (figura 2.2). Formalmente, um segmento orientado $\overrightarrow{AB}$ pode ser definido como um par $(\overline{AB}, A)$ formado pelo segmento AB e um ponto inicial A.

A reta suporte de um segmento orientado $\overrightarrow{AB}$ é a mesma reta suporte do segmento $\overline{AB}$. Dizemos que dois segmentos orientados são **colineares** quando eles têm a mesma reta suporte (figura 2.3).

2.2.2 Módulo, direção e sentido

O **módulo** (ou **comprimento** ou **norma**) de $\overrightarrow{AB}$, denotado por $||\overrightarrow{AB}||$ (ou $|\overrightarrow{AB}|$), é o comprimento do segmento $\overline{AB}$, ou seja, é a distância entre os pontos A e B.

Dizemos que dois segmentos orientados têm a **mesma direção** quando eles têm retas suportes coincidentes ou paralelas.

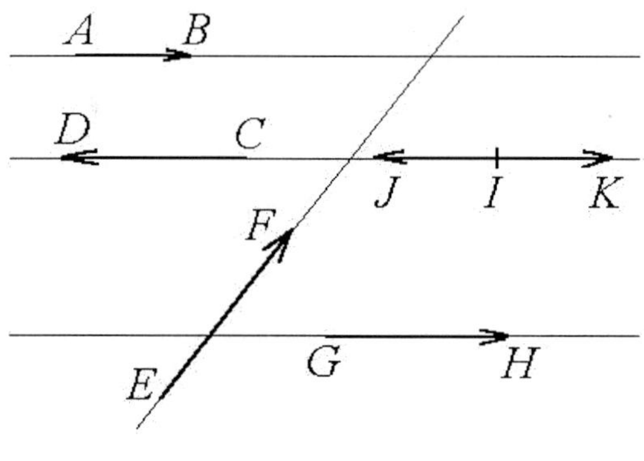

Figura 2.4: Diversos sentidos e direções

Exemplo 2.1: Os segmentos $\overrightarrow{AB}$, $\overrightarrow{CD}$, $\overrightarrow{GH}$, $\overrightarrow{IJ}$ e $\overrightarrow{IK}$ da figura 2.4 têm a mesma direção. No entanto, $\overrightarrow{EF}$ não tem a mesma direção que eles.

Se $\overrightarrow{AB}$ e $\overrightarrow{CD}$ tiverem a mesma direção e não forem colineares, dizemos que $\overrightarrow{AB}$ e $\overrightarrow{CD}$ têm o **mesmo sentido** quando $\overline{AC} \cap \overline{BD} = \varnothing$. (figura 2.5). Caso $\overline{AC} \cap \overline{BD} \neq \varnothing$ dizemos que $\overrightarrow{AB}$ e $\overrightarrow{CD}$ têm **sentidos contrários**. (figura 2.6).

Se $\overrightarrow{AB}$ e $\overrightarrow{CD}$ forem colineares, então comparamos os sentidos de $\overrightarrow{AB}$ com $\overrightarrow{C'D'}$, onde $\overrightarrow{C'D'}$ está em outra reta suporte paralela é de $\overrightarrow{CD}$ situado em outra reta suporte e, nesse caso, dizemos que $\overrightarrow{AB}$ e $\overrightarrow{CD}$ têm os mesmos sentidos se, e somente se, $\overrightarrow{AB}$ e $\overrightarrow{C'D'}$ também tiverem.

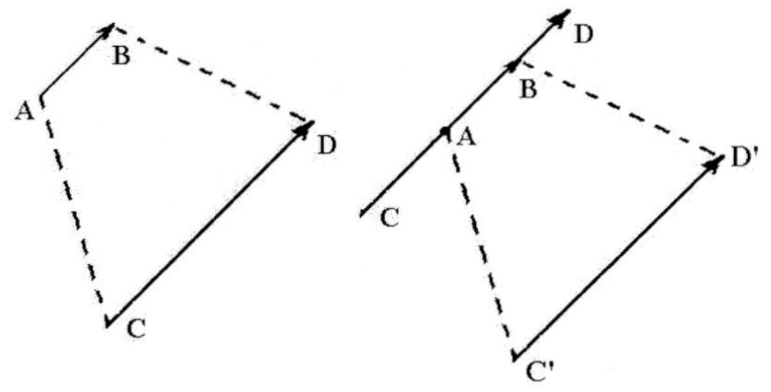

Figura 2.5: Mesmos sentidos

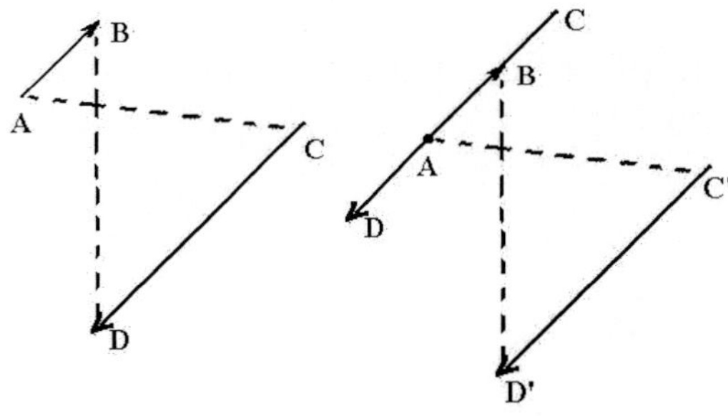

Figura 2.6: Sentidos contrários

Observações:

- Sob um ponto de vista formal, a direção do segmento orientado é o conjunto de retas formado pela reta suporte e todas as suas paralelas.
- Dados dois pontos A e B, podemos definir a partir deles dois segmentos orientados $\overrightarrow{AB}$ e $\overrightarrow{BA}$. Nesse caso dizemos que o sentido de um deles é o **oposto** do outro e que eles têm **sentidos contrários**.
- Não faz sentido comparar sentidos de segmentos orientados de direções diferentes. Por exemplo, na figura 2.4 nada podemos afirmar se $\overrightarrow{AB}$ e $\overrightarrow{EF}$ têm o mesmo sentido ou não – simplesmente seus sentidos não se comparam.

Quando $A = B$ o segmento $\overline{AB}$ reduz-se ao ponto A e, nesse caso, o segmento orientado $\overrightarrow{AA}$ é chamado **segmento orientado nulo**. Nesse caso, o sentido e a direção são indefinidos.

2.2.3 Equivalência de segmentos orientados

Dizemos que dois segmentos orientados $\overrightarrow{AB}$ e $\overrightarrow{CD}$ são *equivalentes* quando eles têm o mesmo módulo, mesma direção e o mesmo sentido.

Outra maneira de definir segmentos equivalentes: os segmentos $\overrightarrow{AB}$ e $\overrightarrow{CD}$ são equivalentes quando o ponto médio do segmento $\overline{AD}$ coincidir com o ponto médio do segmento $\overline{BC}$.

Segue da definição de equivalência que o segmento $\overrightarrow{AB}$ é equivalente a si próprio e que $\overrightarrow{AB}$ equivalente a $\overrightarrow{CD}$ implica $\overrightarrow{CD}$ equivalente a $\overrightarrow{AB}$. Além disso, $\overrightarrow{AB}$ equivalente a $\overrightarrow{CD}$ e $\overrightarrow{CD}$ equivalente a $\overrightarrow{EF}$ implica $\overrightarrow{AB}$ equivalente a $\overrightarrow{EF}$ (figura 2.7).

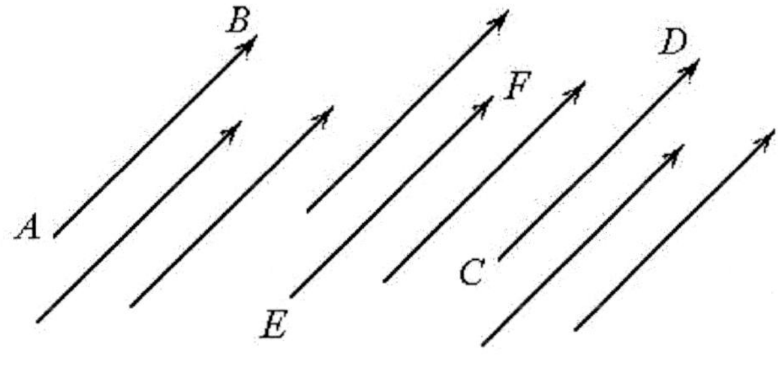

Figura 2.7: Segmentos orientados equivalentes

Exemplo 2.2: Todos os segmentos orientados da figura 2.7 têm o mesmo módulo, a mesma direção e o mesmo sentido; logo, são equivalentes entre si.

2.2.4 Vetores

O **vetor** definido pelo segmento orientado $\overrightarrow{AB}$ é o conjunto de todos os segmentos orientados que são equivalentes a $\overrightarrow{AB}$. Qualquer um dos segmentos orientados desse conjunto é considerado um **representante** do vetor.

Exemplo 2.3: Na figura 2.7 os nove segmentos orientados mostrados são distintos. Mas, como eles são equivalentes, são representantes do mesmo vetor $\overrightarrow{AB}$.

Usaremos a mesma notação $\overrightarrow{AB}$ para representar tanto o segmento orientado quanto o vetor determinado por ele. Aqui há o que se chama **abuso de notação**: dois conceitos distintos são denotados da mesma maneira.

Vetores também são denotados por letras latinas minúsculas encimadas por uma setinha ($\vec{a}$, $\vec{b}$, $\vec{c}$, ...) ou por letras latinas em negrito (**a, b, c**, ...).

Dizemos que dois vetores são *iguais* quando os segmentos orientados $\overrightarrow{AB}$ e $\overrightarrow{CD}$ que os representam são equivalentes. Nesse caso escrevemos $\overrightarrow{AB} = \overrightarrow{CD}$ para denotar a igualdade de vetores.

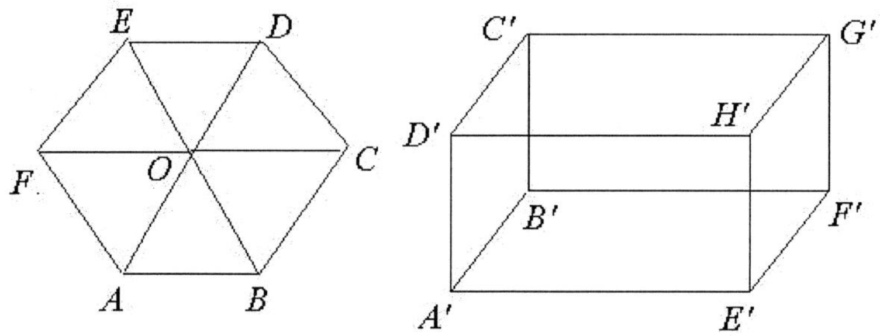

Figura 2.8: Hexágono regular e paralelepípedo retângulo

Exemplo 2.4: Considerando o hexágono regular da figura 2.8, temos as seguintes igualdades de vetores:

- $\overrightarrow{AF} = \overrightarrow{OE} = \overrightarrow{BO} = \overrightarrow{CD}$
- $\overrightarrow{FE} = \overrightarrow{AO} = \overrightarrow{OD} = \overrightarrow{BC}$
- $\overrightarrow{ED} = \overrightarrow{FO} = \overrightarrow{OC} = \overrightarrow{AB}$

Considerando agora, o paralelepípedo retângulo da mesma figura, temos as seguintes igualdades:

- $\overrightarrow{A'B'} = \overrightarrow{D'C'} = \overrightarrow{H'G'} = \overrightarrow{E'F'}$
- $\overrightarrow{A'E'} = \overrightarrow{B'F'} = \overrightarrow{D'H'} = \overrightarrow{C'G'}$
- $\overrightarrow{A'D'} = \overrightarrow{B'C'} = \overrightarrow{E'H'} = \overrightarrow{F'G'}$

O **vetor nulo**, denotado por $\vec{0}$, é definido como sendo aquele que tem por representante um segmento orientado nulo.

Se $\vec{a}$ for um vetor representado por $\overrightarrow{AB}$, definimos o **vetor oposto a** $\vec{a}$ como sendo o vetor $-\vec{a}$ cujo representante é $\overrightarrow{BA}$.

Observações:

- Os conceitos de vetor e segmento orientado costumam ser confundidos. Vetor é um conjunto, enquanto que segmento orientado é apenas um dos elementos desse conjunto. Costuma-se escrever *"vetor $\overrightarrow{AB}$"* quando o correto seria *"vetor do qual $\overrightarrow{AB}$ é um representante"*.
- O que estamos definindo como vetor costuma ser chamado por alguns autores de **vetor livre**. Um segmento orientado também costuma ser chamado de **vetor ligado**.

2.3 Operações com vetores

Definimos agora três operações com vetores: produto por escalar, adição e subtração.

2.3.1 Produto de um escalar por um vetor

Algumas grandezas físicas como massa, densidade, temperatura, volume, energia se definem sem a necessidade de uma direção ou um sentido. Essas grandezas são chamadas *escalares*. Neste texto, usaremos a palavra **escalar** como sendo o mesmo que um número real.

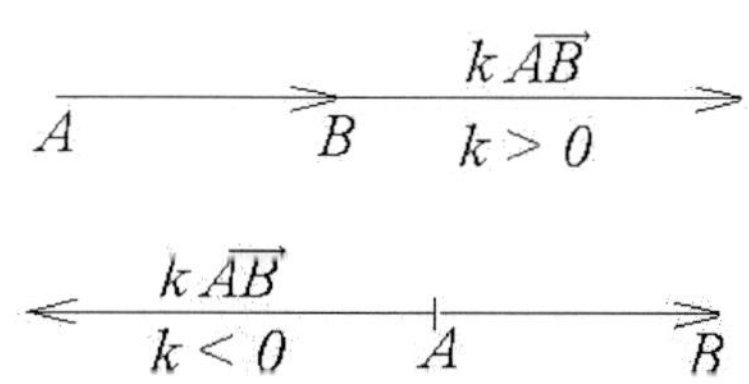

Figura 2.9: Produto por um escalar

Dados $k \neq 0$ e $\overrightarrow{AB} \neq \vec{0}$, denotaremos por $k\overrightarrow{AB}$ um novo vetor que tem a mesma direção que $\overrightarrow{AB}$, tem comprimento igual a $|k|||\overrightarrow{AB}||$, tem o mesmo sentido que $\overrightarrow{AB}$ se $k > 0$ e tem sentido contrário a $\overrightarrow{AB}$ se $k < 0$ (figura 2.9). Além disso, definimos $0\overrightarrow{AB} = \vec{0}$ e $k\vec{0} = \vec{0}$.

Note que, por definição, os vetores $\vec{v}$ e $k\vec{v}$ são sempre colineares, para qualquer escalar $k \in \mathbb{R}$ e qualquer vetor $\vec{v}$.

2.3.2 Adição e subtração de vetores

A **soma** de $\vec{a}$ e $\vec{b}$, denotada por $\vec{a} + \vec{b}$, é um novo vetor $\vec{c}$ que satisfaz um dos seguintes itens:

- Se $\vec{a}$ e $\vec{b}$ forem colineares de mesmo sentido, então $\vec{c}$ tem comprimento igual à soma dos comprimentos de $\vec{a}$ e $\vec{b}$, mesma direção e mesmo sentido que eles.
- Se $\vec{a}$ e $\vec{b}$ forem colineares e de sentidos contrários, então $\vec{c}$ tem comprimento igual ao maior comprimento menos o menor, mantendo-se a mesma direção e o sentido do vetor de maior comprimento.

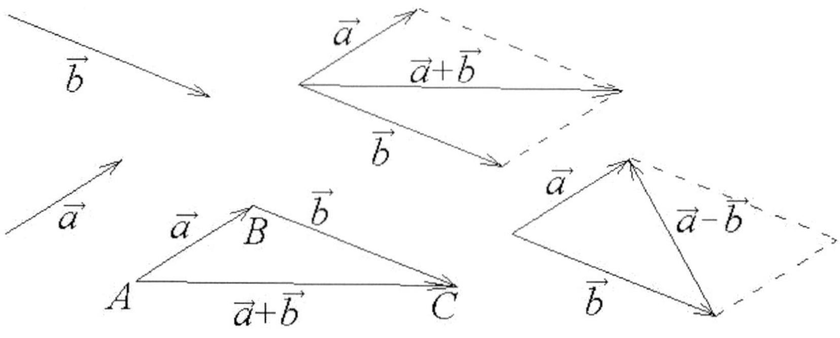

Figura 2.10: Soma e diferença de dois vetores

- $\vec{c}$ é dado pela diagonal do paralelogramo cujos lados são $\vec{a}$ e $\vec{b}$ (figura 2.10).

A *diferença* $\vec{a} - \vec{b}$ dos vetores $\vec{a}$ e $\vec{b}$ é definida como sendo a soma de $\vec{a}$ com o vetor oposto a $\vec{b}$ (figura 2.10), isto é,

$$\vec{a} - \vec{b} = \vec{a} + (-\vec{b}).$$

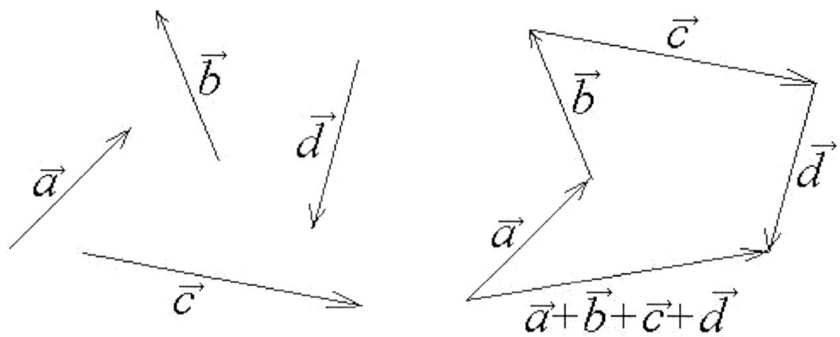

Figura 2.11: Soma de vários vetores

A soma de vários vetores (digamos, $\vec{a}$, $\vec{b}$, $\vec{c}$, e $\vec{d}$) pode ser feita colocando-se representantes dos vetores de tal forma que o ponto final de um corresponda ao ponto inicial de outro (figura 2.11); com isso, a soma $\vec{a}+\vec{b}+\vec{c}+\vec{d}$ é o vetor cujo ponto inicial é o ponto inicial do primeiro vetor $\vec{a}$ e cujo ponto final é o ponto final do último vetor $\vec{d}$.

Observações:

- Em um paralelogramo cujos lados estão relacionados com $\vec{a}$ e $\vec{b}$, uma diagonal corresponde à soma e a outra corresponde à diferença entre $\vec{a}$ e $\vec{b}$ (ver figura 2.10).

- Também é possível definir a soma da seguinte maneira: considerando o triângulo ABC com lados $\overrightarrow{AB}$ e $\overrightarrow{BC}$, o terceiro lado do triângulo é a soma $\overrightarrow{AB} + \overrightarrow{BC}$. Isto equivale a definir $\overrightarrow{AC} = \overrightarrow{AB} + \overrightarrow{BC}$.

Se $\vec{a}$, $\vec{b}$ e $\vec{c}$ são vetores, m e n são escalares, então são válidas as seguintes propriedades:

1. $\vec{a} + \vec{b} = \vec{b} + \vec{a}$	2. $\vec{a} + (\vec{b} + \vec{c}) = (\vec{a} + \vec{b}) + \vec{c}$
3. $\vec{a} + \vec{0} = \vec{a}$	4. $\vec{a} + (-\vec{a}) = \vec{0}$
5. $1\vec{a} = \vec{a}$	6. $m(n\vec{a}) = (mn)\vec{a} = n(m\vec{a})$
7. $(m + n)\vec{a} = m\vec{a} + n\vec{a}$	8. $m(\vec{a} + \vec{b}) = m\vec{a} + m\vec{b}$

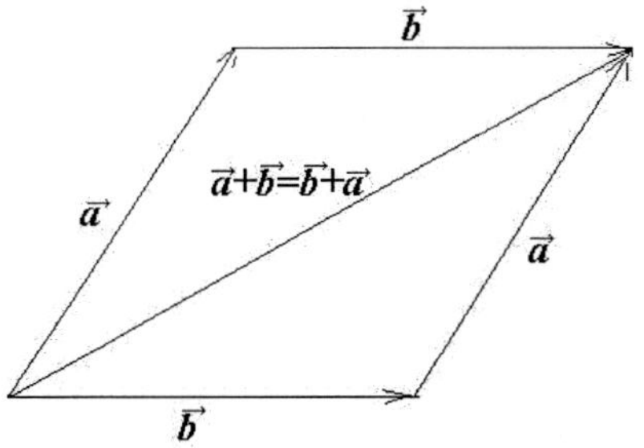

Figura 2.12: Comutatividade

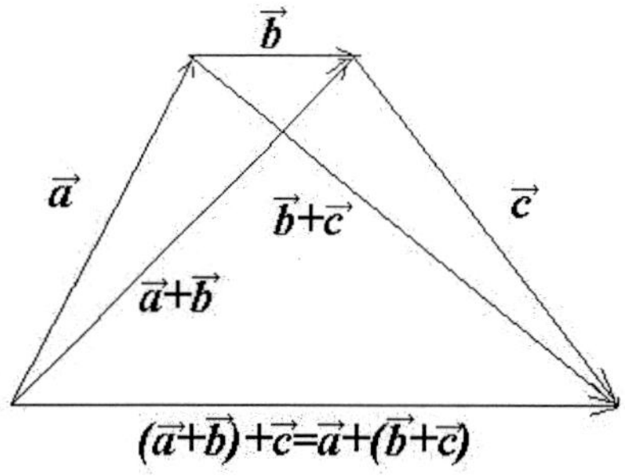

Figura 2.13: Associatividade

Graças a essas propriedades, muitas vezes podemos operar com vetores como se estivéssemos trabalhando com números reais. Por exemplo, $\vec{a} + \vec{b} = \vec{c} \Longrightarrow \vec{a} = \vec{c} - \vec{b}$ e também $3\vec{x} = \vec{a} \Longrightarrow \vec{x} = \frac{1}{3}\vec{a}$.

As demonstrações dessas propriedades são consequências imediatas das definições. A comutatividade e a associatividade da adição (propriedades 1 e 2) estão ilustradas nas figuras 2.12 e 2.13, respectivamente.

2.4 Sistema de coordenadas

Tendo em vista o estudo analítico de vetores, vamos agora introduzir sistemas de coordenadas.

2.4.1 Coordenadas no plano

Em um plano, podemos considerar duas retas que se cruzam em um único ponto, definir um lado positivo e um lado negativo para cada reta, uma escala de unidades nessas retas e chamar o ponto de encontro dessas retas de **origem**. Nesse caso, chamamos cada uma dessas retas de **eixos**.

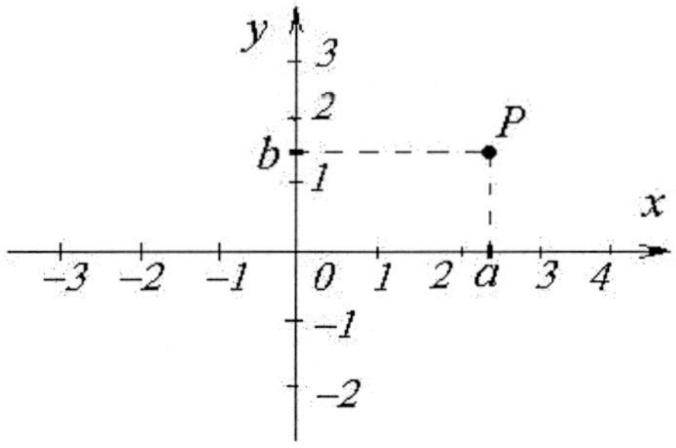

Figura 2.14: Sistema de eixos no plano

O usual é considerar os eixos perpendiculares e identificar o ponto de encontro deles por $O = (0, 0)$.

Dado qualquer ponto do plano, as projeções desse ponto nos eixos escolhidos chamam-se *coordenadas* do ponto. A projeção de cada ponto P é obtida através da interseção de um eixo com uma reta que passe por P e que seja paralela ao outro eixo. Assim, é possível associar a cada ponto do plano um par ordenado de coordenadas (a, b). Reciprocamente, podemos associar a cada par de coordenadas um ponto P do plano (figura 2.14). Vamos fazer algo parecido com isso no espaço tridimensional.

2.4.2 Coordenadas no espaço

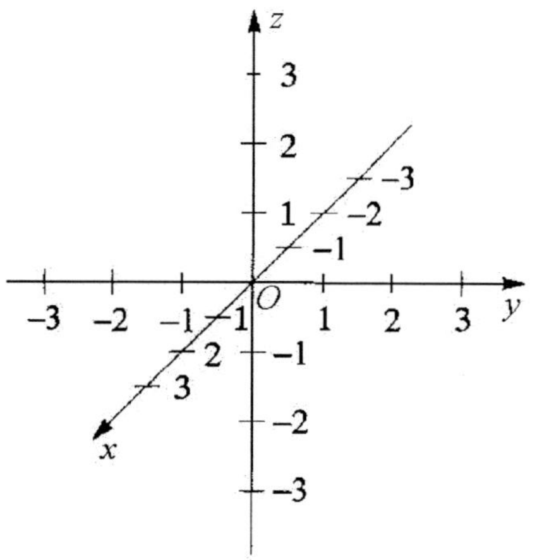

Figura 2.15: Sistema de eixos ortogonais

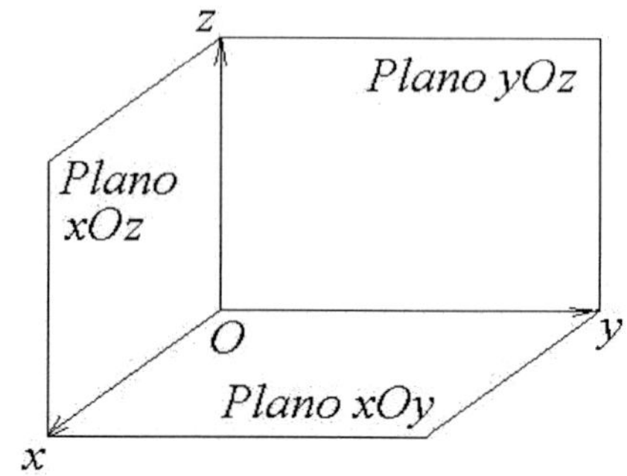

Figura 2.16: Planos coordenados

Consideremos no espaço euclidiano tridimensional, um *sistema de eixos ortogonais* que consista em três eixos Ox, Oy e Oz dois a dois ortogonais e com uma origem comum O (figura 2.15). Esses eixos são chamados **eixos coordenados**.

Nesse sistema, os planos que contêm os pares de eixos (Ox, Oy), (Ox, Oz) e (Oy, Oz) são denotados por xOy, xOz e yOz, respectivamente (figura 2.16). Esses planos são chamados **planos coordenados**.

Para cada ponto P do espaço tridimensional, podemos associar um conjunto ordenado (a, b, c) formado por três números reais (chamado **terno de número reais**) da seguinte forma: a, b e c são as projeções de P nos eixos Ox, Oy e Oz, respectivamente. Cada projeção pode ser obtida através da interseção com o eixo, com um plano paralelo a um dos planos coordenados que passa por P (figura 2.17).

O conjunto de todos os ternos ordenados é denotado por $\mathbb{R}^3$. Simbolicamente,

$$\mathbb{R}^3 = \{(x, y, z) \mid x, y, z \in \mathbb{R}\}$$

Cada terno $(a, b, c) \in \mathbb{R}^3$ pode ser associado a um ponto P no espaço tridimensional da seguinte forma: identificamos no eixo Ox o ponto de coordenada a e no eixo Oy o ponto de coordenada b. Considerando as retas paralelas a esses eixos que passam por esses pontos, o ponto de encontro delas é um ponto $P' = (a, b, 0)$. Finalmente, "subimos" (se $c > 0$) ou "descemos" (se $c < 0$) tantas unidades quanto for o valor de c (figura 2.17).

Exemplo 2.5: Para marcar o ponto $P = (-1, -2, 4)$, inicialmente identificamos o ponto $(-1, -2, 0)$; depois, "subimos" 4 unidades. Veja figura 2.18.

Analogamente, para desenharmos o ponto $Q = (1, 3, -2)$, marcamos $(1, 3, 0)$ no plano xOy e, depois, "descemos" 2 unidades (fig. 2.19).

2.4.3 Vetores unitários

Dizemos que $\vec{v}$ é **unitário*** quando seu comprimento for igual a 1. Denotam-se os vetores unitários nas direções e sentidos positivos dos eixos x, y, z por $\vec{i}$, $\vec{j}$ e $\vec{k}$, respectivamente. Ou seja, considerando

*Também chamado *versor*

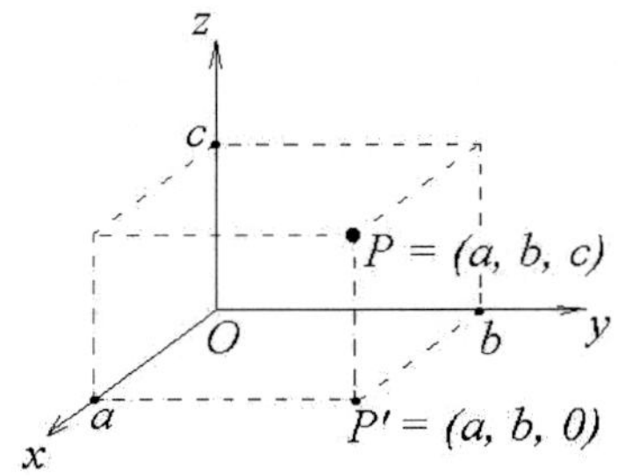

Figura 2.17: Ponto no espaço

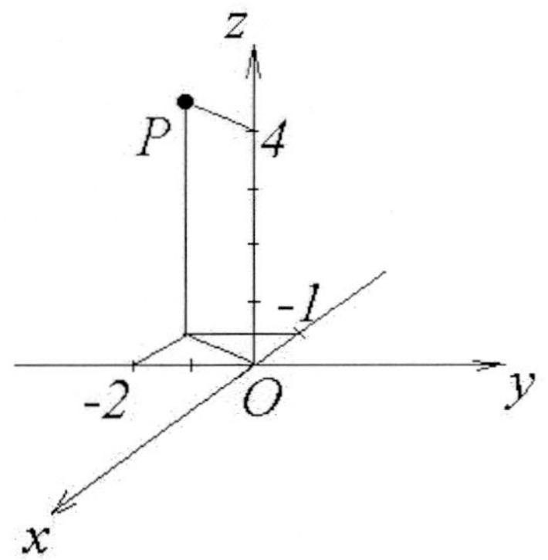

Figura 2.18: $P = (-1, -2, 4)$

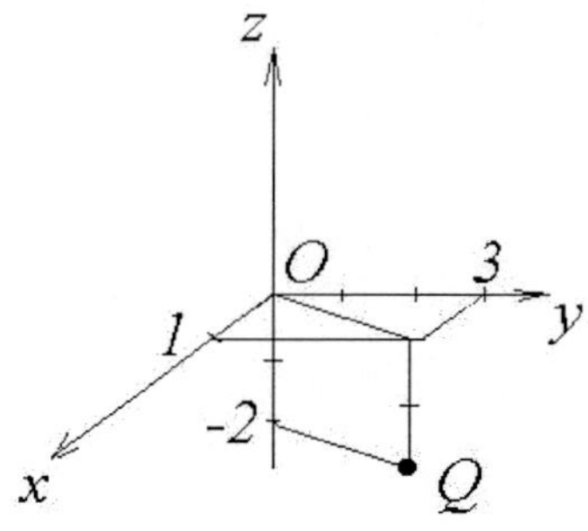

Figura 2.19: $Q = (1, 3, -2)$

os pontos $O = (0, 0, 0)$, $A = (1, 0, 0)$, $B = (0, 1, 0)$ e $C = (0, 0, 1)$ (figura 2.20) temos $\vec{i} = \overrightarrow{OA}$, $\vec{j} = \overrightarrow{OB}$ e $\vec{k} = \overrightarrow{OC}$.

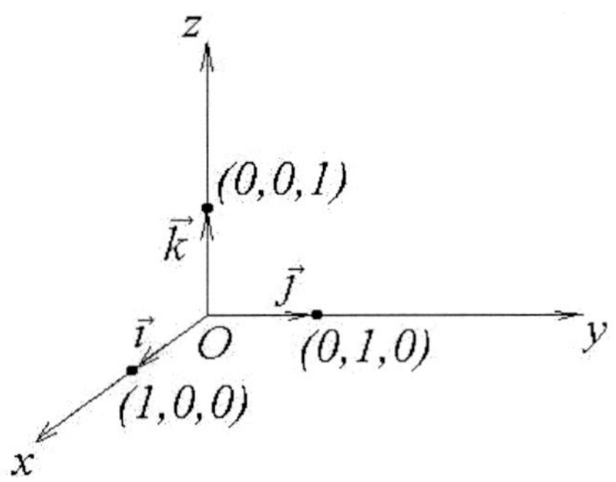

Figura 2.20: Vetores i, j, k

Dado qualquer ponto P do espaço, podemos associar a esse ponto um vetor que tenha como representante o segmento orientado que vai da origem O a P. Reciprocamente, para cada vetor, considerando um representante $\overrightarrow{OP}$ que inicie na origem, podemos associá-lo ao seu ponto terminal P. Dessa forma, as coordenadas (x, y, z) do ponto P podem ser *identificadas* com o vetor $\vec{v} = x\vec{i}+y\vec{j}+z\vec{k}$ com $x, y, z \in \mathbb{R}$. Temos aqui mais um abuso de notação: costuma-se escrever

$$\vec{v} = x\vec{i} + y\vec{j} + z\vec{k} = (x, y, z).$$

Sejam $A = (a_1, a_2, a_3)$ e $B = (b_1, b_2, b_3)$ dois pontos dados. Como $\overrightarrow{OA} + \overrightarrow{AB} = \overrightarrow{OB}$, temos $\overrightarrow{AB} = \overrightarrow{OB} - \overrightarrow{OA}$. Portanto,

$$\overrightarrow{AB} = (b_1 - a_1)\vec{i} + (b_2 - a_2)\vec{j} + (b_3 - a_3)\vec{k}.$$

2.4.4 Definição analítica das operações com vetores

Podemos dar uma definição analítica das operações com vetores: sejam $\vec{v} = v_1\vec{i} + v_2\vec{j} + v_3\vec{k}$, $\vec{w} = w_1\vec{i} + w_2\vec{j} + w_3\vec{k}$ e $\alpha \in \mathbb{R}$, então definimos:

$$\alpha\vec{v} = (\alpha v_1)\vec{i} + (\alpha v_2)\vec{j} + (\alpha v_3)\vec{k}$$

$$\vec{v} + \vec{w} = (v_1 + w_1)\vec{i} + (v_2 + w_2)\vec{j} + (v_3 + w_3)\vec{k}.$$

Equivalentemente, podemos denotar as expressões acima por: $\vec{v} = (v_1, v_2, v_3)$, $\vec{w} = (w_1, w_2, w_3)$ e definir

$$\alpha\vec{v} = (\alpha v_1, \alpha v_2, \alpha v_3)$$

$$\vec{v} + \vec{w} = (v_1 + w_1, v_2 + w_2, v_3 + w_3).$$

Definimos também $-\vec{v} = -v_1\vec{i} - v_2\vec{j} - v_3\vec{k} = (-v_1, -v_2, -v_3)$.

Exemplo 2.6: Sejam $\vec{v} = 2\vec{i} + \vec{j} + 3\vec{k}$ e $\vec{w} = 4\vec{i} - 5\vec{j} - 2\vec{k}$. Então $5\vec{v} = 10\vec{i} + 5\vec{j} + 15\vec{k}$, $-\vec{w} = -4\vec{i} + 5\vec{j} + 2\vec{k}$, $\vec{v} - 4\vec{w} = -14\vec{i} + 21\vec{j} + 11\vec{k}$.

2.5 Comprimento de um vetor

Seja $\vec{v} = a\vec{i} + b\vec{j}$. Usando o Teorema de Pitágoras no triângulo retângulo da figura 2.21, temos: $||\vec{v}||^2 = a^2 + b^2$ e daí

$$||\vec{v}|| = \sqrt{a^2 + b^2}.$$

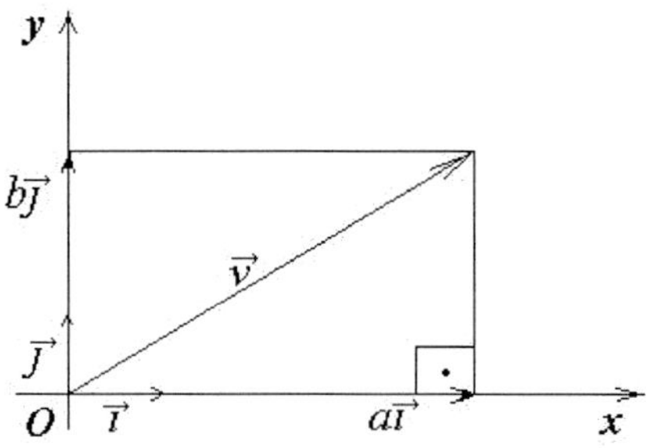

Figura 2.21: Vetor no plano

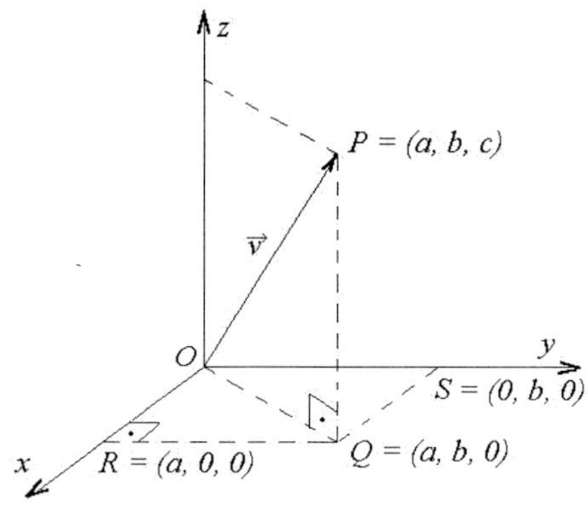

Figura 2.22: Vetor no espaço tridimensional

Consideremos agora $\vec{v} = a\vec{i} + b\vec{j} + c\vec{k}$. No triângulo retângulo ORQ da figura 2.22, temos $||\overrightarrow{OQ}||^2 = ||\overrightarrow{OR}||^2 + ||\overrightarrow{RQ}||^2$. Como $||\overrightarrow{OR}|| = a$ e $||\overrightarrow{RQ}|| = b$, temos $||\overrightarrow{OQ}||^2 = a^2 + b^2$. Usando também o Teorema de Pitágoras no triângulo OQP, temos $||\overrightarrow{OP}||^2 = ||\overrightarrow{OQ}||^2 + ||\overrightarrow{QP}||^2$, e daí $||\overrightarrow{OP}||^2 = a^2 + b^2 + c^2$, ou seja,

$$||\vec{v}|| = \sqrt{a^2 + b^2 + c^2}.$$

Exemplo 2.7: O comprimento de $\vec{v} = 2\vec{i} - 3\vec{j} + 5\vec{k}$ é $||\vec{v}|| = \sqrt{2^2 + (-3)^2 + 5^2} = \sqrt{38}$. Um vetor unitário com mesma direção e mesmo sentido que $\vec{v}$ é dado por

$$\vec{u} = \frac{\vec{v}}{||\vec{v}||} = \frac{2}{\sqrt{38}}\vec{i} - \frac{3}{\sqrt{38}}\vec{j} + \frac{5}{\sqrt{38}}\vec{k}.$$

2.6 Ponto médio de um segmento de reta

Sejam $A = (a_1, a_2, a_3)$ e $B = (b_1, b_2, b_3)$ dois pontos no $\mathbb{R}^3$. Seja $M = (m_1, m_2, m_3)$ o ponto médio de $\overline{AB}$. Então $\overrightarrow{AM} = \overrightarrow{MB}$, ou seja, $(m_1 - a_1, m_2 - a_2, m_3 - a_3) = (b_1 - m_1, b_2 - m_2, b_3 - m_3)$. Comparando cada coordenada, obtemos:

$$m_1 - a_1 = b_1 - m_1 \Longrightarrow m_1 = \frac{a_1 + b_1}{2}$$

$$m_2 - a_2 = b_2 - m_2 \Longrightarrow m_2 = \frac{a_2 + b_2}{2}$$

$$m_3 - a_3 = b_3 - m_3 \Longrightarrow m_3 = \frac{a_3 + b_3}{2}$$

Assim, as coordenadas do ponto médio são as médias aritméticas das coordenadas dos pontos extremos do segmento. Por exemplo, o ponto médio M do segmento $\overline{AB}$ onde $A = (-1, 3, 7)$ e $B = (5, 4, 1)$ é dado por $M = (\frac{-1+5}{2}, \frac{3+4}{2}, \frac{7+1}{2}) = (2, 7/2, 4)$.

2.7 Dependência linear

Uma *combinação linear* de n vetores $\vec{v}_1, \vec{v}_2, \cdots, \vec{v}_n$ dados, é um vetor da forma

$$\vec{u} = a_1\vec{v}_1 + a_2\vec{v}_2 + \cdots + a_n\vec{v}_n$$

onde $a_i \in \mathbb{R}$ são escalares quaisquer.

Em particular, uma combinação linear de dois vetores $\vec{a}$ e $\vec{b}$ é um vetor da forma $\vec{v} = x\vec{a} + y\vec{b}$, onde $x, y \in \mathbb{R}$ e uma combinação linear de três vetores $\vec{a}$, $\vec{b}$ e $\vec{c}$ é um vetor $\vec{w} = x\vec{a} + y\vec{b} + z\vec{c}$, $x, y, z \in \mathbb{R}$.

Exemplo 2.8: Sejam $\vec{a} = 3\vec{i} + 2\vec{j}$ e $\vec{b} = \vec{i} - 4\vec{j}$. São exemplos de combinações lineares de $\vec{a}$ e $\vec{b}$ os vetores $\vec{u} = 5\vec{a} - 2\vec{b} = 13\vec{i} + 18\vec{j}$ e $\vec{v} = -\vec{a} + 7\vec{b} = 4\vec{i} - 30\vec{j}$.

Dizemos que n vetores $\vec{v}_1, \vec{v}_2, \cdots, \vec{v}_n$ dados são **linearmente independentes (LI)** quando a única solução da equação

$$a_1\vec{v}_1 + a_2\vec{v}_2 + \cdots + a_n\vec{v}_n = \vec{0}$$

for $a_1 = a_2 = \cdots = a_n = 0$. Se a equação vetorial anterior admitir pelo menos um $a_i \neq 0$ como solução, então os vetores $\vec{v}_1, \cdots, \vec{v}_n$ chamam-se **linearmente dependentes (LD).**

Em particular, dois vetores $\vec{a}$ e $\vec{b}$ são linearmente independentes quando

$$x\vec{a} + y\vec{b} = 0 \Longrightarrow x = y = 0.$$

Se existirem $x \neq 0$ ou $y \neq 0$ que satisfaçam a equação $x\vec{a} + y\vec{b} = \vec{0}$ então $\vec{a}$ e $\vec{b}$ são linearmente dependentes.

Três vetores $\vec{a}$, $\vec{b}$ e $\vec{c}$ são linearmente independentes quando

$$x\vec{a} + y\vec{b} + z\vec{c} = 0 \Longrightarrow x = y = z = 0.$$

Se existirem $x \neq 0$ ou $y \neq 0$ ou $z \neq 0$ que satisfaçam a equação $x\vec{a} + y\vec{b} + z\vec{c} = \vec{0}$ então $\vec{a}$, $\vec{b}$ e $\vec{c}$ são linearmente dependentes.

Exemplo 2.9: Os vetores $\vec{a} = \vec{i} + 2\vec{j}$, $\vec{b} = 3\vec{i} - \vec{k}$ e $\vec{c} = 5\vec{i} + 4\vec{j} - \vec{k}$ são linearmente dependentes porque podemos observar que $\vec{c} = 2\vec{a} + \vec{b}$, ou seja, $2\vec{a} + \vec{b} - \vec{c} = \vec{0}$ de onde concluímos que a equação $x\vec{a} + y\vec{b} + z\vec{c} = \vec{0}$ admite a solução $x = 2$, $y = 1$ e $z = -1$. Logo, os vetores são LD.

Se $\vec{a}$ e $\vec{b}$ forem LD, então, por definição, existem $x \neq 0$ ou $y \neq 0$ tais que $x\vec{a} + y\vec{b} = \vec{0}$. Se $x \neq 0$, então podemos obter que $\vec{a} = (-y/x)\vec{b}$. Daí, $\vec{a}$ e $\vec{b}$ são colineares. Se $y \neq 0$ obtemos algo semelhante.

Reciprocamente, se $\vec{a}$ e $\vec{b}$ forem colineares, existe $k \in \mathbb{R}$ tal que $\vec{a} = k\vec{b}$ e, nesse caso, temos $\vec{a} - k\vec{b} = \vec{0}$ de onde podemos concluir que $\vec{a}$ e $\vec{b}$ são LD.

Suponhamos agora que $\vec{a}$, $\vec{b}$ e $\vec{c}$ são LD. Então, por definição, existe $x \neq 0$ ou $y \neq 0$ ou $z \neq 0$ tais que $x\vec{a} + y\vec{b} + z\vec{c} = \vec{0}$. Se $x \neq 0$, então podemos obter que $\vec{a} = (-y/x)\vec{b} + (-z/x)\vec{c}$. Daí, $\vec{a}$, $\vec{b}$ e $\vec{c}$ estão no mesmo plano, ou seja, são coplanares. Se $y \neq 0$ ou $z \neq 0$ obtemos algo análogo. Reciprocamente, se $\vec{a}$, $\vec{b}$ e $\vec{c}$ forem coplanares, existem $k_1 \in \mathbb{R}$ e $k_2 \in \mathbb{R}$ tais que $\vec{a} = k_1\vec{b} + k_2\vec{c}$ e nesse caso temos $\vec{a} - k_1\vec{b} - k_2\vec{c} = \vec{0}$ de onde podemos concluir que $\vec{a}$, $\vec{b}$, $\vec{c}$ são LD.

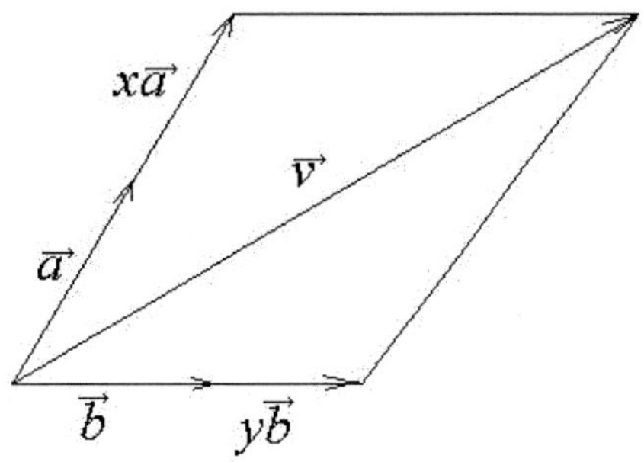

Figura 2.23: Combinação linear dos vetores $\vec{a}$ e $\vec{b}$

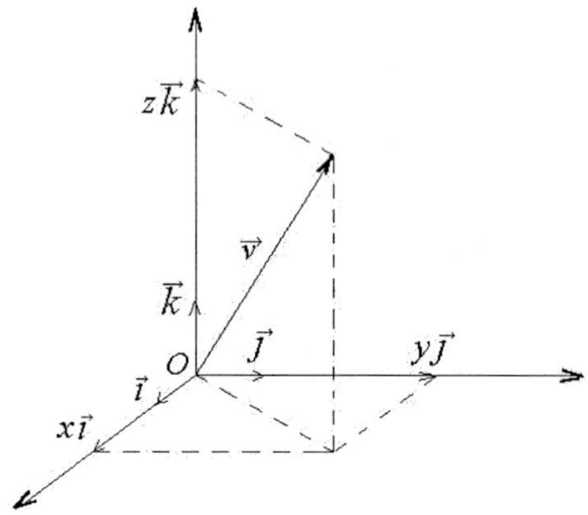

Figura 2.24: Combinação linear dos vetores $\vec{i}$, $\vec{j}$ e $\vec{k}$

Mostramos assim que dois vetores são LD, se e somente se, forem colineares e que três vetores são LD, se e somente se, forem coplanares.

Se um conjunto de vetores contém o vetor nulo, então esse conjunto de vetores será necessariamente LD. Por exemplo, os vetores $\vec{a} = \vec{0}$, $\vec{b}$ e $\vec{c}$ são LD porque $1\vec{a} + 0\vec{b} + 0\vec{c} = \vec{0}$. consequentemente, se um conjunto de vetores for LI, então nenhum de seus vetores pode ser nulo.

Se $\vec{a}$ e $\vec{b}$ forem LI, então consideremos uma combinação linear deles $\vec{v} = x\vec{a} + y\vec{b}$ (figura 2.23). Variando os valores dos escalares x, y no conjunto dos números reais podemos obter todos os vetores do plano. Dessa forma, qualquer vetor $\vec{v}$ do plano pode ser escrito como combinação linear de $\vec{a}$ e $\vec{b}$.

Analogamente, se $\vec{a}$, $\vec{b}$ e $\vec{c}$ forem LI (por exemplo, $\vec{a} = \vec{i}$, $\vec{b} = \vec{j}$ e $\vec{c} = \vec{k}$) consideremos $\vec{v} = x\vec{a} + y\vec{b} + z\vec{c}$ (figura 2.24). Podemos assim, obter todos os vetores do espaço tridimensional se atribuirmos a x, y, z valores reais.

No espaço tridimensional, qualquer conjunto de três vetores LI é chamado uma **base**.

Exemplo 2.10: Os vetores $\{\vec{i}, \vec{j}, \vec{k}\}$ não são coplanares. Logo, são LI, e, consequentemente, formam uma base do espaço tridimensional. Nesse caso dizemos que eles são a **base canônica** do espaço tridimensional.

Se $\{\vec{a}, \vec{b}, \vec{c}\}$ for uma base, então qualquer vetor $\vec{v}$ do espaço tridimensional se escreve de modo único na forma

$$\vec{v} = x\vec{a} + y\vec{b} + z\vec{c}$$

(veja exercício R7 a seguir). Nesse caso, dizemos que x, y, z são as **coordenadas** de $\vec{v}$ na base $\{\vec{a}, \vec{b}, \vec{c}\}$.

Uma base deve ser considerada como sendo um conjunto ordenado, onde não se deve trocar a ordem dos vetores. Por exemplo, as bases $\beta_1 = \{\vec{a}, \vec{b}, \vec{c}\}$ e $\beta_2 = \{\vec{c}, \vec{b}, \vec{a}\}$ são consideradas distintas.

2.8 Exercícios resolvidos

R1) Dados $\vec{u} = \vec{i} - 2\vec{j} + \vec{k}$ e $\vec{v} = 2\vec{i} - 5\vec{k}$, determine o vetor $\vec{w}$ tal que

$$2\vec{u} + 3\vec{w} = \frac{1}{2}\vec{w} - \vec{v}.$$

Solução: Com relação às operações de adição, subtração e produto por escalar, podemos operar com vetores como se estivéssemos operando com números reais. Por exemplo, *"passar um termo para o outro membro da equação trocando o sinal do mesmo"*. Dessa forma a equação dada é equivalente a $3\vec{w} - \frac{1}{2}\vec{w} = -2\vec{u} - \vec{v}$, ou seja,

$$\frac{5}{2}\vec{w} = -2(\vec{i} - 2\vec{j} + \vec{k}) - (2\vec{i} - 5\vec{k}) \Longrightarrow \vec{w} = \frac{2}{5}(-4\vec{i} + 4\vec{j} + 3\vec{k}) = -\frac{8}{5}\vec{i} + \frac{8}{5}\vec{j} + \frac{6}{5}\vec{k}.$$

R2) Sejam $\vec{u} = \frac{1}{4}\vec{i} - \vec{j} + \frac{1}{2}\vec{k}$ e $\vec{v} = n\vec{i} + m^2\vec{j} - m\vec{k}$. Determine m e n de modo que $\vec{v}$ tenha sentido contrário a $\vec{u}$ e seu comprimento seja 4 vezes o de $\vec{u}$.

Solução: Devemos ter nesse caso que $\vec{v} = -4\vec{u}$, ou seja,

$$n\vec{i} + m^2\vec{j} - m\vec{k} = -4(\frac{1}{4}\vec{i} - \vec{j} + \frac{1}{2}\vec{k}) = -\vec{i} + 4\vec{j} - 2\vec{k}.$$

Comparando os coeficientes de $\vec{i}$, $\vec{j}$ e $\vec{k}$ nos dois membros, obtemos as seguintes igualdades: $n = -1$, $m^2 = 4$, $-m = -2$, ou seja, $m = 2, n = -1$.

R3) Consideremos os vetores $\vec{a} = a_1\vec{i} + a_2\vec{j} + a_3\vec{k}$, $\vec{b} = b_1\vec{i} + b_2\vec{j} + b_3\vec{k}$, $\vec{c} = c_1\vec{i} + c_2\vec{j} + c_2\vec{k}$ e seja

$$D = \begin{vmatrix} a_1 & a_2 & a_3 \\ b_1 & b_2 & b_3 \\ c_1 & c_2 & c_3 \end{vmatrix}.$$

Mostre que se $D = 0$, então $\vec{a}$, $\vec{b}$ e $\vec{c}$ são LD, e, se $D \neq 0$, os vetores $\vec{a}$, $\vec{b}$ e $\vec{c}$ são LI.

Solução: Sejam $x, y, z \in \mathbb{R}$ tais que $x\vec{a} + y\vec{b} + z\vec{c} = \vec{0}$. Então,

$$x(a_1\vec{i} + a_2\vec{j} + a_3\vec{k}) + y(b_1\vec{i} + b_2\vec{j} + b_3\vec{k}) + z(c_1\vec{i} + c_2\vec{j} + c_2\vec{k}) = \vec{0}$$

que é equivalente a

$$(a_1x + b_1y + c_1z)\vec{i} + (a_2x + b_2y + c_2z)\vec{j} + (a_3x + b_3y + c_3z)\vec{k} = \vec{0}$$

de onde obtemos que x, y, z devem ser solução do sistema

$$\begin{cases} a_1x + b_1y + c_1z &= 0 \\ a_2x + b_2y + c_2z &= 0 \\ a_3x + b_3y + c_3z &= 0 \end{cases}$$

É claro que $x = y = z = 0$ é solução desse sistema. Além disso, se $D \neq 0$ essa solução é única e, portanto, os vetores dados são LI. Se $D = 0$ o sistema é indeterminado, isto é, admite uma infinidade de soluções, e, consequentemente os vetores são LD.

R4) Sejam $\vec{u} = 2\vec{i} - \vec{j}$, $\vec{v} = \vec{j} + 2\vec{k}$ e $\vec{w} = \vec{i} + 2\vec{j} - \vec{k}$.
a) O conjunto $\beta = \{\vec{u}, \vec{v}, \vec{w}\}$ é uma base de $\mathbb{R}^3$?
b) Escreva o vetor $\vec{a} = 4\vec{i} + 2\vec{j} - 4\vec{k}$ como combinação linear de $\vec{u}$, $\vec{v}$ e $\vec{w}$.

Solução: a) Observando os coeficientes de $\vec{u}$, $\vec{v}$ e $\vec{w}$, escrevemos o determinante $D = \begin{vmatrix} 2 & -1 & 0 \\ 0 & 1 & 2 \\ 1 & 2 & -1 \end{vmatrix}$.
Desenvolvendo esse determinante obtemos $D = -2 - 2 + 0 - 0 - 0 - 8 = -12 \neq 0$. Logo, os vetores são LI e, portanto, formam uma base do $\mathbb{R}^3$.

b) Sejam $x, y, z \in \mathbb{R}$ tais que

$$\vec{a} = x\vec{u} + y\vec{v} + z\vec{w} \Longrightarrow 4\vec{i} + 2\vec{j} - 4\vec{k} = x(2\vec{i} - \vec{j}) + y(\vec{j} + 2\vec{k}) + z(\vec{i} + 2\vec{j} - \vec{k})$$
$$\Longrightarrow 4\vec{i} + 2\vec{j} - 4\vec{k} = (2x + z)\vec{i} + (-x + y + 2z)\vec{j} + (2y - z)\vec{k}.$$

Portanto, (x, y, z) é solução do sistema

$$\begin{cases} 2x \phantom{{}+y} + z = 4 \\ -x + y + 2z = 2 \\ \phantom{-x+{}} 2y - z = -4 \end{cases}$$

Resolvendo esse sistema obtemos $x = 1, y = -1, z = 2$, e, daí, concluímos que $\vec{a} = \vec{u} - \vec{v} + 2\vec{w}$.

R5) Sejam $A = (1, 2, 4)$, $B = (2, 3, 2)$ e $C = (2, 1, -1)$.
a) Os pontos A, B e C são vértices de um triângulo?
b) Determine D de modo que $ABCD$ seja um paralelogramo.

Solução: a) Os pontos dados são vértices de um triângulo se os vetores $\overrightarrow{AB}$ e $\overrightarrow{AC}$ não forem colineares. Como $\overrightarrow{AB} = B - A = (1, 1, -2)$ e $\overrightarrow{AC} = C - A = (1, -1, -5)$ devemos verificar se existe $k \in \mathbb{R}$ tal que

$$\overrightarrow{AB} = k\overrightarrow{AC} \Longrightarrow (1, 1, -2) = (k, -k, -5k) \Longrightarrow k = 1 \text{ e } k = -1 \text{ e } k = 2/5,$$

o que é absurdo porque k não pode assumir três valores distintos, simultaneamente. Logo não existe tal k e os vetores $\overrightarrow{AB}$ e $\overrightarrow{AC}$ não são colineares. Consequentemente, os pontos dados formam um triângulo.

b) Basta determinar $D = (x, y, z)$ tal que $\overrightarrow{AD} = \overrightarrow{AB} + \overrightarrow{AC}$. Temos então que $D - A = (B - A) + (C - A)$, ou seja,

$$(x - 1, y - 2, z - 4) = (1, 1, -2) + (1, -1, -5) \Longrightarrow (x - 1, y - 2, z - 4) = (2, 0, -7)$$

de onde obtemos $x = 3, y = 2, z = -3$. Portanto, o ponto D procurado é $D = (3, 2, -3)$.

R6) Se $\{\vec{u}, \vec{v}, \vec{w}\}$ for uma base do $\mathbb{R}^3$, mostre que $\{\vec{u} + \vec{v},\ \vec{u} - 2\vec{w},\ \vec{u} + 3\vec{v} - \vec{w}\}$ também é uma base do mesmo espaço.

Solução: Sejam $x, y, z \in \mathbb{R}$ tais que $x(\vec{u}+\vec{v}) + y(\vec{u}-2\vec{w}) + z(\vec{u}+3\vec{v}-\vec{w}) = \vec{0}$. Efetuando os produtos pelos escalares indicados, obtemos: $x\vec{u} + x\vec{v} + y\vec{u} - 2y\vec{w} + z\vec{u} + 3z\vec{v} - z\vec{w} = \vec{0}$ que é equivalente a $x\vec{u} + y\vec{u} + z\vec{u} + x\vec{v} + 3z\vec{v} - 2y\vec{w} - z\vec{w} = \vec{0}$, ou seja, $(x+y+z)\vec{u} + (x+3z)\vec{v} + (-2y-z)\vec{w} = \vec{0}$. Como $\vec{u}$, $\vec{v}$ e $\vec{w}$ são LI, devemos ter:

$$\begin{cases} x + y + z = 0 \\ x + 3z = 0 \\ -2y - z = 0 \end{cases}$$

O determinante dos coeficientes de x, y, z nesse sistema é:

$$\begin{vmatrix} 1 & 1 & 1 \\ 1 & 0 & 3 \\ 0 & -2 & -1 \end{vmatrix} = 0+0-2-0+1+6 = 5 \neq 0.$$

Portanto, o sistema linear anterior só possui a solução trivial $x = y = z = 0$ e, consequentemente, os três vetores $\vec{u}+\vec{v}, \vec{u}-2\vec{w}, \vec{u}+3\vec{v}-\vec{w}$ são LI, logo, formam uma base do $\mathbb{R}^3$.

R7) Sejam $\vec{u}$, $\vec{v}$ e $\vec{w}$ vetores LI e $\vec{a}$ um vetor tal que $\vec{a} = x_1\vec{u} + y_1\vec{v} + z_1\vec{w}$ e $\vec{a} = x_2\vec{u} + y_2\vec{v} + z_2\vec{w}$ onde $x_1, x_2, y_1, y_2, z_1, z_2 \in \mathbb{R}$. Mostre que nesse caso $x_1 = x_2$, $y_1 = y_2$ e $z_1 = z_2$.

Solução: Se $\vec{a} = x_1\vec{u} + y_1\vec{v} + z_1\vec{w}$ e $\vec{a} = x_2\vec{u} + y_2\vec{v} + z_2\vec{w}$ então subtraindo as duas equações, membro a membro, obtemos: $\vec{0} = (x_1-x_2)\vec{u} + (y_1-y_2)\vec{v} + (z_1-z_2)\vec{w}$. Como $\vec{u}, \vec{v}$ e $\vec{w}$ são LI, devemos ter $x_1 - x_2 = y_1 - y_2 = z_1 - z_2 = 0$, ou seja, $x_1 = x_2$, $y_1 = y_2$ e $z_1 = z_2$. Mostramos, assim, que só existe uma maneira de escrever um vetor $\vec{a}$ como combinação linear de outros vetores LI.

R8) Mostre que as diagonais de um paralelogramo intersectam-se ao meio.

Solução: Na figura 2.25, seja P o ponto de encontro das duas diagonais do paralelogramo $ABCD$. Sejam $\vec{a} = \overrightarrow{AD} = \overrightarrow{BC}$, $\vec{b} = \overrightarrow{AB} = \overrightarrow{DC}$, $\vec{c} = \overrightarrow{AP}$, $\vec{d} = \overrightarrow{PC}$, $\vec{e} = \overrightarrow{DP}$ e $\vec{f} = \overrightarrow{PB}$. Devemos mostrar que $\vec{c} = \vec{d}$ e que $\vec{e} = \vec{f}$. Nos triângulos APB e DPC temos as seguintes igualdades de vetores: $\vec{b} = \vec{c} + \vec{f}$ e $\vec{b} = \vec{e} + \vec{d}$. Daí, $\vec{c} + \vec{f} = \vec{e} + \vec{d}$.

Como $\vec{c}$ e $\vec{d}$ são colineares, vemos que existe $k_1 \in \mathbb{R}$ tal que $\vec{d} = k_1\vec{c}$. Analogamente, existe $k_2 \in \mathbb{R}$ tal que $\vec{f} = k_2\vec{e}$. Substituindo na igualdade $\vec{c} + \vec{f} = \vec{e} + \vec{d}$, obtemos $\vec{c} + k_2\vec{e} = \vec{e} + k_1\vec{c}$, ou seja, $(1-k_1)\vec{c} + (k_2-1)\vec{e} = \vec{0}$. Como $\vec{c}$ e $\vec{e}$ são LI, temos que $1 - k_1 = 0$ e $k_2 - 1 = 0$. Logo, $k_1 = k_2 = 1$ o que implica $\vec{c} = \vec{d}$ e $\vec{e} = \vec{f}$.

R9) Seja $ABCD$ um quadrilátero qualquer e P, Q, R e S os pontos médios dos lados AB, BC, CD e DA, respectivamente. Mostre que $PQRS$ é um paralelogramo (figura 2.26).

Solução: Na figura 2.26, sejam $\vec{a} = \overrightarrow{DS} = \overrightarrow{SA}$, $\vec{b} = \overrightarrow{AP} = \overrightarrow{PB}$, $\vec{c} = \overrightarrow{BQ} = \overrightarrow{QC}$ e $\vec{d} = \overrightarrow{CR} = \overrightarrow{RD}$. Estamos usando aqui, o fato de que os pontos P, Q, R e S são pontos médios dos lados do quadrilátero. Como $\overrightarrow{SP} = \vec{a}+\vec{b}$ e $\overrightarrow{QR} = \vec{c}+\vec{d}$, temos $\overrightarrow{SP}+\overrightarrow{QR} = \vec{a}+\vec{b}+\vec{c}+\vec{d}$. Por outro lado, $\overrightarrow{AB}+\overrightarrow{BC}+\overrightarrow{CD}+\overrightarrow{DA} = \vec{0}$, ou seja, $2\vec{a}+2\vec{b}+2\vec{c}+2\vec{d} = \vec{0} \Longrightarrow \vec{a}+\vec{b}+\vec{c}+\vec{d} = \vec{0}$. Logo, $\overrightarrow{SP}+\overrightarrow{QR} = \vec{0} \Longrightarrow \overrightarrow{SP} = -\overrightarrow{QR} \Longrightarrow \overrightarrow{SP} = \overrightarrow{RQ}$. Pela definição de igualdade de vetores, temos que $PQRS$ é um paralelogramo.

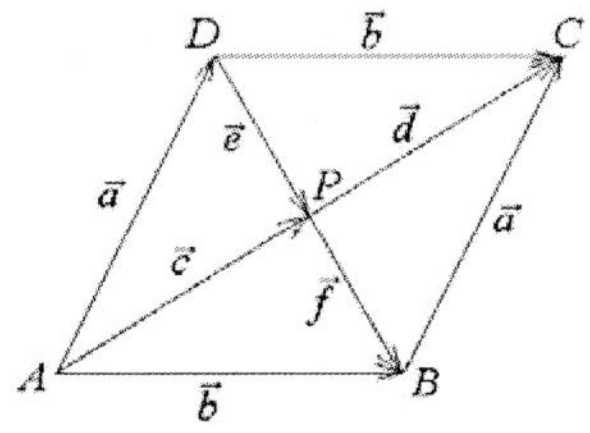

Figura 2.25: Exercício R8

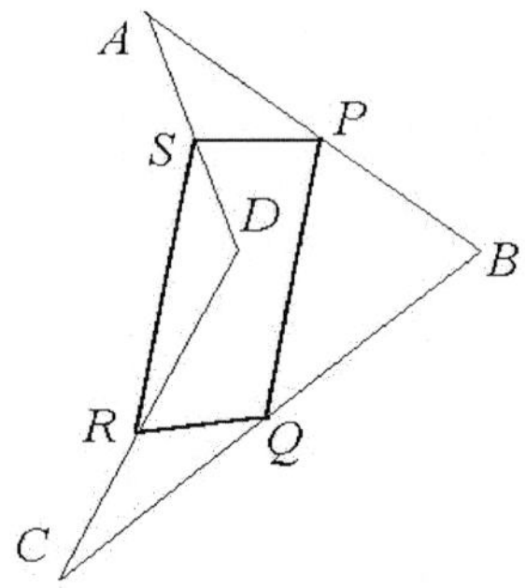

Figura 2.26: Exercício R9

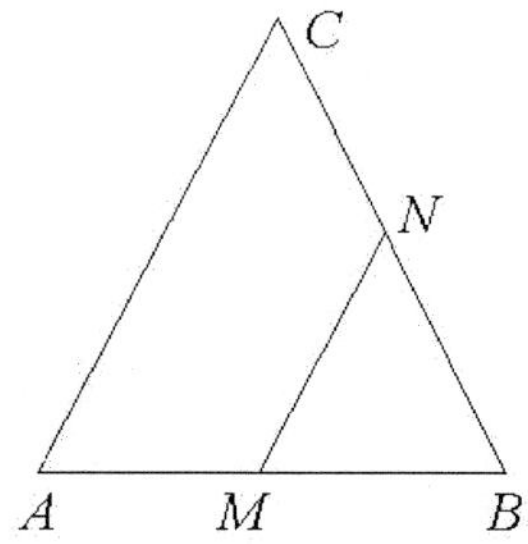

Figura 2.27: Exercício R10

R10) No triângulo equilátero ABC, sejam M e N os pontos médios dos lados AB e BC, respectivamente. Mostre que MBN também é um triângulo equilátero (figura 2.27).

Solução: Na figura 2.27 temos $||\overrightarrow{AB}|| = ||\overrightarrow{BC}|| = ||\overrightarrow{CA}|| = \ell$ e $||\overrightarrow{MB}|| = ||\overrightarrow{BN}|| = \ell/2$. Resta mostrar apenas que $||\overrightarrow{MN}|| = \ell/2$. Como $\overrightarrow{MN} = \overrightarrow{MB} + \overrightarrow{BN} = \frac{1}{2}\overrightarrow{AB} + \frac{1}{2}\overrightarrow{BC} = \frac{1}{2}\overrightarrow{AC}$, temos $||\overrightarrow{MN}|| = \frac{1}{2}||\overrightarrow{AC}|| = \ell/2$. Portanto, o triângulo MBN é equilátero pois tem seus três lados medindo $\ell/2$.

2.9 Apoio computacional

O *Maxima* pode ser utilizado para executar qualquer tipo de operação com vetores. Um vetor $\vec{v} = (v_1, v_2, v_3)$ pode ser definido na forma *v: [v1, v2, v3]*. Ele já tem implementado as operações * (produto por escalar), + (adição) e - (subtração). A norma de um vetor pode ser definida como sendo uma função $N(v) = \sqrt{v_1^2 + v_2^2 + v_3^2}$ que pode ser codificada no *Maxima* como sendo *N(v) := sqrt(v[1]^2 + v[2]^2 + v[3]^2).*

Exemplo 2.11: Dados os vetores $\vec{u} = 3\vec{i} + 5\vec{j} - 7\vec{k}$ e $\vec{v} = 4\vec{i} - \vec{j} + 3\vec{k}$, determine um vetor unitário na direção de $\vec{u} + \vec{v}$.

```
(%i01) u: [3, 5, -7];
(%o01) [3, 5, -7]

(%i02) v: [4, -1, 3];
(%o02) [4, -1, 3]

(%i03) w: u + v;
(%o03) [7, 4, -4]

(%i04) N(v):= sqrt(v[1]^2 + v[2]^2 + v[3]^2);
```

(%o04) $N(v) := \sqrt{v_1^2 + v_2^2 + v_3^2}$

```
(%i05) w/N(w);
```

(%o05) $[\frac{7}{9}, \frac{4}{9}, -\frac{4}{9}]$

Logo, o vetor unitário na direção de $\vec{u} + \vec{v}$ é o $\frac{7}{9}\vec{i} + \frac{4}{9}\vec{j} - \frac{4}{9}\vec{k}$.

Exemplo 2.12: Dados $\vec{u} = 2\vec{i} + 3\vec{j} + 7\vec{k}$, $\vec{v} = \vec{j} - 5\vec{k}$ e $\vec{w} = 16\vec{i} + 7\vec{j} - 2\vec{k}$, verifique que esses vetores são LI e escreva o vetor $\vec{r} = 4\vec{i} + 2\vec{j} + 19\vec{k}$ como combinação linear deles.

```
(%i06) u: [2, 3, 7]; v: [0, 1, -5]; w: [16, 7, -2];
```
(%o06) $[2, 3, 7]$

(%o07) $[0, 1, -5]$

(%o08) $[16, 7, -2]$

```
(%i09) r: [4, 2, 19];
```
(%o09) $[4, 2, 19]$

Sendo a, b, c escalares, escrevemos a combinação $a\vec{u} + b\vec{v} + c\vec{w} = \vec{0}$ que pode ser codificada no Maxima como sendo *a*u+b*v+c*w*. Opcionalmente, o segundo membro nulo da igualdade pode ser omitido. O comando a seguir, calcula todos os possíveis valores para a, b, c que satisfazem a igualdade anterior.

```
(%i09) solve(a*u + b*v + c*w = 0, [a, b, c]);
```
(%o09) $[[a = 0,\ b = 0,\ c = 0]]$

Como só tem a solução $a = 0, b = 0, c = 0$, concluímos que os vetores $\vec{u}$, $\vec{v}$ e $\vec{w}$ são LI.

Definimos agora uma equação *eq* como sendo $\vec{r} = a\vec{u} + b\vec{v} + c\vec{w}$.

```
(%i10) eq: r = a*u + b*v + c*w;
```
(%o10) $[4, 2, 19] = [16c + 2a,\ 7c + b + 3a,\ -2c - 5b + 7a]$

O lado esquerdo de uma equação é calculado com um comando *lhs(...)* e o lado direito com um *rhs(...)*. Com o comando a seguir, redefinimos a equação como sendo o primeiro menos o segundo membro. Depois, calculamos todos os a, b, c que tornam a igualdade verdadeira.

```
(%i11) eq: lhs(eq-rhs(eq));
```
(%o11) $[-16c - 2a + 4,\ -7c - b - 3a + 2,\ 2c + 5b - 7a + 19]$

```
(%i12) solve(eq, [a, b, c]);
```
(%o12) $[[a = \dfrac{166}{143},\ b = -\dfrac{317}{143},\ c = \dfrac{15}{143}]]$

Obtivemos dessa forma, os valores dos escalares procurados: $a = \frac{166}{143}$, $b = -\frac{317}{143}$, $c = \frac{15}{143}$. Finalmente, para testar o resultado obtido, fazemos uma combinação linear $a\vec{u} + b\vec{v} + c\vec{w}$ para ver se a resposta dá igual a $\vec{r}$.

```
(%i13) 166/143*u -317/143*v + 15/143*w;
```
(%o13) $[4, 2, 19]$

2.10 Exercícios propostos

A5) Em uma partícula estão atuando as forças $\vec{F}_1 = \vec{i} + \vec{k}$, $\vec{F}_2 = 3\vec{i} - 4\vec{j} + \vec{k}$ e $\vec{F}_3 = 3\vec{j} + 4\vec{k}$. Determine o módulo da resultante das forças que atuam nessa partícula *(OBS.: a resultante é a soma de todas as forças que atuam na partícula).*

Resp.: $\|4\vec{i} - \vec{j} + 6\vec{k}\| = \sqrt{53}$

A6) No hexágono regular $ABCDEF$ de centro O da figura 2.28 calcule as seguintes somas dos vetores:

a) $\overrightarrow{OA} + \overrightarrow{OB} + \overrightarrow{OC} + \overrightarrow{OD} + \overrightarrow{OE} + \overrightarrow{OF}$

b) $\overrightarrow{AE} + \overrightarrow{AC} + \overrightarrow{DO}$

c) $\overrightarrow{AO} + \overrightarrow{FO}$

d) $\overrightarrow{AF} + \overrightarrow{AB} + \overrightarrow{DF} + \overrightarrow{DB}$

Resp.: a) $\vec{0}$; b) $\overrightarrow{AD}$; c) $\overrightarrow{AC}$; d) $\overrightarrow{DA}$

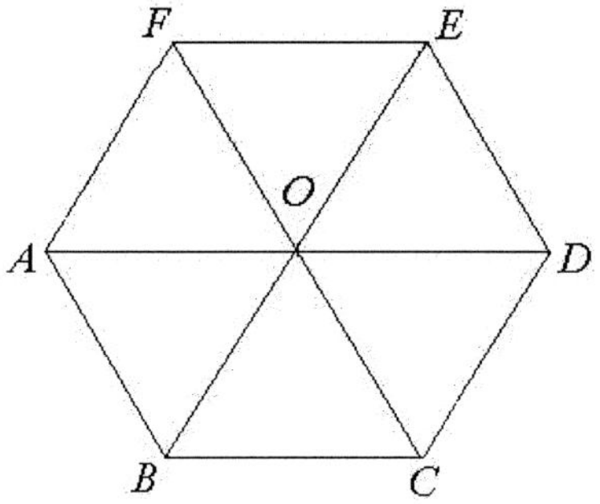

Figura 2.28: Exercício A6

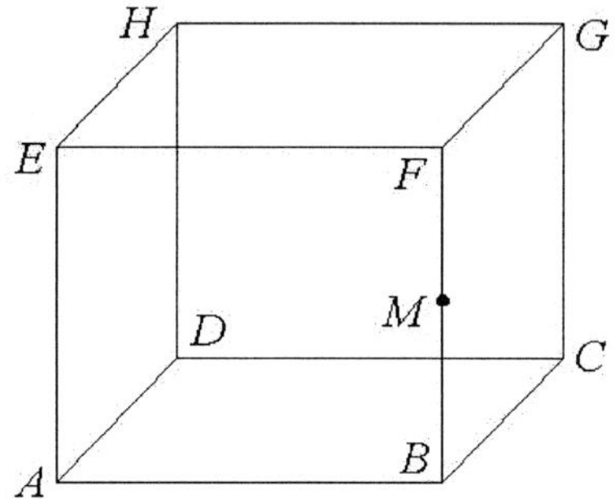

Figura 2.29: Exercício A7

A7) No cubo da figura 2.29, calcule as somas de vetores $\overrightarrow{AE} + \overrightarrow{AB} + \overrightarrow{FG} + \overrightarrow{FA}$ e $\overrightarrow{CM} + \overrightarrow{MG} + \overrightarrow{AB} + \overrightarrow{AD}$

Resp.: $\overrightarrow{AE} + \overrightarrow{AB} + \overrightarrow{FG} + \overrightarrow{FA} = \overrightarrow{FG}$ e $\overrightarrow{CM} + \overrightarrow{MG} + \overrightarrow{AB} + \overrightarrow{AD} = \overrightarrow{AG}$

A8) Verifique se os pontos $A = (3, 4, 1)$, $B = (-1, 0, 2)$ e $C = (0, 1, 1)$ são vértices de um triângulo. Se forem, determine um ponto D de tal forma que $ABCD$ seja um paralelogramo. Determine também o ponto M da interseção das diagonais.

Resp.: Os pontos são vértices de um triângulo, $D = (4, 5, 0)$, $M = (\frac{3}{2}, \frac{5}{2}, 1)$

A9) Dê exemplo de dois vetores unitários que tenham a mesma direção que $\vec{v} = -3\vec{i} + \vec{j} - 4\vec{k}$.

Resp.: $\pm\frac{\vec{v}}{\|\vec{v}\|} = \mp\frac{3}{\sqrt{26}}\vec{i} \pm \frac{1}{\sqrt{26}}\vec{j} \mp \frac{1}{\sqrt{26}}\vec{k}$

A10) Determine m para que os pontos $A = (3, 1, 0)$, $B(1, 0, 1)$ e $C(-1, m, 2)$ sejam colineares.

Resp.: $m = -1$

A11) Sejam $\vec{u} = \vec{i} - 2\vec{j} + \vec{k}$ e $\vec{v} = 2\vec{i} + \vec{j}$. Dê exemplo de dois vetores cujas normas sejam o triplo da norma de $\vec{u} + \vec{v}$.

Resp.: $\pm3(\vec{u} + \vec{v}) = \pm9\vec{i} \mp 3\vec{j} \pm 3\vec{k}$

A12) No paralelogramo $ABCD$ da figura 2.30, os pontos M e N são, respectivamente, os pontos médios dos lados AB e AD. Mostre que

$$\overrightarrow{CN} + \overrightarrow{CM} = \frac{3}{2}\overrightarrow{CA}.$$

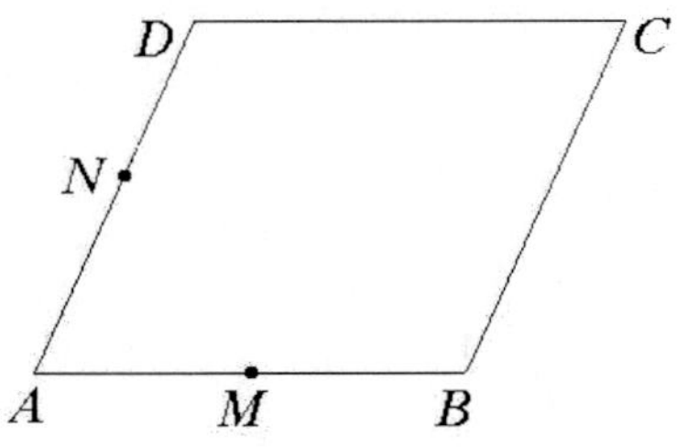

Figura 2.30: Exercício A12

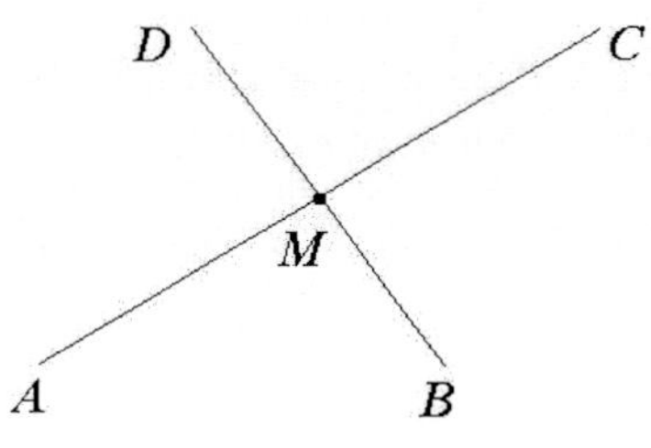

Figura 2.31: Exercício A13

A13) Na figura 2.31, M é o ponto médio dos segmentos AC e de DB. Mostre que $ABCD$ é um paralelogramo. (Sugestão: basta mostrar que $\overrightarrow{AD} = \overrightarrow{BC}$ ou que $\overrightarrow{AB} = \overrightarrow{DC}$.)

A14) Considere os vetores $\vec{u} = \vec{i} + \vec{j} - \vec{k}$, $\vec{v} = \vec{j} + \vec{k}$ e $\vec{w} = 2\vec{i} - \vec{j} + \vec{k}$. Mostre que $\{\vec{u}, \vec{v}, \vec{w}\}$ é uma base do espaço tridimensional e obtenha as coordenadas de $\vec{a} = 4\vec{i} - 2\vec{k}$ nessa base.

Resp.: $D = \begin{vmatrix} 1 & 1 & -1 \\ 0 & 1 & 1 \\ 2 & -1 & 1 \end{vmatrix} = 6 \neq 0 \Rightarrow$ é uma base; as coordenadas de $\vec{a}$ nessa base são $(2, -1, 1)$

A15) Mostre que para quaisquer vetores $\vec{a}, \vec{b}, \vec{c}$ os vetores $\vec{a} + \vec{b}$, $\vec{b} + \vec{c}$ e $\vec{c} - \vec{a}$ são coplanares.
Resp.: $\vec{b} + \vec{c} = (\vec{a} + \vec{b}) + (\vec{c} - \vec{a})$

A16) Considere a base $\{\vec{a}, \vec{b}, \vec{c}\}$. Mostre que os vetores $\vec{a} + 2\vec{b} - \vec{c}$, $3\vec{a} - \vec{b} + \vec{c}$ e $-\vec{a} + 5\vec{b} - 3\vec{c}$ são LI.

A17) Dados vetores $\vec{a}$, $\vec{b}$ e $\vec{c}$ não coplanares, determine escalares λ e μ para que os vetores $\lambda\vec{a} + \mu\vec{b} + \vec{c}$ e $\vec{a} + \lambda\vec{b} + \mu\vec{c}$ sejam colineares.
Resp.: $\mu = \lambda = 1$

A18) Determine vetores $\vec{x}$ e $\vec{y}$ que satisfaçam o sistema de equações

$$\begin{cases} \vec{x} + 2\vec{y} &= 3\vec{i} \\ 2\vec{x} + \vec{y} &= \vec{j} - 3\vec{k} \end{cases}$$

Resp.: $\vec{x} = -\vec{i} + \frac{2}{3}\vec{j} - 2\vec{k}$, $\vec{y} = 2\vec{i} - \frac{1}{3}\vec{j} + \vec{k}$

A19) Verifique se os pontos $A = (2, 2, 1)$, $B = (3, 1, 2)$, $C = (2, 3, 0)$ e $D = (2, 3, 2)$ são coplanares.
Resp.: não são coplanares

B3) Em um triângulo ABC, considere um ponto E no lado AB e um ponto D no lado AC que satisfazem $\overrightarrow{AD} = \frac{1}{3}\overrightarrow{AC}$ e $\overrightarrow{AE} = \frac{2}{3}\overrightarrow{AB}$. Escreva o vetor $\overrightarrow{DE}$ como combinação linear de $\overrightarrow{BA}$ e $\overrightarrow{BC}$.
Resp.: $\overrightarrow{DE} = -\frac{1}{3}\overrightarrow{BA} - \frac{1}{3}\overrightarrow{BC}$

B4) Mostre que o segmento de reta que une os pontos médios de dois lados de um triângulo é paralelo ao terceiro lado e tem a metade do comprimento deste.

B5) Seja $ABCD$ um paralelogramo e G o ponto de encontro de suas diagonais. Determine os vértices C e D conhecendo as coordenadas de $A = (1, 2, 3)$, $B = (0, 2, 5)$ e $G = (1, 0, 1)$.
Resp.: $C = (1, -2, -1)$, $D = (2, -2, -3)$

B6) No cubo da figura 2.29, sabendo que M é o ponto médio do segmento BF, escreva o vetor $\overrightarrow{HM}$ como combinação linear dos vetores $\overrightarrow{AB}$, $\overrightarrow{AD}$ e $\overrightarrow{AE}$.
Resp.: $\overrightarrow{HM} = \overrightarrow{AB} - \overrightarrow{AD} - \frac{1}{2}\overrightarrow{AE}$

B7) Em um triângulo ABC sejam M, N e P os pontos médios dos lados AB, AC e BC, respectivamente. Mostre que

$$\overrightarrow{AP} + \overrightarrow{CM} + \overrightarrow{BN} = \vec{0}.$$

C3) Em um hexágono regular $ABCDEF$ temos $\overrightarrow{AB} = \vec{u}$ e $\overrightarrow{BC} = \vec{v}$. Escreva os vetores $\overrightarrow{CD}$, $\overrightarrow{DE}$, $\overrightarrow{EF}$, $\overrightarrow{FA}$, $\overrightarrow{AC}$, $\overrightarrow{AD}$ e $\overrightarrow{AE}$ em termos de $\vec{u}$ e $\vec{v}$.
Resp.: $\overrightarrow{CD} = -\vec{u} + \vec{v}$, $\overrightarrow{DE} = -\vec{u}$, $\overrightarrow{EF} = -\vec{v}$, $\overrightarrow{FA} = \vec{u} - \vec{v}$, $\overrightarrow{AC} = \vec{u} + \vec{v}$, $\overrightarrow{AD} = 2\vec{v}$, $\overrightarrow{AE} = -\vec{u} + 2\vec{v}$

C4) Dizemos que uma base $\{\vec{a} = a_1\vec{i} + a_2\vec{j} + a_3\vec{k}, \vec{b} = b_1\vec{i} + b_2\vec{j} + b_3\vec{k}, \vec{c} = c_1\vec{i} + c_2\vec{j} + c_3\vec{k}\}$ é *positiva* (respectivamente, *negativa*) quando o determinante

$$D = \begin{vmatrix} a_1 & a_2 & a_3 \\ b_1 & b_2 & b_3 \\ c_1 & c_2 & c_3 \end{vmatrix}$$

for positivo (respectivamente, negativo). Baseado nessa definição, mostre que as bases $\beta_1 = \{\vec{i}, \vec{j}, \vec{k}\}$ e $\beta_2 = \{3\vec{i}, -\vec{j} - \vec{k}, -2\vec{i} - 5\vec{k}\}$ são positivas, enquanto que $\beta_3 = \{\vec{j}, \vec{i}, \vec{k}\}$ e $\beta_4 = \{\vec{i} + \vec{j} + \vec{k}, \vec{j} + \vec{k}, \vec{j}\}$ são bases negativas.

Resp.: Os determinantes $\begin{vmatrix} 1 & 0 & 0 \\ 0 & 1 & 0 \\ 0 & 0 & 1 \end{vmatrix} = 1$ e $\begin{vmatrix} 3 & 0 & 0 \\ 0 & -1 & -1 \\ -2 & 0 & -5 \end{vmatrix} = 15$ são positivos e $\begin{vmatrix} 0 & 1 & 0 \\ 1 & 0 & 0 \\ 0 & 0 & 1 \end{vmatrix} = -1$ e $\begin{vmatrix} 1 & 1 & 1 \\ 0 & 1 & 1 \\ 0 & 1 & 0 \end{vmatrix} = -1$ são negativos

C5) Sejam $\vec{a}$ e $\vec{b}$ vetores LI tais que $\overrightarrow{AB} = \vec{a} + 2\vec{b}$, $\overrightarrow{BC} = -4\vec{a} - \vec{b}$ e $\overrightarrow{CD} = -5\vec{a} - 3\vec{b}$. Mostre que $ABCD$ é um trapézio.
Resp.: Basta observar que $\overrightarrow{AD} = 2\overrightarrow{BC}$

C6) a) Mostre que os vetores $\vec{a} = \vec{i} + 2\vec{j}$, $\vec{b} = -2\vec{i} + \vec{k}$ e $\vec{c} = 4\vec{j} + \vec{k}$ não formam uma base do $\mathbb{R}^3$.

b) Mostre que não é possível escrever $\vec{v} = \vec{i} - \vec{k}$ como combinação linear de $\vec{a}$, $\vec{b}$ e $\vec{c}$. Interprete, geometricamente, esta situação.

c) Mostre que é possível escrever $\vec{w} = 3\vec{i} + 2\vec{j} - \vec{k}$ como combinação linear de $\vec{a}$, $\vec{b}$ e $\vec{c}$ de uma infinidade de maneiras.
Resp.: a) $\vec{c} = 2\vec{a} + \vec{b}$; b) $\vec{v}$ não pertence ao plano que contém $\vec{a}$, $\vec{b}$ e $\vec{c}$; c) $\vec{w} = (2m + 1)\vec{a} + (m - 1)\vec{b} - m\vec{c}$, $\forall m \in \mathbb{R}$

C7) O segmento de extremidades $A = (x_1, y_1, z_1)$ e $B = (x_2, y_2, z_2)$ é dividido pelo ponto $C(x, y, z)$ na razão de 1 para λ (isto é, $\frac{\|\overrightarrow{AC}\|}{\|\overrightarrow{CB}\|} = \frac{1}{\lambda}$). Mostre que

$$x = \frac{x_2 + \lambda x_1}{1 + \lambda}, \ y = \frac{y_2 + \lambda y_1}{1 + \lambda}, \ z = \frac{z_2 + \lambda z_1}{1 + \lambda}.$$

Usando esse resultado, determine pontos C e D que dividem o segmento de extremidades $A = (0, 1, 2)$ e $B = (4, -2, 1)$ em três partes de mesmo comprimento.

Resp.: $\lambda = 2$, $C = \left(\frac{4}{3}, 0, \frac{5}{3}\right)$, $\left(\frac{8}{3}, -1, \frac{4}{3}\right)$

Capítulo 3

Produtos de vetores

3.1 Introdução

Neste capítulo introduzimos diversos tipos de produtos vetoriais. Essas ideias são inspiradas em conceitos físicos e têm aplicações em diferentes áreas da Matemática. Em particular, nos exemplos e nos exercícios resolvidos usamos produtos vetoriais para demonstrar resultados de Geometria Plana ou de Trigonometria bastante conhecidos tais como Teorema de Pitágoras, Lei dos Senos para um triângulo qualquer, cosseno e seno da diferença de dois ângulos, cálculo da área de um triângulo pela fórmula de Heron, entre outros.

3.2 Produto interno

A motivação para a definição de produto interno vem da Mecânica. Consideremos uma força representada pelo vetor $\vec{F}$ atuando sobre um corpo de tal forma que lhe provoque um deslocamento representado pelo vetor $\vec{d}$ (Figura 3.1). Então, define-se o **trabalho** W realizado pela força $\vec{F}$ como sendo o número real dado por

$$W = \|\vec{F}\|\|\vec{d}\| \cos \alpha$$

onde α é o ângulo entre os vetores $\vec{F}$ e $\vec{d}$.

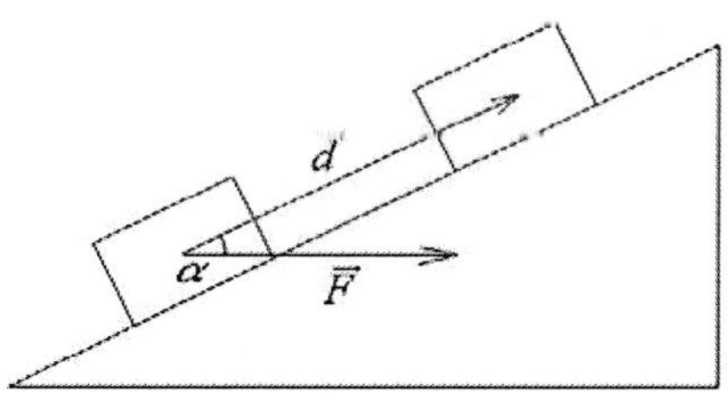

Figura 3.1: Trabalho realizado pela força $\vec{F}$

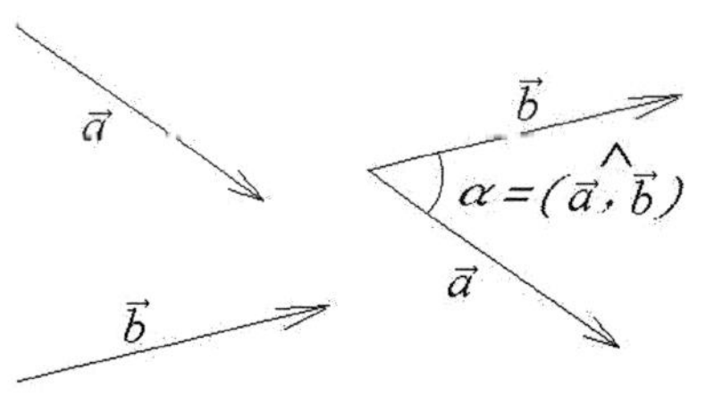

Figura 3.2: Ângulo entre vetores

Sejam $\vec{a}$ e $\vec{b}$ vetores não nulos. Denotemos o ângulo* entre eles por $\widehat{(\vec{a}, \vec{b})}$. No cálculo da medida do ângulo, podemos considerar representantes para esses vetores que tenham o mesmo ponto inicial (Figura 3.2). O *produto interno* dos vetores $\vec{a}$ e $\vec{b}$ é denotado por $\vec{a} \cdot \vec{b}$ e é definido por

$$\vec{a} \cdot \vec{b} = \|\vec{a}\|\|\vec{b}\| \cos \widehat{(\vec{a}, \vec{b})}.$$

*Estamos nos referindo ao *menor ângulo* de 0 a π radianos (de 0 a 180 graus).

Se $\vec{a} = \vec{0}$ ou $\vec{b} = \vec{0}$, então definimos $\vec{a} \cdot \vec{b} = \vec{0}$.

Exemplo 3.1: Os vetores $\vec{i}$, $\vec{j}$ e $\vec{k}$ são unitários e tais que $\widehat{(\vec{i}, \vec{j})} = \widehat{(\vec{i}, \vec{k})} = \widehat{(\vec{j}, \vec{k})} = \frac{\pi}{2}$ Logo,

$$\vec{i} \cdot \vec{j} = ||\vec{i}|| ||\vec{j}|| \cos\frac{\pi}{2} = 1 \cdot 1 \cdot 0 = 0$$

$$\vec{i} \cdot \vec{k} = ||\vec{i}|| ||\vec{k}|| \cos\frac{\pi}{2} = 1 \cdot 1 \cdot 0 = 0$$

$$\vec{j} \cdot \vec{k} = ||\vec{j}|| ||\vec{k}|| \cos\frac{\pi}{2} = 1 \cdot 1 \cdot 0 = 0.$$

Além disso, como $\widehat{(\vec{i}, \vec{i})} = \widehat{(\vec{j}, \vec{j})} = \widehat{(\vec{k}, \vec{k})} = 0$, temos

$$\vec{i} \cdot \vec{i} = ||\vec{i}|| ||\vec{i}|| \cos 0 = 1 \cdot 1 \cdot 1 = 1$$

$$\vec{j} \cdot \vec{j} = ||\vec{j}|| ||\vec{j}|| \cos 0 = 1 \cdot 1 \cdot 1 = 1$$

$$\vec{k} \cdot \vec{k} = ||\vec{k}|| ||\vec{k}|| \cos 0 = 1 \cdot 1 \cdot 1 = 1.$$

Observações:

- Observe, o produto assim definido envolve dois vetores como fatores, mas tem como resultado um número real, ou seja, um escalar. Por isso, tal produto também é conhecido pelo nome de *produto escalar*.
- O produto interno dos vetores $\vec{a}$ e $\vec{b}$ também costuma ser denotado por $\langle \vec{a}, \vec{b} \rangle$.

3.2.1 Projeções ortogonais

Dados dois vetores $\vec{a}$ e $\vec{u} \neq \vec{0}$, consideremos a reta suporte r de um representante de $\vec{u}$ †. Chamamos **projeção ortogonal** de $\vec{a}$ na direção de $\vec{u}$ ao vetor representado pelo segmento orientado $\overrightarrow{A'B'}$, onde $\overrightarrow{AB}$ é um representante de $\vec{a}$ e os pontos A' e B' são os pontos de interseção de retas perpendiculares a r que passam por A e B, respectivamente (Figura 3.3). Nesse caso, denotamos $\overrightarrow{A'B'}$ por $\text{proj}_{\vec{u}}\vec{a}$.

Observe que nessa definição, interessa apenas a direção do vetor $\vec{u}$. Consequentemente, $\text{proj}_{\vec{u}}\vec{a} = \text{proj}_{\vec{v}}\vec{a}$ se $\vec{v} \neq \vec{0}$ for um vetor paralelo a $\vec{u}$.

Suponhamos $\vec{u}$ unitário, $\alpha = \widehat{(\vec{a}, \vec{u})}$ e $0 \leq \alpha < \frac{\pi}{2}$. Na Figura 3.3 temos $\frac{||\overrightarrow{A'B'}||}{||\overrightarrow{AB}||} = \cos\alpha \Longrightarrow$ $||\overrightarrow{A'B'}|| = ||\overrightarrow{AB}|| \cos\alpha = ||\vec{a}|| \cos\alpha$. Portanto, $\text{proj}_{\vec{u}}\vec{a} = (||\vec{a}|| \cos\alpha)\vec{u} = (||\vec{a}|| ||\vec{u}|| \cos\alpha)\vec{u}$, e daí

$$\text{proj}_{\vec{u}}\vec{a} = (\vec{a} \cdot \vec{u})\vec{u}.$$

De maneira análoga, podemos obter esse mesmo resultado se tivermos $\frac{\pi}{2} \leq \alpha \leq \pi$. Daí, podemos deduzir que $|\vec{a} \cdot \vec{u}| = ||\vec{a}|| ||\vec{u}|| |\cos\alpha| = ||\text{proj}_{\vec{u}}\vec{a}||$. Geometricamente, isso significa que o módulo do produto interno de um vetor $\vec{a}$ por um vetor unitário $\vec{u}$ corresponde ao comprimento da projeção de $\vec{a}$ sobre $\vec{u}$.

† Dois vetores quaisquer $\vec{a}$ e $\vec{u}$ possuem representantes que são segmentos orientados coplanares

Se $\vec{v}$ for um vetor não nulo então $\vec{u} = \frac{\vec{v}}{||\vec{v}||}$ é unitário e, usando o que foi visto anteriormente, temos $\text{proj}_{\vec{v}}\vec{a} = \text{proj}_{\vec{u}}\vec{a} = (\vec{a} \cdot \vec{u})\vec{u} = \left(\vec{a} \cdot \frac{\vec{v}}{||\vec{v}||}\right)\frac{\vec{v}}{||\vec{v}||}$, ou seja,

$$\text{proj}_{\vec{v}}\vec{a} = \left(\frac{\vec{a} \cdot \vec{v}}{||\vec{v}||^2}\right)\vec{v}.$$

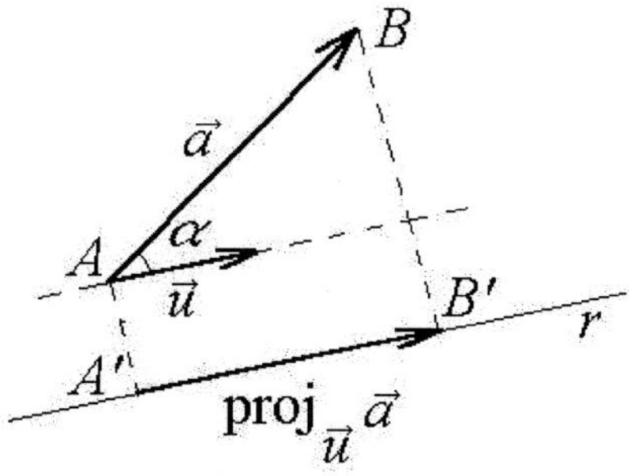

Figura 3.3: Projeção de $\vec{a}$ na direção de $\vec{u}$

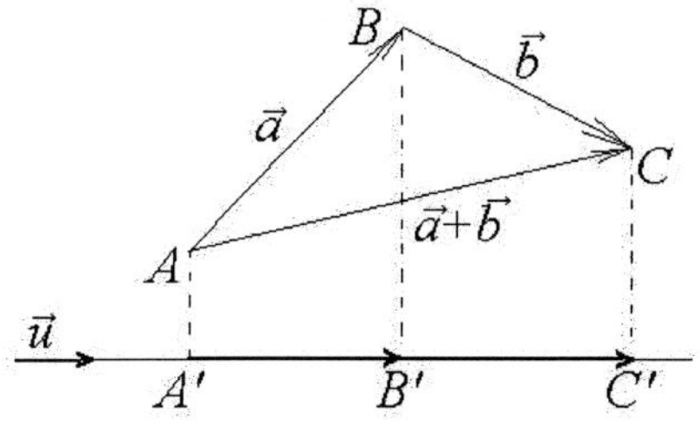

Figura 3.4: Projeção de $\vec{a} + \vec{b}$ na direção de $\vec{u}$

Destaquemos a seguinte propriedade das projeções ortogonais:

$$\text{proj}_{\vec{u}}(\vec{a} + \vec{b}) = \text{proj}_{\vec{u}}\vec{a} + \text{proj}_{\vec{u}}\vec{b}.$$

Essa propriedade é uma consequência imediata da igualdade $\overrightarrow{A'C'} = \overrightarrow{A'B'} + \overrightarrow{B'C'}$ na Figura 3.4.

3.2.2 Propriedades do produto interno

Para quaisquer vetores $\vec{a}$, $\vec{b}$, $\vec{c}$ e qualquer escalar x são válidas as propriedades mostradas a seguir, com suas respectivas demonstrações.

[I1] $\vec{a} \cdot \vec{b} = \vec{b} \cdot \vec{a}$ (comutatividade)

$\vec{a} \cdot \vec{b} = ||\vec{a}||||\vec{b}|| \cos\widehat{(\vec{a}, \vec{b})} = ||\vec{b}||||\vec{a}|| \cos\widehat{(\vec{b}, \vec{a})} = \vec{b} \cdot \vec{a}$.

[I2] $(x\vec{a}) \cdot \vec{b} = x(\vec{a} \cdot \vec{b}) = \vec{a} \cdot (x\vec{b})$

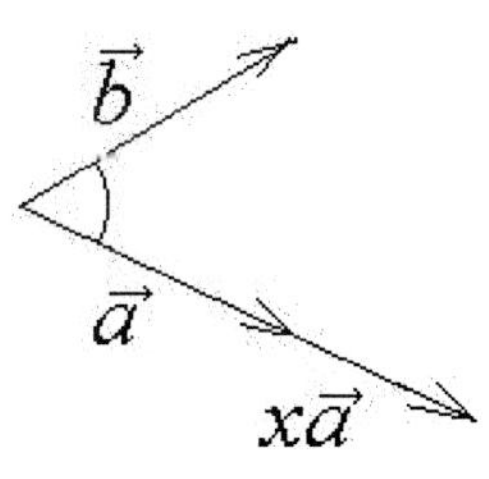

Figura 3.5: Ângulo entre $x\vec{a}$ e $\vec{b}$ com $x > 0$

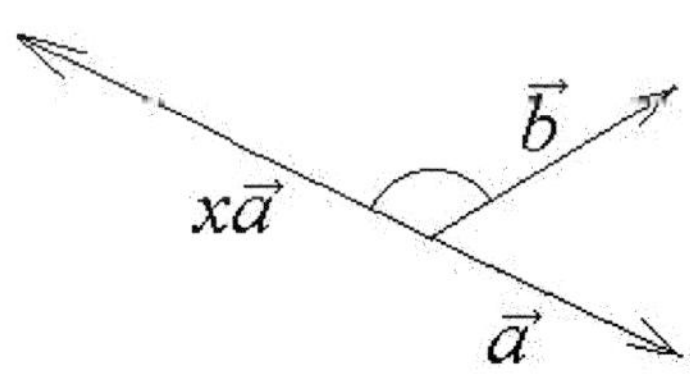

Figura 3.6: Ângulo entre $x\vec{a}$ e $\vec{b}$ com $x < 0$

Se $x > 0$, o ângulo entre $\vec{a}$ e $\vec{b}$ é o mesmo ângulo que $x\vec{a}$ e $\vec{b}$ (Figura 3.5). Logo, $(x\vec{a}) \cdot \vec{b} = ||x\vec{a}||||\vec{b}|| \cos\widehat{(x\vec{a}, \vec{b})} = |x|||\vec{a}||||\vec{b}|| \cos\widehat{(\vec{a}, \vec{b})} = x(\vec{a} \cdot \vec{b})$.

Se $x < 0$ então $\widehat{(x\vec{a}, \vec{b})} = \pi - \widehat{(\vec{a}, \vec{b})}$ (Figura 3.6). Logo, $(x\vec{a}) \cdot \vec{b} = ||x\vec{a}||||\vec{b}|| \cos\widehat{(x\vec{a}, \vec{b})} = |x|||\vec{a}||||\vec{b}|| \cos\left(\pi - \widehat{(\vec{a}, \vec{b})}\right) = -x||\vec{a}||||\vec{b}|| \left(-\cos\widehat{(\vec{a}, \vec{b})}\right) = x(\vec{a} \cdot \vec{b})$.

Além disso, $\vec{a} \cdot (x\vec{b}) = (x\vec{b}) \cdot \vec{a} = x(\vec{b} \cdot \vec{a}) = x(\vec{a} \cdot \vec{b})$.

[I3] $(\vec{a}+\vec{b})\cdot\vec{c} = \vec{a}\cdot\vec{c}+\vec{b}\cdot\vec{c}$ (distributividade com relação à soma de vetores)

Se $\vec{c}=\vec{0}$ a igualdade é imediata pois reduz-se a $\vec{0}=\vec{0}+\vec{0}$.

Suponhamos $\vec{c}\neq\vec{0}$. Então, temos $\text{proj}_{\vec{c}}(\vec{a}+\vec{b}) = \text{proj}_{\vec{c}}\vec{a}+\text{proj}_{\vec{c}}\vec{b}$ e daí obtemos $\left(\frac{(\vec{a}+\vec{b})\cdot\vec{c}}{\|\vec{c}\|^2}\right)\vec{c} = \frac{\vec{a}\cdot\vec{c}}{\|\vec{c}\|^2}\vec{c}+\frac{\vec{b}\cdot\vec{c}}{\|\vec{c}\|^2}\vec{c}$, que multiplicando por $\|\vec{c}\|^2$ fornece: $((\vec{a}+\vec{b})\cdot\vec{c})\vec{c} = (\vec{a}\cdot\vec{c})\vec{c}+(\vec{b}\cdot\vec{c})\vec{c}$, ou seja, $((\vec{a}+\vec{b})\cdot\vec{c}-\vec{a}\cdot\vec{c}-\vec{b}\cdot\vec{c})\vec{c}=\vec{0}$.

Como $\vec{c}\neq 0$, temos $(\vec{a}+\vec{b})\cdot\vec{c}-\vec{a}\cdot\vec{c}-\vec{b}\cdot\vec{c}=\vec{0}$ que é equivalente a $(\vec{a}+\vec{b})\cdot\vec{c}=\vec{a}\cdot\vec{c}+\vec{b}\cdot\vec{c}$.

Usando a comutatividade do produto interno, temos também que $\vec{a}\cdot(\vec{b}+\vec{c}) = (\vec{b}+\vec{c})\cdot\vec{a} = \vec{b}\cdot\vec{a}+\vec{c}\cdot\vec{a} = \vec{a}\cdot\vec{b}+\vec{a}\cdot\vec{c}$. Logo,

$$\vec{a}\cdot(\vec{b}+\vec{c}) = \vec{a}\cdot\vec{b}+\vec{a}\cdot\vec{c}.$$

[I4] Dois vetores não nulos $\vec{a}$ e $\vec{b}$ são ortogonais se, e somente se, $\vec{a}\cdot\vec{b}=0$

Se $\vec{a}$ e $\vec{b}$ forem ortogonais, então $\widehat{(\vec{a},\vec{b})}=\frac{\pi}{2}$ e daí $\vec{a}\cdot\vec{b}=\|\vec{a}\|\|\vec{b}\|\cos\frac{\pi}{2}=\|\vec{a}\|\|\vec{b}\|\cdot 0=0$.

Reciprocamente, se $\vec{a}\cdot\vec{b}=0$, então $\|\vec{a}\|\|\vec{b}\|\cos\widehat{(\vec{a},\vec{b})}=0$. Como $\|\vec{a}\|\neq 0$ e $\|\vec{b}\|\neq 0$, devemos ter $\cos\widehat{(\vec{a},\vec{b})}=0$. Logo, $\widehat{(\vec{a},\vec{b})}=\frac{\pi}{2}$, isto é, $\vec{a}$ e $\vec{b}$ são ortogonais.

Convencionamos que o vetor nulo é ortogonal a qualquer outro vetor. Com isso, esta propriedade pode ser estendida, ficando com o seguinte enunciado: *"Dois vetores são ortogonais se, e somente se, seu produto interno é nulo."*

[I5] $\|\vec{a}\|^2=\vec{a}\cdot\vec{a}$ (que é o mesmo que $\|\vec{a}\|=\sqrt{\vec{a}\cdot\vec{a}}$)

É claro que $\vec{0}\cdot\vec{0}=\|\vec{0}\|^2$. Se $\vec{a}\neq\vec{0}$, então, como $\widehat{(\vec{a},\vec{a})}=0$ temos $\vec{a}\cdot\vec{a}=\|\vec{a}\|\|\vec{a}\|\cos 0$, ou seja, $\vec{a}\cdot\vec{a}=\|\vec{a}\|^2$.

[I6] $|\vec{a}\cdot\vec{b}|\leq\|\vec{a}\|\|\vec{b}\|$

Esta desigualdade é conhecida com o nome de *Desigualdade de Schwarz*[‡]. Basta usar a definição de produto interno e que o módulo do cosseno de um ângulo é menor do que ou igual a 1: $|\vec{a}\cdot\vec{b}|=\|\vec{a}\|\|\vec{b}\||\cos\widehat{(\vec{a},\vec{b})}|\leq\|\vec{a}\|\|\vec{b}\|$.

3.2.3 Produto interno em coordenadas

Consideremos os vetores $\vec{a}=a_1\vec{i}+a_2\vec{j}+a_3\vec{k}$ e $\vec{b}=b_1\vec{i}+b_2\vec{j}+b_3\vec{k}$. Vamos determinar uma maneira simples de calcular $\vec{a}\cdot\vec{b}$ usando apenas as coordenadas de $\vec{a}$ e de $\vec{b}$.

Usando as propriedades **[I1]**, **[I2]**, **[I3]**[§] e os resultados obtidos no exemplo 3.2, podemos obter uma fórmula muito útil para o cálculo de produto interno:

$$\begin{aligned}
\vec{a}\cdot\vec{b} &= (a_1\vec{i}+a_2\vec{j}+a_3\vec{k})\cdot(b_1\vec{i}+b_2\vec{j}+b_3\vec{k}) = a_1\vec{i}\cdot(b_1\vec{i}+b_2\vec{j}+b_3\vec{k})+\\
&\quad a_2\vec{j}\cdot(b_1\vec{i}+b_2\vec{j}+b_3\vec{k})+a_3\vec{k}\cdot(b_1\vec{i}+b_2\vec{j}+b_3\vec{k}) = a_1b_1(\vec{i}\cdot\vec{i})+a_1b_2(\vec{i}\cdot\vec{j})+a_1b_3(\vec{i}\cdot\vec{k})\\
&\quad +a_2b_1(\vec{j}\cdot\vec{i})+a_2b_2(\vec{j}\cdot\vec{j})+a_2b_3(\vec{j}\cdot\vec{k})+a_3b_1(\vec{k}\cdot\vec{i})+a_3b_2(\vec{k}\cdot\vec{j})+a_3b_3(\vec{k}\cdot\vec{k})\\
&= a_1b_1\cdot 1+a_1b_2\cdot 0+a_1b_3\cdot 0a_2b_1\cdot 0+a_2b_2\cdot 1+a_2b_3\cdot 0a_3b_1\cdot 0+a_3b_2\cdot 0+a_3b_3\cdot 1.
\end{aligned}$$

[‡]Hermann Schwarz (1843 – 1921), matemático alemão

[§]Graças a essas propriedades, muitas vezes podemos operar com produto interno de vetores como se estivéssemos operando com produto de números reais.

Portanto,

$$\vec{a} \cdot \vec{b} = a_1 b_1 + a_2 b_2 + a_3 b_3.$$

Exemplo 3.2: Sejam $\vec{a} = 2\vec{i} + 3\vec{j} + 4\vec{k}$ e $\vec{b} = -5\vec{i} - 2\vec{j} + 2\vec{k}$. Então o produto interno entre $\vec{a}$ e $\vec{b}$ pode ser rapidamente efetuado da seguinte maneira:

$$\vec{a} \cdot \vec{b} = 2 \cdot (-5) + 3 \cdot (-2) + 4 \cdot 2 = -10 - 6 + 8 = -8.$$

Exemplo 3.3: Dados $\vec{u} = 8\vec{i} - 2\vec{j} + 2\vec{k}$ e $\vec{v} = 3\vec{i} + 13\vec{j} + \vec{k}$. Para verificar se esses vetores são ortogonais, basta verificar se o produto interno deles é nulo. Como

$$\vec{u} \cdot \vec{v} = 8 \cdot 3 + (-2) \cdot 13 + 2 \cdot 1 = 24 - 26 + 2 = 0$$

temos que $\vec{u}$ e $\vec{v}$ são ortogonais.

Exemplo 3.4: Dados dois vetores $\vec{a} = a_1\vec{i} + a_2\vec{j} + a_3\vec{k}$ e $\vec{b} = b_1\vec{i} + b_2\vec{j} + b_3\vec{k}$, podemos determinar o ângulo entre eles usando a definição:

$$\cos\widehat{(\vec{a}, \vec{b})} = \frac{\vec{a} \cdot \vec{b}}{||\vec{a}||||\vec{b}||}$$

e as fórmulas $\vec{a} \cdot \vec{b} = a_1 b_1 + a_2 b_2 + a_3 b_3$, $||\vec{a}|| = \sqrt{a_1^2 + a_2^2 + a_3^2}$ e $||\vec{b}|| = \sqrt{b_1^2 + b_2^2 + b_3^2}$. Por exemplo, sejam $\vec{a} = 5\vec{i} - \vec{j} + \vec{k}$ e $\vec{b} = 2\vec{i} + 3\vec{j} + 3\vec{k}$. Temos: $\vec{a} \cdot \vec{b} = 10 - 3 + 3 = 10$, $||\vec{a}|| = \sqrt{25 + 1 + 1} = \sqrt{27}$ e $||\vec{b}|| = \sqrt{4 + 9 + 9} = \sqrt{22}$. Portanto, se $\alpha = \widehat{(\vec{a}, \vec{b})}$, então

$$\cos\alpha = \frac{10}{\sqrt{27}\sqrt{22}} = \frac{10}{\sqrt{594}},$$

ou seja, $\alpha = \arccos\frac{10}{\sqrt{594}}$. Em geral, deve-se deixar esse tipo de resposta da maneira como está, usando a função arco-cosseno. A título de curiosidade, informamos que, usando uma calculadora ou um computador, pode-se obter uma boa aproximação para ângulos desse tipo. Neste exemplo, temos $\alpha \approx 65^o 46' 34''$.

3.2.4 Bases ortogonais e ortonormais

Uma base $\{\vec{a}, \vec{b}, \vec{c}\}$ do espaço tridimensional é chamada **base ortogonal** quando seus vetores forem dois a dois ortogonais, ou seja, quando $\vec{a} \cdot \vec{b} = \vec{a} \cdot \vec{c} = \vec{b} \cdot \vec{c} = 0$. Se além de ortogonais os vetores forem unitários então a base chama-se **base ortonormal.**

Exemplo 3.5: A base canônica do $\mathbb{R}^3$, $\{\vec{i}, \vec{j}, \vec{k}\}$, é uma base ortonormal pois $\vec{i} \cdot \vec{j} = \vec{i} \cdot \vec{k} = \vec{j} \cdot \vec{k} = 0$ e $||\vec{i}|| = ||\vec{j}|| = ||\vec{k}|| = 1$.

Exemplo 3.6: A base $\beta_1 = \{\vec{a} = \vec{i} - 2\vec{j} + 2\vec{k}, \vec{b} = 2\vec{i} + 2\vec{j} + \vec{k}, \vec{c} = -2\vec{i} + \vec{j} + 2\vec{k}\}$ é ortogonal porque $\vec{a} \cdot \vec{b} = \vec{a} \cdot \vec{c} = \vec{b} \cdot \vec{c} = 0$, mas não é ortonormal porque $||\vec{a}|| = \sqrt{1 + 4 + 4} = 3$, $||\vec{b}|| = \sqrt{4 + 4 + 1} = 3$ e $||\vec{c}|| = \sqrt{4 + 1 + 4} = 3$. A partir de β_1, podemos construir, facilmente, uma outra base que seja ortonormal: basta dividir cada vetor de β_1 pela sua norma. Obtemos assim, a seguinte base ortonormal:

$$\beta_2 = \left\{ \frac{\vec{a}}{\|\vec{a}\|}, \frac{\vec{b}}{\|\vec{b}\|}, \frac{\vec{c}}{\|\vec{c}\|} \right\} = \left\{ \frac{1}{3}\vec{i} - \frac{2}{3}\vec{j} + \frac{2}{3}\vec{k}, \frac{2}{3}\vec{i} + \frac{2}{3}\vec{j} + \frac{1}{3}\vec{k}, -\frac{2}{3}\vec{i} + \frac{1}{3}\vec{j} + \frac{2}{3}\vec{k} \right\}.$$

A vantagem em se ter uma base ortogonal ou ortonormal é a facilidade com que escrevemos um vetor dado como combinação linear dos vetores da base.

Seja $\{\vec{a}, \vec{b}, \vec{c}\}$ uma base ortogonal, $\vec{v}$ um vetor do $\mathbb{R}^3$ e $x, y, z \in \mathbb{R}$ tais que $\vec{v} = x\vec{a} + y\vec{b} + z\vec{c}$. Fazendo o produto interno de $\vec{v}$ com $\vec{a}$, depois com $\vec{b}$ e com $\vec{c}$, obtemos:

- $\vec{v} \cdot \vec{a} = x\vec{a} \cdot \vec{a} + y\vec{b} \cdot \vec{a} + z\vec{c} \cdot \vec{a} = x\|\vec{a}\|^2 + 0 + 0 \Longrightarrow x = \frac{\vec{v} \cdot \vec{a}}{\|\vec{a}\|^2}$,
- $\vec{v} \cdot \vec{b} = x\vec{a} \cdot \vec{b} + y\vec{b} \cdot \vec{b} + z\vec{c} \cdot \vec{b} = 0 + y\|\vec{b}\|^2 + 0 \Longrightarrow y = \frac{\vec{v} \cdot \vec{b}}{\|\vec{b}\|^2}$,
- $\vec{v} \cdot \vec{c} = x\vec{a} \cdot \vec{c} + y\vec{b} \cdot \vec{c} + z\vec{c} \cdot \vec{c} = 0 + 0 + z\|\vec{c}\|^2 \Longrightarrow z = \frac{\vec{v} \cdot \vec{c}}{\|\vec{c}\|^2}$.

Em particular, se $\{\vec{a}, \vec{b}, \vec{c}\}$ for ortonormal, então $x = \vec{v} \cdot \vec{a},\ y = \vec{v} \cdot \vec{b},\ z = \vec{v} \cdot \vec{c}$.

Exemplo 3.7: Vamos calcular as coordenadas do vetor $\vec{v} = 4\vec{i} - 3\vec{j} + 2\vec{k}$ na base $\{\vec{a}, \vec{b}, \vec{c}\}$, onde $\vec{a} = \frac{1}{3}\vec{i} - \frac{2}{3}\vec{j} + \frac{2}{3}\vec{k}$, $\vec{b} = \frac{2}{3}\vec{i} + \frac{2}{3}\vec{j} + \frac{1}{3}\vec{k}$, $\vec{c} = -\frac{2}{3}\vec{i} + \frac{1}{3}\vec{j} + \frac{2}{3}\vec{k}$. Note que essa base é ortonormal (veja exemplo 3.2.4). Daí, se $\vec{v} = x\vec{a} + y\vec{b} + z\vec{c}$, então

- $x = \vec{v} \cdot \vec{a} = 4 \cdot (\frac{1}{3}) - 3(-\frac{2}{3}) + 2 \cdot (\frac{2}{3}) = \frac{14}{3}$,
- $y = \vec{v} \cdot \vec{b} = 4 \cdot (\frac{2}{3}) - 3(\frac{2}{3}) + 2 \cdot (\frac{1}{3}) = \frac{4}{3}$,
- $z = \vec{v} \cdot \vec{c} = 4 \cdot (-\frac{2}{3}) - 3(\frac{1}{3}) + 2 \cdot (\frac{2}{3}) = -\frac{7}{3}$.

Portanto, as coordenadas de $\vec{v}$ na base dada são $\frac{14}{3}$, $\frac{4}{3}$ e $-\frac{7}{3}$.

3.3 Produto vetorial

Definiremos agora, outro tipo de produto com vetores: o produto vetorial. A motivação para sua definição também vem da Física. Nas definições do *momento de uma força*, *velocidade angular* e de *campo magnético* ocorrem vetores que são ortogonais a dois outros vetores.

Antes de dar uma definição formal vamos fazer alguns cálculos que justifiquem nossa definição. Dados dois vetores $\vec{a} = a_1\vec{i} + a_2\vec{j} + a_3\vec{k}$ e $\vec{b} = b_1\vec{i} + b_2\vec{j} + b_3\vec{k}$, queremos determinar um vetor $\vec{v} = x\vec{i} + y\vec{j} + z\vec{k}$ que seja simultaneamente ortogonal a $\vec{a}$ e a $\vec{b}$. Então devemos ter $\vec{v} \cdot \vec{a} = 0$ e $\vec{v} \cdot \vec{b} = 0$, ou seja,

$$\begin{cases} a_1x + a_2y + a_3z = 0 \\ b_1x + b_2y + b_3z = 0 \end{cases}$$

que é equivalente a

$$\begin{cases} a_1x + a_2y = -a_3z \\ b_1x + b_2y = -b_3z \end{cases}$$

de onde podemos obter os valores de x e y em função de z:

$$x = \frac{a_2b_3 - a_3b_2}{a_1b_2 - a_2b_1}z,\ y = \frac{a_3b_1 - a_1b_3}{a_1b_2 - a_2b_1}z.$$

Para cada valor de $z \in \mathbb{R}$ obtemos uma solução para o sistema. Em particular, podemos escolher $z = a_1b_2 - a_2b_1$ (para "eliminar" o denominador das frações) e daí temos a seguinte solução para o sistema:

$$\begin{aligned} x &= a_2b_3 - a_3b_2 \\ y &= a_3b_1 - a_1b_3 \\ z &= a_1b_2 - a_2b_1 \end{aligned}$$

Obtivemos dessa forma o vetor

$$\vec{v} = (a_2b_3 - a_3b_2)\vec{i} + (a_3b_1 - a_1b_3)\vec{j} + (a_1b_2 - a_2b_1)\vec{k}$$

que é simultaneamente ortogonal a $\vec{a}$ e $\vec{b}$. Chamamos o vetor $\vec{v}$, assim obtido, de *produto vetorial* de $\vec{a}$ por $\vec{b}$ e denotamos[¶] por $\vec{v} = \vec{a} \times \vec{b}$.

Note que essa definição de $\vec{v}$ também pode ser escrita usando determinantes:

$$\vec{a} \times \vec{b} = \begin{vmatrix} a_2 & a_3 \\ b_2 & b_3 \end{vmatrix} \vec{i} + \begin{vmatrix} a_3 & a_1 \\ b_3 & b_1 \end{vmatrix} \vec{j} + \begin{vmatrix} a_1 & a_2 \\ b_1 & b_2 \end{vmatrix} \vec{k}$$

Entretanto, é mais conveniente memorizar a definição de produto vetorial como sendo o seguinte determinante:

$$\vec{a} \times \vec{b} = \begin{vmatrix} \vec{i} & \vec{j} & \vec{k} \\ a_1 & a_2 & a_3 \\ b_1 & b_2 & b_3 \end{vmatrix}.$$

Nem todas as propriedades de determinantes são válidas nesse caso. Por exemplo, não faz sentido somar a primeira linha com a segunda[‖] porque uma linha é formada por vetores e a outra por escalares.

Exemplo 3.8: Calcular o produto vetorial dos vetores $\vec{a} = 5\vec{i} + 4\vec{j} + 3\vec{k}$ e $\vec{b} = \vec{i} + \vec{k}$. Temos $\vec{v} = \vec{a} \times \vec{b} = \begin{vmatrix} \vec{i} & \vec{j} & \vec{k} \\ 5 & 4 & 3 \\ 1 & 0 & 1 \end{vmatrix} = 4\vec{i} - 2\vec{j} - 4\vec{k}$. Observe que $\vec{v}$ é ortogonal a $\vec{a}$ e a $\vec{b}$ porque $\vec{a} \cdot \vec{v} = 5 \cdot 4 + 4 \cdot (-2) + 3 \cdot (-4) = 0$ e $\vec{b} \cdot \vec{v} = 1 \cdot 4 + 0 \cdot (-2) + 1 \cdot (-4) = 0$.

Exemplo 3.9: Vamos calcular $\vec{i} \times \vec{j}$, $\vec{j} \times \vec{k}$ e $\vec{k} \times \vec{i}$. Usando a definição, temos:

- $\vec{i} \times \vec{j} = \begin{vmatrix} \vec{i} & \vec{j} & \vec{k} \\ 1 & 0 & 0 \\ 0 & 1 & 0 \end{vmatrix} = \vec{k}$,

- $\vec{j} \times \vec{k} = \begin{vmatrix} \vec{i} & \vec{j} & \vec{k} \\ 0 & 1 & 0 \\ 0 & 0 & 1 \end{vmatrix} = \vec{i}$,

- $\vec{k} \times \vec{i} = \begin{vmatrix} \vec{i} & \vec{j} & \vec{k} \\ 0 & 0 & 1 \\ 1 & 0 & 0 \end{vmatrix} = \vec{j}$.

É útil memorizar esses resultados para usá-los posteriormente. A Figura 3.7 ajuda nessa memorização.

[¶]O produto vetorial também costuma ser denotado por $\vec{v} = \vec{a} \wedge \vec{b}$

[‖]Esse determinante 3×3 é apenas um determinante *simbólico*, é um artifício útil para lembrar da definição de produto vetorial.

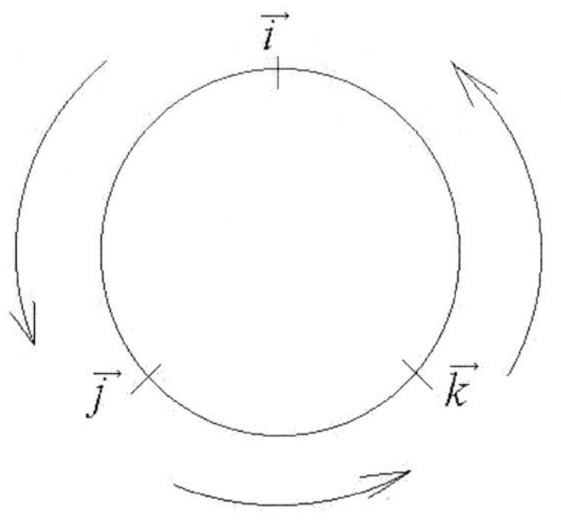

Figura 3.7: $\vec{i} \times \vec{j} = \vec{k}$, $\vec{j} \times \vec{k} = \vec{i}$, $\vec{k} \times \vec{i} = \vec{j}$

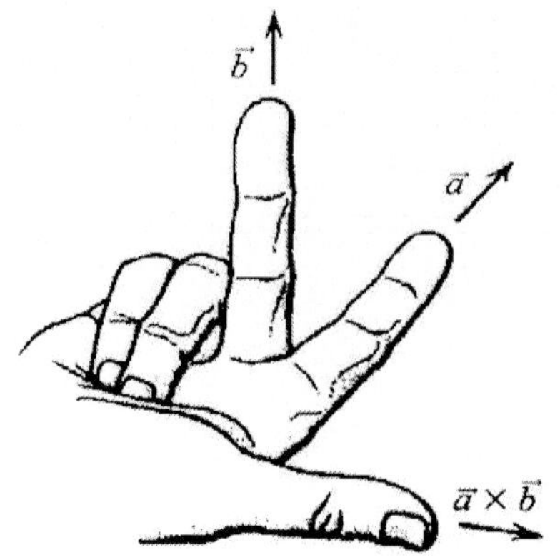

Figura 3.8: Regra da mão direita

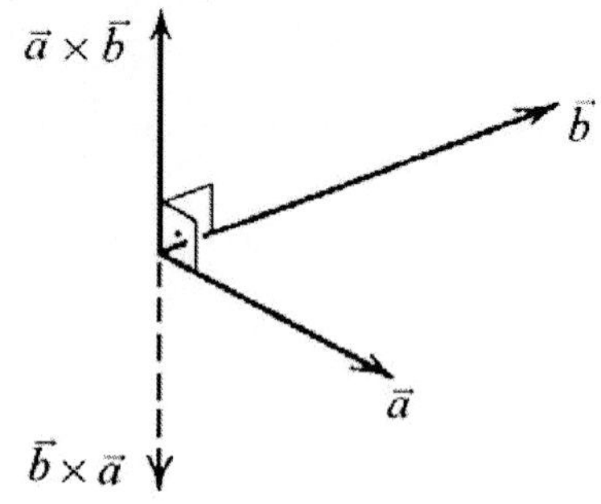

Figura 3.9: $\vec{a} \times \vec{b} = -\vec{b} \times \vec{a}$

Do cálculo de um produto vetorial sempre resulta um vetor ortogonal a cada um dos fatores envolvidos. Além disso, se $\vec{a}$, $\vec{b}$ e $\vec{a} \times \vec{b}$ não forem nulos, o sentido do produto vetorial pode ser determinado pela seguinte regra: se $\vec{a} \times \vec{b}$ apontar para o observador e $\vec{a}$ for girado para ocupar a posição de $\vec{b}$, então o sentido de rotação deverá ser anti-horário. Esse fato costuma ser ilustrado com o nome de *Regra da Mão Direita*: colocando-se três dedos da mão direita como na Figura 3.8, se o dedo indicador representar o vetor $\vec{a}$ e o dedo médio representar $\vec{b}$, então o polegar aponta para $\vec{a} \times \vec{b}$.

3.3.1 Propriedades do produto vetorial

Para quaisquer vetores $\vec{a}$, $\vec{b}$, $\vec{c}$ e qualquer escalar k são válidas as propriedades mostradas a seguir (com suas respectivas demonstrações):

[V1] $\vec{a} \times \vec{a} = \vec{0}$

De acordo com a definição, $\vec{a} \times \vec{a} = \begin{vmatrix} \vec{i} & \vec{j} & \vec{k} \\ a_1 & a_2 & a_3 \\ a_1 & a_2 & a_3 \end{vmatrix} = \vec{0}$, porque nesse caso temos um determinante com duas linhas iguais.

Em particular $\vec{i} \times \vec{i} = \vec{j} \times \vec{j} = \vec{k} \times \vec{k} = \vec{0}$.

[V2] $\vec{a} \times \vec{b} = -\vec{b} \times \vec{a}$ (Figura 3.9)

Quando trocamos duas linhas de um determinante, seu sinal também fica trocado. Devido a isso: $\vec{a} \times \vec{b} = \begin{vmatrix} \vec{i} & \vec{j} & \vec{k} \\ a_1 & a_2 & a_3 \\ b_1 & b_2 & b_3 \end{vmatrix} = -\begin{vmatrix} \vec{i} & \vec{j} & \vec{k} \\ b_1 & b_2 & b_3 \\ a_1 & a_2 & a_3 \end{vmatrix} = -\vec{b} \times \vec{a}$.

Usando essa propriedade e o que foi obtido no exemplo 3.3, temos $\vec{j} \times \vec{i} = -\vec{k}$, $\vec{k} \times \vec{j} = -\vec{i}$ e $\vec{i} \times \vec{k} = -\vec{j}$.

[V3] $\vec{a} \times (\vec{b} + \vec{c}) = \vec{a} \times \vec{b} + \vec{a} \times \vec{c}$

Como $\vec{b} + \vec{c} = (b_1 + c_1)\vec{i} + (b_2 + c_2)\vec{j} + (b_3 + c_3)\vec{k}$, temos:

$$\vec{a} \times (\vec{b} + \vec{c}) = \begin{vmatrix} \vec{i} & \vec{j} & \vec{k} \\ a_1 & a_2 & a_3 \\ b_1 + c_1 & b_2 + c_2 & b_3 + c_3 \end{vmatrix} = \begin{vmatrix} \vec{i} & \vec{j} & \vec{k} \\ a_1 & a_2 & a_3 \\ b_1 & b_2 & b_3 \end{vmatrix} + \begin{vmatrix} \vec{i} & \vec{j} & \vec{k} \\ a_1 & a_2 & a_3 \\ c_1 & c_2 & c_3 \end{vmatrix} = \vec{a} \times \vec{b} + \vec{a} \times \vec{c}.$$

[V4] $(k\vec{a}) \times \vec{b} = k(\vec{a} \times \vec{b}) = \vec{a} \times (k\vec{b})$

$$k\vec{a} \times \vec{b} = k \begin{vmatrix} \vec{i} & \vec{j} & \vec{k} \\ a_1 & a_2 & a_3 \\ b_1 & b_2 & b_3 \end{vmatrix}, \ (k\vec{a}) \times \vec{b} = \begin{vmatrix} \vec{i} & \vec{j} & \vec{k} \\ ka_1 & ka_2 & ka_3 \\ b_1 & b_2 & b_3 \end{vmatrix} = k \begin{vmatrix} \vec{i} & \vec{j} & \vec{k} \\ a_1 & a_2 & a_3 \\ b_1 & b_2 & b_3 \end{vmatrix},$$

$$\vec{a} \times (k\vec{b}) = \begin{vmatrix} \vec{i} & \vec{j} & \vec{k} \\ a_1 & a_2 & a_3 \\ kb_1 & kb_2 & kb_3 \end{vmatrix} = k \begin{vmatrix} \vec{i} & \vec{j} & \vec{k} \\ a_1 & a_2 & a_3 \\ b_1 & b_2 & b_3 \end{vmatrix}.$$

Nos três casos, obtivemos a mesma expressão nos segundos membros das igualdades.

[V5] $||\vec{a} \times \vec{b}||^2 = ||\vec{a}||^2||\vec{b}||^2 - (\vec{a} \cdot \vec{b})^2$

Essa igualdade é conhecida pelo nome **Identidade de Lagrange.**[**] Como

$$\vec{a} \times \vec{b} = (a_2b_3 - a_3b_2)\vec{i} + (a_3b_1 - a_1b_3)\vec{j} + (a_1b_2 - a_2b_1)\vec{k}$$

temos

$$||\vec{a} \times \vec{b}||^2 = (a_2b_3 - a_3b_2)^2 + (a_3b_1 - a_1b_3)^2 + (a_1b_2 - a_2b_1)^2.$$

Por outro lado, $||\vec{a}||^2||\vec{b}||^2 = (a_1^2 + a_2^2 + a_3^2)(b_1^2 + b_2^2 + b_3^2)$ e $(\vec{a} \cdot \vec{b})^2 = (a_1b_1 + a_2b_2 + a_3b_3)^2$. Desenvolvendo os quadrados indicados, obtemos a identidade desejada.

[V6] $||\vec{a} \times \vec{b}|| = ||\vec{a}||||\vec{b}|| \operatorname{sen} \alpha$, onde $\alpha = \widehat{(\vec{a}, \vec{b})}$

Usando a Identidade de Lagrange e a definição de produto interno, temos:

$$||\vec{a} \times \vec{b}||^2 = ||\vec{a}||^2||\vec{b}||^2 - (\vec{a} \cdot \vec{b})^2 = ||\vec{a}||^2||\vec{b}||^2 - (||\vec{a}||||\vec{b}|| \cos \alpha)^2$$
$$= ||\vec{a}||^2||\vec{b}||^2(1 - \cos^2 \alpha) = ||\vec{a}||^2||\vec{b}||^2 \operatorname{sen}^2 \alpha.$$

Como $0 \leq \alpha \leq \pi$, temos $\operatorname{sen} \alpha \geq 0$ e daí, $||\vec{a} \times \vec{b}|| = ||\vec{a}||||\vec{b}|| \operatorname{sen} \alpha$.

[V7] $\vec{a} \times \vec{b} = \vec{0}$ se, e somente se, $\vec{a}$ e $\vec{b}$ forem paralelos.

Convencionamos que $\vec{0}$ é paralelo a qualquer vetor. Logo, se $\vec{a} = \vec{0}$ ou $\vec{b} = \vec{0}$ então essa propriedade é óbvia e não há o que mostrar.

Suponhamos $\vec{a} \neq \vec{0}$ e $\vec{b} \neq \vec{0}$. Então: $\vec{a}$ e $\vec{b}$ são paralelos $\Longleftrightarrow \alpha = \widehat{(\vec{a}, \vec{b})} = 0$ ou π radianos $\Longleftrightarrow$ $\operatorname{sen} \alpha = 0 \Longleftrightarrow ||\vec{a} \times \vec{b}|| = ||\vec{a}||||\vec{b}|| \operatorname{sen} \alpha = 0 \Longleftrightarrow \vec{a} \times \vec{b} = \vec{0}$.

O produto vetorial não possui a propriedade associativa, ou seja, $(\vec{a} \times \vec{b}) \times \vec{c}$ em geral não é igual a $\vec{a} \times (\vec{b} \times \vec{c})$. Por exemplo, $(\vec{i} \times \vec{i}) \times \vec{j} = \vec{0} \times \vec{j} = \vec{0}$ e $\vec{i} \times (\vec{i} \times \vec{j}) = \vec{i} \times \vec{k} = -\vec{j}$. Logo, $(\vec{i} \times \vec{i}) \times \vec{j} \neq \vec{i} \times (\vec{i} \times \vec{j})$.

3.3.2 Interpretação geométrica do módulo do produto vetorial

Consideremos o paralegramo $ABCD$ da Figura 3.10. Sejam $\vec{a} = \overrightarrow{AB}$, $\vec{b} = \overrightarrow{AD}$ e $\alpha = \widehat{(\vec{a}, \vec{b})}$.

[**] Joseph Louis Lagrange (1736 – 1813), matemático italiano

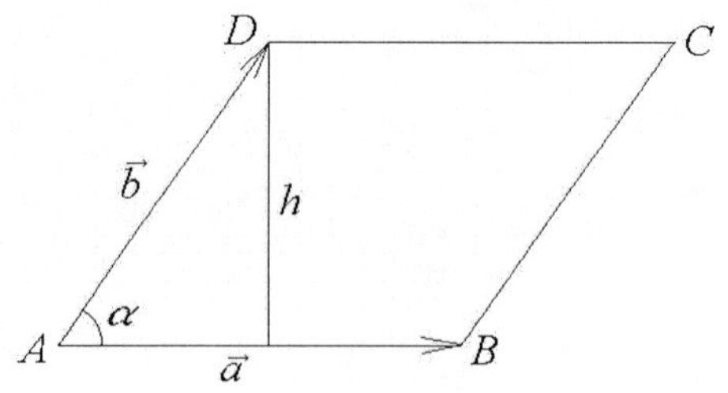

Figura 3.10: Área do paralelogramo $ABCD$

A área de um paralelogramo é dada pelo produto da medida da base pela altura, ou seja, é igual a $\|\vec{a}\| \cdot h = \|\vec{a}\|\|\vec{b}\| \operatorname{sen} \alpha = \|\vec{a} \times \vec{b}\|$.

Mostramos assim, que o módulo do produto vetorial de $\vec{a}$ por $\vec{b}$ é numericamente igual à área do paralelogramo determinado por eles.

Exemplo 3.10: Calcular a área do paralelogramo de vértices $A = (1, -2, 1)$, $B = (2, -1, 4)$, $C = (0, -2, 6)$ e $D = (-1, -3, 3)$.

Como $\overrightarrow{AB} = B - A = (1, 1, 3)$ e $\overrightarrow{AD} = D - A = (-2, -1, 2)$, temos

$$\overrightarrow{AB} \times \overrightarrow{AD} = \begin{vmatrix} \vec{i} & \vec{j} & \vec{k} \\ 1 & 1 & 3 \\ -2 & -1 & 2 \end{vmatrix} = 5\vec{i} - 8\vec{j} + \vec{k}.$$

Portanto a área de $ABCD$ é dada por $\|\overrightarrow{AB} \times \overrightarrow{AD}\| = \sqrt{25 + 64 + 1} = 3\sqrt{10}$.

Observação: Como $\overrightarrow{AB} \times \overrightarrow{AC} = \overrightarrow{AB} \times (\overrightarrow{AB} + \overrightarrow{AD}) = \vec{0} + \overrightarrow{AB} \times \overrightarrow{AD}$, esse resultado também poderia ser enunciado usando-se $\overrightarrow{AC}$ no lugar de $\overrightarrow{AD}$.

3.4 Produto misto

Nesta seção definimos mais um produto de vetores. Assim como o produto interno, o resultado obtido nesse produto também é um escalar.

Dados os vetores $\vec{a} = a_1\vec{i} + a_2\vec{j} + a_3\vec{k}$, $\vec{b} = b_1\vec{i} + b_2\vec{j} + b_3\vec{k}$ e $\vec{c} = c_1\vec{i} + c_2\vec{j} + c_3\vec{k}$ chamamos **produto misto** de $\vec{a}$, $\vec{b}$ e $\vec{c}$ (considerados nessa ordem) ao número real[††] $\vec{a} \times \vec{b} \cdot \vec{c}$. Denotamos o produto misto de $\vec{a}$, $\vec{b}$ e $\vec{c}$ por $[\vec{a}, \vec{b}, \vec{c}]$.

Considerando a definição de produto vetorial, temos

$$\vec{a} \times \vec{b} = \begin{vmatrix} \vec{i} & \vec{j} & \vec{k} \\ a_1 & a_2 & a_3 \\ b_1 & b_2 & b_3 \end{vmatrix} = (a_2b_3 - a_3b_2)\vec{i} + (a_3b_1 - a_1b_3)\vec{j} + (a_1b_2 - a_2b_1)\vec{k}.$$

Fazendo o produto interno com $\vec{c}$ obtemos:

$$\vec{a} \times \vec{b} \cdot \vec{c} = a_1b_2c_3 + a_2b_3c_1 + a_3b_1c_2 - a_1b_3c_2 - a_2b_1c_3 - a_3b_2c_1.$$

[††]Não há necessidade do uso de parênteses nessa definição: como $\vec{a} \times (\vec{b} \cdot \vec{c})$ não faz sentido, a única possibilidade é considerar $(\vec{a} \times \vec{b}) \cdot \vec{c}$.

Como $\begin{vmatrix} a_1 & a_2 & a_3 \\ b_1 & b_2 & b_3 \\ c_1 & c_2 & c_3 \end{vmatrix} = a_1b_2c_3 + a_2b_3c_1 + a_3b_1c_2 - a_1b_3c_2 - a_2b_1c_3 - a_3b_2c_1$, obtemos

$$[\vec{a}, \vec{b}, \vec{c}] = \begin{vmatrix} a_1 & a_2 & a_3 \\ b_1 & b_2 & b_3 \\ c_1 & c_2 & c_3 \end{vmatrix}.$$

Exemplo 3.11: Calcular o produto misto dos vetores $\vec{a} = 2\vec{i}+3\vec{j}+5\vec{k}$, $\vec{b} = -\vec{i}+3\vec{j}+3\vec{k}$ e $\vec{c} = 4\vec{i}-3\vec{j}+2\vec{k}$.

$$[\vec{a}, \vec{b}, \vec{c}] = \begin{vmatrix} 2 & 3 & 5 \\ -1 & 3 & 3 \\ 4 & -3 & 2 \end{vmatrix} = 12 + 36 + 15 - 60 + 6 + 18 = 27.$$

3.4.1 Interpretação geométrica

Consideremos o paralelepípedo $ABCDEFGH$ definido pelos vetores $\vec{a} = \overrightarrow{AB}$, $\vec{b} = \overrightarrow{AD}$ e $\vec{c} = \overrightarrow{AE}$ (Figura 3.11). O volume V desse paralelepípedo é o produto da área da base (que é igual a $||\vec{a} \times \vec{b}||$) pela altura h.

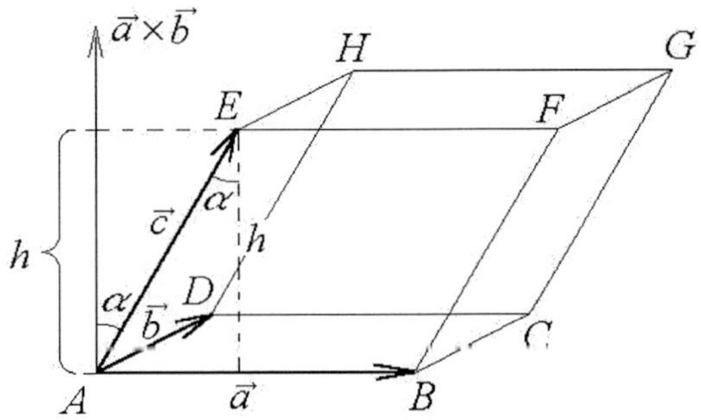

Figura 3.11: Volume do paralelepípedo $ABCDEFGH$

Sendo $\vec{n} = \vec{a} \times \vec{b}$ e $\alpha = \widehat{(\vec{n}, \vec{c})}$, temos $h = ||\vec{c}|| \, |\cos\alpha|$ e daí

$$V = ||\vec{a} \times \vec{b}||h = ||\vec{a} \times \vec{b}|| \, ||\vec{c}|| \, |\cos\alpha| = |(\vec{a} \times \vec{b}) \cdot \vec{c}| = |[\vec{a}, \vec{b}, \vec{c}]|.$$

3.4.2 Propriedades do produto misto

Sejam $\vec{a}, \vec{b}, \vec{c}, \vec{d}$ vetores quaiquer e $x, y \in \mathbb{R}$. Então são válidas as seguintes propriedades:

[M1] O produto misto troca de sinal se trocarmos a ordem de dois dos vetores

Esta propriedade é uma consequência da propriedade de determinantes que diz que *"ao trocarmos duas linhas, o determinante muda de sinal"*.

[M2] O produto misto é nulo se pelo menos dois vetores forem iguais.

Um determinante que tenha duas linhas iguais é nulo. Portanto, $[\vec{a}, \vec{a}, \vec{a}] = 0$, $[\vec{a}, \vec{a}, \vec{b}] = 0$, $[\vec{a}, \vec{b}, \vec{b}] = 0$, etc.

[M3] $[\vec{a}, \vec{b}, \vec{c}] = 0$ se, e somente se, $\vec{a}$, $\vec{b}$ e $\vec{c}$ forem LD;

Se os vetores forem LD, então um deles é combinação linear dos outros. Suponhamos $\vec{a} = x\vec{b} + y\vec{c}$. Então $[\vec{a}, \vec{b}, \vec{c}] = [x\vec{b} + y\vec{c}, \vec{b}, \vec{c}] = 0$ porque temos um determinante cuja primeira linha é uma combinação linear da segunda e da terceira linhas.

Se os vetores forem LI, então eles não são coplanares e daí o volume do paralelepípedo definido por eles é diferente de 0 e, nesse caso, $[\vec{a}, \vec{b}, \vec{c}] \neq 0$.

[M4] O produto misto independe da ordem circular dos vetores, isto é

$$[\vec{a}, \vec{b}, \vec{c}] = [\vec{b}, \vec{c}, \vec{a}] = [\vec{c}, \vec{a}, \vec{b}].$$

Usando a propriedade **[M1]**, temos: $[\vec{a}, \vec{b}, \vec{c}] = -[\vec{b}, \vec{a}, \vec{c}] = [\vec{b}, \vec{c}, \vec{a}] = -[\vec{a}, \vec{c}, \vec{b}] = [\vec{c}, \vec{a}, \vec{b}]$.

[M5] $\vec{a} \cdot \vec{b} \times \vec{c} = \vec{a} \times \vec{b} \cdot \vec{c}$, ou seja, podemos permutar as operações "$\cdot$" e "$\times$" sem alterar o produto misto.

Basta observar que $\vec{a} \cdot \vec{b} \times \vec{c} = \vec{b} \times \vec{c} \cdot \vec{a} = [\vec{b}, \vec{c}, \vec{a}] = [\vec{a}, \vec{b}, \vec{c}]$[‡‡].

[M6] $[x\vec{a} + y\vec{b}, \vec{c}, \vec{d}] = x[\vec{a}, \vec{c}, \vec{d}] + y[\vec{b}, \vec{c}, \vec{d}]$, $[\vec{a}, x\vec{b} + y\vec{c}, \vec{d}] = x[\vec{a}, \vec{b}, \vec{d}] + y[\vec{a}, \vec{c}, \vec{d}]$ e $[\vec{a}, \vec{b}, x\vec{c} + y\vec{d}] = x[\vec{a}, \vec{b}, \vec{c}] + y[\vec{a}, \vec{b}, \vec{d}]$.

Também é consequência imediata de propriedades de determinantes.

Por exemplo,

$$[x\vec{a} + y\vec{b}, \vec{c}, \vec{d}] = \begin{vmatrix} xa_1 + yb_1 & xa_2 + yb_2 & xa_3 + yb_3 \\ c_1 & c_2 & c_3 \\ d_1 & d_2 & d_3 \end{vmatrix}$$
$$= x\begin{vmatrix} a_1 & a_2 & a_3 \\ c_1 & c_2 & c_3 \\ d_1 & d_2 & d_3 \end{vmatrix} + y\begin{vmatrix} b_1 & b_2 & b_3 \\ c_1 & c_2 & c_3 \\ d_1 & d_2 & d_3 \end{vmatrix} = x[\vec{a}, \vec{c}, \vec{d}] + y[\vec{b}, \vec{c}, \vec{d}].$$

Observações:

Sejam $\vec{a}$, $\vec{b}$ e $\vec{c}$ vetores. Então:

- $\vec{a} \cdot \vec{b} = 0$ se, e somente se, $\vec{a}$ e $\vec{b}$ forem ortogonais;
- $\vec{a} \times \vec{b} = \vec{0}$ se, e somente se, $\vec{a}$ e $\vec{b}$ forem paralelos;
- $[\vec{a}, \vec{b}, \vec{c}] = 0$ se, e somente se, $\vec{a}$, $\vec{b}$ e $\vec{c}$ forem coplanares.

3.5 Exercícios resolvidos

R11) Mostre que:

a) $||\vec{a} + \vec{b}||^2 = ||\vec{a}||^2 + 2\vec{a} \cdot \vec{b} + ||\vec{b}||^2$

[‡‡] Foi usada na última igualdade a propriedade **[M4]**

b) $(\vec{a}+\vec{b})\cdot(\vec{a}-\vec{b}) = ||\vec{a}||^2 - ||\vec{b}||^2$

Solução:

a) $||\vec{a}+\vec{b}||^2 = (\vec{a}+\vec{b})\cdot(\vec{a}+\vec{b}) = \vec{a}\cdot\vec{a}+\vec{a}\cdot\vec{b}+\vec{b}\cdot\vec{a}+\vec{b}\cdot\vec{b} = ||\vec{a}||^2+2\vec{a}\cdot\vec{b}+||\vec{b}||^2$.
Da mesma forma, podemos obter também, $||\vec{a}-\vec{b}||^2 = ||\vec{a}||^2 - 2\vec{a}\cdot\vec{b}+||\vec{b}||^2$.
b) $(\vec{a}+\vec{b})\cdot(\vec{a}-\vec{b}) = \vec{a}\cdot\vec{a}+\vec{a}\cdot\vec{b}-\vec{b}\cdot\vec{a}-\vec{b}\cdot\vec{b} = ||\vec{a}||^2-||\vec{b}||^2$.

R12) Sejam $\vec{u}$ e $\vec{v}$ vetores tais que $\vec{u}\cdot\vec{v}=4$, $||\vec{v}|| = 3\sqrt{3}$ e $\widehat{(\vec{u},\vec{v})} = \pi/6$. Calcule $||\vec{u}||$ e $||\vec{u}+\vec{v}||$.

Solução: Como $\vec{u}\cdot\vec{v} = ||\vec{u}||||\vec{v}||\cos\widehat{(\vec{u},\vec{v})}$, temos $4 = ||\vec{u}||\cdot 3\sqrt{3}\cdot\cos(\pi/6) \Longrightarrow 4 = \frac{9}{2}||\vec{u}|| \Longrightarrow ||\vec{u}|| = \frac{8}{9}$.
Usando **R 1**, temos:

$$\begin{aligned}||\vec{u}+\vec{v}||^2 &= ||\vec{u}||^2+2\vec{u}\cdot\vec{v}+||\vec{v}||^2 = (8/9)^2+2\cdot 4+(3\sqrt{3})^2\\ &= 64/81+35 = 2899/81 \Longrightarrow ||\vec{u}+\vec{v}|| = \sqrt{2899/81}.\end{aligned}$$

R13) Mostre que $||\vec{a}+\vec{b}|| \leq ||\vec{a}||+||\vec{b}||$.

Solução: Como $||\vec{a}+\vec{b}||^2 = ||\vec{a}||^2+2\vec{a}\cdot\vec{b}+||\vec{b}||^2$, e $\vec{a}\cdot\vec{b}\leq|\vec{a}\cdot\vec{b}|\leq||\vec{a}||||\vec{b}||$, temos:

$$||\vec{a}+\vec{b}||^2 \leq ||\vec{a}||^2+2||\vec{a}||||\vec{b}||+||\vec{b}||^2 = (||\vec{a}||+||\vec{b}||)^2.$$

Portanto, $||\vec{a}+\vec{b}|| \leq ||\vec{a}||+||\vec{b}||$

Esse resultado é conhecido como **Desigualdade Triangular** e pode ser interpretado geometricamente da seguinte maneira: o comprimento do lado de um triângulo, $||\vec{a}+\vec{b}||$, não ultrapassa a soma $||\vec{a}||+||\vec{b}||$ dos comprimentos dos outros dois lados.

R14) Seja $\{\vec{a},\vec{b},\vec{c}\}$ uma base ortonormal. Calcule $||\vec{a}+\vec{b}+\vec{c}||$.

Solução: Para evitar raiz quadrada, é mais conveniente iniciar com o quadrado da norma.

$$\begin{aligned}||\vec{a}+\vec{b}+\vec{c}||^2 &= (\vec{a}+\vec{b}+\vec{c})\cdot(\vec{a}+\vec{b}+\vec{c})\\ &= \vec{a}\cdot\vec{a}+\vec{a}\cdot\vec{b}+\vec{a}\cdot\vec{c}+\vec{b}\cdot\vec{a}+\vec{b}\cdot\vec{b}+\vec{b}\cdot\vec{c}+\vec{c}\cdot\vec{a}+\vec{c}\cdot\vec{b}+\vec{c}\cdot\vec{c}\\ &= ||\vec{a}||^2+||\vec{b}||^2+||\vec{c}||^2+2(\vec{a}\cdot\vec{b}+\vec{a}\cdot\vec{c}+\vec{b}\cdot\vec{c}) = 1+1+1+2(0+0+0) = 3.\end{aligned}$$

Logo, $||\vec{a}+\vec{b}+\vec{c}|| = \sqrt{3}$. Geometricamente, calculamos a diagonal de um cubo de aresta 1.

R15) Mostre que se os vetores não nulos $\vec{a}$, $\vec{b}$ e $\vec{c}$ forem dois a dois ortogonais, então eles são LI.

Solução: Sejam $x, y, z \in \mathbb{R}$ tais que $x\vec{a} + y\vec{b} + z\vec{c} = \vec{0}$. Fazendo o produto interno com $\vec{a}$, obtemos: $\vec{a} \cdot (a\vec{a} + y\vec{b} + z\vec{c}) = x\vec{a} \cdot \vec{a} + y\vec{a} \cdot \vec{b} + z\vec{a} \cdot \vec{c} = \vec{a} \cdot \vec{0} = 0$. Logo, $x||\vec{a}||^2 = 0 \Longrightarrow x = 0$.

Analogamente, fazendo o produto interno com $\vec{b}$ e com $\vec{c}$, obtemos $y = 0$ e $z = 0$, respectivamente.

R16) Considere os vetores $\vec{u} = 3\vec{i} - 7\vec{j} + \vec{k}$ e $\vec{v} = -\vec{i} + 3\vec{k}$.

a) Mostre que $\vec{u}$ e $\vec{v}$ são ortogonais e determine um vetor $\vec{w}$ de modo que $\{\vec{u}, \vec{v}, \vec{w}\}$ seja uma base ortogonal do $\mathbb{R}^3$.

b) Dê exemplo de uma base ortonormal $\{\vec{a}, \vec{b}, \vec{c}\}$ tais que $\vec{a}$, $\vec{b}$ e $\vec{c}$ sejam paralelos a $\vec{u}$, $\vec{v}$ e $\vec{w}$, respectivamente.

Solução: a) $\vec{u} \cdot \vec{v} = -3 + 0 + 3 = 0$, logo, $\vec{u}$ e $\vec{v}$ são ortogonais. Para encontrar $\vec{w}$ que seja simultaneamente ortogonal a $\vec{u}$ e a $\vec{v}$, uma boa opção é considerar $\vec{w} = \vec{u} \times \vec{v}$.

$$\vec{w} = \begin{vmatrix} \vec{i} & \vec{j} & \vec{k} \\ 3 & -7 & 1 \\ -1 & 0 & 3 \end{vmatrix} = \begin{vmatrix} -7 & 1 \\ 0 & 3 \end{vmatrix}\vec{i} - \begin{vmatrix} 3 & 1 \\ -1 & 3 \end{vmatrix}\vec{j} + \begin{vmatrix} 3 & -7 \\ -1 & 0 \end{vmatrix}\vec{k} = -21\vec{i} - 10\vec{j} - 7\vec{k}.$$

b) Como $\vec{u}$, $\vec{v}$ e $\vec{w}$ são ortogonais, basta considerar os vetores unitários $\vec{a} = \frac{\vec{u}}{||\vec{u}||}$, $\vec{b} = \frac{\vec{v}}{||\vec{v}||}$ e $\vec{c} = \frac{\vec{w}}{||\vec{w}||}$. Obtemos assim,

$$\vec{a} = \frac{3}{\sqrt{59}}\vec{i} - \frac{7}{\sqrt{59}}\vec{j} + \frac{1}{\sqrt{59}}\vec{k},\ \vec{b} = -\frac{1}{\sqrt{10}}\vec{i} + \frac{3}{\sqrt{10}}\vec{k},\ \vec{c} = -\frac{21}{\sqrt{590}}\vec{i} - \frac{10}{\sqrt{590}}\vec{j} - \frac{7}{\sqrt{590}}\vec{k}.$$

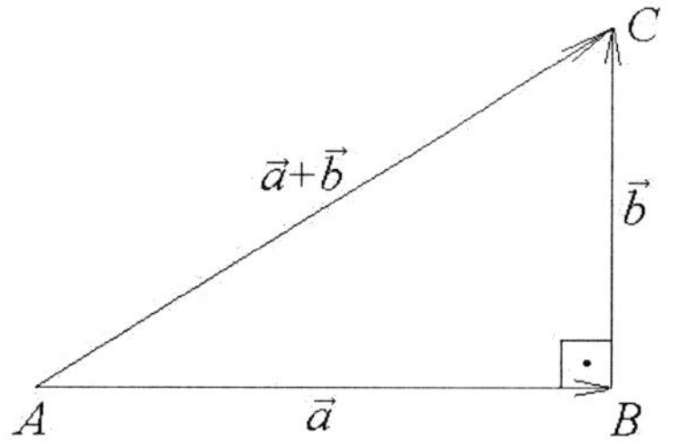

Figura 3.12: Teorema de Pitágoras

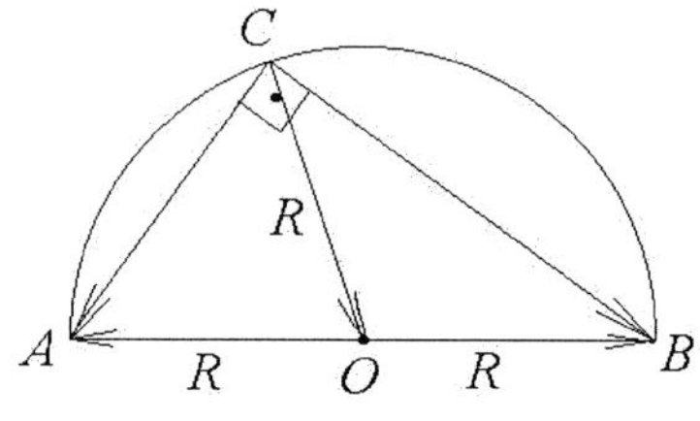

Figura 3.13: Triângulo inscrito em semicírculo

R17) Considere o triângulo retângulo ABC da Figura 3.12. Demonstre o Teorema de Pitágoras: $||\vec{a} + \vec{b}||^2 = ||\vec{a}||^2 + ||\vec{b}||^2$.

Solução: Como $\vec{a} \cdot \vec{b} = 0$, temos que $||\vec{a} + \vec{b}||^2 = ||\vec{a}|| + 2\vec{a} \cdot \vec{b} + ||\vec{b}||^2 = ||\vec{a}||^2 + ||\vec{b}||^2$, e assim fica demonstrado.

R18) Mostre que todo triângulo inscrito em um semicírculo é um triângulo retângulo.

Solução: Consideremos um triângulo ABC inscrito em um semicírculo de raio R e centro O (Figura

3.13). Queremos mostrar que os vetores $\overrightarrow{CA}$ e $\overrightarrow{CB}$ são ortogonais. Para isso, basta calcular seu produto interno. Como

$$\overrightarrow{CA} = \overrightarrow{CO} + \overrightarrow{OA},\ \overrightarrow{CB} = \overrightarrow{CO} + \overrightarrow{OB} \text{ e } \overrightarrow{OA} = -\overrightarrow{OB},$$

temos

$$\overrightarrow{CA} \cdot \overrightarrow{CB} = (\overrightarrow{CO} + \overrightarrow{OA}) \cdot (\overrightarrow{CO} - \overrightarrow{OA}) = ||\overrightarrow{CO}||^2 - ||\overrightarrow{OA}||^2 = R^2 - R^2 = 0.$$

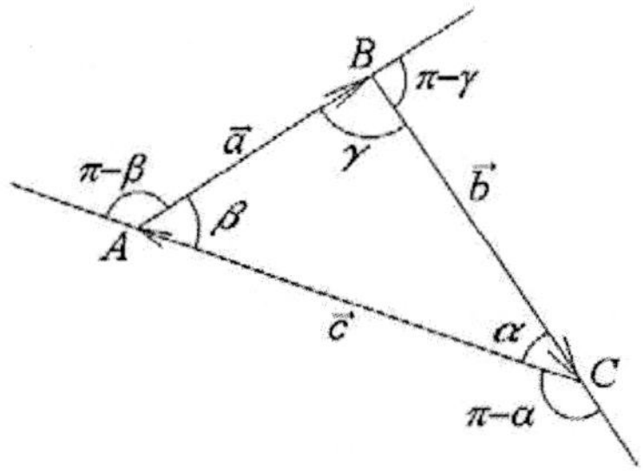

Figura 3.14: Lei dos senos

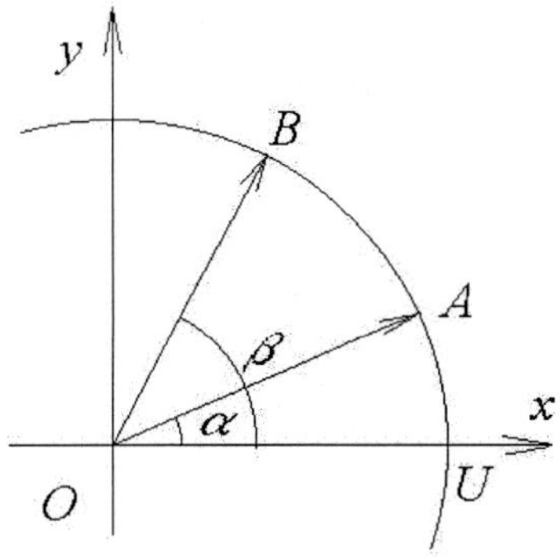

Figura 3.15: Cosseno e seno de $\beta - \alpha$

R19) Consideremos um triângulo ABC com lados definidos pelos vetores $\vec{a} = \overrightarrow{AB}$, $\vec{b} = \overrightarrow{BC}$, $\vec{c} = \overrightarrow{CA}$ e ângulos internos $\alpha = \widehat{ACB}, \beta = \widehat{BAC}$ e $\gamma = \widehat{ABC}$ (Figura 3.14).

a) Mostre que $\vec{a} \times \vec{b} = \vec{b} \times \vec{c} = \vec{c} \times \vec{a}$.

b) Demonstre a Lei dos Senos:

$$\frac{\operatorname{sen}\alpha}{||\vec{a}||} = \frac{\operatorname{sen}\beta}{||\vec{b}||} = \frac{\operatorname{sen}\gamma}{||\vec{c}||}.$$

Solução:

a) $\vec{a} + \vec{b} + \vec{c} = \overrightarrow{AB} + \overrightarrow{BC} + \overrightarrow{CA} = \overrightarrow{AA} = \vec{0}$.

Fazendo o produto vetorial de $\vec{a} + \vec{b} + \vec{c}$ com $\vec{a}$, obtemos $(\vec{a} + \vec{b} + \vec{c}) \times \vec{a} = \vec{0} \times \vec{a} \Longrightarrow \vec{b} \times \vec{a} + \vec{c} \times \vec{a} = \vec{0}$ $\Longrightarrow \vec{c} \times \vec{a} = -\vec{b} \times \vec{a} \Longrightarrow \vec{c} \times \vec{a} = \vec{a} \times \vec{b}$

Analogamente, fazendo o produto vetorial com $\vec{b}$, obtemos $\vec{a} \times \vec{b} + \vec{c} \times \vec{b} = \vec{0}$, ou seja, $\vec{a} \times \vec{b} = \vec{b} \times \vec{c}$.

b) Usando a propriedade **[V6]** do produto vetorial para calcular as normas de $\vec{a} \times \vec{b}$ e de $\vec{c} \times \vec{a}$ temos $||\vec{a}||||\vec{b}|| \operatorname{sen}(\pi - \gamma) = ||\vec{c}||||\vec{a}|| \operatorname{sen}(\pi - \beta)$, ou seja, $||\vec{b}|| \operatorname{sen}\gamma = ||\vec{c}|| \operatorname{sen}\beta \Longrightarrow \frac{\operatorname{sen}\beta}{||\vec{b}||} = \frac{\operatorname{sen}\gamma}{||\vec{c}||}$.

Analogamente, de $\vec{b} \times \vec{c} = \vec{c} \times \vec{a}$, obtemos $||\vec{b}||||\vec{c}|| \operatorname{sen}(\pi - \alpha) = ||\vec{c}||||\vec{a}|| \operatorname{sen}(\pi - \beta)$, ou seja, $||\vec{b}|| \operatorname{sen}\alpha = ||\vec{a}|| \operatorname{sen}\beta \Longrightarrow \frac{\operatorname{sen}\alpha}{||\vec{a}||} = \frac{\operatorname{sen}\beta}{||\beta||}$.

Observação: Um outro caminho para se chegar a $||\vec{a} \times \vec{b}|| = ||\vec{b} \times \vec{c}|| = ||\vec{c} \times \vec{a}||$ seria calcular a área do triângulo ABC de três maneiras diferentes.

R20) Na Figura 3.15 temos uma circunferência de centro na origem $O = (0, 0)$ e raio 1 e os pontos A, B e $U = (1, 0)$ nessa circunferência de tal forma que as medidas dos ângulos $\widehat{UOA}$ e $\widehat{UOB}$ sejam α e β, respectivamente. Determine expressões para $\vec{a} = \overrightarrow{OA}$ e $\vec{b} = \overrightarrow{OB}$ e o cosseno do ângulo entre $\vec{a}$ e $\vec{b}$.

Solução: De $\vec{a} = \cos\alpha\vec{i} + \operatorname{sen}\alpha\vec{j}$ e $\vec{b} = \cos\beta\vec{i} + \operatorname{sen}\beta\vec{j}$, obtemos $\vec{a}\cdot\vec{b} = \cos\alpha\cos\beta + \operatorname{sen}\alpha\operatorname{sen}\beta$. Por outro lado, como $\vec{a}$ e $\vec{b}$ são unitários e a medida do ângulo entre eles é $\beta - \alpha$, temos $\vec{a}\cdot\vec{b} = ||\vec{a}||||\vec{b}||\cos(\beta-\alpha)|| = \cos(\alpha-\beta)$. Portanto,

$$\cos(\alpha-\beta) = \cos\alpha\cos\beta + \operatorname{sen}\alpha\operatorname{sen}\beta.$$

R21) Com os mesmos vetores $\vec{a}$ e $\vec{b}$ do exercício **R 10** com a restrição $0 \le \alpha < \beta < \pi/2$, calcule o produto vetorial $\vec{a}\times\vec{b}$ e obtenha uma fórmula para $\operatorname{sen}(\beta-\alpha)$.

Solução: $\vec{a}\times\vec{b} = \begin{vmatrix} \vec{i} & \vec{j} & \vec{k} \\ \cos\alpha & \operatorname{sen}\alpha & 0 \\ \cos\beta & \operatorname{sen}\beta & 0 \end{vmatrix} = (\operatorname{sen}\beta\cos\alpha - \operatorname{sen}\alpha\cos\beta)\vec{k}$. Logo, $||\vec{a}\times\vec{b}|| = |\operatorname{sen}\beta\cos\alpha - \operatorname{sen}\alpha\cos\beta|$. Como $0 \le \alpha < \beta < \pi/2$, temos $\operatorname{tg}\alpha < \operatorname{tg}\beta \Longrightarrow \frac{\operatorname{sen}\alpha}{\cos\alpha} < \frac{\operatorname{sen}\beta}{\cos\beta} \Longrightarrow \operatorname{sen}\beta\cos\alpha - \operatorname{sen}\alpha\cos\beta > 0$ $\Longrightarrow ||\vec{a}\times\vec{b}|| = \operatorname{sen}\beta\cos\alpha - \operatorname{sen}\alpha\cos\beta$.

Por outro lado, $||\vec{a}\times\vec{b}|| = ||\vec{a}||||\vec{b}||\operatorname{sen}(\beta-\alpha) = \operatorname{sen}(\beta-\alpha)$. Portanto,

$$\operatorname{sen}(\beta-\alpha) = \operatorname{sen}\beta\cos\alpha - \operatorname{sen}\alpha\cos\beta.$$

R22) Mostre que $[\vec{a}+\vec{b}, \vec{b}+\vec{c}, \vec{a}+\vec{c}] = 2[\vec{a}, \vec{b}, \vec{c}]$, $\forall \vec{a}, \vec{b}, \vec{c}$.

Solução: Usando as propriedades **[M2]**, **[M4]** e **[M6]**, temos

$$\begin{aligned}
[\vec{a}+\vec{b}, \vec{b}+\vec{c}, \vec{a}+\vec{c}] &= [\vec{a}, \vec{b}+\vec{c}, \vec{a}+\vec{c}] + [\vec{b}, \vec{b}+\vec{c}, \vec{a}+\vec{c}] \\
&= [\vec{a}, \vec{b}, \vec{a}+\vec{c}] + [\vec{a}, \vec{c}, \vec{a}+\vec{c}] + \underbrace{[\vec{b}, \vec{b}, \vec{a}+\vec{c}]}_{0} + [\vec{b}, \vec{c}, \vec{a}+\vec{c}] \\
&= \underbrace{[\vec{a}, \vec{b}, \vec{a}]}_{0} + [\vec{a}, \vec{b}, \vec{c}] + \underbrace{[\vec{a}, \vec{c}, \vec{a}]}_{0} + \underbrace{[\vec{a}, \vec{c}, \vec{c}]}_{0} + [\vec{b}, \vec{c}, \vec{a}] + \underbrace{[\vec{b}, \vec{c}, \vec{c}]}_{0} \\
&= [\vec{a}, \vec{b}, \vec{c}] + [\vec{a}, \vec{b}, \vec{c}] = 2[\vec{a}, \vec{b}, \vec{c}].
\end{aligned}$$

R23) Na molécula de metano (CH_4), o átomo de carbono ocupa o centro de um tetraedro regular em cujos vértices estão os átomos de carbono (Figura 3.16). Os livros de Química mencionam, sem maiores explicações, que o ângulo entre duas valências do carbono é de $109°28'16''$. Na Figura 3.17 temos o tetraedro $BDEG$ incrito no cubo $ABCDEFGH$ de aresta 2, onde $A = (2,0,0)$, $B = (2,2,0)$, $C = (0,2,0)$, $D = (0,0,0)$, $E = (2,0,2)$, $F = (2,2,2)$, $G = (0,2,2)$, $H = (0,0,2)$.

a) Mostre que $BDEG$ é um tetraedro regular;

b) Mostre que $P = (1,1,1)$ é o centro do tetraedro regular $BDEG$;

c) Calcule o ângulo entre os vetores $\overrightarrow{PE}$ e $\overrightarrow{PG}$, que é mencionado nos livros de Química.

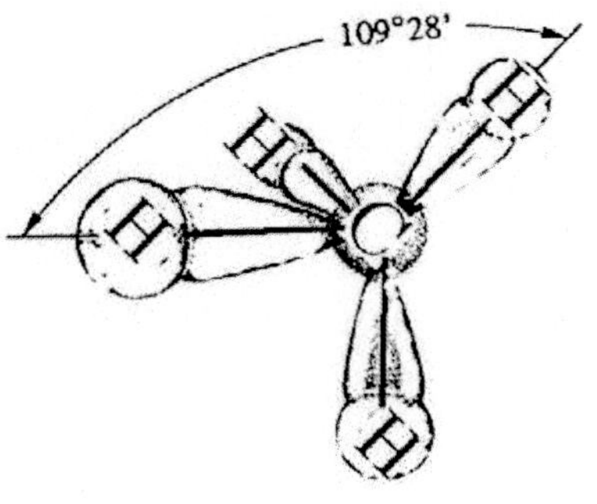

Figura 3.16: Molécula de metano

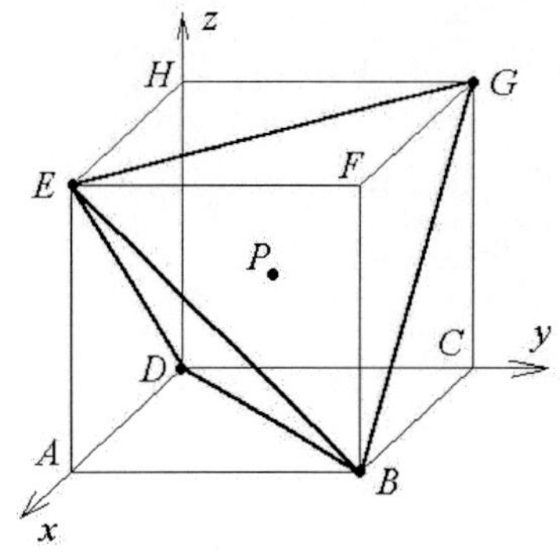

Figura 3.17: Tetraedro inscrito em um cubo

Solução: a) Cada aresta do tetraedro corresponde a uma diagonal de uma face do cubo. Logo, elas têm o mesmo comprimento e, consequentemente, o tetraedro é regular.

b) Para mostrar que P é o centro do tetraedro, devemos mostrar que ele é equidistante dos vértices, ou seja, que $\|\overrightarrow{PB}\| = \|\overrightarrow{PD}\| = \|\overrightarrow{PE}\| = \|\overrightarrow{PG}\|$. Como $\overrightarrow{PB} = B - P = (1, 1, -1)$, temos $\|\overrightarrow{BP}\| = \sqrt{1^2 + 1^2 + (-1)^2} = \sqrt{3}$. Analogamente, obtemos $\|\overrightarrow{PD}\| = \|\overrightarrow{PE}\| = \|\overrightarrow{PG}\| = \sqrt{3}$.

c) Da definição de produto interno, obtemos

$$\cos(\widehat{\overrightarrow{PE}, \overrightarrow{PG}}) = \frac{\overrightarrow{PE} \cdot \overrightarrow{PG}}{\|\overrightarrow{PE}\|\|\overrightarrow{PG}\|}.$$

Como $\overrightarrow{PE} \cdot \overrightarrow{PG} = (1, -1, 1) \cdot (-1, 1, 1) = -1 - 1 + 1 = -1$, obtemos:

$$\cos(\widehat{\overrightarrow{PE}, \overrightarrow{PG}}) = \frac{-1}{\sqrt{3}\sqrt{3}} = -\frac{1}{3}.$$

Portanto, o ângulo procurado é $\arccos(-\frac{1}{3}) \approx 109°28'16''$.

R24) As expressões $\vec{a} \times (\vec{b} \times \vec{c})$ e $(\vec{a} \times \vec{b}) \times \vec{c}$ são conhecidas como **produtos vetoriais triplos.** Mostre que

$$\vec{a} \times (\vec{b} \times \vec{c}) = (\vec{a} \cdot \vec{c})\vec{b} - (\vec{a} \cdot \vec{b})\vec{c},$$

$$(\vec{a} \times \vec{b}) \times \vec{c} = (\vec{c} \cdot \vec{a})\vec{b} - (\vec{c} \cdot \vec{b})\vec{a}.$$

Solução: Calculemos, inicialmente, as coordenadas dos vetores $\vec{a} \times (\vec{b} \times \vec{c})$ e $(\vec{a} \cdot \vec{c})\vec{b} - (\vec{a} \cdot \vec{b})\vec{c}$ na base ortonormal $\{\vec{i}, \vec{j}, \vec{k}\}$. Para isso, basta calcularmos os produtos internos desses vetores com os vetores da base (seção 3.2.4).

$$\vec{i} \cdot \vec{a} \times (\vec{b} \times \vec{c}) = [\vec{i}, \vec{a}, \vec{b} \times \vec{c}] = \begin{vmatrix} 1 & 0 & 0 \\ a_1 & a_2 & a_3 \\ b_2c_3 - b_3c_2 & b_3c_1 - b_1c_3 & b_1c_2 - b_2c_1 \end{vmatrix} = a_2(b_1c_2 - b_2c_1) - a_3(b_3c_1 - b_1c_3) = a_2b_1c_2 - a_2b_2c_1 - a_3b_3c_1 + a_3b_1c_3.$$

Por outro lado, $\vec{i} \cdot ((\vec{a} \cdot \vec{c})\vec{b} - (\vec{a} \cdot \vec{b})\vec{c}) = (a_1c_1 + a_2c_2 + a_3c_3)b_1 - (a_1b_1 + a_2b_2 + a_3b_3)c_1 = a_2b_1c_2 - a_2b_2c_1 - a_3b_3c_1 + a_3b_1c_3$.

Analogamente, $\vec{j}\cdot\vec{a}\times(\vec{b}\times\vec{c}) = [\vec{j},\vec{a},\vec{b}\times\vec{c}] = \vec{j}\cdot((\vec{a}\cdot\vec{c})\vec{b}-(\vec{a}\cdot\vec{b})\vec{c})$ e $\vec{k}\cdot\vec{a}\times(\vec{b}\times\vec{c}) = [\vec{k},\vec{a},\vec{b}\times\vec{c}] = \vec{k}\cdot((\vec{a}\cdot\vec{c})\vec{b}-(\vec{a}\cdot\vec{b})\vec{c})$.

Como os vetores $\vec{a}\times(\vec{b}\times\vec{c})$ e $(\vec{a}\cdot\vec{c})\vec{b}-(\vec{a}\cdot\vec{b})\vec{c}$ têm as mesmas coordenadas na base canônica $\{\vec{i},\vec{j},\vec{k}\}$, concluímos que eles são iguais.

A segunda igualdade pode ser demonstrada a partir da primeira:

$$(\vec{a}\times\vec{b})\times\vec{c} = -\vec{c}\times(\vec{a}\times\vec{b}) = -[(\vec{c}\cdot\vec{b})\vec{a}-(\vec{c}\cdot\vec{a})\vec{b}] = (\vec{a}\cdot\vec{c})\vec{b}-(\vec{c}\cdot\vec{b})\vec{a}.$$

R25) Mostre a Identidade de Jacobi [†] :

$$(\vec{u}\times\vec{v})\times\vec{w}+(\vec{w}\times\vec{u})\times\vec{v}+(\vec{v}\times\vec{w})\times\vec{u} = \vec{0}.$$

Solução: Usando três vezes a fórmula provada no exercício **R 14**, temos:

- $(\vec{u}\times\vec{v})\times\vec{w} = (\vec{u}\cdot\vec{w})\vec{v}-(\vec{w}\cdot\vec{v})\vec{u}$,
- $(\vec{w}\times\vec{u})\times\vec{v} = (\vec{w}\cdot\vec{v})\vec{u}-(\vec{v}\cdot\vec{u})\vec{w}$,
- $(\vec{v}\times\vec{w})\times\vec{u} = (\vec{v}\cdot\vec{u})\vec{w}-(\vec{u}\cdot\vec{w})\vec{v}$.

Somando as três equações anteriores, obtemos o resultado desejado.

R26) Dados os pontos A, B e C, seja P um ponto qualquer pertencente à reta suporte do segmento $\overline{AB}$ (ver figura a seguir). Mostre que a área do triângulo ABC é dada por $\frac{1}{2}||\overrightarrow{AC}\times\overrightarrow{CP}||$.

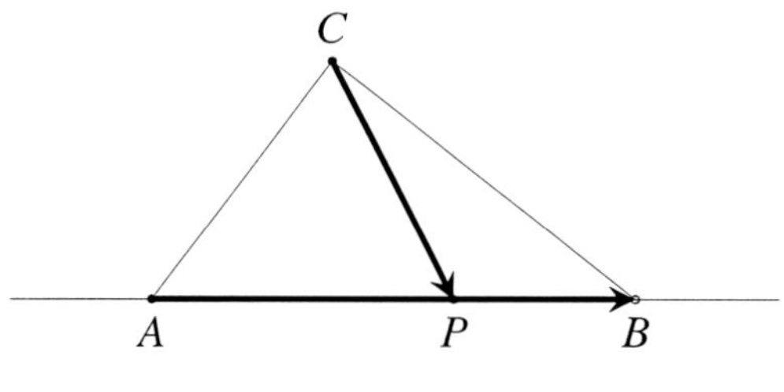

Solução: Como $\overrightarrow{CA}+\overrightarrow{AP} = \overrightarrow{CP}$, temos

$$\overrightarrow{AB}\times\overrightarrow{CP} = \overrightarrow{AB}\times(\overrightarrow{CA}+\overrightarrow{AP}) = \overrightarrow{AB}\times\overrightarrow{CA}+\underbrace{\overrightarrow{AB}\times\overrightarrow{AP}}_{\vec{0}} = \overrightarrow{AB}\times\underbrace{\overrightarrow{CA}}_{-\overrightarrow{AC}} = \overrightarrow{AC}\times\overrightarrow{AB}$$

e daí concluímos que a área do triângulo ABC é igual a $\frac{1}{2}||\overrightarrow{AC}\times\overrightarrow{AB}|| = \frac{1}{2}||\overrightarrow{AB}\times\overrightarrow{CP}||$.

R27) Dados os pontos A, B, C, D no plano, mostre que a área do quadrilátero $ABCD$ é igual a $\frac{1}{2}||\overrightarrow{AC}\times\overrightarrow{BD}||$.

[†] Karl Gustav Jacobi (1804 – 1851), matemático alemão

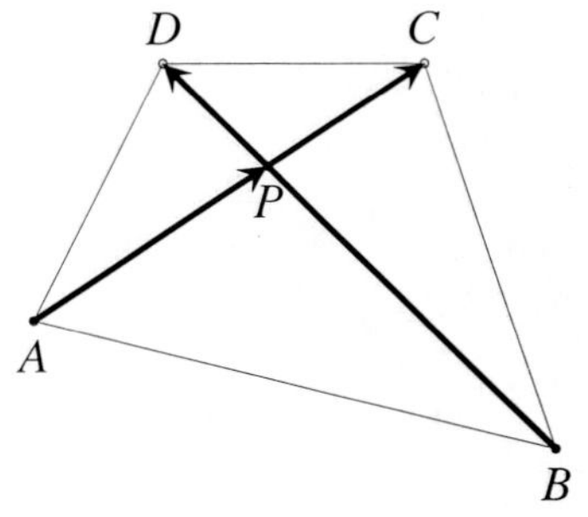

Solução: Seja P o ponto de interseção das diagonais $\overline{AC}$ e $\overline{BD}$. Como $\overrightarrow{AP} + \overrightarrow{PC} = \overrightarrow{AC}$, temos

$$\overrightarrow{AC} \times \overrightarrow{BD} = (\overrightarrow{AP} + \overrightarrow{PC}) \times \overrightarrow{BD} = \overrightarrow{AP} \times \overrightarrow{BD} + \overrightarrow{PC} \times \overrightarrow{BD}.$$

Como $\overrightarrow{AP}$ e $\overrightarrow{PC}$ têm o mesmo sentido e mesma direção, temos que $\overrightarrow{AP} \times \overrightarrow{BD}$ e $\overrightarrow{PC} \times \overrightarrow{BD}$ também têm a mesma direção e mesmo sentido. Portanto, $||\overrightarrow{AC} \times \overrightarrow{BD}|| = ||\overrightarrow{AP} \times \overrightarrow{BD}|| + ||\overrightarrow{PC} \times \overrightarrow{BD}||$ que implica

$$\frac{1}{2}||\overrightarrow{AC} \times \overrightarrow{BD}|| = \frac{1}{2}||\overrightarrow{AP} \times \overrightarrow{BD}|| + \frac{1}{2}||\overrightarrow{PC} \times \overrightarrow{BD}||.$$

Pelo exercício resolvido **R26**, $\frac{1}{2}||\overrightarrow{AP} \times \overrightarrow{BD}||$ é a área do triângulo ABD e $\frac{1}{2}||\overrightarrow{PC} \times \overrightarrow{BD}||$ é a área de BCD. Concluímos observando que a soma das áreas desses triângulos é igual à área do quadrilátero $ABCD$.

R28) a) Mostre que para quaisquer vetores $\vec{a}$ e $\vec{b}$ temos

$$||\vec{a} \times \vec{b}||^2 = \frac{(||\vec{a}|| + ||\vec{b}|| + ||\vec{a} - \vec{b}||)(||\vec{a}|| + ||\vec{b}|| - ||\vec{a} - \vec{b}||)(||\vec{a}|| - ||\vec{b}|| + ||\vec{a} - \vec{b}||)(-||\vec{a}|| + ||\vec{b}|| + ||\vec{a} - \vec{b}||)}{4}.$$

b) Se $p = \dfrac{a+b+c}{2}$ é o semiperímetro de um triângulo cujos lados medem a, b e c, mostre que sua área é dada por

$$A = \sqrt{p(p-a)(p-b)(p-c)}$$

que é conhecida como *Fórmula de Heron*‡.

Solução: a) Na propriedade V5 do produto vetorial, vimos que

$$||\vec{a} \times \vec{b}||^2 = ||\vec{a}||^2||\vec{b}||^2 - (\vec{a} \cdot \vec{b})^2.$$

Temos também que

$$||\vec{a} - \vec{b}||^2 = (\vec{a} - \vec{b}) \cdot (\vec{a} - \vec{b}) = \vec{a} \cdot \vec{a} - \vec{a} \cdot \vec{b} - \vec{b} \cdot \vec{a} + \vec{b} \cdot \vec{b} = ||\vec{a}||^2 - 2\vec{a} \cdot \vec{b} + ||\vec{b}||^2$$

$$\Longrightarrow \vec{a} \cdot \vec{b} = \frac{||\vec{a}||^2 + ||\vec{b}||^2 - ||\vec{a} - \vec{b}||^2}{2}$$

que substituindo na fórmula mostrada no início, obtemos:

$$||\vec{a} \times \vec{b}||^2 = ||\vec{a}||^2||\vec{b}||^2 - \left(\frac{||\vec{a}||^2 + ||\vec{b}||^2 - ||\vec{a} - \vec{b}||^2}{2}\right)^2$$

‡Heron de Alexandria, matemático egípcio que viveu por volta do ano 10 DC a 75 DC.

que é o mesmo que

$$
\begin{aligned}
||\vec{a}\times\vec{b}||^2 = ||\vec{a}||^2||\vec{b}||^2 - \frac{(||\vec{a}||^2 + ||\vec{b}||^2 - ||\vec{a}-\vec{b}||^2)^2}{4} &= \frac{4||\vec{a}||^2||\vec{b}||^2 - (||\vec{a}||^2 + ||\vec{b}||^2 - ||\vec{a}-\vec{b}||^2)^2}{4}\\
&= \frac{(2||\vec{a}||||\vec{b}|| + ||\vec{a}||^2 + ||\vec{b}||^2 - ||\vec{a}-\vec{b}||^2)(2||\vec{a}||||\vec{b}|| - ||\vec{a}||^2 - ||\vec{b}||^2 + ||\vec{a}-\vec{b}||^2)}{4}\\
&= \frac{((||\vec{a}|| + ||\vec{b}||)^2 - ||\vec{a}-\vec{b}||^2)(-(||\vec{a}|| - ||\vec{b}||)^2 + ||\vec{a}-\vec{b}||^2)}{4}\\
&= \frac{(||\vec{a}|| + ||\vec{b}|| + ||\vec{a}-\vec{b}||)(||\vec{a}|| + ||\vec{b}|| - ||\vec{a}-\vec{b}||)(||\vec{a}|| - ||\vec{b}|| + ||\vec{a}-\vec{b}||)(-||\vec{a}|| + ||\vec{b}|| + ||\vec{a}-\vec{b}||)}{4}
\end{aligned}
$$

Utilizamos várias vezes o produto notável $x^2 - y^2 = (x+y)(x-y)$.

b) Consideremos o triângulo com lados definidos pelos vetores $\vec{a}$, $\vec{b}$ e $\vec{a}-\vec{b}$ cuja área é dada por $A = \frac{1}{2}||\vec{a}\times\vec{b}||$. Sejam $a = ||\vec{a}||$, $b = ||\vec{b}||$ e $c = ||\vec{a}-\vec{b}||$. Subtituindo esses valores na fórmula obtida no item (a), obtemos

$$
\begin{aligned}
(2A)^2 &= \frac{(a+b+c)(a+b-c)(a-b+c)(-a+b+c)}{4}\\
\implies A^2 &= \frac{(a+b+c)(a+b-c)(a-b+c)(-a+b+c)}{16}\\
&= \left(\frac{a+b+c}{2}\right)\left(\frac{a+b-c}{2}\right)\left(\frac{a-b+c}{2}\right)\left(\frac{-a+b+c}{2}\right)\\
&= \left(\frac{a+b+c}{2}\right)\left(\frac{a+b+c-2c}{2}\right)\left(\frac{a+b+c-2b}{2}\right)\left(\frac{a+b+c-2a}{2}\right)\\
&= \left(\frac{a+b+c}{2}\right)\left(\frac{a+b+c}{2}-c\right)\left(\frac{a+b+c}{2}-b\right)\left(\frac{a+b+c}{2}-a\right)\\
&= p(p-c)(p-b)(p-a)
\end{aligned}
$$

de onde concluímos que $A = \sqrt{p(p-a)(p-b)(p-c)}$.

3.6 Apoio computacional

Além das operações de adição, subtração e produto por escalar, o *Maxima* tem, também, um produto interno implementado que é simbolizado por um ponto.

```
(%i01)  u:  [2, -7, 1];
(%o01)  [2,-7,1]

(%i02)  v:  [3, 0, 5];
(%o02)  [3,0,5]

(%i03)  u.v;
(%o03)  11
```

Vemos, desse modo, que o produto interno dos vetores $\vec{u} = 2\vec{i} - 7\vec{j} + \vec{k}$ e $\vec{v} = 3\vec{i} + 5\vec{k}$ é igual a $\vec{u}.\vec{v} = 11$.

Exemplo 3.12: Determinar o valor de m para que os vetores $\vec{u} = m\vec{i} + \vec{j} - \vec{k}$ e $\vec{v} = m\vec{i} + m\vec{j} + 2\vec{k}$ sejam ortogonais.

```
(%04) u:[m,1,-1]; v:[m,m,2];
(%04) [m, 1, -1]

(%05) [m, m, 2]

(%i06) solve(u.v=0, m);
(%o06) [m = 1, m = -2]
```

Concluímos que o valor de m procurado é $m = 1$ ou $m = -2$.

A norma, o produto vetorial e o produto misto não são predefinidos no *Maxima* . No entanto, suas definições são muito simples:

```
(%i07) N(v):= sqrt(v.v);
(%o07) N(v) := √v.v

(%i08) vetorial(u, v):= [u[2]*v[3]-u[3]*v[2],
                u[3]*v[1]-u[1]*v[3], u[1]*v[2]-u[2]*v[1]];
(%o08) vetorial(u, v) := [u2v3 − u3v2, u3v1 − u1v3, u1v2 − u2v1]

(%i09) misto(u, v, w) := u.vetorial(v, w);
(%o09) misto(u, v, w) := u.vetorial(v, w)
```

Exemplo 3.13: Dados os vetores $\vec{u} = \vec{i} - 7\vec{k}$, $\vec{v} = 3\vec{i} + 4\vec{j} + 5\vec{k}$ e $\vec{w} = 2\vec{i} - 2\vec{j} + 11\vec{k}$, calcule $||\vec{u}||, ||\vec{v}||, ||\vec{w}||$, $\vec{u}.\vec{v}$, $\vec{u}.\vec{w}$, $\vec{v}.\vec{w}$, $[\vec{u}, \vec{v}, \vec{w}]$, $\vec{u} \times (\vec{v} \times \vec{w})$ e $(\vec{u} \times \vec{v}) \times \vec{w}$.

```
(%i10) u:  [1, 0, -7]; v:  [3, 4,5]; w:  [2, -2, 11];
(%o10) [1, 0, -7]

(%o11) [3, 4, 5]

(%o12) [2, -2, 11]

(%i13) u.v; u.w; v.w;
(%o13) -32

(%o14) -75

(%o15) 53

(%i16) N(u); N(v); N(w);
(%o16) 5 √2

(%o17) 5 √2

(%o18) √129

(%i19) misto(u, v, w);
(%o19) 152
```

Nas linhas de comando anteriores, obtivemos o seguinte: $\vec{u}.\vec{v} = -32$, $\vec{u}.\vec{w} = -75$, $\vec{v}.\vec{w} = 53$, $||\vec{u}|| = 5\sqrt{2}$, $||\vec{v}|| = 5\sqrt{2}$, $||\vec{w}|| = \sqrt{129}$ e $[\vec{u}, \vec{v}, \vec{w}] = 152$.

```
(%i20) vetorial(u, vetorial(v, w));
(%o20) [-161, -364, -23]

(%i21) vetorial(vetorial(u, v), w);
(%o21) [-278, -300, -4]
```

Observe que $\vec{u} \times (\vec{v} \times \vec{w}) \neq (\vec{u} \times \vec{v}) \times \vec{w}$.

Exemplo 3.14: Mostre que $(\vec{a} \times \vec{b}) \times (\vec{c} \times \vec{d}) = [\vec{a}, \vec{b}, \vec{d}]\vec{c} - [\vec{a}, \vec{b}, \vec{c}]\vec{d}$, para quaisquer vetores $\vec{a}$, $\vec{b}$, $\vec{c}$ e $\vec{d}$.

Iniciamos com quatro vetores genéricos $\vec{a} = a_x\vec{i} + a_y\vec{j} + a_z\vec{k}$, $\vec{b} = b_x\vec{i} + b_y\vec{j} + b_z\vec{k}$, $\vec{c} = c_x\vec{i} + c_y\vec{j} + c_z\vec{k}$ e $\vec{d} = d_x\vec{i} + d_y\vec{j} + d_z\vec{k}$.

```
(%i22) a:[ax,ay,az]; b:[bx, by, bz]; c:[cx,cy,cz]; d:[dx,dy,dz];
(%o22) [ax, ay, az]

(%o23) [bx, by, bz]

(%i24) [cx, cy, cz]

(%o25) [dx, dy, dz]
```

Calculamos duas expressões $expr_1 = (\vec{a}\times\vec{b})\times(\vec{c}\times\vec{d})$ e $expr_2 = [\vec{a}, \vec{b}, \vec{d}]\vec{c} - [\vec{a}, \vec{b}, \vec{c}]\vec{d}$ e verificamos que elas são iguais, ou seja, que $expr_1 - expr_2 = \vec{0}$. Isso demonstra a fórmula desejada.

```
(%i24) expr1: vetorial(vetorial(a, b), vetorial(c, d));
(%o24) [(azbx - axbz)(cxdy - cydx) - (axby - aybx)(czdx - cxdz), (axby - aybx)(cydz - czdy) -
(aybz - azby)(cxdy - cydx), (aybz - azby)(czdx - cxdz) - (azbx - axbz)(cydz - czdy)]

(%i25) expr2: misto(a, b, d)*c - misto(a,b,c)*d;
(%o25) [cx(ax(bydz - bzdy) + ay(bzdx - bxdz) + az(bxdy - bydx)) - (ax(bycz - bzcy) + ay(bzcx -
bxcz) + az(bxcy - bycx))dx, cy(ax(bydz - bzdy) + ay(bzdx - bxdz) + az(bxdy - bydx)) - (ax(bycz -
bzcy) + ay(bzcx - bxcz) + az(bxcy - bycx))dy, cz(ax(bydz - bzdy) + ay(bzdx - bxdz) + az(bxdy - bydx)) -
(ax(bycz - bzcy) + ay(bzcx - bxcz) + az(bxcy - bycx))dz]

(%i26) expand(expr1-expr2);
(%o26) [0, 0, 0]
```

3.7 Exercícios propostos

A20) Determine $x \in \mathbb{R}$ de modo que os vetores $\vec{u} = x\vec{i} + 2\vec{j} - \vec{k}$ e $\vec{v} = 3\vec{i} + x\vec{j} + 10\vec{k}$ sejam ortogonais.
Resp.: $x = 2$

A21) Calcule $\widehat{(\vec{a}, \vec{b})}$, onde $\vec{a} = 2\vec{i} + 2\vec{j} + \vec{k}$ e $\vec{b} = 3\vec{i} + 4\vec{j}$. Resp.: $\arccos \frac{14}{15}$

A22) Encontre a projeção ortogonal do vetor $\vec{v} = 2\vec{i} + \vec{j} - \vec{k}$ sobre o vetor $\vec{u} = \vec{i} + \vec{j}$. Resp.: $\frac{3}{2}\vec{i} + \frac{3}{2}\vec{j}$

A23) Determine um vetor de módulo igual a 5 que seja simultanemente ortogonal aos vetores $\vec{u} = \vec{i} + 2\vec{j} + \vec{k}$ e $\vec{v} = 2\vec{i} + \vec{j} - \vec{k}$. Resp.: $-\frac{5\sqrt{3}}{3}\vec{i} + \frac{5\sqrt{3}}{3}\vec{j} - \frac{5\sqrt{3}}{3}\vec{k}$

A24) Sejam $\vec{a} = \vec{i} + \vec{j}$, $\vec{b} = 2\vec{i} - 3\vec{j} + \vec{k}$ e $\vec{c} = 4\vec{j} - 3\vec{k}$. Mostre que $\vec{a} \times (\vec{b} \times \vec{c}) \neq (\vec{a} \times \vec{b}) \times \vec{c}$. Resp.: $\vec{a} \times (\vec{b} \times \vec{c}) = 8\vec{i} - 8\vec{j} + \vec{k}$, $(\vec{a} \times \vec{b}) \times \vec{c} = 23\vec{i} + 3\vec{j} + 4\vec{k}$

A25) Mostre que:

a) $\vec{a} \cdot \vec{b} = \frac{1}{2}(||\vec{a} + \vec{b}||^2 - ||\vec{a}||^2 - ||\vec{b}||^2)$

b) $\vec{a} \cdot \vec{b} = \frac{1}{4}(||\vec{a} + \vec{b}||^2 - ||\vec{a} - \vec{b}||^2)$

c) $||\vec{a} + \vec{b}||^2 + ||\vec{a} - \vec{b}||^2 = 2(||\vec{a}||^2 + ||\vec{b}||^2)$

A26) Sejam $\vec{a}$ e $\vec{b}$ vetores unitários tais que $\widehat{(\vec{a}, \vec{b})} = \pi/6$. Mostre que $||(\vec{a} - \vec{b}) \times (\vec{a} + 2\vec{b})|| = 3/2$.

A27) Mostre que $\vec{a}$ e $\vec{b}$ são vetores ortogonais se, e somente se, $||\vec{a} + \vec{b}|| = ||\vec{a} - \vec{b}||$.

A28) a) Calcule a área (usando produto vetorial) e a medida do ângulo interno oposto ao maior lado do triângulo PQR onde $P = (0, 0, 0)$, $Q = (6, 0, 0)$ e $R = (3, 4, 0)$

b) Represente o triângulo PQR em um sistema de eixos coordenados e calcule novamente a área usando a conhecida fórmula

$$\text{Área}_\triangle = \frac{(\text{base}) \cdot (\text{altura})}{2}.$$

Verifique se o resultado encontrado coincide com o que foi obtido no item (a).
Resp.: Área = 12, ângulo = $\arccos \frac{7}{25}$

A29) Calcule a área do triângulo cujos vértices são os pontos $A = (1, 0, 1)$, $B = (3, 2, -1)$ e $C = (6, -1, 5)$. Mostre que esse triângulo é retângulo.
Resp.: $\vec{a} = B - A, \vec{b} = C - A \Rightarrow \vec{a} \cdot \vec{b} = 0$; Área = $3\sqrt{14}$

A30) Mostre que se $\vec{u}$ for ortogonal a $\vec{v} - \vec{w}$ e $\vec{v}$ for ortogonal a $\vec{u} - \vec{w}$, então $\vec{w}$ é ortogonal a $\vec{u} - \vec{v}$.

A31) Seja $\{\vec{a}, \vec{b}, \vec{c}\}$ uma base ortonormal. Calcule $||\vec{a} - \vec{b} - \vec{c}||$ e $\left(\frac{\sqrt{155}}{3}\vec{a} - \frac{2255}{\sqrt{7}}\vec{b}\right) \cdot (5\vec{c})$.
Resp.: $||\vec{a} - \vec{b} - \vec{c}|| = \sqrt{3}$, $\left(\frac{\sqrt{155}}{3}\vec{a} - \frac{2255}{\sqrt{7}}\vec{b}\right) \cdot (5\vec{c}) = 0$

A32) Sejam $\vec{u} = m\vec{i} + \vec{j} - \vec{k}$ e $\vec{v} = m\vec{i} + m\vec{j} + 2\vec{k}$

a) Determine m de modo que $\vec{u}$ seja ortogonal a $\vec{v}$.

b) Com o valor positivo de m obtido no item (a), determine $\vec{w}$ de modo que $\{\vec{u}, \vec{v}, \vec{w}\}$ seja uma base ortogonal de $\mathbb{R}^3$.

c) Obtenha as coordenadas de $\vec{a} = \vec{i} + 7\vec{j} + 2\vec{k}$ na base $\{\vec{u}, \vec{v}, \vec{w}\}$ do item (b).

Resp.: a) $m = 1$ ou $m = -2$; b) $\vec{w} = n(3\vec{i} - 3\vec{j})$, $\forall n \in \mathbb{R} - \{0\}$; c) $(2, 2, -1/n)$

A33) Determine x para que os pontos $A = (1, 1, 5)$, $B = (0, 8, 2)$, $C = (2, 1, 0)$ e $D = (x, 2, 3)$ sejam coplanares. Resp.: $x = 41/35$

A34) Determine x de modo que o volume do paralelepípedo com arestas definidas pelo vetores $\vec{a} = -2\vec{i} + x\vec{j}$, $\vec{b} = x\vec{i} - \vec{j} + \vec{k}$, $\vec{c} = \vec{i} + \vec{k}$ seja igual a 2 unidades de volume.

Resp.: $x = 0$ ou $x = 1$ ou $x = (1 \pm \sqrt{17})/2$

A35) Seja $\{\vec{a}, \vec{b}, \vec{c}\}$ uma base ortogonal tal que $||\vec{a}|| = 2$, $||\vec{b}|| = 3$ e $||\vec{c}|| = 5$. Calcule $|[\vec{a}, \vec{b}, \vec{c}]|$.

Resp.: $|[\vec{a}, \vec{b}, \vec{c}]| = 30$

A36) Calcule o volume do *tetraedro* (pirâmide com 4 faces triangulares) cujos vértices são os pontos $A = (1, 2, 1)$, $B = (7, 4, 3)$, $C = (4, 6, 2)$ e $D = (3, 3, 3)$, sabendo que o volume do tetraedro definido por $\vec{a}$, $\vec{b}$ e $\vec{c}$ é $1/6$ do volume do paralelepípedo definido pelos mesmos vetores. Resp.: $V = 4$

A37) Seja E um ponto qualquer da reta suporte do lado CD do paralelogramo $ABCD$. Mostre que a área desse paralelogramo é dada por $||\overrightarrow{AB} \times \overrightarrow{AE}||$.

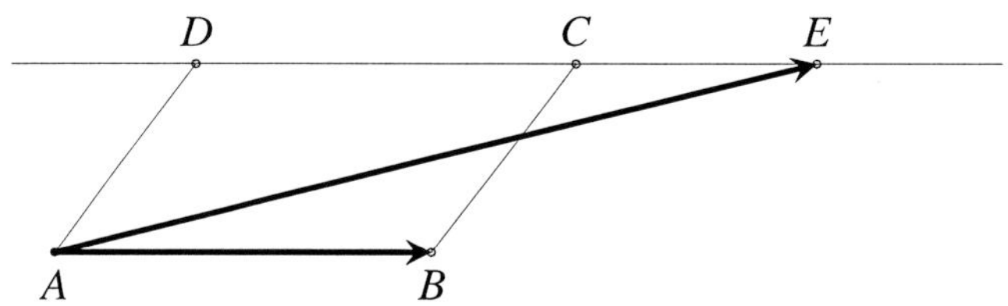

B8) Sendo $\vec{a}$ e $\vec{b}$ vetores quaisquer, mostre que $(\vec{a}+\vec{b})\times(\vec{a}-\vec{b}) = 2(\vec{b}\times\vec{a})$. Interprete geometricamente esse resultado.

Resp.: A área do paralelogramo sobre as diagonais é o dobro da área sobre os lados.

B9) Calcule a área de um paralelogramo $ABCD$ cujas diagonais são $\overrightarrow{AC} = 2\vec{i} - 3\vec{k}$ e $\overrightarrow{BD} = 2\vec{i} + 5\vec{j} - \vec{k}$.

Resp.: $A = \sqrt{341}/2$

B10) Demonstre que as diagonais de um losango são perpendiculares entre si.

B11) Determine a solução $\vec{x}$ do sistema

$$\begin{cases} \vec{x} \times (2\vec{i} + 3\vec{j} - \vec{k}) = \vec{0} \\ \vec{x} \cdot (4\vec{i} - 2\vec{j} + \vec{k}) = 2 \end{cases}$$

Resp.: $\vec{x} = 4\vec{i} + 6\vec{j} - 2\vec{k}$

B12) Sejam $\vec{a}$ e $\vec{b}$ vetores tais que $\|\vec{a}\| = 3$, $\|\vec{b}\| = 5$, $\widehat{(\vec{a},\vec{b})} = \pi/3$. Determine o valor de m de modo que:

a) $\vec{a} + m\vec{b}$ e $\vec{a} - m\vec{b}$ sejam ortogonais

b) $\vec{a} + m\vec{b}$ e $\vec{a} - m\vec{b}$ sejam paralelos

Resp.: a) $m = \pm 3/5$; b) $m = 0$

B13) Ache $\vec{u}$ ortogonal a $\vec{v} = 4\vec{i} - \vec{j} + 5\vec{k}$ e a $\vec{w} = \vec{i} - 2\vec{j} + 3\vec{k}$ que satisfaça $\vec{u} \cdot (\vec{i} + \vec{j} + \vec{k}) = 2$.

Resp.: $\vec{u} = -2\vec{i} + 2\vec{j} + 2\vec{k}$

B14) Sejam $\vec{a}$, $\vec{b}$ e $\vec{c}$ vetores unitários tais que $\vec{a} + \vec{b} + \vec{c} = \vec{0}$. Mostre que $\vec{a} \cdot \vec{b} + \vec{a} \cdot \vec{c} + \vec{b} \cdot \vec{c} = -3/2$.

B15) Consideremos vetores $\vec{a}$, $\vec{b}$ e $\vec{c}$ com $\vec{a} \neq \vec{0}$.

a) Se $\vec{a} \cdot \vec{b} = \vec{a} \cdot \vec{c}$ podemos concluir que $\vec{b} = \vec{c}$?

b) Se $\vec{a} \times \vec{b} = \vec{a} \times \vec{c}$ podemos concluir que $\vec{b} = \vec{c}$?

Resp.: a) Não. Considere, por exemplo, $\vec{a} = \vec{i}$, $\vec{b} = \vec{j}$, $\vec{c} = \vec{k}$; b) Não. Considere $\vec{a} = \vec{b} = \vec{i}$, $\vec{c} = 2\vec{i}$

B16) Considerando um triângulo com lados definidos por $\vec{a}$, $\vec{b}$ e $\vec{c} = \vec{a} - \vec{b}$, mostre o resultado conhecido como *Lei dos Cossenos:*

$$\|\vec{c}\|^2 = \|\vec{a}\|^2 + \|\vec{b}\|^2 - 2\|\vec{a}\|\|\vec{b}\| \cos \widehat{(\vec{a},\vec{b})}$$

(Sugestão: $\vec{c} \cdot \vec{c} = (\vec{a} - \vec{b}) \cdot (\vec{a} - \vec{b})$)

B17) Os *cossenos diretores* de um vetor $\vec{v}$ são os cossenos dos ângulos α, β e γ que $\vec{v}$ forma com os vetores $\vec{i}$, $\vec{j}$ e $\vec{k}$, respectivamente. Seja $\vec{v} = x\vec{i} + y\vec{j} + z\vec{k}$. Mostre que:

a) $\cos\alpha = \dfrac{x}{\sqrt{x^2 + y^2 + z^2}}$, $\cos\beta = \dfrac{y}{\sqrt{x^2 + y^2 + z^2}}$ e $\cos\gamma = \dfrac{z}{\sqrt{x^2 + y^2 + z^2}}$

b) $\cos^2\alpha + \cos^2\beta + \cos^2\gamma = 1$.

C8) Um vetor $\vec{v}$ de comprimento 5 tem dois de seus cossenos diretores dados por $\cos\alpha = 1/3$ e $\cos\beta = 1/4$, onde $\alpha = \widehat{(\vec{v},\vec{i})}$ e $\beta = \widehat{(\vec{v},\vec{j})}$. Determine as coordenadas de $\vec{v}$ na base canônica do $\mathbb{R}^3$.

Resp.: $\left(\frac{5}{3}, \frac{5}{4}, \frac{5\sqrt{119}}{12}\right)$

C9) Seja θ o ângulo entre os vetores $\vec{v}_1 = x_1\vec{i} + y_1\vec{j} + z_1\vec{k}$ e $\vec{v}_2 = x_2\vec{i} + y_2\vec{j} + z_2\vec{k}$. Mostre que

$$\cos\theta = \cos\alpha_1 \cdot \cos\alpha_2 + \cos\beta_1 \cdot \cos\beta_2 + \cos\gamma_1 \cdot \cos\gamma_2$$

onde $\cos\alpha_1, \cos\beta_1, \cos\gamma_1, \cos\alpha_2, \cos\beta_2, \cos\gamma_2$ são os cossenos diretores de $\vec{v}_1$ e $\vec{v}_2$, respectivamente.

C10) Sejam $\vec{u}$, $\vec{v}$ e $\vec{w}$ vetores não nulos. Mostre que $\|[\vec{u},\vec{v},\vec{w}]\| \leq \|\vec{u}\|\|\vec{v}\|\|\vec{w}\|$ e que vale a igualdade se, e somente se, os vetores são ortogonais dois a dois.

C11) Mostre que se $\vec{a} \times \vec{b} + \vec{b} \times \vec{c} + \vec{c} \times \vec{a} = \vec{0}$, então $\vec{a}$, $\vec{b}$ e $\vec{c}$ são LD.

(Sugestão: Faça o produto interno por $\vec{c}$.)

C12) Mostre que

$$[\vec{a},\vec{b},\vec{c}][\vec{u},\vec{v},\vec{w}] = \begin{vmatrix} \vec{a}\cdot\vec{u} & \vec{a}\cdot\vec{v} & \vec{a}\cdot\vec{w} \\ \vec{b}\cdot\vec{u} & \vec{b}\cdot\vec{v} & \vec{b}\cdot\vec{w} \\ \vec{c}\cdot\vec{u} & \vec{c}\cdot\vec{v} & \vec{c}\cdot\vec{w} \end{vmatrix}.$$

(Sugestão: $\det(A)\det(B) = \det(A)\det(B^t) = \det(AB^t)$)

C13) Seja $\{\vec{a},\vec{b},\vec{c}\}$ uma base do $\mathbb{R}^3$ e $\vec{v}$ um vetor no espaço tridimensional. Mostre que

$$\vec{v} = \frac{[\vec{v},\vec{b},\vec{c}]}{[\vec{a},\vec{b},\vec{c}]}\vec{a} + \frac{[\vec{a},\vec{v},\vec{c}]}{[\vec{a},\vec{b},\vec{c}]}\vec{b} + \frac{[\vec{a},\vec{b},\vec{v}]}{[\vec{a},\vec{b},\vec{c}]}\vec{c}.$$

(Sugestão: Sendo $\vec{v} = x\vec{a} + y\vec{b} + z\vec{c}$, faça o produto vetorial por $\vec{c}$. Depois, faça o produto interno por $\vec{b}$ para obter o valor de x.)

C14) Mostre que

$$(\vec{a}\times\vec{b})\cdot(\vec{c}\times\vec{d}) + (\vec{b}\times\vec{c})\cdot(\vec{a}\times\vec{d}) + (\vec{c}\times\vec{a})\cdot(\vec{b}\times\vec{d}) = 0.$$

(Sugestão: Use a propriedade **M5** e o exercício **R 15**)

C15) Se $\vec{b}$ for um vetor ortogonal a $\vec{a}$, então existe um vetor $\vec{c}$ tal que $\vec{b} = \vec{a}\times\vec{c}$.

(Sugestão: Considere $\vec{c} = \frac{\vec{b}\times\vec{a}}{||\vec{a}||^2}$ e use o exercício **R 14**.)

C16) Mostre que $(\vec{a}\times\vec{b})\times(\vec{c}\times\vec{d}) = [\vec{a},\vec{b},\vec{d}]\vec{c} - [\vec{a},\vec{b},\vec{c}]\vec{d}$.

C17) Considere a equação $\vec{a}\cdot\vec{x} = b$, onde $\vec{a}$ é um vetor não nulo e $b \in \mathbb{R}$ são dados e $\vec{x}$ é um vetor a ser determinado.

a) Mostre que se $\vec{x}_1$ e $\vec{x}_2$ são duas soluções dessa equação, então $\vec{x}_1 = \vec{x}_2 + \vec{c}$ onde $\vec{c}$ é um vetor ortogonal a $\vec{a}$. Conclua a partir daí que existe um vetor $\vec{v}$ tal que $\vec{x}_1 = \vec{x}_2 + \vec{a}\times\vec{v}$.

b) Mostre que $\vec{x} = \frac{b\vec{a}}{||\vec{a}||^2}$ é uma solução particular da equação dada.

c) Mostre que a *solução geral* da equação $\vec{a}\cdot\vec{x} = b$ é dada por

$$\vec{x} = \frac{b\vec{a}}{||\vec{a}||^2} + \vec{a}\times\vec{v}$$

onde $\vec{v}$ é um vetor arbitrário.

C18) Considere a equação $\vec{a}\times\vec{x} = \vec{b}$, onde $\vec{a}$ é um vetor não nulo, $\vec{b}$ é um vetor ortogonal a $\vec{a}$ e $\vec{x}$ é um vetor a ser determinado.

a) Mostre que se $\vec{x}_1$ e $\vec{x}_2$ são duas soluções dessa equação, então $\vec{x}_1 = \vec{x}_2 + \vec{c}$ onde $\vec{c}$ é um vetor paralelo a $\vec{a}$. Conclua a partir daí que $\vec{x}_1 = \vec{x}_2 + k\vec{a}$ onde k é um escalar.

b) Mostre que $\vec{x} = \frac{\vec{b}\times\vec{a}}{||\vec{a}||^2}$ é uma solução particular da equação dada.
(Sugestão: use **R 14**.)

c) Mostre que a solução geral da equação $\vec{a} \times \vec{x} = \vec{b}$ é dada por

$$\vec{x} = \frac{\vec{b} \times \vec{a}}{||\vec{a}||^2} + k\vec{a}$$

onde k é um escalar.

d) Determine todas as soluções de $(3\vec{i} - \vec{j} + 5\vec{k}) \times \vec{x} = \vec{i} - 2\vec{j} - \vec{k}$.

C19) Mostre que a solução $\vec{x}$ do sistema

$$\begin{cases} \vec{a} \times \vec{x} &= \vec{b} \\ \vec{c} \cdot \vec{x} &= m \end{cases}$$

com $\vec{a} \cdot \vec{b} = 0$, $\vec{a} \cdot \vec{c} \neq 0$ e $m \in \mathbb{R}$ é dada por

$$\vec{x} = \frac{\vec{b} \times \vec{a}}{||\vec{a}||^2} + \left(\frac{m||\vec{a}||^2 + [\vec{a}, \vec{b}, \vec{c}]}{(\vec{a} \cdot \vec{c})||\vec{a}||^2} \right) \vec{a}.$$

Sugestão: Use a primeira equação e o exercício **C 11** para obter $\vec{x}$ em função de $\vec{a}$, $\vec{b}$ e $k \in \mathbb{R}$. Depois, substitua na segunda equação para calcular o valor de k.

C20) Mostre que $(\vec{a} \times \vec{b}) \cdot (\vec{b} \times \vec{c}) \times (\vec{c} \times \vec{a}) = ||\vec{a} \cdot \vec{b} \times \vec{c}||^2$ para quaisquer vetores $\vec{a}$, $\vec{b}$ e $\vec{c}$. (Sugestão: calcule $\vec{v} \times (\vec{c} \times \vec{a})$ com $\vec{v} = \vec{b} \times \vec{c}$ e, depois, faça o produto interno por $\vec{a} \times \vec{b}$).

C21) Os *recíprocos* de $\vec{a}, \vec{b}, \vec{c}$ são os vetores $\vec{a}_*, \vec{b}_*, \vec{c}_*$ que satisfazem as propriedades:

- $\vec{a} \cdot \vec{a}_* = \vec{b} \cdot \vec{b}_* = \vec{c} \cdot \vec{c}_* = 1$
- $\vec{a}_* \cdot \vec{b} = \vec{a}_* \cdot \vec{c} = \vec{b}_* \cdot \vec{a} = \vec{b}_* \cdot \vec{c} = \vec{c}_* \cdot \vec{a} = \vec{c}_* \cdot \vec{b} = 0.$

Mostre que:

a) Os recíprocos de $\vec{a}, \vec{b}, \vec{c}$ são $\vec{a}_* = \dfrac{\vec{b} \times \vec{c}}{[\vec{a}, \vec{b}, \vec{c}]}$, $\vec{b}_* = \dfrac{\vec{c} \times \vec{a}}{[\vec{a}, \vec{b}, \vec{c}]}$, $\vec{c}_* = \dfrac{\vec{a} \times \vec{b}}{[\vec{a}, \vec{b}, \vec{c}]}$

b) $[\vec{a}_*, \vec{b}_*, \vec{c}_*] = \dfrac{1}{[\vec{a}, \vec{b}, \vec{c}]}$

c) Se $\{\vec{a}, \vec{b}, \vec{c}\}$ for LI, então $\{\vec{a}_*, \vec{b}_*, \vec{c}_*\}$ também é LI

c) Os recíprocos de $\vec{a}_*, \vec{b}_*, \vec{c}_*$ são $\vec{a}, \vec{b}, \vec{c}$

d) Determine os recíprocos de $\vec{i}, \vec{j}, \vec{k}$. Resp.: $\vec{i}, \vec{j}, \vec{k}$

d) Determine os recíprocos de $2\vec{i} + 3\vec{j} - \vec{k}$, $\vec{i} - \vec{j} - 2\vec{k}$, $-\vec{i} + 2\vec{j} + 2\vec{k}$
Resp.: $\frac{2}{3}\vec{i} + \frac{1}{3}\vec{k}$, $-\frac{8}{3}\vec{i} + \vec{j} - \frac{7}{3}\vec{k}$, $-\frac{7}{3}\vec{i} + \vec{j} - \frac{5}{3}\vec{k}$

C22) Se $\vec{a}$ e $\vec{b}$ são ortogonais, então mostre que $\vec{a} \times (\vec{a} \times \vec{b}) = -||\vec{a}||^2\vec{b}$ e que

$$\vec{a} \times (\vec{a} \times (\vec{a} \times (\vec{a} \times \vec{b}))) = ||\vec{a}||^4\vec{b}.$$

C23) Se $\vec{u}$, $\vec{v}$ e $\vec{w}$ são vetores quaisquer, mostre que é verdadeira a *Identidade de Appolonius:*

$$||\vec{w} - \vec{u}||^2 + ||\vec{w} - \vec{v}||^2 = \frac{1}{2}||\vec{u} - \vec{v}||^2 + 2||\vec{w} - \frac{1}{2}(\vec{u} + \vec{v})||^2.$$

C24) Se $\alpha = \{\vec{v_1}, \vec{v_2}, \vec{v_3}\}$ for uma base do $\mathbb{R}^3$, então mostre que $\beta = \{\vec{u_1}, \vec{u_2}, \vec{u_3}\}$ é uma base ortonormal, onde

- $\vec{w_1} = \vec{v_1}, \ \vec{u_1} = \frac{\vec{w_1}}{||\vec{w_1}||}$
- $\vec{w_2} = \vec{v_2} - (\vec{v_2} \cdot \vec{u_1})\vec{u}_1, \ \vec{u_2} = \frac{\vec{w_2}}{||\vec{w_2}||}$
- $\vec{w_3} = \vec{v_3} - (\vec{v_3} \cdot \vec{u_1})\vec{u_1} - (\vec{v_3} \cdot \vec{u_2})\vec{u_2}, \ \vec{u_3} = \frac{\vec{w_3}}{||\vec{w_3}||}$.

Capítulo 4

Retas e Planos

Neste capítulo, fazemos uma introdução à Geometria Analítica Espacial através do estudo dos objetos ponto, reta e plano. Esses objetos são considerados *conceitos primitivos* da Geometria e, por causa disso, não são definidos – são, supostamente, conhecidos *a priori*.

4.1 Introdução

Planos e retas são os objetos da Geometria Analítica que podem ser descritos através de equações de primeiro grau e, por isso, são denominados *lineares*. São os objetos mais simples da Geometria Analítica, mas podem ser usados para a construção de objetos mais complexos juntando-se vários ”pedaços”de retas ou planos, conforme mostrado a seguir.

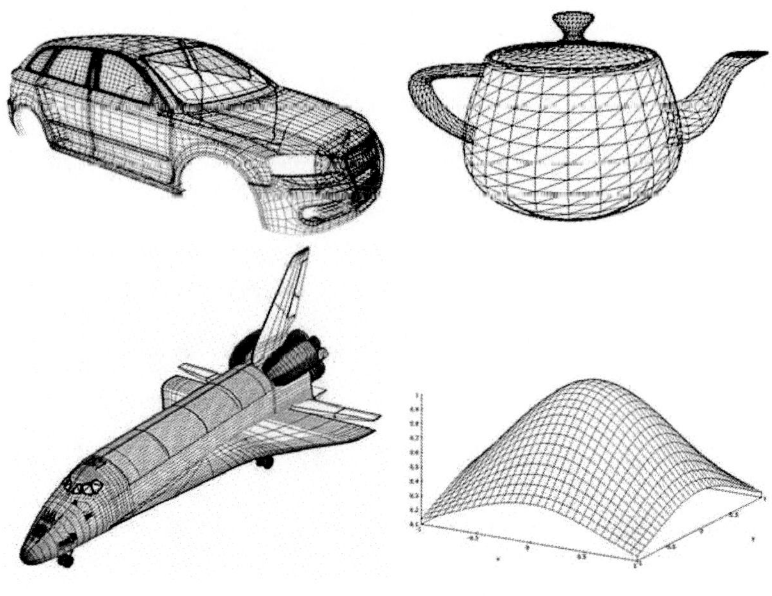

Figura 4.1: Objetos construídos com pequenos pedaços de planos

4.2 Equação do plano

Um plano é o conjunto de todos os pontos do espaço que satisfazem a uma equação do primeiro grau nas variáveis x, y, z da forma $ax + by + cz + d = 0$. Esse tipo de equação é denominada *equação cartesiana.*

É possível descrever os pontos de um plano como sendo aqueles que satisfazem um conjunto de três equações $x = x_0 + a_1t + a_2s$, $y = y_0 + b_1t + b_2s$, $z = z_0 + c_1t + c_2s$. Essas equações são do primeiro grau nas variáveis t e s e são denominadas *equações paramétricas* do plano. As variáveis t e s são denominadas *parâmetros*.

Os planos costumam ser denotados por letras gregas minúsculas: α, β, γ, π, σ, etc.

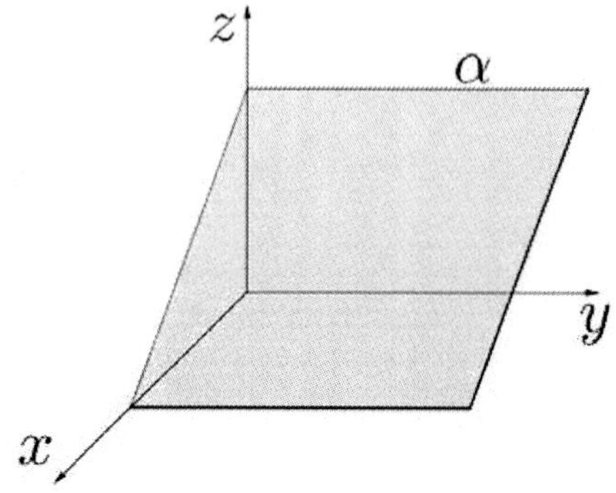

Figura 4.2: Gráfico do plano α

Os planos de equações $x = 0$, $y = 0$ e $z = 0$ são denominados *planos coordenados* e estão representados na figura a seguir. Também costumam ser chamados *plano yz*, *plano xz* e *plano xy*, respectivamente.

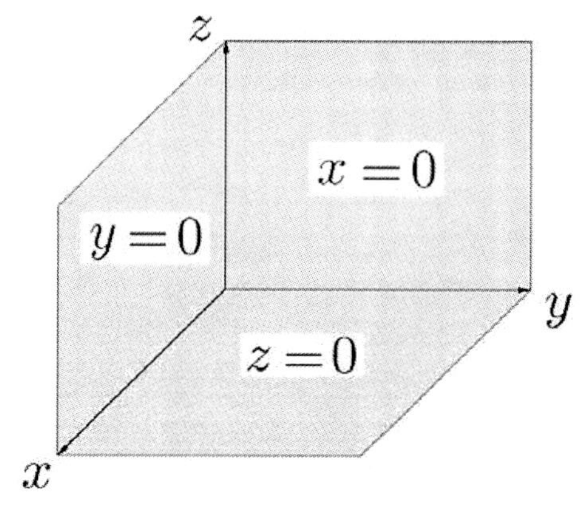

Figura 4.3: Planos coordenados

Exemplo 4.1: Dados os pontos $P = (1, 2, 3)$ e $Q = (-1, 1, -5)$, verificar se eles pertencem ao plano π cuja equação cartesiana é $2x + 7y - z = 10$.

Substituindo as coordenadas de P na equação do plano, obtemos $2 \cdot 1 + 7 \cdot 2 - 3 = 10 \Rightarrow 2 + 14 - 3 = 10 \Rightarrow 13 = 10$ que é uma sentença falsa. Logo, $P \notin \pi$.

Substituindo, agora, as coordenadas de Q na equação do plano, obtemos $2 \cdot (-1) + 7 \cdot 1 - (-5) = 10 \Rightarrow -2 + 7 + 5 = 10 \Rightarrow 10 = 10$ que é uma sentença verdadeira. Logo, $Q \in \pi$.

Exemplo 4.2: Dado um plano α de equação $2x + 3y + 5z - 7 = 0$, dê exemplo de coordenadas de um ponto que pertença a esse plano e de outro que não pertença.

Para obter um ponto desse plano, podemos atribuir qualquer valor a duas das variáveis e calcular o valor da terceira usando a equação dada. Por exemplo, escolhendo-se $x = 2$ e $y = 1$, calculamos $z = \frac{7-2x-3y}{5} = \frac{7-4-3}{5} = 0$. Logo, $P = (2, 1, 0)$ é um ponto desse plano α. Podemos confirmar que esse ponto P pertence ao plano α substituindo suas coordenadas na equação do plano: $2 \cdot 2 + 3 \cdot 1 + 5 \cdot 0 - 7 = 0$ que equivale a $0 = 0$ que é uma sentença verdadeira.

Se trocarmos uma das coordenadas de P por outro valor, obtemos um ponto que não pertence ao plano. Por exemplo, $Q = (2, 1, 4)$ não pertence a α (o 0 de P foi trocado pelo 4). Podemos confirmar isso substituindo suas coordenadas na equação do plano: $2 \cdot 2 + 3 \cdot 1 + 5 \cdot 4 - 7 = 0$ que equivale a $20 = 0$ que é uma sentença falsa; logo, $Q \notin \alpha$.

Exemplo 4.3: Dado um plano β cujas equações paramétricas são $x = 1 + 3t + 2s, y = 2 - t - s$ e $z = 4 + t + s,\ t, s \in \mathbb{R}$, dê exemplo de dois pontos P_1 e P_2 desse plano.

Nesse caso, basta escolher valores para os parâmetros. Para cada escolha dos parâmetros, obtemos um ponto do plano. Por exemplo, escolhendo $t = 3$, $s = 4$, obtemos $x = 1+9+8 = 18$, $y = 2-3-4 = -5$, $z = 4 + 3 + 4 = 11$. Logo, $P_1 = (18, -5, 11) \in \beta$. Escolhendo agora $t = 0$, $s = 0$, obtemos $x = 1 + 0 + 0, y = 2 - 0 - 0$ e $z = 4 + 0 + 0$. Logo, $P_2 = (1, 2, 4)$ é outro ponto do plano.

4.2.1 Plano que passa por três pontos

Dados três pontos A, B, C, se eles não estiverem sobre uma mesma reta, então eles determinam um único plano. Seja $P = (x, y, z)$ um outro ponto desse plano.

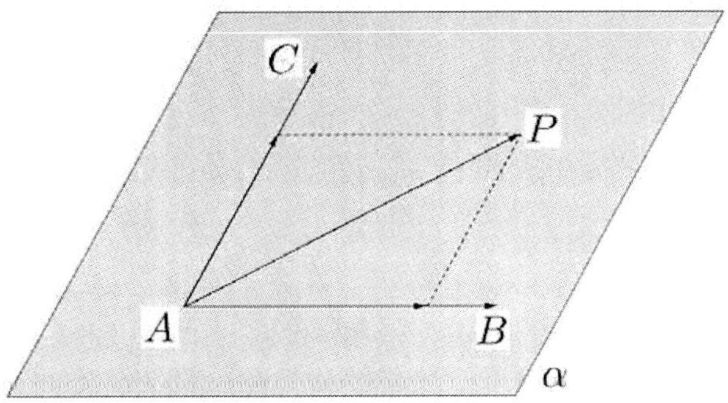

Figura 4.4: Plano que passa pelos pontos A, B e C dados

Então, os vetores $\overrightarrow{AP}$, $\overrightarrow{AB}$ e $\overrightarrow{AC}$ são coplanares. Logo, um deles, digamos o $\overrightarrow{AP}$, é combinação linear dos outros dois, ou seja, existem escalares r e s tais que $\overrightarrow{AP} = r\overrightarrow{AB} + s\overrightarrow{AC}$. Ao ser desenvolvida, essa equação vetorial leva às equações paramétricas do plano.

Outro modo de encontrar a equação do plano que passa pelos pontos A, B, C é calcular o vetor normal ao plano $\vec{n} = \overrightarrow{AB} \times \overrightarrow{AC}$. Assim, se $P = (x, y, z)$ for outro ponto do plano, os vetores $\overrightarrow{AP}$ e $\vec{n}$ são ortogonais, isto é, $\overrightarrow{AP} \cdot \vec{n} = 0$. Se for desenvolvida, essa equação leva à equação cartesiana do plano.

4.2.2 Plano que passa por um ponto e vetor normal dado

Dado um vetor $\vec{n} = (a, b, c)$ normal a um plano α e $P_0 = (x_0, y_0, z_0)$ um ponto desse plano. Se $P(x, y, z)$ for outro ponto do plano, então os vetores $\overrightarrow{P_0P}$ e $\vec{n}$ são ortogonais, ou seja, $\overrightarrow{P_0P} \cdot \vec{n} = 0$.

Como $\overrightarrow{P_0P} = (x - x_0, y - y_0, z - z_0)$, temos $\overrightarrow{P_0P} \cdot \vec{n} = a(x - x_0) + b(y - y_0) + c(z - z_0) = 0$, que equivale a $ax + by + cz + d = 0$, onde $d = -ax_0 - by_0 - cz_0$.

4.2.3 A utilidade do vetor normal a um plano

O vetor normal é fundamental na hora de colorir uma imagem tridimensional em computador.

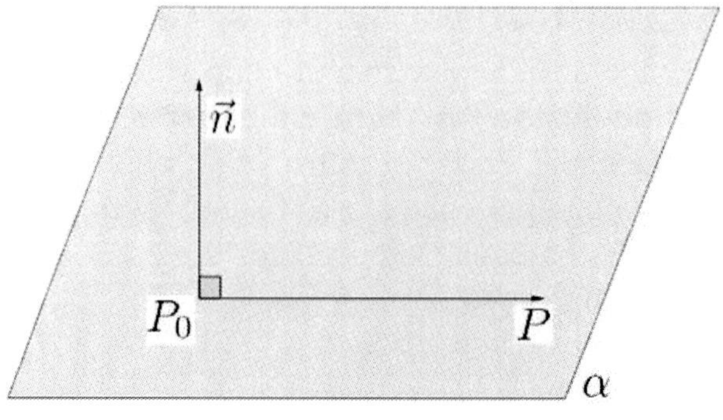

Figura 4.5: Plano com vetor normal $\vec{n}$ e que passa por um ponto P_0

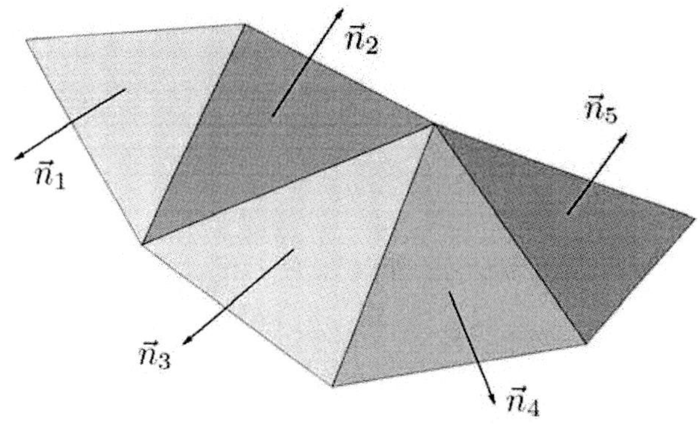

Figura 4.6: Vetor normal definindo iluminação e cores

O ângulo que o vetor normal forma com o vetor que vai da fonte de luz ao objeto é que determina a intensidade de iluminação. Em geral, se esse ângulo for próximo de zero, o objeto será iluminado de modo mais intenso e se for próximo de 90° será iluminado menos intensamente.

No centro de São Paulo, SP, foi instalado, recentemente, uma "Baleia Metálica" (figura 4.7) que é formada por muitos triângulos planos emendados. Como o vetor normal a cada triângulo faz diferentes ângulos com a reta que vai até o observador, temos a impressão de que alguns triângulos brilham mais do que outros.

Além disso, o vetor normal é útil na hora de determinar a parte exterior e a interior de algum objeto tridimensional, conforme mostrado na figura 4.8.

Exemplo 4.4: Dados $A = (7, -1, -1)$, $B = (-3, -1, 1)$, $C = (-2, 1, 0)$ determine as equações paramétricas e a equação cartesiana do plano que passa por esses pontos.

Seja $P = (x, y, z)$ um ponto genérico desse plano. Como $\overrightarrow{AP}$, $\overrightarrow{AB}$, $\overrightarrow{AC}$ são coplanares temos que existem escalares p e q tais que $\overrightarrow{AP} = p\overrightarrow{AB} + q\overrightarrow{AC}$, ou seja,

$$(x - 7, y + 1, z + 1) = p(-10, 0, 2) + q(-9, 2, 1)$$

de onde obtemos as equações paramétricas:

$$x = 7 - 10p - 9q, \; y = -1 + 2q, \; z = -1 + 2p + q.$$

Para obter a equação cartesiana, basta usar que $[\overrightarrow{AP}, \overrightarrow{AB}, \overrightarrow{AC}] = 0$ e desenvolver o determinante

Figura 4.7: Baleia Metálica – Av. Faria Lima – São Paulo

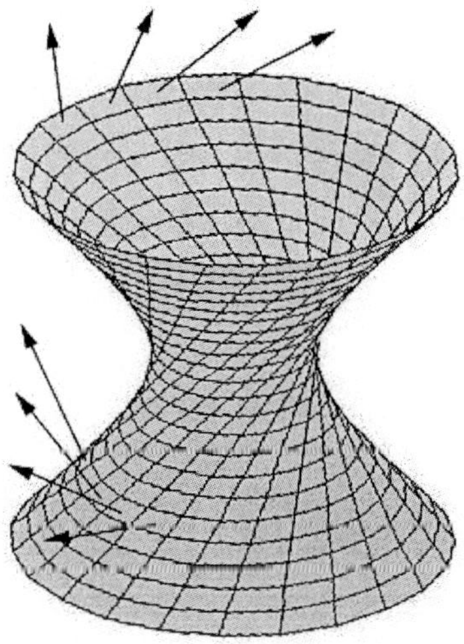

Figura 4.8: Vetor normal para definir as partes interna e externa

assim obtido:

$$\begin{vmatrix} x-7 & y+1 & z+1 \\ -10 & 0 & 2 \\ -9 & 2 & 1 \end{vmatrix} = 0 \Rightarrow -4(x-7) - 8(y+1) - 20(z+1) = 0 \Rightarrow x + 2y + 5z = 0.$$

Exemplo 4.5: Dado o plano $\alpha : 5x - 3y + 4z + 1 = 0$, mostre que $\vec{n} = (5, -3, 4)$ é um vetor ortogonal a esse plano.

Sejam $P_1 = (a_1, b_1, c_1)$ e $P_2 = (a_2, b_2, c_2)$ dois pontos quaisquer do plano. Então, suas coordenadas satisfazem a equação do plano, ou seja, $5a_1 - 3b_1 + 4c_1 + 1 = 0$ e $5a_2 - 3b_2 + 4c_2 + 1 = 0$. Subtraindo-se essas equações, obtemos $5(a_2 - a_1) - 3(b_2 - b_1) + 4(c_2 - c_1) = 0$. Como $\overrightarrow{P_1P_2} = P_2 - P_1 = (a_2 - a_1, b_2 - b_1, c_2 - c_1)$ e $\vec{n} \times \overrightarrow{P_1P_2} = 5(a_2 - a_1) - 3(b_2 - b_1) + 4(c_2 - c_1) = 0$ temos que $\vec{n}$ é ortogonal a um vetor genérico $\overrightarrow{P_1P_2}$ e, consequentemente, $\vec{n}$ é ortogonal ao plano.

Exemplo 4.6: Determine a equação do plano β que passa por $P_0 = (4, 1, 5)$ e é ortogonal ao vetor $\vec{n} = 5\vec{i} - 2\vec{j} + 7\vec{k}$.

A equação de β é da forma $5x - 2y + 7z + d = 0$. Substituindo as coordenadas de P_0, obtemos $20 - 2 + 35 + d = 0$, isto é, $d = -53$. Portanto, a equação de β é $5x - 2y + 7z - 53 = 0$.

4.3 Equação da reta

Uma reta pode ser definida através de um ponto $P_0 = (x_0, y_0, z_0)$ pelo qual ela passa e um vetor $\vec{v}$ que dê a sua direção. Nesse caso, o vetor $\vec{v} = (v_1, v_2, v_3)$ é denominado **vetor diretor** da reta.

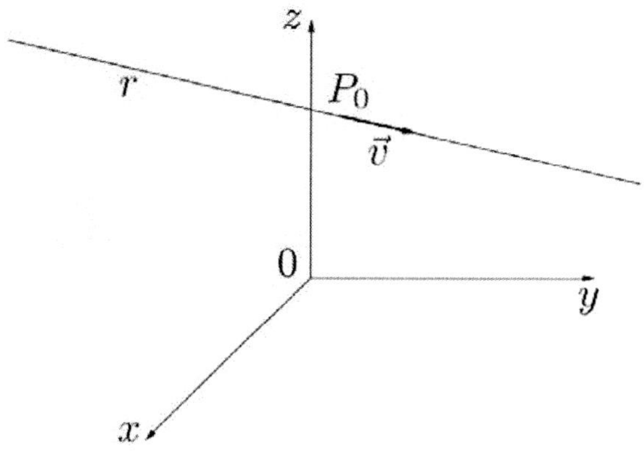

Figura 4.9: Vetor diretor de uma reta

Se um ponto genérico $P = (x, y, z)$ pertencer à reta, então $\overrightarrow{P_0P} = (x - x_0, y - y_0, z - z_0)$ e $\vec{v}$ são colineares; logo, existe um escalar $t \in \mathbb{R}$ tal que $\overrightarrow{P_0P} = t\vec{v}$, ou seja,

$$(x - x_0, y - y_0, z - z_0) = (tv_1, tv_2, tv_3)$$

que equivale a

$$\begin{cases} x = x_0 + v_1 t, \\ y = y_0 + v_2 t, \\ z = z_0 + v_3 t \end{cases}$$

Essas equações são denominadas **equações paramétricas** da reta e t é o parâmetro.

Se $v_1 \neq 0$, $v_2 \neq 0$ e $v_3 \neq 0$, então podemos isolar o parâmetro nas equações paramétricas para obtermos $t = \frac{x-x_0}{v_1}$, $t = \frac{y-y_0}{v_2}$, $t = \frac{z-z_0}{v_3}$, ou seja,

$$\frac{x - x_0}{v_1} = \frac{y - y_0}{v_2} = \frac{z - z_0}{v_3}$$

Essas equações (sem o parâmetro t) são denominadas **equações simétricas** da reta r.

4.3.1 Reta como interseção de planos

Uma reta também pode ser definida por dois planos distintos α e β que não sejam paralelos.

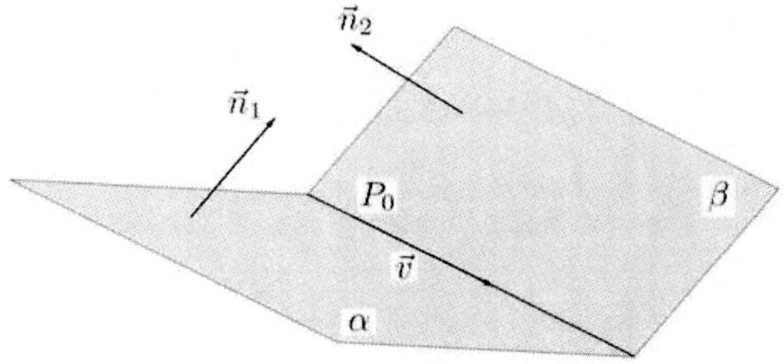

Figura 4.10: Reta como interseção de planos

Neste caso, determinamos um ponto P_0 pertencente a $\alpha \cap \beta$ através de uma solução do sistema linear formado pelas equações dos planos

$$\begin{cases} a_1x + b_1y + c_1z + d_1 &= 0 \\ a_2x + b_2y + c_2z + d_2 &= 0 \end{cases}$$

e o vetor diretor da reta pode ser $\vec{v} = \vec{n_1} \times \vec{n_2}$, onde $n_1 = (a_1, b_1, c_1)$ e $n_2 = (a_2, b_2, c_2)$ são os vetores normais a cada um dos planos. Assim, se $P = (x, y, z)$ for um ponto genérico da reta, as equações paramétricas podem ser obtidas a partir da equação $\overrightarrow{PP_0} = t\vec{v}$.

Exemplo 4.7: Determine a equação da reta que passa pelos pontos $A = (3, 4, 5)$ e $B = (5, 1, 0)$.

Seja $\vec{v} = \overrightarrow{AB} = B - A = (2, -3, -5)$. Escolhendo P_0 como sendo o ponto A, temos que as equações paramétricas da reta são: $x = 3 + 2t, y = 4 - 3t, z = 5 - 5t$.

Exemplo 4.8: Seja r a reta com equações simétricas $\dfrac{x-1}{4} = \dfrac{y-2}{7} = \dfrac{z-4}{5}$. Dê exemplo de um ponto $P_0 \in r$, um vetor diretor da reta e as suas equações paramétricas.

Um ponto na reta é o $P_0 = (1, 2, 4)$, um vetor diretor é o $\vec{v} = (4, 7, 5)$ e as equações paramétricas são: $x = 1 + 4t$, $y = 2 + 7t$, $z = 4 + 5t$.

Exemplo 4.9: Seja s a reta com equações paramétricas são $x = 2 + 3t, y = 5 - 4t, z = 10 + 11t$ com $t \in \mathbb{R}$. Dê exemplo de um ponto $P_0 \in s$, um vetor diretor da reta e as suas equações simétricas.

Um ponto na reta é o $P_0 = (2, 5, 10)$ (basta escolher um valor para t, por exemplo $t = 0$), um vetor diretor é $\vec{v} = (3, -4, 11)$ (formado pelos coeficientes de t). Para encontrar as equações paramétricas, basta isolar o t das equações: $t = \frac{x-2}{3}$, $t = \frac{y-5}{-4}$, $t = \frac{z-10}{11}$. Portanto, as equações simétricas da reta são

$$\frac{x-2}{3} = \frac{y-5}{-4} = \frac{z-10}{11}.$$

Exemplo 4.10: Determine as equações paramétricas da reta definida pela interseção dos planos $2x + y + 3z = 6$ e $x + y + z = 4$.

Inicialmente, vamos obter um ponto P_0 pertencente aos dois planos. Escolhemos um valor qualquer para uma das variáveis (digamos, $z = 0$) e calculamos as outras variáveis usando as equações: $z = 0$ implica $2x + y = 6$ e $x + y = 4$. Subtraindo essas duas equações, obtemos $x = 2$ e substituindo em uma das equações, obtemos $y = 4 - y = 2$. Logo, $P_0 = (2, 2, 0)$ pertence à interseção dos planos. Os vetores normais a esses planos são $\vec{n}_1 = (2,1,3)$ e $\vec{n}_2 = (1,1,1)$. Daí, $\vec{v} = \vec{n_1} \times \vec{n_2} = \begin{vmatrix} \vec{i} & \vec{j} & \vec{k} \\ 2 & 1 & 3 \\ 1 & 1 & 1 \end{vmatrix} = (-2,1,1)$. Portanto, as equações paramétricas da reta são $x = 2 - 2t, y = 2 + t, z = t$.

4.4 Ângulos e distâncias

4.4.1 Ângulo entre dois planos

O ângulo entre dois planos α e β, denotado por $(\widehat{\alpha,\beta})$ é definido como sendo o menor ângulo entre $(\widehat{\vec{n}_1,\vec{n}_2})$ e $(\widehat{-\vec{n}_1,\vec{n}_2})$, onde n_1 e n_2 são os vetores normais a α e β, respectivamente. Sendo assim,

$$\cos(\widehat{\alpha,\beta}) = \frac{|\vec{n}_1 \cdot \vec{n}_2|}{||\vec{n}_1||||\vec{n}_2||}.$$

4.4.2 Ângulo entre duas retas

O ângulo entre duas retas r e s, denotado por $(\widehat{r,s})$ é definido como sendo o menor ângulo entre $(\widehat{\vec{v}_1,\vec{v}_2})$ e $(\widehat{-\vec{v}_1,\vec{v}_2})$, onde v_1 e v_2 são os vetores diretores de r e s, respectivamente.

$$\cos(\widehat{r,s}) = \frac{|\vec{v}_1 \cdot \vec{v}_2|}{||\vec{v}_1||||\vec{v}_2||}.$$

Exemplo 4.11: Determine o ângulo entre as retas r: $x = 2 - 4t$, $y = 1 - 5t$, $z = 3 + 6t$, $t \in \mathbb{R}$ e s: $\dfrac{x-4}{3} = \dfrac{y+1}{8} = \dfrac{z-2}{2}$. Das equações das retas, obtemos seus vetores diretores $\vec{v}_1 = (-4,-5,6)$ e $\vec{v}_2 = (3,8,2)$. A partir daí, calculamos o cosseno do ângulo entre as retas:

$$\cos(\widehat{r,s}) = \frac{|\vec{v}_1 \cdot \vec{v}_2|}{||\vec{v}_1||||\vec{v}_2||} = \frac{|-12-40+12|}{\sqrt{16+25+36}\cdot\sqrt{9+64+4}} = \frac{40}{\sqrt{77}\cdot\sqrt{77}} = \frac{40}{77}$$

de onde concluímos que

$$(\widehat{r,s}) = \arccos\left(\frac{40}{77}\right).$$

4.4.3 Ângulo entre uma reta e um plano

O ângulo entre uma reta r e um plano α, denotado por $(\widehat{r,\alpha})$ é definido como sendo o complemento do menor ângulo entre $(\widehat{\vec{n},\vec{v}})$ e $(\widehat{-\vec{n},\vec{v}})$, onde n é o vetor normal a α e $\vec{v}$ é o vetor diretor de r, conforme mostrado na figura 4.11. Assim, $(\widehat{r,\alpha}) = \dfrac{\pi}{2} - \theta$ e θ satisfaz a equação $\cos\theta = \dfrac{|\vec{n}\cdot\vec{v}|}{||\vec{n}||||\vec{v}||}$. Daí,

$$(\widehat{r,\alpha}) = \frac{\pi}{2} - \arccos\left(\frac{|\vec{n}\cdot\vec{v}|}{||\vec{n}||||\vec{v}||}\right).$$

Como $\arccos x + \operatorname{arcsen} x = \frac{\pi}{2}$, $\forall x \in [-1, 1]$, temos também que

$$(\widehat{r,\alpha}) = \operatorname{arcsen}\left(\frac{|\vec{n}\cdot\vec{v}|}{||\vec{n}||||\vec{v}||}\right).$$

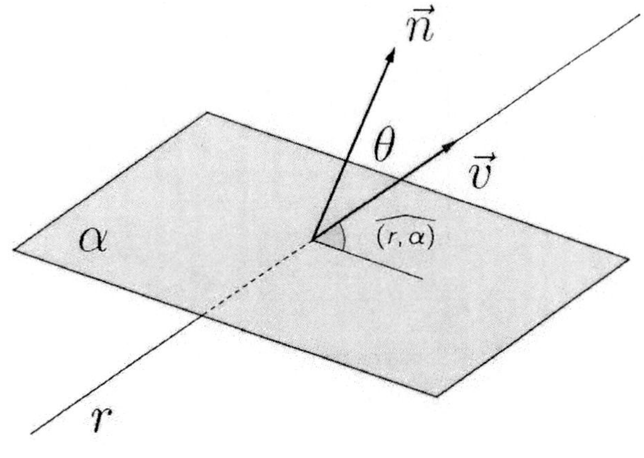

Figura 4.11: Ângulo $\widehat{(r,\alpha)}$ entre reta r e plano α

Exemplo 4.12: Calcule o ângulo entre os planos $\alpha : 2x + 5y + 3z + 7 = 0$ e $\beta : x - 4y - 5z - 11 = 0$.

Os vetores normais a α e β são $\vec{n}_1 = (2, 5, 3)$ e $\vec{n}_2 = (1, -4, -5)$, respectivamente. Como $\vec{n}_1 \cdot \vec{n}_2 = 2 - 20 - 15 = -33$, $||\vec{n}_1|| = \sqrt{4 + 25 + 9} = \sqrt{38}$ e $||\vec{n}_2|| = \sqrt{1 + 16 + 25} = \sqrt{42}$, temos $\cos\widehat{(\alpha,\beta)} = \frac{|\vec{n}_1 \cdot \vec{n}_2|}{||\vec{n}_1|| ||\vec{n}_2||} = \frac{33}{\sqrt{38}\sqrt{42}} = \frac{33}{2\sqrt{399}}$. Logo,

$$\widehat{(\alpha,\beta)} = \arccos\left(\frac{33}{2\sqrt{399}}\right) \approx 34°18'.$$

Exemplo 4.13: Calcule o ângulo entre $r : \frac{x-4}{6} = \frac{y-1}{5} = \frac{z+2}{8}$ e $\alpha : 4x - 2y - z - 10 = 0$.

Sejam $\vec{v} = (6, 5, 8)$ e $\vec{n} = (4, -2, -1)$ o vetor diretor da reta e o vetor normal do plano, respectivamente. A partir daí, $\cos(\theta) = \frac{|\vec{n} \cdot \vec{v}|}{||\vec{n}|| ||\vec{v}||} = \frac{|24-10-8|}{\sqrt{36+25+64}\sqrt{16+4+1}} = \frac{6}{5\sqrt{105}}$. Portanto,

$$\widehat{(r,\alpha)} = \frac{\pi}{2} - \theta = \frac{\pi}{2} - \arccos\left(\frac{6}{5\sqrt{105}}\right) = \operatorname{arcsen}\left(\frac{6}{5\sqrt{105}}\right) \approx 6°43'.$$

4.4.4 Distância entre dois pontos

Dados dois pontos $P_1 = (x_1, y_1, z_1)$ e $P_2 = (x_2, y_2, z_2)$ no espaço tridimensional, a distância entre eles é a norma do vetor $\overrightarrow{P_1P_2} = (x_2 - x_1)\vec{i} + (y_2 - y_1)\vec{j} + (z_2 - z_1)\vec{k}$:

$$d_{P_1P_2} = ||\overrightarrow{P_1P_2}|| = \sqrt{(x_2 - x_1)^2 + (y_2 - y_1)^2 + (z_2 - z_1)^2}.$$

Por exemplo, a distância entre os pontos $A = (5, 3, 7)$ e $B = (0, 1, 4)$ é

$$d_{AB} = \sqrt{(5-0)^2 + (3-1)^2 + (7-4)^2} = \sqrt{25 + 4 + 9} = \sqrt{38}.$$

4.4.5 Distância de um ponto a um plano

Consideremos um ponto $P_0 = (x_0, y_0, z_0)$ no espaço tridimensional $\mathbb{R}^3$ e um plano α cuja equação é $ax + by + cz + d = 0$. Se $P_0 \in \alpha$, então a distância de P_0 a α é nula. Suponhamos $P_0 \notin \alpha$ e vamos

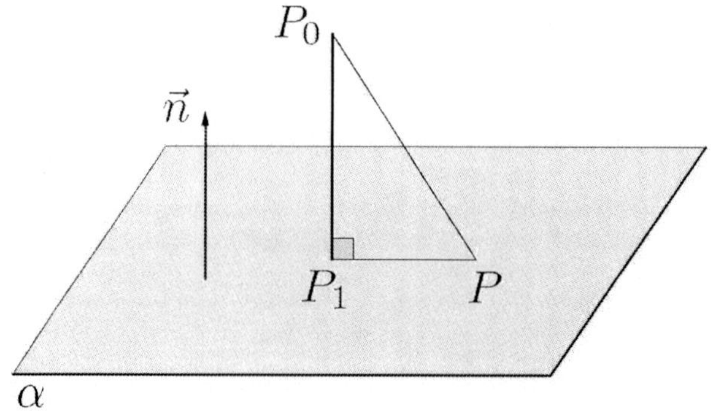

Figura 4.12: Distância de ponto a plano

calcular a distância de P_0 a α, denotada por $d_{P_0,\alpha}$. Seja $P = (x, y, z)$ um ponto qualquer do plano α. Consideremos $P_1 \in \alpha$ de tal forma que $\overline{P_0P_1}$ seja ortogonal a α. A distância de P_0 a α é a norma do vetor $\overrightarrow{P_0P_1}$.

Seja $\vec{n}$ o vetor normal ao plano α, ou seja, $\vec{n} = a\vec{i} + b\vec{j} + c\vec{k}$. Como $\vec{n}$ e $\overrightarrow{P_0P_1}$ são paralelos, existe um escalar $t \in \mathbb{R}$ tal que $\overrightarrow{P_0P_1} = t\vec{n} = ta\vec{i} + tb\vec{j} + tc\vec{k}$.

Se $\theta = (\widehat{\overrightarrow{P_0P_1}, \overrightarrow{P_0P}})$, usando a definição de produto interno, temos:

$$\overrightarrow{P_0P_1} \cdot \overrightarrow{P_0P} = ||\overrightarrow{P_0P_1}|| \cdot ||\overrightarrow{P_0P}|| \cdot \cos\theta.$$

Daí, $|\overrightarrow{P_0P_1} \cdot \overrightarrow{P_0P}| = ||\overrightarrow{P_0P_1}|| \cdot ||\overrightarrow{P_0P}|| \cdot |\cos\theta|$. Usando a definição de $\cos\theta$ no triângulo retângulo PP_0P_1, temos $|\cos\theta| = \frac{||\overrightarrow{P_0P_1}||}{||\overrightarrow{P_0P}||}$, de onde obtemos $|\overrightarrow{P_0P_1} \cdot \overrightarrow{P_0P}| = ||\overrightarrow{P_0P_1}|| \cdot ||\overrightarrow{P_0P}|| \cdot \frac{||\overrightarrow{P_0P_1}||}{||\overrightarrow{P_0P}||}$, ou seja, $|\overrightarrow{P_0P_1} \cdot \overrightarrow{P_0P}| = ||\overrightarrow{P_0P_1}|| \cdot ||\overrightarrow{P_0P_1}||$ que equivale a $d_{P_0P_1} = ||\overrightarrow{P_0P_1}|| = \frac{|\overrightarrow{P_0P_1} \cdot \overrightarrow{P_0P}|}{||\overrightarrow{P_0P_1}||}$. Como

$$\overrightarrow{P_0P} = (x - x_0)\vec{i} + (y - y_0)\vec{j} + (z - z_0)\vec{k},$$

temos que

$$d_{P_0\alpha} = \frac{|ta(x - x_0) + tb(y - y_0) + tc(z - z_0)|}{\sqrt{t^2a^2 + t^2b^2 + t^2c^2}} = \frac{|t|(-ax_0 - by_0 - cz_0 + \overbrace{ax + by + cz}^{-d})}{|t|\sqrt{a^2 + b^2 + c^2}}$$

de onde, finalmente, obtemos:

$$d_{P_0,\alpha} = \frac{|ax_0 + by_0 + cz_0 + d|}{\sqrt{a^2 + b^2 + c^2}}.$$

Exemplo 4.14: Consideremos o plano α cuja equação é $2x - 4y + 3z - 5 = 0$ e um ponto $P_0 = (3, 3, 1) \notin \alpha$. Então:

$$d_{P_0,\alpha} = \frac{|6 - 12 + 3 - 5|}{\sqrt{4 + 16 + 9}} = \frac{8}{\sqrt{29}} = \frac{8\sqrt{29}}{29}.$$

Exemplo 4.15: Vamos calcular a distância entre os planos paralelos $\alpha : 3x - 5y + 2z + 4 = 0$ e $\beta : 6x - 10y + 4z - 11 = 0$. Nesse caso, basta considerar um ponto P_0 em um plano e calcular a distância desse ponto ao outro plano. Vamos determinar um ponto $P_0 \in \alpha$. Para isso, basta atribuir qualquer valor a x e a y e calcular o z usando a equação do plano. A partir de $2z = -4 + 5y - 3x$, escolhendo $x = y = 1$, obtemos $2z = -4 + 5 - 3 = -2$, ou seja, $z = -1$. Assim, $P_0 = (1, 1, -1) \in \alpha$ e sua distância outro plano é

$$d_{\alpha,\beta} = d_{P_0,\beta} = \frac{|6 - 10 - 4 - 11|}{\sqrt{36 + 100 + 16}} = \frac{19}{\sqrt{152}} = \frac{\sqrt{38}}{4}.$$

Refaça agora esses cálculos considerando um ponto qualquer do plano β e calcule a distância desse ponto ao plano α e verifique que dá a mesma resposta anterior.

Exemplo 4.16: Consideremos os planos α: $3x - 5y + 2z + 4 = 0$ e β: $6x + 11y - 5z - 3 = 0$. Os vetores normais a esses planos são $\vec{n}_1 = (3, -5, 2)$ e $\vec{n}_2 = (6, 11, -5)$ que não são paralelos. Portanto, os planos não são paralelos e, consequentemente, intersectam-se segundo uma reta. Isso significa que a distância entre eles é nula, ou seja, $d_{\alpha,\beta} = 0$.

4.4.6 Distância de um ponto a uma reta

Consideremos uma reta r que passa pelo ponto P_1 com vetor diretor $\vec{v}$ e P_0 um ponto fora dela. Seja $P \in r$ de tal forma que $\overline{P_0P}$ seja ortogonal a r. Assim, a distância de P_0 à reta r é igual à distância d de P_0 a P que é a altura do paralelogramo definido pelos vetores $\overrightarrow{PP_1}$ e $\overrightarrow{P_0P_1}$. A área desse paralelogramo

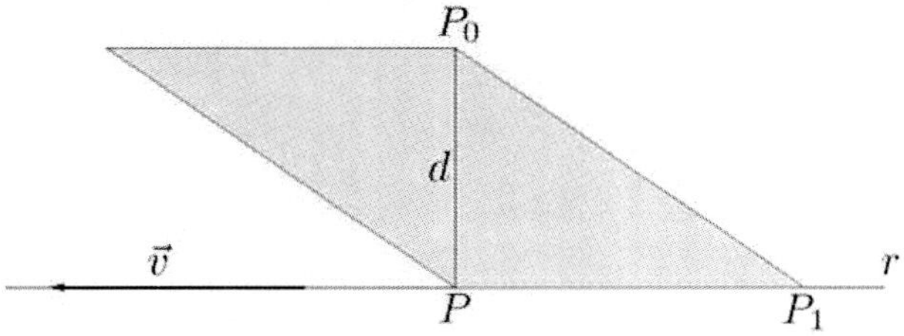

Figura 4.13: Distância de ponto a reta

é dada por $\|PP_1 \times \overrightarrow{P_0P_1}\|$. Por outro lado, essa área também é igual à base do paralelogramo vezes a sua altura, ou seja, Área $= \|\overrightarrow{PP_1} \times \overrightarrow{P_0P_1}\| = \|\overrightarrow{PP_1}\| \cdot d$, de onde obtemos $d = \frac{\|\overrightarrow{PP_1}\times\overrightarrow{P_0P_1}\|}{\|\overrightarrow{PP_1}\|}$. Como $\overrightarrow{PP_1}$ e $\vec{v}$ são colineares, existe um escalar t de tal forma que $\overrightarrow{PP_1} = t\vec{v}$. Daí, $d = d_{P_0,r} = \frac{\|t\vec{v}\times\overrightarrow{P_0P_1}\|}{\|t\vec{v}\|} = \frac{|t|\|\vec{v}\times\overrightarrow{P_0P_1}\|}{|t|\|\vec{v}\|}$ que é equivalente a

$$d_{P_0,r} = \frac{\|\vec{v}\times\overrightarrow{P_0P_1}\|}{\|\vec{v}\|}.$$

Exemplo 4.17: Sejam $P_0 = (2, 3, 4)$ e r a reta cujas equações paramétricas são $x = 1 + 3t, y = 2 - t$, $z = 5 - 7t$ com $t \in \mathbb{R}$. Vamos calcular a distância de P_0 a r. Para isso, precisamos determinar um ponto P_1 pertencente à reta atribuindo qualquer valor real ao parâmetro t. Se escolhermos $t = 0$, teremos $P_1 = (1, 2, 5)$. Daí, $\overrightarrow{P_0P_1} = P_1 - P_0 = -\vec{i} - \vec{j} + \vec{k}$. Usando agora os coeficientes do parâmetro t da equação da reta, obtemos um vetor diretor da reta: $\vec{v} = 3\vec{i} - \vec{j} - 7\vec{k}$. Como $\vec{v}\times\overrightarrow{P_0P_1} = \begin{vmatrix} \vec{i} & \vec{j} & \vec{k} \\ 3 & -1 & -7 \\ -1 & -1 & 1 \end{vmatrix} =$ $-8\vec{i} + 4\vec{j} - 4\vec{k}$, temos que

$$d_{P_0,r} = \frac{\|\vec{v}\times\overrightarrow{P_0P_1}\|}{\|\vec{v}\|} = \frac{\sqrt{64 + 16 + 16}}{\sqrt{9 + 1 + 49}} = \sqrt{\frac{96}{59}}.$$

4.4.7 Distância entre duas retas

Se as retas forem concorrentes ou coincidentes, então a distância entre elas é sempre igual a zero. Se as retas forem paralelas, então a distância é a de um ponto de uma até a outra reta.

Exemplo 4.18: Consideremos as retas paralelas $r: \dfrac{x-4}{3} = \dfrac{y-5}{2} = \dfrac{z+1}{-4}$ e $s: x = 7+3t$, $y = 1+2t$, $z = 19-4t$, $t \in \mathbb{R}$. Vamos calcular a distância entre elas. Para isso, basta encontrar um ponto P_0 em uma delas e calcular a distância desse ponto à outra reta. Escolhendo $\vec{v} = (3, 2, -4)$ um vetor diretor de r, $P_0 = (4, 5, -1) \in r$ e $P_1 = (7, 1, 19) \in s$, obtemos $\overrightarrow{P_0P_1} = (3, -4, 20)$ e $\vec{v} \times \overrightarrow{P_0P_1} = 24\vec{i} - 72\vec{j} - 18\vec{k}$. Portanto,

$$d_{r,s} = d_{P_1,r} = \frac{\|\vec{v} \times \overrightarrow{P_0P_1}\|}{\|\vec{v}\|} = \frac{\sqrt{576 + +5184 + 324}}{\sqrt{9+4+16}} = \frac{78}{\sqrt{29}}.$$

Se as retas r e s forem reversas, então consideramos seus vetores diretores $\vec{v}$ e $\vec{w}$, um ponto P_1 em r, um ponto P_2 em s e o vetor $\overrightarrow{P_1P_2}$. O paralelepípedo $ABCDEFGH$, com $A = P_1$, $E = P_2$, $\overrightarrow{AB} = \vec{v}$ e $\overrightarrow{AD} = \overrightarrow{EH} = \vec{w}$ tem a sua altura igual à distância entre r e s. O volume desse paralelepípedo é o valor

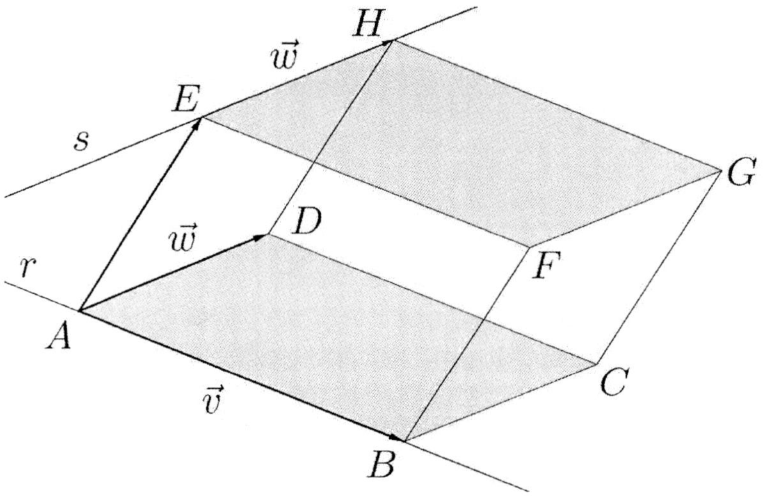

Figura 4.14: Distância entre retas reversas

absoluto do produto misto $|[\overrightarrow{P_1P_2}, \vec{v}, \vec{w}]|$ e também é igual à área de sua base $\|\vec{v} \times \vec{w}\|$ vezes a sua altura $d_{r,s}$, ou seja, $|[\overrightarrow{P_1P_2}, \vec{v}, \vec{w}]| = \|\vec{v} \times \vec{w}\| \cdot d_{r,s}$, o que implica

$$d_{r,s} = \frac{|[\overrightarrow{P_1P_2}, \vec{v}, \vec{w}]|}{\|\vec{v} \times \vec{w}\|} = \frac{|\overrightarrow{P_1P_2} \cdot (\vec{v} \times \vec{w})|}{\|\vec{v} \times \vec{w}\|}.$$

Exemplo 4.19: Calcular a distância entre as retas reversas

$$r: \frac{x+1}{4} = \frac{y-1}{3} = \frac{z-2}{-3}$$

e

$$s: \begin{cases} x = 5+3t, \\ y = 2t, \quad t \in \mathbb{R} \\ z = 1-t, \end{cases} .$$

As retas r e s passam pelos pontos $P_1 = (-1, 1, 2)$ e = $P_2(5, 0, 1)$, respectivamente. O vetor diretor de r é $\vec{v} = (4, 3, -3)$ e o de s é $\vec{w} = (3, 2, -1)$. Como $\overrightarrow{P_1P_2} = P_2 - P_1 = (6, -1, -1) = 6\vec{i} - \vec{j} - \vec{k}$ temos que $\vec{v} \times \vec{w} = \begin{vmatrix} \vec{i} & \vec{j} & \vec{k} \\ 4 & 3 & -3 \\ 3 & 2 & -1 \end{vmatrix} = 3\vec{i} - 5\vec{j} - \vec{k}$. Daí, obtemos que $\overrightarrow{P_1P_2} \cdot (\vec{v} \times \vec{w}) = 18 + 5 + 1 = 24$ e

$$d_{r,s} = \frac{|\overrightarrow{P_1P_2} \cdot (\vec{v} \times \vec{w})|}{||\vec{v} \times \vec{w}||} = \frac{24}{\sqrt{9 + 25 + 1}} = \frac{24}{\sqrt{35}}.$$

4.5 Interseções

Em Geometria Analítica, calcular a interseção de dois objetos (retas, planos, etc.) é determinar os pontos que satisfazem a todas as equações envolvidas. Isso equivale a resolver um sistema de equações.

Na interseção de planos pode ocorrer um dos seguintes casos:

- os planos têm um único ponto em comum (o sistema é possível determinado)
- os planos não têm ponto em comum (o sistema é impossível)
- os planos têm uma reta em comum (o sistema é possível indeterminado)
- os planos coincidem (também é possível indeterminado)

Na interseção de retas pode ocorrer um dos seguintes:

- as retas têm um único ponto em comum (o sistema é possível determinado)
- as retas não têm ponto em comum (o sistema é impossível)
- as retas coincidem (o sistema é possível indeterminado)

Exemplo 4.20: Determinar a interseção dos planos $\alpha : x+y+z = 6, \beta : x+2y+z = 8, \gamma : x-y-z = 0$.

Para determinar a interseção de α, β e γ, devemos resolver o seguinte sistema linear:

$$\begin{cases} x + y + z &= 6 \\ x + 2y + 3z &= 10 \\ x - y - z &= 0 \end{cases}$$

Através das operações de troca de linhas, multiplicação de uma linha por uma constante não nula e adição ou subtração de linhas, é sempre possível obter um sistema equivalente onde não aparece o x na segunda e nem na terceira equações e não aparece o y na terceira equação. Neste exemplo, podemos subtrair a primeira linha da segunda e, depois, subtrair a primeira linha da terceira linha para obter o seguinte:

$$\begin{cases} x + y + z &= 6 \\ -y - 2z &= -4 \\ 2y + 2z &= 6 \end{cases}$$

Multiplicando a segunda linha por 2 e somando o resultado com a terceira linha, obtemos:

$$\begin{cases} x+y+z &= 6 \\ -y-2z &= -4 \\ -2z &= -2 \end{cases}$$

Da terceira linha, obtemos: $z = \frac{-2}{-2} = 1$, da segunda linha: $y = 4 - 2z = 4 - 2 = 2$ e da primeira linha: $x = 6 - y - z = 6 - 2 - 1 = 3$. Portanto, o único ponto de interseção dos três planos dados é o ponto $P = (3, 2, 1)$.

Exemplo 4.21: Dados o plano $\alpha : 2x - 5y + 10z = 3$ e as retas $r : x = 3 + 5t$, $y = 4 - 2t$, $z = -1 - 2t$ e $s : x = -5 + m$, $y = -3 + 2m$, $z = 1 - 4m$, com $t, m \in \mathbb{R}$, determine se há interseção desse plano com cada uma dessas retas.

Nesse caso, devemos resolver um sistema de equações formado pela equação do plano e as equações de cada reta. A resolução desse tipo de sistema consiste em substuir cada equação paramétrica da reta na equação do plano.

Substituindo as equações de r na equação de α, obtemos:

$$2(\overbrace{3+5t}^{x}) - 5(\overbrace{4-2t}^{y}) + 10(\overbrace{-1-2t}^{z}) = 3$$

que equivale a $6 + 10t - 20 + 10t - 10 - 20t = 3$ e, daí, $-24 = 3$. Como essa última igualdade é sempre falsa (independentemente do valor de t), temos que o sistema não tem solução. Consequentemente, a reta r e o plano α não têm ponto em comum (são paralelos).

Substituindo agora as equações de s na equação de α, obtemos:

$$2(\overbrace{-5+m}^{x}) - 5(\overbrace{-3+2m}^{y}) + 10(\overbrace{1-4m}^{z}) = 3$$

que equivale a $48m = 12$ e, daí, $m = \frac{1}{4}$. Subtituindo o valor de m na equação de s, obtemos $x = -5 + \frac{1}{4} = -\frac{19}{4}$, $y = -3 + \frac{2}{4} = -\frac{5}{2}$ e $z = 1 - 1 = 0$. Portanto, o único ponto de interseção entre α e s é o ponto $P(-\frac{19}{4}, -\frac{5}{2}, 0)$.

Exemplo 4.22: Determinar a interseção das retas $r : \begin{cases} x &= 5+t \\ y &= 1+8t \\ z &= 2-t \end{cases}$ e $s : \begin{cases} x &= 8+2u \\ y &= 7+7u \\ z &= 5+u \end{cases}$, onde $t, u \in \mathbb{R}$.

Para determinar a interseção de r com s, igualamos as equações paramétricas de cada uma e obtemos o seguinte sistema de equações:

$$\begin{cases} 5+t &= 8+2u \\ 1+8t &= 7+7u \\ 2-t &= 5+u \end{cases}$$

que é equivalente a

$$\begin{cases} t-2u &= 3 \\ 8t-7u &= 6 \\ t+u &= -3 \end{cases}.$$

Subtraindo a primeira equação da terceira, obtemos: $-3u = 6$, isto é, $u = -2$. Da terceira equação, temos: $t = -3 - u = -3 + 2 = -1$. Substituindo $u = -2$ e $t = -1$ na segunda equação, obtemos:

$8(-1) - 7(-2) = 6$ que equivale a $-8 + 14 = 6$ que é uma sentença verdadeira. Logo, $u = -2$, $t = -1$ é a solução do sistema. Substituindo $u = -2$ nas equações da reta s, obtemos: $x = 8 - 4 = 4$, $y = 7 - 14 = -7$ e $z = 5 - 2 = 3$. Isso significa que $P(4, -7, 3)$ é o único ponto de interseção das retas (ou seja, elas são concorrentes em P). Note que o ponto P também poderia ser obtido substituindo-se $t = -1$ nas equações da reta r.

Exemplo 4.23: Com relação às retas r e s do exemplo 4.4.7, determinar as equações de outra reta p que seja ortogonal a r e a s e que intersecte-as nos pontos P e Q. Verifique que a distância entre P e Q coincide com $d_{r,s}$.

Consideremos os vetores diretores $\vec{v}_1$ e $\vec{v}_2$ de r e s, respectivamente, bem como pontos $P_1 \in r$, $P_2 \in s$. Vamos determinar as equações dos planos π_1 que contêm o ponto P_1 e os vetores $\vec{v}_1$ e $\vec{v}_1 \times \vec{v}_2$ e π_2 que contém P_2, $\vec{v}_2$ e $\vec{v}_1 \times \vec{v}_2$. A reta p procurada é dada por $\pi_1 \cap \pi_2$.

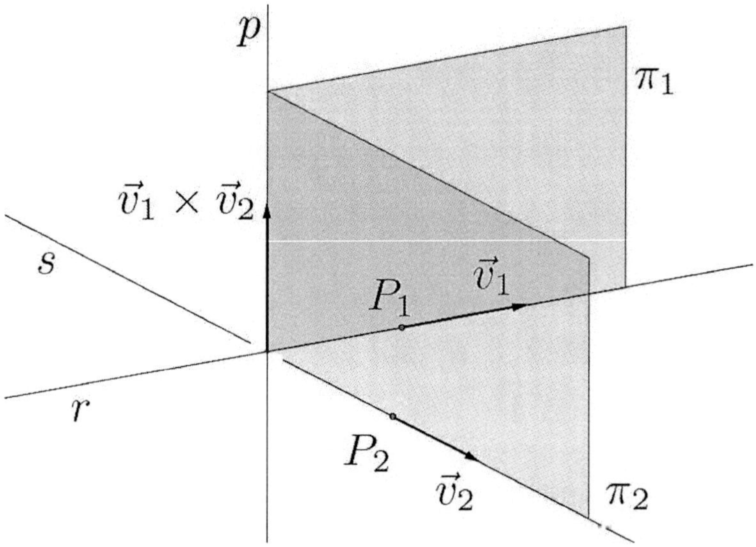

Figura 4.15: Reta ortogonal a duas retas reversas

Se $P = (x, y, z)$ for um ponto genérico em π_1, então $\overrightarrow{PP_1} = (x + 1, y - 1, z - 2)$. Como $\vec{v}_1 \times \vec{v}_2 = (3, -5, -1)$, temos que a equação de π_1 é dada por

$$[\overrightarrow{PP_1}, \vec{v}_1, \vec{v}_1 \times \vec{v}_2] = \begin{vmatrix} x+1 & y-1 & z-2 \\ 4 & 3 & -3 \\ 3 & -5 & -1 \end{vmatrix} = 0$$

que implica em $-18(x + 1) - 5(y - 1) - 29(z - 2) = 0$, que equivale a $18x + 5y + 29z - 45 = 0$.

Se $Q = (x, y, z)$ for um ponto genérico em π_2, então $\overrightarrow{QP_2} = (x - 5, y, z - 1)$. Logo, a equação de π_2 é dada por

$$[\overrightarrow{QP_2}, \vec{v}_2, \vec{v}_1 \times \vec{v}_2] = \begin{vmatrix} x-5 & y & z-1 \\ 3 & 2 & -1 \\ 3 & -5 & -1 \end{vmatrix} = 0$$

que implica em $-7(x - 5) - 0y - 21(z - 1) = 0$, que equivale a $7x + 21z - 56 = 0$.

Para determinar a interseção dos planos π_1 e π_2, devemos resolver o sistema linear formado pelas suas equações:

$$\begin{cases} 18x + 5y + 29z - 45 = 0 \\ 7x + 21z - 56 = 0 \end{cases}$$

que é o mesmo que

$$\begin{cases} 18x & +5y & = & -29z & +45 \\ 7x & & = & -21z & +56 \end{cases}$$

Fazendo $z = k$, obtemos da segunda equação que $x = \dfrac{-21k + 56}{7} = -3k + 8$. Substituindo na primeira equação, obtemos $y = \dfrac{-29k + 45 - 18\overbrace{(-3k + 8)}^{x}}{5} = \dfrac{25k - 99}{5}$. Portanto, as equações paramétricas da reta p são

$$p : \begin{cases} x & = & 8 - 3k, \\ y & = & -\frac{99}{5} + 5k, \quad k \in \mathbb{R} \\ z & = & k, \end{cases}.$$

Substituindo as equações de p nas equações de r, obtemos

$$\frac{(8 - 3k) + 1}{4} = \frac{(-\frac{99}{5} + 5k) - 1}{3} = \frac{k - 2}{-3}$$

cuja solução é $k = \frac{19}{5}$. Substituindo esse valor de k nas equações de p, obtemos o ponto $P = (-\frac{17}{5}, -\frac{4}{5}, \frac{19}{5})$ como sendo a interseção dessas retas.

Para determinar a interseção de p com a reta s, igualamos as equações paramétricas de cada uma e obtemos o seguinte sistema linear nas variáveis k e t:

$$\begin{cases} 5 + 3t & = & 8 - 3k \\ 2t & = & -\frac{99}{5} + 5k \\ 1 - t & = & k \end{cases}$$

que pode ser simplificado para

$$\begin{cases} t + k & = & 1 \\ 10t - 25k & = & -99 \end{cases}$$

cuja solução é $k = \frac{109}{35}$, $t = -\frac{74}{35}$. Substituindo esse valor de k nas equações de p, obtemos o ponto $Q = (-\frac{47}{35}, -\frac{148}{35}, \frac{109}{35})$ como sendo a sua interseção. Se o valor de t encontrado fosse substituído nas equações da reta s, teríamos obtido o mesmo ponto Q.

Sendo assim, as interseções da reta p com as retas r e s são respectivamente $P = (-\frac{17}{5}, -\frac{4}{5}, \frac{19}{5})$ e $Q = (-\frac{47}{35}, -\frac{148}{35}, \frac{109}{35})$. A distância entre esses pontos é

$$d_{P,Q} = \sqrt{\left(-\frac{47}{35} + \frac{17}{5}\right)^2 + \left(-\frac{148}{35} + \frac{4}{5}\right)^2 + \left(\frac{109}{35} - \frac{19}{5}\right)^2} = \frac{24}{\sqrt{35}}$$

que coincide com $d_{r,s}$ do exemplo 4.4.7.

Outra solução (mais simples) seria considerar um ponto genérico $P(3t + 5, 2t, 1 - t)$ na reta s e outro $Q = (4m - 1, 3m + 1, 2 - 3m)$ em r. A partir daí, exigir que o vetor

$$\overrightarrow{PQ} = (-3t + 4m - 6, -2t + 3m + 1, t - 3m + 1)$$

seja ortogonal a cada um dos vetores diretores $\vec{v}$ e $\vec{w}$ das retas. Com isso, a partir de $\overrightarrow{PQ} \cdot \vec{v} = 0$ e $\overrightarrow{PQ} \cdot \vec{w} = 0$, obtemos o sistema linear

$$\begin{cases} 34m - 21t & = & 24 \\ 21m - 14t & = & 17 \end{cases}$$

cuja solução é $t = -\frac{74}{35}$, $m = -\frac{3}{5}$. Substituindo esses valores em P e Q obtemos os pontos $(-\frac{47}{35}, -\frac{148}{35}, \frac{109}{35})$ e $(-\frac{17}{5}, -\frac{4}{5}, \frac{19}{5})$. A distância entre esses pontos fornece a resposta procurada: $\frac{24}{\sqrt{35}}$.

4.6 Exercícios resolvidos

R29) Mostre que os pontos $A = (6, -2, 15)$ e $B = (-15, 5, -27)$ pertencem à reta que passa pelo ponto $C = (0, 0, 3)$ na direção do vetor $\vec{v} = -3\vec{i} + \vec{j} - 6\vec{k}$.

Solução: As equações paramétricas da reta são $x = -3t, y = t, z = 3 - 6t$, com $t \in \mathbb{R}$. O ponto A pode ser obtido fazendo-se $t = -2$ nessas equações: $t = -2 \Rightarrow x = 6, y = -2, z = 15$ e o ponto B pode ser obtido fazendo-se $t = 5 \Rightarrow x = -15, y = 5, z = -27$. Portanto, A e B pertencem à reta dada.

R30) Determine a equação da reta r que passa pela origem $(0, 0, 0)$ e é ortogonal ao plano π que passa pelos pontos $A = (3, 0, 0)$, $B = (0, 4, 0)$ e $C = (0, 0, 5)$.

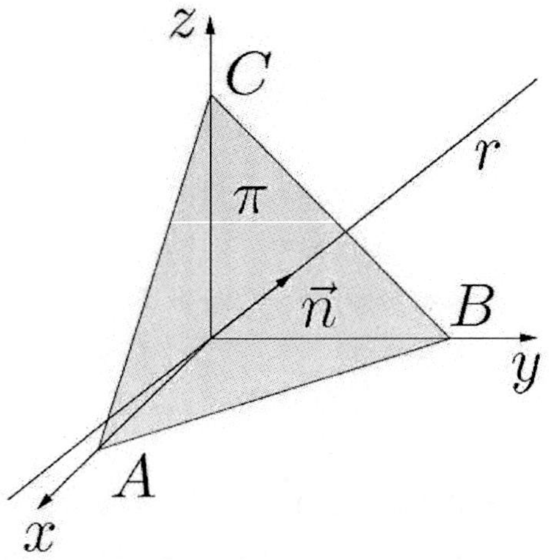

Figura 4.16: Reta ortogonal a plano (exercício R30)

Solução: Como $\overrightarrow{AB} = (-3, 4, 0)$ e $\overrightarrow{AC} = (-3, 0, 5)$, temos que um vetor normal ao plano é dado por $\vec{n} = \overrightarrow{AB} \times \overrightarrow{AC} = \begin{vmatrix} \vec{i} & \vec{j} & \vec{k} \\ -3 & 4 & 0 \\ -3 & 0 & 5 \end{vmatrix} = \begin{vmatrix} 4 & 0 \\ 0 & 5 \end{vmatrix}\vec{i} - \begin{vmatrix} -3 & 0 \\ -3 & 5 \end{vmatrix}\vec{j} + \begin{vmatrix} -3 & 4 \\ -3 & 0 \end{vmatrix}\vec{k} = 20\vec{i} + 15\vec{j} + 12\vec{k}$. Logo, a equação da reta r é $x = 20t, y = 15t, z = 12t$, com $t \in \mathbb{R}$.

Outra solução seria usar o exercício proposto B1 para obter a equação do plano π como sendo $\frac{x}{3} + \frac{y}{4} + \frac{z}{5} = 1$, ou seja, $20x + 15y + 12z - 60 = 0$ e, daí, o vetor normal é $\vec{n} = 20\vec{i} + 15\vec{j} + 12\vec{k}$.

R31) Determine o ângulo entre a reta

$$\begin{cases} x + 2y + z + 5 = 0 \\ 2x + y + z + 3 = 0 \end{cases}$$

e o plano que passa pelos pontos $A = (1, 1, 1)$, $B = (1, 2, 0)$ e $C = (0, 2, 1)$.

Solução: Os vetores normais aos planos $x + 2y + z + 5 = 0$ e $2x + y + z + 3 = 0$ são $\vec{n}_1 = (1, 2, 1)$ e $\vec{n}_2 = (2, 1, 1)$, respectivamente. Logo, o vetor diretor da reta r dada pela interseção desses planos é

$$\vec{v} = \vec{n}_1 \times \vec{n}_2 = \begin{vmatrix} \vec{i} & \vec{j} & \vec{k} \\ 1 & 2 & 1 \\ 2 & 1 & 1 \end{vmatrix} = \begin{vmatrix} 2 & 1 \\ 1 & 1 \end{vmatrix} \vec{i} - \begin{vmatrix} 1 & 1 \\ 2 & 1 \end{vmatrix} \vec{j} + \begin{vmatrix} 1 & 2 \\ 2 & 1 \end{vmatrix} \vec{k} = \vec{i} + \vec{j} - 3\vec{k}.$$

O vetor normal ao plano α que passa por A, B e C é $\vec{n} = \overrightarrow{AB} \times \overrightarrow{AC} = \begin{vmatrix} \vec{i} & \vec{j} & \vec{k} \\ 0 & 1 & -1 \\ -1 & 1 & 0 \end{vmatrix} = \begin{vmatrix} 1 & -1 \\ 1 & 0 \end{vmatrix} \vec{i} -$

$\begin{vmatrix} 0 & -1 \\ -1 & 0 \end{vmatrix} \vec{j} + \begin{vmatrix} 0 & 1 \\ -1 & 1 \end{vmatrix} \vec{k} = \vec{i} + \vec{j} + \vec{k}.$

O menor ângulo θ entre os vetores $\vec{v}$ e $\vec{n}$ é dado por

$$\cos(\theta) = \frac{|\vec{v} \cdot \vec{n}|}{\|\vec{v}\|\|\vec{n}\|} = \frac{|1 + 1 - 3|}{\sqrt{1 + 1 + 9}\sqrt{1 + 1 + 1}} = \frac{1}{\sqrt{33}}$$

Logo, o ângulo entre a reta e o plano dados é

$$\widehat{(r, \alpha)} = \frac{\pi}{2} - \arccos \frac{1}{\sqrt{33}} = \operatorname{arcsen} \frac{1}{\sqrt{33}} \approx 10°1'.$$

R32) Mostre que os planos $\pi_1 : \begin{cases} x = -3p - 4q \\ y = 2p + 7q \\ z = 4p + q \end{cases}, p, q \in \mathbb{R}$, e $\pi_2 : \begin{cases} x = -u - v \\ y = 5u - 5v \\ z = -3u + 7v \end{cases} u, v \in \mathbb{R}$, são coincidentes.

Solução: Escolhendo valores particulares para os parâmetros, obtemos pontos em cada plano. Fazendo $p = q = 0$ e $u = v = 0$, vemos que ambos os planos passam pela origem $O(0, 0, 0)$. Logo, para os planos serem coincidentes, é preciso que seus vetores normais coincidam ou sejam paralelos.

Escolhendo $p = q = 1$, obtemos $A = (-7, 9, 5) \in \pi_1$; escolhendo $p = 0$, $q = 1$, obtemos $B = (-4, 7, 1) \in \pi_1$. Assim, um vetor normal a π_1 é $\vec{n}_1 = \overrightarrow{OA} \times \overrightarrow{OB} = \begin{vmatrix} \vec{i} & \vec{j} & \vec{k} \\ -7 & 9 & 5 \\ -4 & 7 & 1 \end{vmatrix} = \begin{vmatrix} 9 & 5 \\ 7 & 1 \end{vmatrix} \vec{i} -$

$\begin{vmatrix} -7 & 5 \\ -4 & 1 \end{vmatrix} \vec{j} + \begin{vmatrix} -7 & 9 \\ -4 & 7 \end{vmatrix} \vec{k} = -26\vec{i} - 13\vec{j} - 13\vec{k} = -13(2\vec{i} + \vec{j} + \vec{k}).$

Escolhendo $u = v = 1$, obtemos $C(-2, 4, 0) \in \pi_2$; escolhendo $u = 1$, $v = 0$, obtemos $D(-1, 5, -3) \in \pi_2$. Um vetor normal a π_2 é $\vec{n}_2 = \overrightarrow{OC} \times \overrightarrow{OD} = \begin{vmatrix} \vec{i} & \vec{j} & \vec{k} \\ -2 & 0 & 4 \\ -1 & 5 & -3 \end{vmatrix} = \begin{vmatrix} 0 & 4 \\ 5 & -3 \end{vmatrix} \vec{i} - \begin{vmatrix} -2 & 4 \\ -1 & -3 \end{vmatrix} \vec{j} + \begin{vmatrix} -2 & 0 \\ -1 & 5 \end{vmatrix} \vec{k} =$

$-20\vec{i} - 10\vec{j} - 10\vec{k} = -10(2\vec{i} + \vec{j} + \vec{k}).$

Como $\vec{n}_1$ é paralelo a $\vec{n}_2$, temos que os planos π_1 e π_2 são coincidentes.

Outra solução seria igualar as equações, resolver o sistema linear formado por $-3p - 4q = -u - v$, $2p + 7q = 5u - 5v$ e $4p + q = -3u + 7v$ e verificar que a solução desse sistema é $p = -u + \frac{27}{13}v$, $q = u - \frac{17}{13}v$.

R33) Determine a equação do plano α que passa pelo ponto $P = (5, 5, 5)$ e é perpendicular à interseção dos planos $\pi_1 : 3x - 2y - 2z = 0$ e $\pi_2 : 4x + 3y + 7z = 0$.

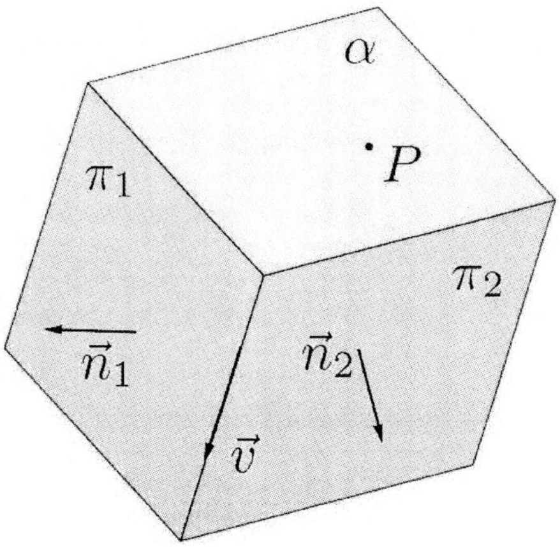

Figura 4.17: Plano perpendicular à interseção de planos (exercício R33)

Solução: Os vetores normais a π_1 e a π_2 são $\vec{n}_1 = (3, -2, -2)$ e $\vec{n}_2 = (4, 3, 7)$, respectivamente. Daí, $\vec{v} = \vec{n}_1 \times \vec{n}_2 = \begin{vmatrix} \vec{i} & \vec{j} & \vec{k} \\ 3 & -2 & -2 \\ 4 & 3 & 7 \end{vmatrix} = \begin{vmatrix} -2 & -2 \\ 3 & 7 \end{vmatrix} \vec{i} - \begin{vmatrix} 3 & -2 \\ 4 & 7 \end{vmatrix} \vec{j} + \begin{vmatrix} 3 & -2 \\ 4 & 3 \end{vmatrix} \vec{k} = -8\vec{i} - 29\vec{j} + 17\vec{k}$ é normal ao plano α. Logo, a equação de α é da forma $-8x - 29y + 17z + d = 0$. Substituindo as coordenadas de P nessa equação, obtemos: $-40 - 145 + 85 + d = 0$, ou seja, $d = 100$. Portanto, a equação de α é $-8x - 29y + 17z + 100 = 0$.

R34) Encontre a equação do plano que contém a reta

$$\begin{cases} 2x + 2y - z + 4 &= 0 \\ x - y + 2z + 2 &= 0 \end{cases}$$

e o ponto $P(5, -3, 2)$.

Solução: Escolhemos dois pontos A e B na reta e assim encontramos a equação do plano que passa por A, B e P.

Para escolher um ponto da reta, basta atribuir qualquer valor a uma das variáveis e calcular as outras duas usando as equações dadas. Escolhendo $z = 0$, obtemos as equações $2x + 2y + 4 = 0$ e $x - y + 2 = 0$ de onde obtemos $x = -2$, $y = 0$. Logo, $A = (-2, 0, 0)$ pertence ao plano. Escolhendo $z = 2$, obtemos $2x + 2y + 2 = 0$ e $x - y + 6 = 0$ que implica $x = -\frac{7}{2}$, $y = \frac{5}{2}$. Assim, $B = (-\frac{7}{2}, \frac{5}{2}, 2)$ é outro ponto do plano.

Como $\overrightarrow{PA} = (-7, 3, -2)$ e $\overrightarrow{PB} = (-\frac{17}{2}, \frac{11}{2}, 0)$, temos que um vetor normal ao plano é

$$\vec{n} = \overrightarrow{PA} \times \overrightarrow{PB} = \begin{vmatrix} \vec{i} & \vec{j} & \vec{k} \\ -7 & 3 & -2 \\ -\frac{17}{2} & \frac{11}{2} & 0 \end{vmatrix} = -11\vec{i} + 17\vec{j} - 13\vec{k}.$$

Assim, a equação do plano é da forma $-11x + 17y - 13z + d = 0$. Substituindo as coordenadas de P nessa equação, obtemos $-55 - 51 - 26 + d = 0$, ou seja, $d = 132$. Portanto, a equação procurada é $-11x + 17y - 13z + 132 = 0$.

R35) Mostre que as retas

$$r : \begin{cases} 4x + y - z + 15 &= 0 \\ x - y - z + 5 &= 0 \end{cases}$$

e

$$s : \begin{cases} 2x + y + z + 1 &= 0 \\ x - y + 2z - 7 &= 0 \end{cases}$$

são ortogonais.

Solução: Os produtos vetoriais dos vetores normais a cada plano são os vetores diretores de cada uma das retas:

$$\vec{v}_1 = \vec{n}_1 \times \vec{n}_2 = \begin{vmatrix} \vec{i} & \vec{j} & \vec{k} \\ 4 & 1 & -1 \\ 1 & -1 & -1 \end{vmatrix} = -2\vec{i} + 3\vec{j} - 5\vec{k},$$

$$\vec{v}_2 = \vec{n}_3 \times \vec{n}_4 = \begin{vmatrix} \vec{i} & \vec{j} & \vec{k} \\ 2 & 1 & 1 \\ 1 & -1 & 2 \end{vmatrix} = 3\vec{i} - 3\vec{j} - 3\vec{k}.$$

Como $\vec{v}_1 \cdot \vec{v}_2 = -6 - 9 + 15 = 0$, temos que as retas são ortogonais.

R36) Ache o ponto onde o plano $\pi : \begin{cases} x &= 4 + 11p - 7q \\ y &= 6 + 3p - 2q \\ z &= 1 - 2p + q \end{cases}$, $p, q \in \mathbb{R}$, encontra o eixo z.

Solução: O eixo z é caracterizado pelas equações $x = 0, y = 0$. Assim, quando o plano π encontra o eixo z temos $4 + 11p - 7q = 0$ e $6 + 3p - 2q = 0$. Essas equações são equivalentes a $11p - 7q = -4$ e $12p - 8q = -24$. Subtraindo-se uma equação da outra, obtemos $p - q = -20$, ou seja, $p = q - 20$. Substituindo em uma das equações anteriores, obtemos $11(q - 20) - 7q = -4$ o que implica $q = 54$ e $p = 34$. Usando a terceira equação desse sistema, temos que $z = 1 - 2p + q = 1 - 68 + 54 = -13$. Portanto, o plano encontra o eixo z no ponto $(0, 0, -13)$.

R37) Determine as equações paramétricas do plano que contém a reta $r : \begin{cases} x &= 1 - u \\ y &= 1 + u \\ z &= 1 \end{cases}$, $u \in \mathbb{R}$,e o ponto $P_0 = (1, -5, 4)$.

Solução: Basta atribuir dois valores ao parâmetro u para obter dois pontos da reta:

- $u = 0 \Rightarrow x = 1, y = 1, z = 1 \Rightarrow A = (1, 1, 1) \in r$
- $u = 1 \Rightarrow x = 0, y = 2, z = 1 \Rightarrow B = (0, 2, 1) \in r$

Portanto, $\overrightarrow{AP_0} = (0, -6, 3)$, $\overrightarrow{BP_0} = (1, -7, 3)$ são dois vetores do plano. Se $P = (x, y, z)$ for um ponto genérico do plano, então existem escalares u, v tais que $\overrightarrow{PP_0} = u\overrightarrow{AP_0} + v\overrightarrow{BP_0}$ e as equações paramétricas do plano são $P = P_0 + u\overrightarrow{AP_0} + v\overrightarrow{BP_0}$, isto é,

$$\begin{cases} x = 1 + u \\ y = -5 - 6u - 7v \\ z = 4 + 3u + 3v \end{cases}$$

onde $u, v \in \mathbb{R}$.

R38) Determine a projeção ortogonal da reta $r : \dfrac{x-1}{4} = \dfrac{y-2}{3} = \dfrac{z-2}{7}$ no plano $\alpha : 2x+2y-z = 14$.

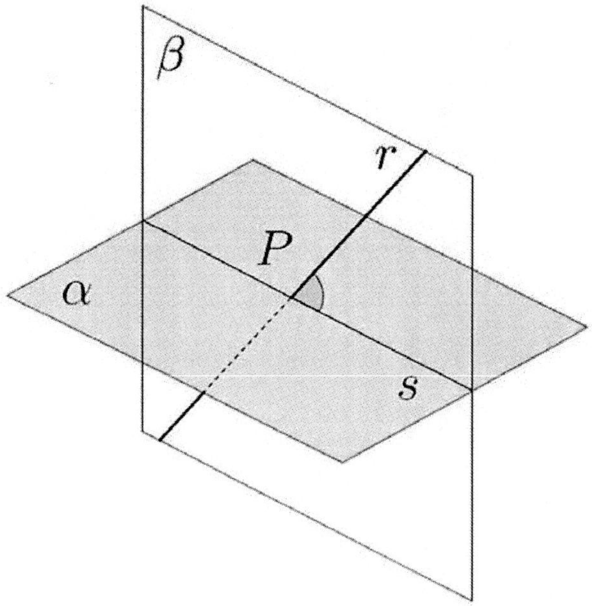

Figura 4.18: Projeção ortogonal de reta em plano (exercício R38)

Solução: As equações paramétricas de r são $x = 1+4t$, $y = 2+3t$, $z = 2+7t$, com $t \in \mathbb{R}$. Substituindo na equação de α obtemos o ponto de interseção P:

$$2(1 + 4t) + 2(2 + 3t) - (2 + 7t) = 14 \Rightarrow t = \frac{10}{7} \Rightarrow P(\frac{47}{7}, \frac{44}{7}, 12).$$

Seja β o plano ortogonal a α e que passa por P. A interseção dos planos α e β é a projeção ortogonal s procurada. O vetor diretor de r é $\vec{v} = (4, 3, 7) \in \beta$ e um vetor normal a α é $\vec{n}_1 = (2, 2, -1) \in \beta$. Logo, um vetor normal a β é dado por $n_2 = \vec{v} \times \vec{n}_1 = \begin{vmatrix} \vec{i} & \vec{j} & \vec{k} \\ 4 & 3 & 7 \\ 2 & 2 & -1 \end{vmatrix} = -17\vec{i} + 18\vec{j} + 2\vec{k}$.

Um vetor diretor de s é dado por $\vec{n}_1 \times \vec{n}_2 = \begin{vmatrix} \vec{i} & \vec{j} & \vec{k} \\ 2 & 2 & -1 \\ -17 & 18 & 2 \end{vmatrix} = 22\vec{i} + 13\vec{j} + 70\vec{k}$. Portanto, as equações paramétricas de s são:

$$x = \frac{47}{7} + 22u,\ y = \frac{44}{7} + 13u,\ z = 12 + 70u,\ u \in \mathbb{R}.$$

R39) Sejam α o plano $3x-2y-3z-11=0$ e P o ponto cujas coordenadas são $(3,-2,-4)$. Determine a equação da reta que passa por P, é paralela a α e intersecta a reta $r: x = 2+3t,\ y = -4-2t,\ z = 1+2t,\ t \in \mathbb{R}$.

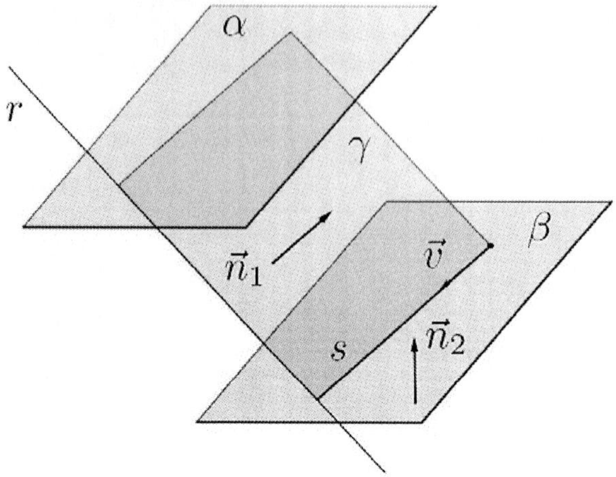

Figura 4.19: Reta paralela a um plano e que intersecta outra reta (exercício R39)

Solução: Sejam β o plano paralelo a α que passa pelo ponto P e γ o plano que contém a reta r e que também passa por P. A reta procurada é a interseção dos planos β e γ.

Como β é paralelo a α, um vetor normal a *beta* é dado por $\vec{n}_2 = (3,-2,-3)$. Atribuindo-se valores ao parâmetro t, obtemos pontos na reta r e, consequentemente, no plano γ:

- $t = 0 \Rightarrow x = 2, y = -4, z = 1 \Rightarrow A(2,-4,1) \in \gamma$
- $t = 1 \Rightarrow x = 5, y = -6, z = 3 \Rightarrow B(5,-6,3) \in \gamma$

O ponto P e os vetores $\overrightarrow{AB} = (3,-2,2)$ e $\overrightarrow{AP} = (1,2,-5)$ pertencem ao plano γ. Logo, $\vec{n}_2 = \overrightarrow{AP} \times \overrightarrow{AB} = \begin{vmatrix} \vec{i} & \vec{j} & \vec{k} \\ 1 & 2 & -5 \\ 3 & -2 & 2 \end{vmatrix} = \begin{vmatrix} 2 & -5 \\ -2 & 2 \end{vmatrix} \vec{i} - \begin{vmatrix} 1 & -5 \\ 3 & 2 \end{vmatrix} \vec{j} + \begin{vmatrix} 1 & 2 \\ 3 & -2 \end{vmatrix} \vec{k} = -6\vec{i} - 17\vec{j} - 8\vec{k}$ é um vetor normal a γ.

O vetor diretor de s é dado por $\vec{v} = \vec{n}_1 \times \vec{n}_2 = \begin{vmatrix} \vec{i} & \vec{j} & \vec{k} \\ 3 & -2 & -3 \\ -6 & -17 & -8 \end{vmatrix} = -35\vec{i} + 42\vec{j} - 63\vec{k}$. Como s passa pelo ponto P, temos que suas equações paramétricas são:

$$x = 3 - 35u,\ y = -2 + 42u,\ z = -4 - 63u,\ u \in \mathbb{R}.$$

4.7 Apoio computacional

Exemplo 4.24: Determinar a interseção dos planos definidos pelas equações $-3x+4y-z=8$ e $4x-5y+3z=11$.

```
(%i01) plano1: -3*x + 4*y - z = 8;
```
(%o01) $-z + 4y - 3x = 8$

```
(%i02) plano2: 4*x - 5*y + 3*z = 11;
```

(%o02) $3z - 5y + 4x = 11$

```
(%i03) solucao: solve([plano1, plano2], [x, y, z]);
```
(%o03) $[[x = 84 - 7\%r1, y = 65 - 5\%r1, z = \%r1]]$

```
(%i04) subst(%r1=t, solucao);
```
(%o04) $[[x = 84 - 7t, y = 65 - 5t, z = t]]$

Obtivemos assim, que a interseção dos planos é a reta cujas equações paramétricas são $x = 84 - 7t,\ y = 65 - 5t,\ z = t$.

Exemplo 4.25: Neste exemplo, usando o Maxima, vamos calcular a distância entre duas retas reversas. Uma passa pelo ponto P_1 com vetor diretor $\vec{v}_1$. A outra passa pelo ponto P_2 com vetor diretor $\vec{v}_2$. Inicialmente, definimos o produto vetorial dos vetores $\vec{v}$ e $\vec{w}$ e a norma do vetor $\vec{v}$.

```
(%i01) vetorial(v, w) := [v[2]*w[3] - v[3]*w[2],
                          v[3]*w[1] - v[1]*w[3], v[1]*w[2] - v[2]*w[1]];
```
(%o01) $vetorial(v, w) := [v_2w_3 - v_3w_2, v_3w_1 - v_1w_3, v_1w_2 - v_2w_1]$

```
(%i02) norma(v):= sqrt(v[1]^2 + v[2]^2 + v[3]^2);
```
(%o02) $norma(v) := \sqrt{v_1^2 + v_2^2 + v_3^2}$

```
(%i03) v1: [ 2, 2, -2]; P1: [3, 4, 1]; v2: [3, 3, 2]; P2: [5, 3, 2];
```
(%o03) $[2, 2, -2]$

(%o04) $[3, 4, 1]$

(%o05) $[5, 3, 2]$

```
(%i06) p1p2: P2 - P1; u: vetorial(v1, v2); interno : u.p1p2;
```
(%o06) $[2, -1, 1]$

(%o07) $[10, -10, 0]$

(%o08) 30

```
(%i09) d: abs(interno)/norma(u);
```
(%o09) $\frac{3}{\sqrt{2}}$

Dessa forma, obtivemos que a distância entre as retas é de $\frac{3}{\sqrt{2}}$ unidades.

Exemplo 4.26: Determinar a equação do plano que passa por três pontos dados P_1, P_2 e P_3.

Usando a função *vetorial(v, w)* definida em um exemplo anterior, definimos uma função *eqplano*(P_1, P_2, P_3) que calcula o produto misto $[P - P_1, P_2 - P_1, P_3 - P_1] = 0$, onde $P = (x, y, z)$.

```
(%i10) eqplano(P1, P2, P3) := block([u, v, w, P],
                P: ['x, 'y, 'z],
                u:  P - P1, v:  P2 - P1, w:P3 - P1,
                eq:  u.(vetorial(v, w)) = 0,
                return(expand(eq)) )$
```

Para testar a função assim construída, determinamos a equação do plano que passa por $(5, 1, 2)$, $(10, 10, 0)$ e $(8, 6, 1)$ e obtemos a resposta como sendo $-2z - y + x = 0$.

```
(%i11)  eqplano([5, 1, 2], [10, 10, 0], [8, 6, 1]);
```

(%o11) $-2z - y + x = 0$

Exemplo 4.27: Calcular a distância de um ponto P_4 a um plano que passa pelos pontos P_1, P_2 e P_3. Vamos definir uma função *distPalfa(*P_1, P_2, P_3, P_4*)* que é uma simples implementação da fórmula apresentada no exercício proposto C08.

```
(%i12) distPalfa(P1, P2, P3, P4) := block([A,B,C,M,detm,deta,detb,detc],
             M: matrix([P1[1],P1[2],P1[3],1], [P2[1],P2[2],P2[3],1],
             [P3[1],P3[2],P3[3],1], [P4[1],P4[2],P4[3],1]),
             A:matrix([P1[2],P1[3],1],[P2[2],P2[3],1],[P3[2],P3[3],1]),
             B:matrix([P1[1],P1[3],1],[P2[1],P2[3],1],[P3[1],P3[3],1]),
             C:matrix([P1[1],P1[2],1],[P2[1],P2[2],1],[P3[1],P3[2],1]),
             detm:  determinant(M),
             deta:  determinant(A),
             detb:  determinant(B),
             detc:  determinant(C),
             return(abs(detm)/sqrt(deta^2 + detb^2 + detc^2)) )$
```

Testando a função assim construída, vamos calcular a distância do ponto $(1, 11, -7)$ ao plano que passa pelos pontos $(1, 1, 17)$, $(0, 9, -1)$ e $(2, -3, 3)$.

```
(%i13)  p1:  [1, 1, 17]; p2:  [0, 9, -1]; p3:  [2, -3, 3]; p4:  [1, 11, -7];
```

(%o14) $[1, 1, 17]$

(%o15) $[0, 9, -1]$

(%o16) $[2, -3, 3]$

(%o17) $[1, 11, -7]$

```
(%i18)  distPalfa(p1, p2, p3, p4);
```

(%o18) $\frac{56}{\sqrt{2181}}$

Portanto, a distância do ponto ao plano é de $\frac{56}{\sqrt{2181}}$ unidades.

Exemplo 4.28: Calcular a distância de um ponto P a um plano cuja equação é dada.

```
(%i13) distpontoplano(P, eq) := block([a, b, c, d],
                     eq:  eq-rhs(eq),
                     a:  coeff(lhs(eq), 'x),
                     b:  coeff(lhs(eq), 'y),
                     c:  coeff(lhs(eq), 'z),
                     d:  coeff(coeff(coeff(lhs(eq), 'x, 0), 'y, 0), 'z, 0),
                     return(abs(a*P[1]+b*P[2]+c*P[3]+d)/sqrt(a^2+b^2+c^2)) )$
```

Da forma que foi definida, a equação não precisa estar obrigatoriamente no formato $ax + by + cz + d = 0$. Ela pode ser, por exemplo, algo como $3 * x + 13 * z - 1 = 8 + x - 11 * y$. As funções *lhs(...)* e *rhs(...)* usadas no início da definição da função referem-se aos membros esquerdo e direito da equação dada.

Exemplificando o uso dessa função *distpontoplano(...)*, vamos calcular a distância do ponto (3, 4, 1) ao plano $3x + 10z - y = 4y - z - 4$. A resposta fornecida pelo programa é $\frac{4}{\sqrt{155}}$.

```
(%i14) distpontoplano([3, 4, 1], 3*x + 10*z-y= 4*y - z - 4);
```

(%o14) $\dfrac{4}{\sqrt{155}}$

Agora, vamos determinar (novamente) a equação do plano que passa por três pontos dados.

```
(%i14) eqplano(p1, p2, p3) := block([],
                     M: matrix(['x - p1[1], 'y - p1[2], 'z - p1[3]],
                      [p2[1]-p1[1], p2[2]-p1[2], p2[3]-p1[3]],
                      [p3[1]-p1[1], p3[2]-p1[2], p3[3]-p1[3]]),
                     return(expand(determinant(M))=0))$
```

Vamos testar a função construída encontrando a equação do plano que passa pelos pontos $P_1 = (1, 1, 17)$, $P_2 = (0, 9, -1)$ e $P_3 = (2, -3, 3)$ (já definidos anteriormente).

```
(%i15) equacao: eqplano(p1, p2, p3);
```

(%o15) $-4z - 32y - 184x + 284 = 0$

E por fim, vamos calcular a distância do ponto $P_4 = (1, 11, -7)$ ao plano que passa por P_1, P_2 e P_3. Note que a resposta coincide com a resposta de outro exemplo anterior, usando outra função.

```
(%i16) distpontoplano(p4, equacao);
```

(%o16) $\dfrac{56}{\sqrt{2181}}$

4.8 Exercícios Propostos

A38) Determine a equação do plano que passa pelo ponto $(-3, 1, 4)$ e que é ortogonal ao vetor $\vec{v} = 2\vec{i} - 7\vec{j} + \vec{k}$. Resp.: $2x - 7y + z + 9 = 0$

A39) Determine a equação do plano que passa pelos pontos $A = (5, -4, 1)$, $B = (1, 1, 0)$ e $C =$

$(0, 4, -2)$. Resp.: $x + y + z - 2 = 0$

A40) Encontre a equação do plano que passa pelo ponto $(10, 10, 3)$ e que é perpendicular à reta $x = 3t + 5, y = 7 - 2t, z = -8 + t, t \in \mathbb{R}$. Resp.: $3x - 2y + z - 13 = 0$

A41) Encontre a equação da reta que é a interseção dos planos $x + 3y + 5z = 4$ e $2x - y - 4z = 7$. Resp.: $x = \frac{25}{7} - 17t, y = \frac{1}{7} + 14t, z = -7t, t \in \mathbb{R}$

A42) Calcule a equação do plano que passa pelo ponto $A = (3, 7, 0)$ e é paralelo aos vetores $\vec{v} = 4\vec{i} + 3\vec{j}$ e $\vec{w} = 2\vec{i} - 6\vec{k}$. Resp.: $3x - 4y + z + 19 = 0$

A43) Calcule os valores de m e n para os quais $3x + 2my - 4nz = 10$ e $9x - 5y + 7z = -4$ sejam equações de planos paralelos. Resp.: $m = -\frac{5}{6}, n = -\frac{7}{12}$

A44) Calcule o valor de m para o qual os planos $2mx - my + 11z - 5 = 0$ e $x + 3y + 4mz + 10 = 0$ são ortogonais. Resp.: $m = 0$

A45) Escreva a equação cartesiana do plano α sendo conhecidas suas equações paramétricas $x = 3 - 2p + 3q, y = -4 + p - 5q, z = 8 + 3p - 2q$, com $p, q \in \mathbb{R}$. Resp.: $13x + 5y + 7z - 75 = 0$

A46) Determine a equação do plano que é paralelo ao plano $3x - 10y + 4z - 7 = 0$ e que passa pelo ponto $(2, 1, -3)$. Resp.: $3x - 10y + 4z + 16 = 0$

A47) Escreva a equação da reta que passa pelo ponto $(5, 4, 2)$ e é ortogonal ao plano cuja equação cartesiana é $3x + 3y - 5z + 4 = 0$. Resp.: $x = 5 + 3t, y = 4 + 3t, z = 2 - 5t, t \in \mathbb{R}$

A48) Dados $A = (4, 5, 5)$ e $B = (6, -3, -1)$, determine a equação do plano que é ortogonal ao segmento $\overline{AB}$ e passa pelo ponto médio dele. (Equivale a achar todos os pontos equidistantes de A e de B.) Resp.: $x - 4y - 3z + 5 = 0$

A49) Calcule a distância entre os planos $3x + 7y - 4z + 1 = 0$ e $-6x - 14y + 8z + 13 = 0$. Resp.: $\frac{15}{2\sqrt{74}}$

A50) Calcule as medidas dos ângulos que o vetor diretor da reta $\begin{cases} x = 5 + 2t \\ y = 6 - 8t \\ z = 1 + 3t \end{cases}, t \in \mathbb{R}$ forma com os eixos x, y e z. Resp.: $\arccos \frac{2}{\sqrt{77}}, \arccos \frac{-8}{\sqrt{77}}, \arccos \frac{3}{\sqrt{77}}$

A51) Uma reta passa pela origem $(0, 0, 0)$ e intersecta perpendicularmente um plano α no ponto $P(4, 3, 1)$. Determine a equação cartesiana de α. Resp.: $4x + 3y + z - 26 = 0$

A52) Encontre as equações simétricas da reta que passa pelos pontos $A = (1, 5, 0)$ e $B = (2, 7, 0)$. Compare sua resposta com a equação da reta que passa pelos pontos $P = (1, 5)$ e $Q = (2, 7)$ no plano

$z = 0$, usando a conhecida fórmula $y - y_0 = m(x - x_0)$. Resp.: $x - 2 = \frac{y-7}{2}, z = 0$

B18) Se $a \neq 0$, $b \neq 0$ e $c \neq 0$, mostre que a equação do plano que passa pelos pontos $(a, 0, 0), (0, b, 0)$ e $(0, 0, c)$ é $\dfrac{x}{a} + \dfrac{y}{b} + \dfrac{z}{c} = 1$.

B19) Encontre a equação do plano que contém as retas $r_1 : x = t + 2, y = 3t - 5, z = 5t + 1, t \in \mathbb{R}$ e $r_2 : x = 5 - s, y = 3s - 10, z = 9 - 2s, s \in \mathbb{R}$. Resp.: $7x + y - 2z - 7 = 0$

B20) Determine a equação do plano paralelo a $4x - 4y + 3z = 11$ e que contém a reta $x = -3 + 3t, y = 7 - 3t, z = 2 - 8t, t \in \mathbb{R}$. Resp.: $4x - 4y + 3z + 34 = 0$

B21) Calcule o valor de d para o qual o plano $2x - 3y + 5z + d = 0$ esteja a uma distância de 10 unidades da origem $(0, 0, 0)$. Resp.: $d = \pm 10\sqrt{38}$

B22) Calcule a distância entre as retas $r : \dfrac{x-3}{5} = \dfrac{y}{2} = z + 4$ e $s : \dfrac{-x+2}{5} = \dfrac{y+3}{4} = z$ Resp.: $\frac{76}{\sqrt{251}}$

B23) Determine a posição relativa e calcule a distância entre as retas $r : x = 3 + 4t, y = -1 + 2t, z = 4 + 3t, t \in \mathbb{R}$ e $s : x = -3 - u, y = 4 + u, z = -5 + 2u, u \in \mathbb{R}$. Resp.: reversas, $\frac{115}{\sqrt{158}}$

B24) Determine a posição relativa e calcule a distância entre as retas $r : x = 3 + 4t, y = -1 + 2t, z = 4 + 3t, t \in \mathbb{R}$ e $s : x = -3 - 8u, y = 4 - 4u, z = -5 - 6u, u \in \mathbb{R}$ Resp.: paralelas, $\sqrt{\frac{2437}{29}}$

B25) Dadas as retas concorrentes $r : x = 2 + t, y = 1 - t, z = 1 + 4t, t \in \mathbb{R}$ e $s : x = 2, y = u + 2, z = 3u + 4, u \in \mathbb{R}$, determine a equação da reta bissetriz do ângulo $\widehat{(r, s)}$. (Sugestão: sendo $\vec{v}$ e $\vec{w}$ os vetores diretores das retas, considere o vetor $\frac{\vec{v}}{||\vec{v}||} + \frac{\vec{w}}{||\vec{w}||}$.)
Resp.: $x = 2 + \frac{t}{\sqrt{18}},\ y = 1 + (\frac{1}{\sqrt{10}} - \frac{1}{\sqrt{18}})t,\ z = 1 + (\frac{3}{\sqrt{10}} + \frac{4}{\sqrt{18}})t,\ t \in \mathbb{R}$

B26) Determine os valores de m e n para que a reta $r : x = t, y = 2t - 3, z = 4 - t$ esteja contida no plano $\pi : nx + my - z - 2 = 0$. Resp.: $m = -2, n = 3$

B27) Determine a interseção dos planos $x - y + 2z = \frac{5}{2}$, $2x + 3y - z = 0$ e $y - z = -1$. Resp.: $x = \frac{3}{2} - t,\ y = t - 1,\ z = t, t \in \mathbb{R}$

B28) Calcule a distância do ponto $P = (4, -3, -2)$ à interseção da reta $r : x = 2 - t, y = 3 + t, z = 2t, t \in \mathbb{R}$ com o plano $x + y + z - 3 = 0$.
Resp.: $\sqrt{26}$

B29) Calcule a distância da reta $\dfrac{x+6}{-2} = \dfrac{y-3}{4} = \dfrac{z+2}{4}$ ao plano $4x - y + 3z - 8 = 0$. Resp.: $\frac{33}{\sqrt{26}}$

B30) Determine a interseção da reta definida pela interseção dos planos

$$\begin{cases} x+y+z+3 = 0 \\ 2x+y-z-4 = 0 \end{cases}$$

com o plano que passa pelos pontos $A = (2,3,-2)$, $B = (1,3,0)$ e $C = (0,-2,1)$.
Resp.: $(\frac{25}{14}, \frac{-61}{28}, \frac{-73}{28})$

B31) Para que valor de m o plano $5x - 3my + z + 1 = 0$ é paralelo à reta

$$\begin{cases} x-4y+z+3 = 0 \\ 3x+y-z-10 = 0 \end{cases}?$$

Resp.: $m = \frac{7}{3}$

B32) Determine a equação do plano que contém as retas $r : \dfrac{x}{3} = \dfrac{y-2}{4} = \dfrac{z+1}{-5}$ e $s : \dfrac{x-4}{2} = \dfrac{y}{-12} = \dfrac{z+2}{8}$.
Resp.: $14x + 17y + 22z - 12 = 0$

B33) Verifique se a reta

$$\begin{cases} 4x-2y+7z-2 = 0 \\ 3x+y-z+4 = 0 \end{cases}$$

está contida no plano $\pi : 6x - 8y + 23z - 14 = 0$.
Resp.: a reta está contida no plano

B34) Determine os pontos onde o plano $\pi : \begin{cases} x = 1+p+q \\ y = 2+2p-q \\ z = 3+5p+3q \end{cases}$ encontra os eixos y e z nos pontos A e B, respectivamente. Encontre a equação da reta AB.
Resp.: $A = (0,3,0)$, $B = (0,0,-2)$, $x = 0, y = 3-3t, z = -2t, t \in \mathbb{R}$

B35) Mostre que as retas $r : \begin{cases} x = -1-t \\ y = 2t \\ z = 4+5t \end{cases}, t \in \mathbb{R}$, e $s : \begin{cases} x = 4-2m \\ y = -10+4m \\ z = -21+10m \end{cases}, m \in \mathbb{R}$, são coincidentes.

B36) Encontre a reta que passa pelo ponto $A = (1,0,2)$ e intersecta perpendicularmente a reta $r : x = -2+t,\ y = 3+t,\ z = 4+2t, t \in \mathbb{R}$. Resp.: $x = 1+22s,\ y = -14s,\ z = 2-4s, s \in \mathbb{R}$

C25) Dados três pontos não colineares $A = (a_1, a_2, a_3)$, $B = (b_1, b_2, b_3)$ e $C = (c_1, c_2, c_3)$, mostre que a equação do plano que passa por eles é dada por

$$\begin{vmatrix} x-a_1 & y-a_2 & z-a_3 \\ b_1-a_1 & b_2-a_2 & b_3-a_3 \\ c_1-a_1 & c_2-a_2 & c_3-a_3 \end{vmatrix} = 0$$

que é o mesmo que

$$\begin{vmatrix} x & y & z & 1 \\ a_1 & a_2 & a_3 & 1 \\ b_1 & b_2 & b_3 & 1 \\ c_1 & c_2 & c_3 & 1 \end{vmatrix} = 0.$$

C26) A interseção de três planos pode ser determinada através da resolução do sistema linear

$$\begin{cases} a_1x + b_1y + c_1z &= d_1 \\ a_2x + b_2y + c_2z &= d_2 \\ a_3x + b_3y + c_3z &= d_3 \end{cases}.$$

Se $\vec{a} = a_1\vec{i} + a_2\vec{j} + a_3\vec{k}$, $\vec{b} = b_1\vec{i} + b_2\vec{j} + b_3\vec{k}$, $\vec{c} = c_1\vec{i} + c_2\vec{j} + c_3\vec{k}$ e $\vec{d} = d_1\vec{i} + d_2\vec{j} + d_3\vec{k}$, então o sistema equivale à equação vetorial $x\vec{a} + y\vec{b} + z\vec{c} = \vec{d}$. Fazendo o produto interno dessa equação vetorial com o vetor $\vec{b} \times \vec{c}$, verifique que a solução x pode ser calculada pela fórmula $x = \dfrac{[\vec{d}, \vec{b}, \vec{c}]}{[\vec{a}, \vec{b}, \vec{c}]}$, ou seja,

$$x = \frac{\begin{vmatrix} d_1 & b_1 & c_1 \\ d_2 & b_2 & c_2 \\ d_3 & b_3 & c_3 \end{vmatrix}}{\begin{vmatrix} a_1 & b_1 & c_1 \\ a_2 & b_2 & c_2 \\ a_3 & b_3 & c_3 \end{vmatrix}}.$$

De modo análogo, multiplicando-se a equação vetorial por $\vec{a} \times \vec{c}$ e por $\vec{a} \times \vec{b}$, verifique que as soluções y e z podem ser calculadas pelas fórmulas $y = \dfrac{[\vec{a}, \vec{d}, \vec{c}]}{[\vec{a}, \vec{b}, \vec{c}]}$ e $z = \dfrac{[\vec{a}, \vec{b}, \vec{d}]}{[\vec{a}, \vec{b}, \vec{c}]}$. Esse resultado é conhecido pelo nome de *Regra de Cramer*.

C27) Verifique se a interseção dos planos $2x - 3y + 5z - 6 = 0$ e $x + 5y - 7z + 10 = 0$ encontra o eixo dos y. Resp.: não encontra

C28) Uma equação do tipo

$$p(5x - y + 4z - 1) + q(2x + 2y - 3z + 2) = 0$$

com p e q variando livremente em $\mathbb{R}$ é denominado *feixe de planos*. Corresponde a todos os planos que passam pela reta interseção dos planos $5x - y + 4z - 1 = 0$ e $2x + 2y - 3z + 2 = 0$. Verifique se o plano $4x - 8y + 17z - 8 = 0$ pertence a esse feixe.
Resp.: basta fazer $p = 2, q = -3$

C29) Mostre que a distância entre os planos paralelos $\alpha : ax + by + cz + d_1 = 0$ e $\beta : ax + by + cz + d_2 = 0$ é dada por

$$d_{\alpha,\beta} = \frac{|d_1 - d_2|}{\sqrt{a^2 + b^2 + c^2}}.$$

C30) Determine o ponto P' que é simétrico a $P = (4, 2, -1)$ com relação ao plano $\alpha : 3x + 2y + z - 6 = 0$ (isto é, determine um ponto $P' \neq P$ tal que $d_{P,\alpha} = d_{P',\alpha}$ e $\overrightarrow{PP'}$ ortogonal a α.) Resp.: $P' = (\frac{1}{7}, \frac{-4}{7}, \frac{-16}{7})$

C31) Considerando as retas $r : \begin{cases} x = x_0 + tv_1 \\ y = y_0 + tv_2 \\ z = z_0 + tv_3 \end{cases}, t \in \mathbb{R}$, $s : \begin{cases} x = x_0 + uw_1 \\ y = y_0 + uw_2 \\ z = z_0 + uw_3 \end{cases}, u \in \mathbb{R}$, e o plano $\pi : \begin{cases} x = x_0 + pv_1 + qw_1 \\ y = y_0 + pv_2 + qw_2 \\ z = z_0 + pv_3 + qw_3 \end{cases}, p, q \in \mathbb{R}$, mostre que π contém r e s.

C32) Sejam $P_1 = (x_1, y_1, z_1)$, $P_2 = (x_2, y_2, z_2)$, $= P_3(x_3, y_3, z_3)$ e $P_4 = (x_4, y_4, z_4)$ quatro pontos no espaço tridimensional tais que P_1, P_2 e P_3 não são colineares. Se α for o plano que passa por P_1, P_2 e P_3, mostre que a distância de P_4 a α é dada por

$$d_{P_4,\alpha} = \frac{\begin{vmatrix} x_1 & y_1 & z_1 & 1 \\ x_2 & y_2 & z_2 & 1 \\ x_3 & y_3 & z_3 & 1 \\ x_4 & y_4 & z_4 & 1 \end{vmatrix}}{\sqrt{\begin{vmatrix} y_1 & z_1 & 1 \\ y_2 & z_2 & 1 \\ y_3 & z_3 & 1 \end{vmatrix}^2 + \begin{vmatrix} x_1 & z_1 & 1 \\ x_2 & z_2 & 1 \\ x_3 & z_3 & 1 \end{vmatrix}^2 + \begin{vmatrix} x_1 & y_1 & 1 \\ x_2 & y_2 & 1 \\ x_3 & y_3 & 1 \end{vmatrix}^2}},$$

onde deve ser calculado o valor absoluto do determinante do numerador. (Sugestão: o numerador é o volume do paralelepípedo definido por $\overrightarrow{P_1P_2}$, $\overrightarrow{P_1P_3}$ e $\overrightarrow{P_1P_4}$ e o denominador é a área do paralelogramo definido por $\overrightarrow{P_1P_2}$ e $\overrightarrow{P_1P_3}$.)

Capítulo 5

Cônicas

Neste capítulo, fazemos uma breve introdução ao estudo das cônicas: interessante família de curvas que são estudadas desde a antiguidade, há mais de 2000 anos. São curvas que podem ser obtidas através da interseção de um plano com um cone. Dependendo da posição relativa desses objetos podemos ter uma circunferência, uma elipse, uma hipérbole ou uma parábola, além de casos degenerados como um ponto, uma reta ou um par de retas (figura 5.1).

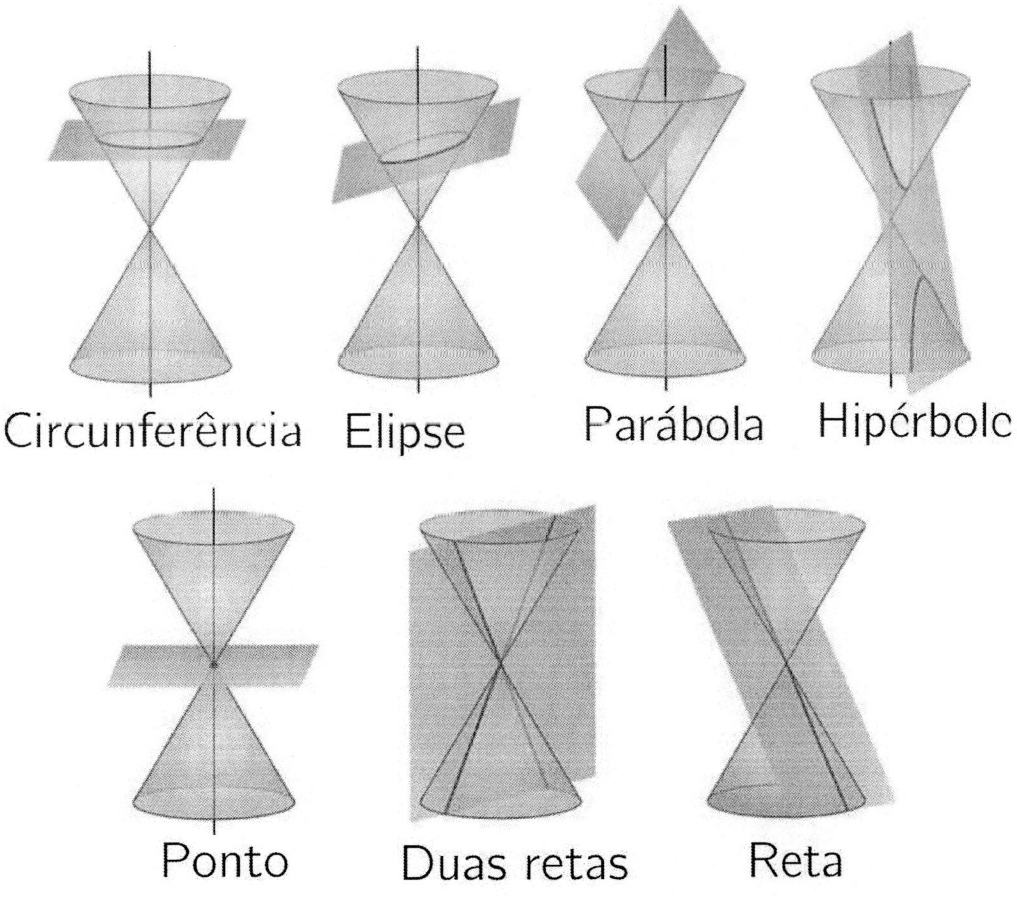

Figura 5.1: Interseções entre cone e plano

5.1 Circunferência

Dado um ponto $C = (x_0, y_0)$ em um plano α e um número real positivo R, chama-se **circunferência de centro C e raio R** ao conjunto de todos os pontos $P = (x, y)$ de α que estão a uma distância constante igual a R de C.

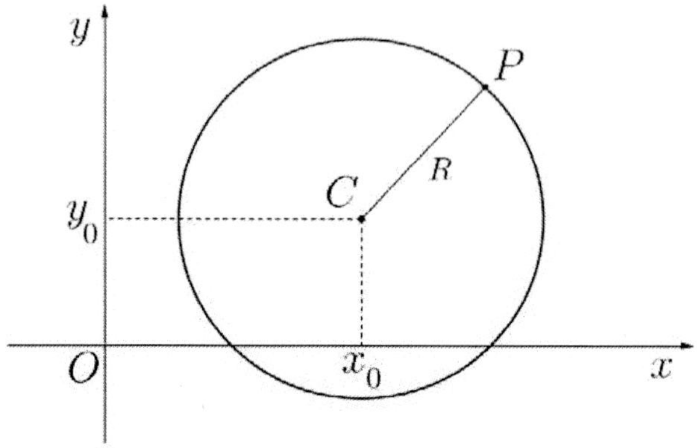

Figura 5.2: Circunferência de centro C e raio R

Como $d_{PC} = \sqrt{(x - x_0)^2 + (y - y_0)^2}$, temos que o ponto P pertence à circunferência de centro C e raio R se, e somente se, $\sqrt{(x - x_0)^2 + (y - y_0)^2} = R$, ou seja,

$$(x - x_0)^2 + (y - y_0)^2 = R^2.$$

Essa é considerada a **equação reduzida** da circunferência.

Desenvolvendo os quadrados da equação reduzida, obtemos

$$x^2 - 2xx_0 + x_0^2 + y^2 - 2yy_0 + y_0^2 = R^2$$

que é o mesmo que

$$x^2 + y^2 - 2x_0x - 2y_0y + (x_0^2 + y_0^2 - R^2) = 0.$$

Essa equação é da forma $x^2 + y^2 + Ax + By + C = 0$ e é denominada **equação normal** da circunferência.

Exemplo 5.1: A equação da circunferência de centro $C(1, 2)$ e raio 3 é dada por $(x-1)^2+(y-2)^2 = 3^2$ que é o mesmo que $(x^2 - 2x + 1) + (y^2 - 4y + 4) = 9$ e equivale a $x^2 + y^2 - 2x - 4y - 4 = 0$.

Exemplo 5.2: Vamos determinar o centro e o raio da circunferência $x^2 + y^2 - 4x - 8y + 6 = 0$. Para isso, reordenamos a equação na forma $(x^2 - 4x) + (y^2 - 8y) = -6$. Agora fazemos um *"completamento de quadrado"*: para que $x^2 - 4x$ seja o quadrado de uma diferença, falta somar um 4 a essa expressão e para que $y^2 - 8y$ também seja um quadrado de uma diferença, falta somar um 16. Para não alterar o valor numérico da expressão, adicionamos esses valores aos dois membros da equação:

$$(x^2 - 4x + 4) + (y^2 - 8y + 16) = -6 + 4 + 16.$$

Logo, a equação da circunferência pode ser escrita na forma

$$(\underbrace{x - 2}_{x-x_0})^2 + (\underbrace{y - 4}_{y-y_0})^2 = \underbrace{14}_{R^2}$$

de onde podemos reconhecer uma circunferência de centro $(x_0, y_0) = (2, 4)$ e raio $R = \sqrt{14}$.

Em geral, para completar o quadrado de uma expressão como $x^2 + bx$, deve-se somar a constante $\left(\dfrac{b}{2}\right)^2$. Esse valor deve ser somado aos dois membros de uma equação ou ser somado e subtraído do mesmo termo.

5.2 Elipse

Dados dois pontos F_1 e F_2 pertencentes a um plano α, seja $2c$ a distância entre eles. **Elipse** é o conjunto de todos os pontos $P(x, y)$ de α cuja soma das distâncias a F_1 e a F_2 é um valor constante $2a$ $(2a > 2c)$.

$$\text{Elipse} = \{P \in \alpha \,|\, d_{PF_1} + d_{PF_2} = 2a\}$$

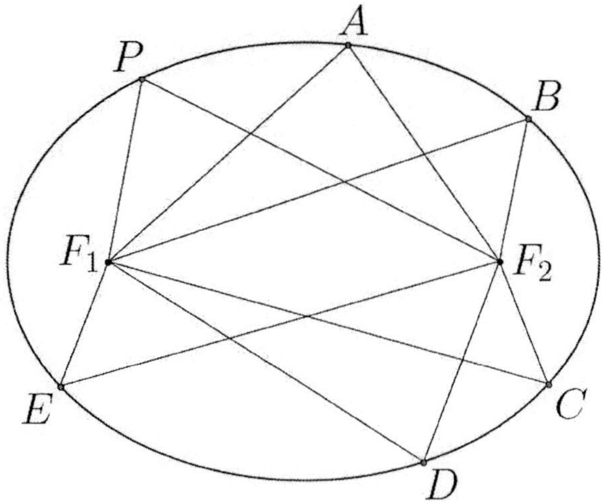

Figura 5.3: Definição de elipse

Na figura anterior, temos: $d_{AF_1} + d_{AF_2} = 2a$, $d_{BF_1} + d_{BF_2} = 2a$, $d_{CF_1} + d_{CF_2} = 2a$, $d_{DF_1} + d_{DF_2} = 2a$, $d_{EF_1} + d_{EF_2} = 2a$. Isso significa que os pontos P, A, B, C, D, E pertencem à elipse.

Uma elipse pode ser obtida através da interseção de um cone com um plano que não passe pelo vértice, não seja paralelo à geratriz e que corte apenas uma das folhas em algum ponto, conforme mostrado na figura 5.4.

Principais elementos de uma elipse

Consideremos a elipse da figura 5.5.

- F_1 e F_2 são denominados **focos** e a distância entre eles é denominada **distância focal** e é denotada por $2c$.
- O ponto O, ponto médio de $\overline{F_1F_2}$, é denominado **centro** e A_1, A_2, B_1, B_2 são os **vértices**.
- $\overline{A_1A_2}$ é o **eixo maior** cuja medida é denotada por $2a$.
- $\overline{B_1B_2}$ é o **eixo menor** cuja medida é denotada por $2b$.
- A razão $\varepsilon = c/a$ é denominada **excentricidade**. Na elipse, temos que $0 \leq \varepsilon < 1$.

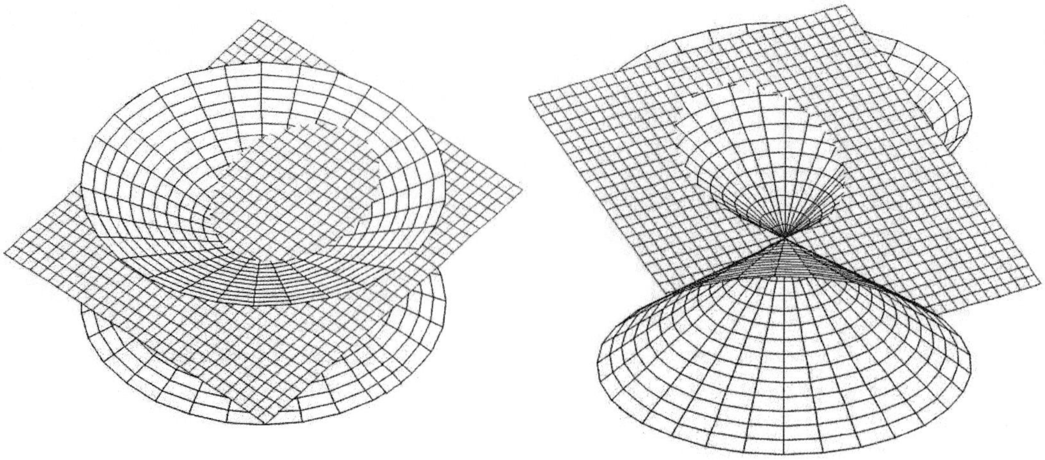

Figura 5.4: Interseção entre cone e plano

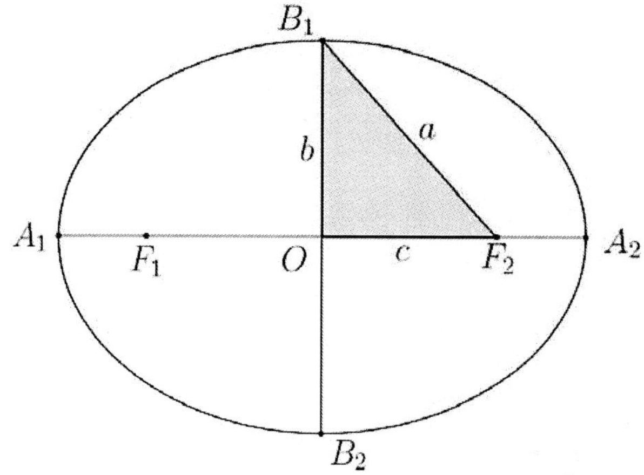

Figura 5.5: Definição dos elementos de uma elipse

- Se P for um ponto da elipse, as distâncias d_{PF_1} e d_{PF_2} são denominadas *raios focais*.

Observação: Na figura 5.5, observamos que $d_{A_1F_1} + d_{A_1F_2} = d_{A_1F_1} + d_{F_1A_2} = d_{A_1A_2} = 2a$ e que $2a = d_{B_1F_1} + d_{B_1F_2} = 2d_{B_1F_2}$ o que implica $d_{B_1F_2} = a$.

Observação: No triângulo OB_1F_2 podemos aplicar o Teorema de Pitágoras para obter a seguinte relação notável: $a^2 = b^2 + c^2$.

Equação reduzida da elipse com eixo maior contido no eixo dos x

Suponhamos que $P = (x, y)$ seja um ponto pertencente a uma elipse de centro $O = (0, 0)$, focos em $F_1 = (-c, 0)$ e $F_2 = (c, 0)$, eixo maior medindo $2a$ e eixo menor $2b$.

Como $d_{PF_1} + d_{PF_2} = 2a$ temos que

$$\sqrt{(x+c)^2 + y^2} + \sqrt{(x-c)^2 + y^2} = 2a$$

que equivale a

$$\sqrt{(x+c)^2 + y^2} = 2a - \sqrt{(x-c)^2 + y^2}.$$

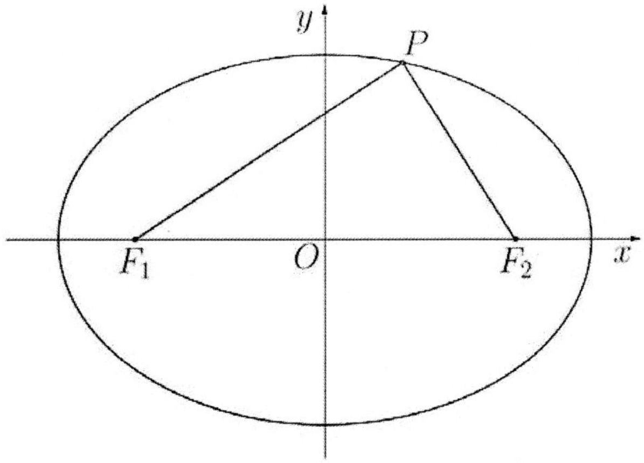

Figura 5.6: Elipse com eixo maior no eixo dos x

Vamos simplificar essa expressão, eliminando as raízes quadradas. Para isso, vamos elevar os dois membros ao quadrado:

$$(\sqrt{(x+c)^2+y^2})^2 = (2a - \sqrt{(x-c)^2+y^2})^2$$

que implica

$$(x+c)^2+y^2 = 4a^2 - 4a\sqrt{(x-c)^2+y^2} + (x-c)^2+y^2.$$

Desenvolvendo os quadrados da soma e da diferença e isolando o radical no segundo membro, obtemos

$$4xc - 4a^2 = -4a\sqrt{(x-c)^2+y^2}.$$

Dividindo por 4 e elevando, novamente, ambos os membros ao quadrado:

$$(xc-a^2)^2 = (-a\sqrt{(x-c)^2+y^2})^2$$

que implica

$$x^2c^2 - 2a^2xc + a^4 - a^2(x^2 - 2xc + c^2 + y^2)$$

que equivale a

$$(a^2-c^2)x^2 + a^2y^2 = a^2(a^2-c^2).$$

Como $a^2 = b^2 + c^2$ temos que $a^2 - c^2 = b^2$ e daí a equação anterior é equivalente a $b^2x^2 + a^2y^2 = a^2b^2$. Dividindo os dois membros por a^2b^2, obtemos, finalmente, a **equação reduzida** da elipse:

$$\frac{x^2}{a^2} + \frac{y^2}{b^2} = 1.$$

Exemplo 5.3: Determine a equação e os vértices da elipse com as seguintes propriedades: centro na origem, eixo maior no eixo dos x com comprimento igual a 12 e distância focal igual a 8.

Temos $2a = 12$ e $2c = 8$. Logo, $a = 6$ e $c = 4$. Daí, $b^2 = a^2 - c^2 = 36 - 16 = 20$ e a equação da elipse é $\dfrac{x^2}{36} + \dfrac{y^2}{20} = 1$.

Fazendo $x = 0$ nessa equação, obtemos $y^2 = 20$, ou seja, $y = \pm\sqrt{20}$. Fazendo $y = 0$ na equação, obtemos $x^2 = 36$, isto é, $x = \pm 6$. Portanto, os vértices da elipse são os pontos $(0, \sqrt{20})$, $(0, -\sqrt{20})$, $(6,0)$ e $(-6,0)$.

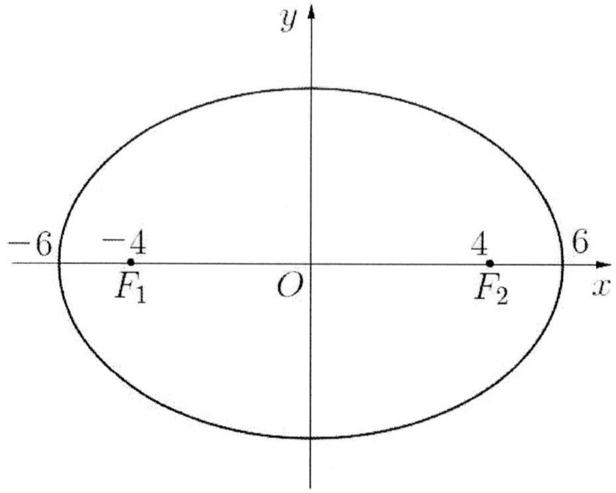

Figura 5.7: Elipse $\frac{x^2}{36} + \frac{y^2}{20} = 1$

Equação reduzida da elipse com eixo maior contido no eixo dos y

Vamos agora determinar a equação de uma elipse com centro na origem, focos nos pontos $F_1 = (0, c)$ e $F_2 = (0, -c)$, eixo maior medindo $2a$ e eixo menor $2b$.

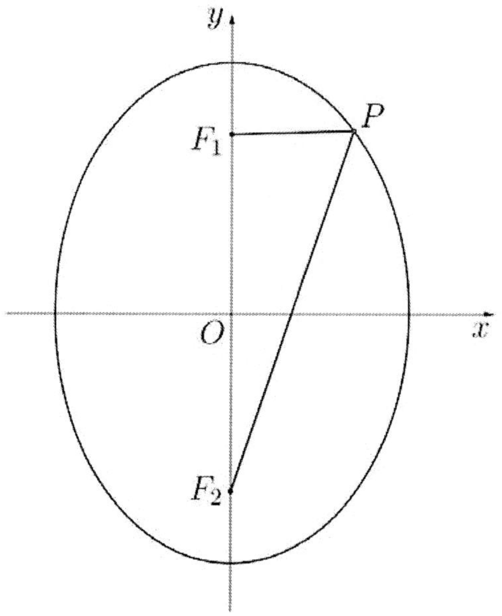

Figura 5.8: Elipse com eixo maior no eixo dos y

Seja $P = (x, y)$ um ponto qualquer da elipse. A partir de $d_{PF_1} + d_{PF_2} = 2a$, obtemos

$$\sqrt{x^2 + (y + c)^2} + \sqrt{x^2 + (y - c)^2} = 2a.$$

Isolando um dos radicais em um dos membros e elevando ao quadrado os dois membros duas vezes, obtemos depois de simplificar tudo que

$$\frac{x^2}{b^2} + \frac{y^2}{a^2} = 1.$$

Exemplo 5.4: Determine os focos e a equação da elipse com centro na origem, eixo maior contido no eixo dos y medindo 14 e eixo menor 6.

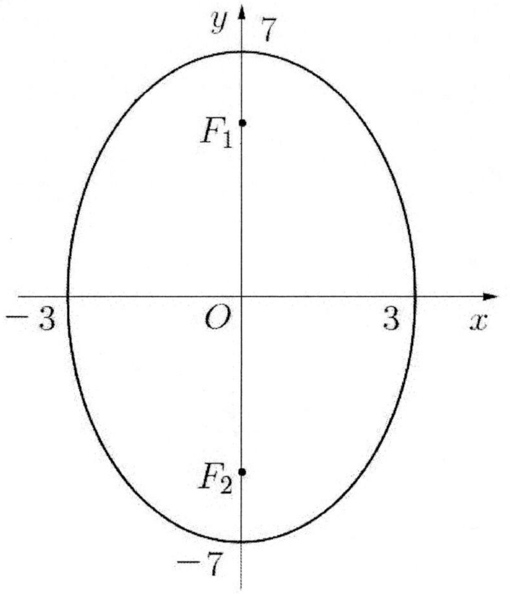

Figura 5.9: Elipse $\frac{x^2}{9} + \frac{y^2}{49} = 1$

Como $2a = 14$ e $2b = 6$, obtemos $a = 7$ e $b = 3$. Logo, a equação procurada é $\dfrac{x^2}{9} + \dfrac{y^2}{49} = 1$.

A partir de $a^2 = b^2 + c^2$, obtemos $c = \sqrt{a^2 - b^2} = \sqrt{49 - 9} = \sqrt{40}$ e, daí, os focos da elipse são $F_1 = (0, c) = (0, \sqrt{40})$ e $F_2 = (0, -c) = (0, -\sqrt{40})$.

Exemplo 5.5: Determine os pontos de interseção das elipses $\dfrac{x^2}{64} + \dfrac{y^2}{4} = 1$ e $\dfrac{x^2}{9} + \dfrac{y^2}{25} = 1$.

Em Geometria Analítica, calcular interseção é o mesmo que resolver um sistema de equações:

$$\begin{cases} \frac{x^2}{64} + \frac{y^2}{4} & = & 1 \\ \frac{x^2}{9} + \frac{y^2}{25} & = & 1 \end{cases}$$

Da primeira equação temos $y^2 = 4(1 - \frac{x^2}{64})$ e da segunda $y^2 = 25(1 - \frac{x^2}{9})$. Daí, $4(1 - \frac{x^2}{64}) = 25(1 - \frac{x^2}{9})$ que equivale a $2304 - 36x^2 = 14400 - 1600x^2$, ou seja, $1564x^2 = 12096$. Assim, $x = \pm\sqrt{\frac{12096}{1564}} = \pm\sqrt{\frac{3024}{391}} = \pm\frac{12\sqrt{21}}{\sqrt{391}}$. Substituindo em uma das equações iniciais, obtemos $y^2 = \frac{1375}{391}$ o que implica $y = \pm\frac{5\sqrt{55}}{\sqrt{391}}$.

Portanto, os pontos de interseção das elipses são: $A = (-\frac{12\sqrt{21}}{\sqrt{391}}, \frac{5\sqrt{55}}{\sqrt{391}})$, $B = (\frac{12\sqrt{21}}{\sqrt{391}}, \frac{5\sqrt{55}}{\sqrt{391}})$, $C = (-\frac{12\sqrt{21}}{\sqrt{391}}, -\frac{5\sqrt{55}}{\sqrt{391}})$ e $D = (\frac{12\sqrt{21}}{\sqrt{391}}, -\frac{5\sqrt{55}}{\sqrt{391}})$

Exemplo 5.6: Esboçar os gráficos de $4x^2 + 25y^2 = 100$ e de $25x^2 + 4y^2 = 100$, indicando os focos em cada gráfico.

Dividindo ambos os membros de $4x^2 + 25y^2 = 100$ por 100, obtemos $\frac{x^2}{25} + \frac{y^2}{4} = 1$. Na equação reduzida da elipse, o maior dos denominadores é igual a a^2 e o menor é b^2. Sendo assim, $a^2 = 25$ e $b^2 = 4$ o que implica $a = 5$ e $b = 2$. O maior valor entre 25 e 4 que aparece na fração em que o

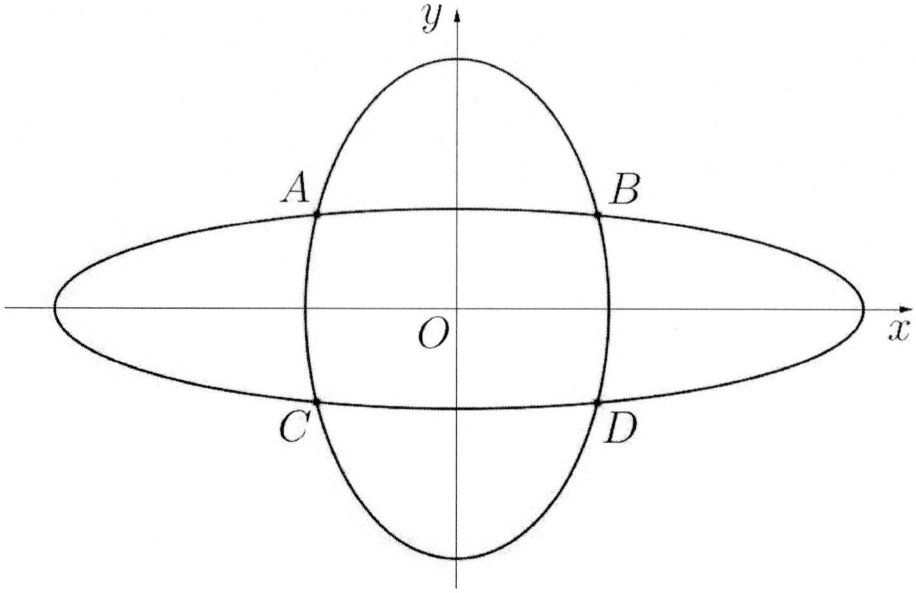

Figura 5.10: Interseção entre duas elipses

numerador é x^2; por isso, o eixo maior da elipse está contido no eixo dos x. Como $a^2 = b^2 + c^2$, temos $c^2 = a^2 - b^2 = 5^2 - 2^2 = 21$ e, daí, $c = \sqrt{21}$. Logo, os focos são $F_1 = (-\sqrt{21}, 0)$ e $F_2 = (\sqrt{21}, 0)$ e o gráfico da elipse é:

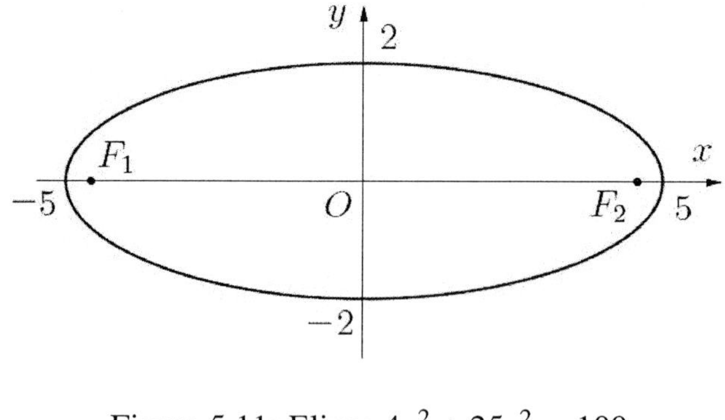

Figura 5.11: Elipse $4x^2 + 25y^2 = 100$

Dividindo agora ambos os membros da segunda elipse, a $25x^2 + 4y^2 = 100$ por 100, obtemos $\frac{x^2}{4} + \frac{y^2}{25} = 1$. Nesse caso, temos também $a^2 = 25$ e $b^2 = 4$ o que implica $a = 5$ e $b = 2$. O maior valor entre 25 e 4 que aparece na fração em que o numerador é y^2; por isso, o eixo maior da elipse está contido no eixo dos y. De $a^2 = b^2 + c^2$ obtemos também que $c = \sqrt{21}$. Logo, os focos são $F_1 = (0, -\sqrt{21})$ e $F_2 = (0, \sqrt{21})$ e seu gráfico é:

Observação: Quando $a = b = R$ temos que $c^2 = a^2 - b^2 = 0$, logo, $c = 0$ e a excentricidade é igual a 0. Nesse caso, a equação da elipse se torna $\frac{x^2}{R^2} + \frac{y^2}{R^2} = 1$ que é o mesmo que $x^2 + y^2 = R^2$ que é a equação de uma *circunferência* de raio R e centro na origem.

Elipse com centro em um ponto qualquer

Vamos determinar agora a equação de uma elipse com centro no ponto (x_0, y_0), eixo maior paralelo ao eixo x medindo $2a$ e eixo menor $2b$.

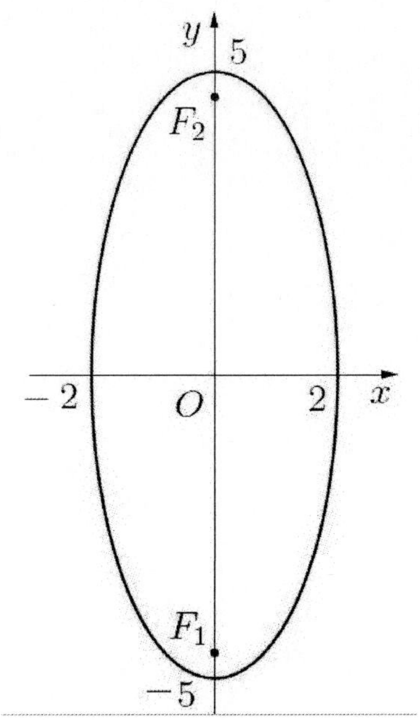

Figura 5.12: Elipse $25x^2 + 4y^2 = 100$

Se considerarmos um outro sistema de eixos ortogonais X e Y de tal forma que a origem O' desse novo sistema coincida com o ponto (x_0, y_0) do sistema de eixos x e y, temos as seguintes relações entre x, X, y e Y: $X = x - x_0$ e $Y = y - y_0$.

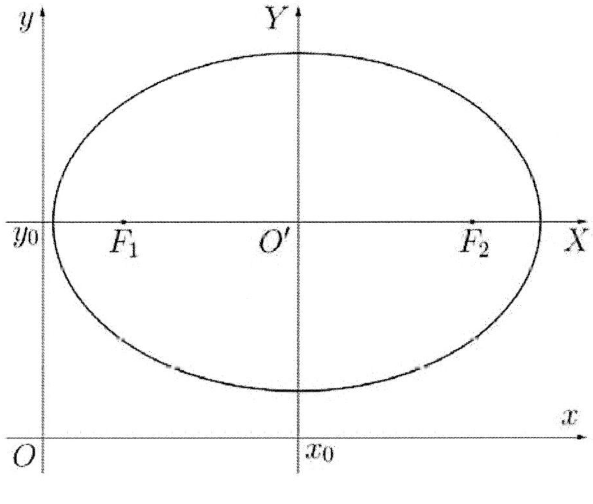

Figura 5.13: Elipse com centro no ponto $O' = (x_0, y_0)$

No sistema de eixos X e Y, a equação da elipse é $\frac{X^2}{a^2} + \frac{Y^2}{b^2} = 1$. No sistema de eixos x e y essa equação corresponde a

$$\frac{(x - x_0)^2}{a^2} + \frac{(y - y_0)^2}{b^2} = 1.$$

Nesse caso, os focos da elipse são $F_1 = (x_0 - c, y_0)$ e $F_2 = (x_0 + c, y_0)$.

Se a elipse tiver centro em (x_0, y_0), eixo maior paralelo ao eixo y medindo $2a$ e eixo menor $2b$, no sistema de eixos X e Y, a equação é $\frac{X^2}{b^2} + \frac{Y^2}{a^2} = 1$. No sistema de eixos x e y essa equação corresponde a

$$\frac{(x - x_0)^2}{b^2} + \frac{(y - y_0)^2}{a^2} = 1.$$

Nesse caso, os focos da elipse são $F_1 = (x_0, y_0 - c)$ e $F_2 = (x_0, y_0 + c)$.

Observação: As coordenadas dos focos da elipse são as coordenadas do centro adicionadas de $(0, \pm c)$, no caso do eixo maior ser paralelo ao eixo dos x, ou adicionadas de $(\pm c, 0)$, no caso do eixo maior paralelo ao eixo dos y.

Exemplo 5.7: Determinar a equação da elipse de centro $(2, 4)$, eixo maior paralelo ao eixo x medindo 10 e eixo menor 6.

Temos $x_0 = 2$, $y_0 = 4$, $2a = 10$, $2b = 6$ o que implica $a = 5$ e $b = 3$. Logo, a equação da elipse é

$$\frac{(x-2)^2}{25} + \frac{(y-4)^2}{9} = 1.$$

Exemplo 5.8: Determine o centro, os focos e os vértices da elipse

$$9x^2 + 16y^2 - 90x - 160y + 481 = 0.$$

A equação dada pode ser escrita na forma $9(x^2 - 10x) + 16(y^2 - 10y) = -481$. Somando e subtraindo $25 = (\frac{10}{2})^2$ a cada expressão entre parênteses, temos:

$$9(x^2 - 10x + 25 - 25) + 16(y^2 - 10y + 25 - 25) = -481$$

que é o mesmo que

$$9(x-5)^2 - 225 + 16(y-5)^2 - 400 = -481$$

que equivale a $9(x-5)^2 + 16(y-5)^2 = 144$. Dividindo ambos os membros por 144, temos

$$\frac{(x-5)^2}{16} + \frac{(y-5)^2}{9} = 1.$$

Observando essa equação, reconhecemos uma elipse de centro $(x_0, y_0) = (5, 5)$ e $a^2 = 16$, $b^2 = 9$ que implica $c^2 = a^2 - b^2 = 16 - 9 = 7$, isto é, $c = \sqrt{7}$. Portanto, os focos são $F_1 = (x_0 - c, y_0) = (5 - \sqrt{7}, 5)$ e $F_2 = (x_0 + c, y_0) = (5 + \sqrt{7}, 5)$.

Para encontrar as coordenadas dos vértices, fazemos $x = x_0 = 5$ e $y = y_0 = 5$ na equação da elipse:

- $x = 5 \Rightarrow (y-5)^2 = 9 \Rightarrow y = 5 \pm 3 \Rightarrow y = 8$ ou $y = 2$
- $y = 5 \Rightarrow (x-5)^2 = 16 \Rightarrow x = 5 \pm 4 \Rightarrow x = 9$ ou $x = 1$

Logo, os vértices são os pontos $(5, 8)$, $(5, 2)$, $(9, 5)$ e $(1, 5)$.

5.3 Hipérbole

Dados dois pontos distintos F_1 e F_2 pertencentes a um plano α, seja $2c$ a distância entre eles. **Hipérbole** é o conjunto de todos os pontos $P = (x, y)$ de α cujo módulo da diferença das distâncias a F_1 e a F_2 é um valor constante $2a$ $(0 < 2a < 2c)$

$$\text{Hipérbole} = \{P \in \alpha \mid |d_{PF_1} - d_{PF_2}| = 2a\}$$

Na figura anterior, temos: $|d_{AF_1} - d_{AF_2}| = 2a$, $|d_{BF_1} - d_{BF_2}| = 2a$, $|d_{CF_1} - d_{CF_2}| = 2a$, $|d_{DF_1} - d_{DF_2}| = 2a$. Por isso, os pontos P, A, B, C, D pertencem à mesma hipérbole.

Uma hipérbole pode ser obtida através da interseção de um cone com um plano que não passe pelo vértice, não seja paralelo à geratriz e que corte cada folha em algum ponto, conforme mostrado na figura 5.15.

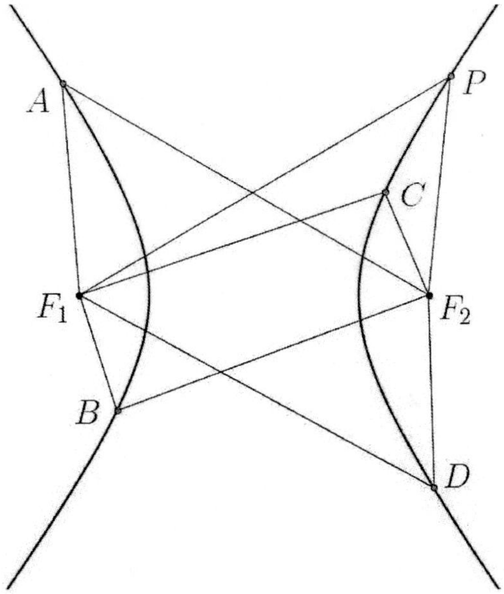

Figura 5.14: Definição de hipérbole

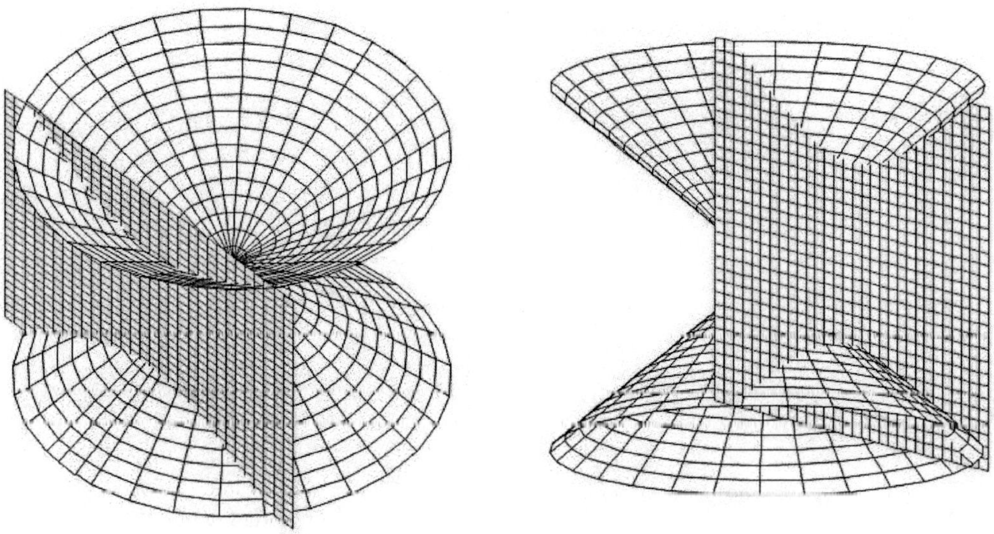

Figura 5.15: Definição de hipérbole

Principais elementos de uma hipérbole

Consideremos a hipérbole da figura a seguir:

- F_1 e F_2 são denominados *focos* e a distância entre eles é denominada *distância focal* e é denotada por $2c$.
- O ponto O, ponto médio de $\overline{F_1F_2}$, é denominado *centro* e os pontos V_1 e V_2 são os *vértices*. A distância do centro a cada um dos focos é igual a c.
- $\overline{V_1V_2}$ é o *eixo real* ou *transverso* cuja medida é denotada por $2a$.
- $\overline{W_1W_2}$ é o *eixo conjugado* cuja medida é denotada por $2b$. Os pontos W_1 e W_2 não fazem parte da hipérbole mas eles têm utilidade no traçado do gráfico.

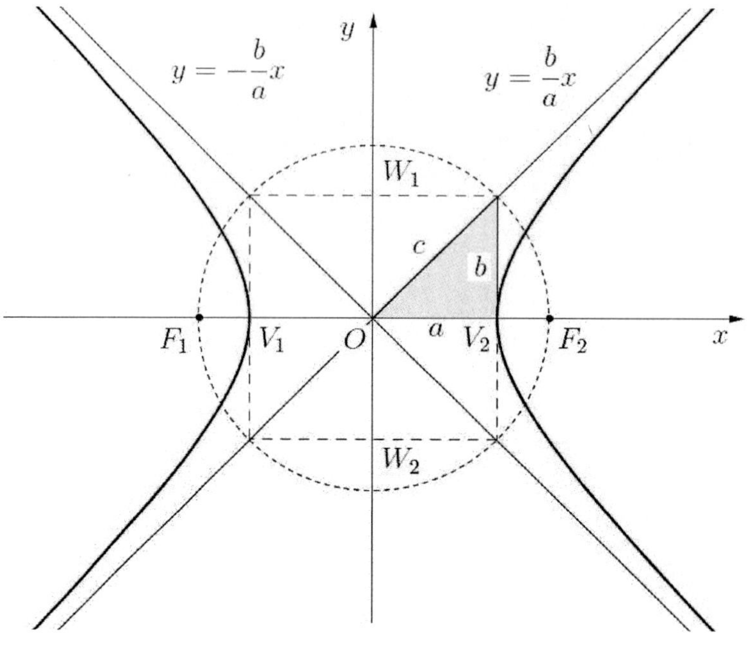

Figura 5.16: Hipérbole com eixo real no eixo dos x

- As retas $y = \pm\frac{b}{a}x$ são denominadas *assíntotas* da hipérbole e são retas que se aproximam da hipérbole quando o módulo do valor de x aumenta.
- A razão $\varepsilon = c/a$ é denominada *excentricidade* e, no caso da hipérbole, temos $\varepsilon > 1$.
- Se P for um ponto da hipérbole, as distâncias d_{PF_1} e d_{PF_2} são denominadas *raios focais*.

Observação: Observe que $d_{V_2F_1} - d_{V_2F_2} = d_{V_2F_1} - d_{V_1F_1} = d_{V_1V_2} = 2a$, e daí, $d_{OV_1} = d_{OV_2} = a$.

Observação: Podemos aplicar o Teorema de Pitágoras para obter a seguinte relação notável: $c^2 = a^2 + b^2$.

Equação reduzida da hipérbole com eixo real contido no eixo dos x

Suponhamos que $P = (x, y)$ seja um ponto pertencente a uma hipérbole de centro $O(0,0)$, focos em $F_1 = (-c, 0)$ e $F_2 = (c, 0)$, eixo real medindo $2a$ e eixo conjugado $2b$.

Como $|d_{PF_1} - d_{PF_2}| = 2a$ temos que $d_{PF_1} - d_{PF_2} = \pm 2a$, ou seja,

$$\sqrt{(x+c)^2 + y^2} - \sqrt{(x-c)^2 + y^2} = \pm 2a$$

que equivale a

$$\sqrt{(x+c)^2 + y^2} = \pm 2a + \sqrt{(x-c)^2 + y^2}.$$

Elevando ao quadrado os dois membros e simplificando, obtemos:

$$xc - a^2 = \pm a\sqrt{(x-c)^2 + y^2}$$

e elevando ao quadrado e simplificando outra vez:

$$x^2(c^2 - a^2) - y^2a^2 = a^2(c^2 - a^2).$$

Como $c^2 - a^2 = b^2$, temos $x^2b^2 - y^2a^2 = a^2b^2$. Dividindo os dois membros por a^2b^2, obtemos, finalmente, a **equação reduzida** da hipérbole:

$$\frac{x^2}{a^2} - \frac{y^2}{b^2} = 1.$$

Exemplo 5.9: Determine as assíntotas, os focos e a equação da hipérbole de centro na origem cujo comprimento do eixo real contido no eixo dos x é 8 e cuja distância focal é 12.

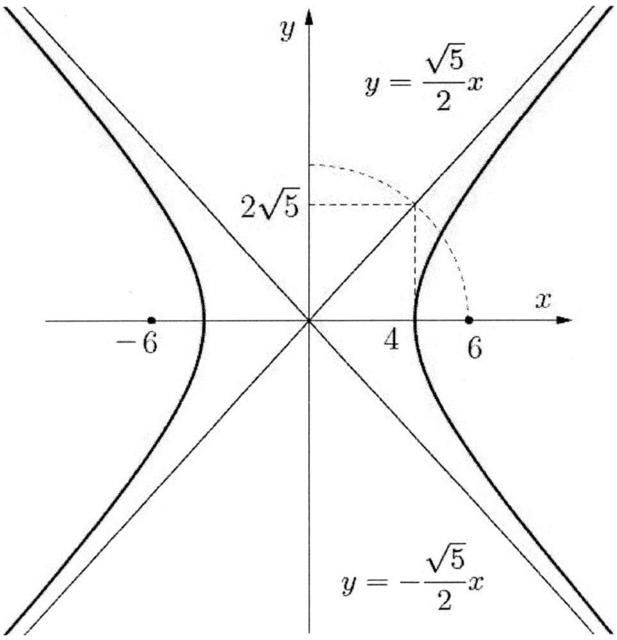

Figura 5.17: Hipérbole $\frac{x^2}{36} - \frac{y^2}{20} = 1$

Temos $2a = 8$ e $2c = 12$. Logo, $a = 4$ e $c = 6$. Daí, $b^2 = c^2 - a^2 = 36 - 16 = 20$ que implica $b = \sqrt{20} = 2\sqrt{5}$ e a equação da hipérbole é $\frac{x^2}{36} - \frac{y^2}{20} = 1$. As equações das assíntotas são $y = \pm\frac{b}{a}x = \pm\frac{\sqrt{5}}{2}x$. Os focos são $F_1 = (-c, 0) = (-6, 0)$ e $F_2 = (c, 0) = (6, 0)$.

Podemos, também, encontrar as interseções da hipérbole com os eixos. Para isso, basta fazer $y = 0$ na equação para obtermos $x = \pm 6$.

Exemplo 5.10: Determine as assíntotas e os focos da hipérbole $64x^2 - 16y^2 = 1024$.

Dividindo ambos os membros por 1024, obtemos $\frac{64}{1024}x^2 - \frac{16}{1024}y^2 = \frac{1024}{1024}$, ou seja, $\frac{x^2}{16} - \frac{y^2}{64} = 1$. Como o x^2 aparece nessa equação em um termo positivo, o eixo real da hipérbole é contido no eixo dos x. Nesse tipo de equação padrão, o valor de a^2 é o denominador do termo positivo e b^2 é o do termo negativo. Logo, $a^2 = 16$ e $b^2 = 64$ o que implica $a = 4$ e $b = 8$.

Como $c^2 = a^2 + b^2 = 16 + 64 = 80$, temos $c = \sqrt{80} = 4\sqrt{5}$. Concluímos que as assíntotas são as retas $y = \pm\frac{8}{4}x = \pm 2x$ e os focos são $F_1 = (-4\sqrt{5}, 0)$ e $F_2 = (4\sqrt{5}, 0)$.

Equação reduzida da hipérbole com eixo real contido no eixo dos y

Suponhamos que $P(x, y)$ seja um ponto pertencente a uma hipérbole de centro $O(0, 0)$, focos em $F_1(0, c)$ e $F_2(0, -c)$, eixo real medindo $2a$ e eixo conjugado $2b$.

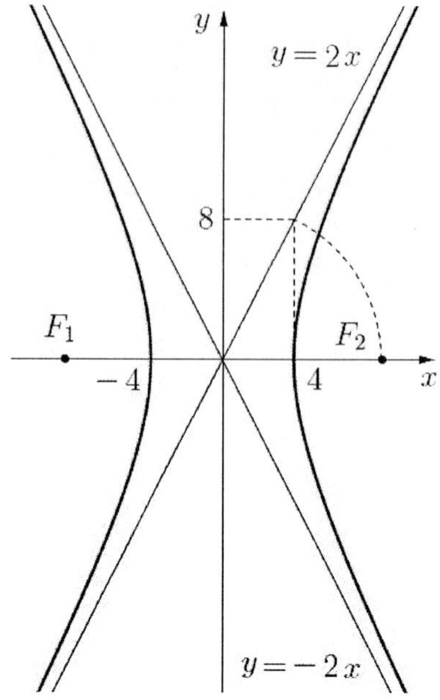

Figura 5.18: Hipérbole $64x^2 - 16y^2 = 1024$

Como $|d_{PF_1} - d_{PF_2}| = 2a$ temos que $d_{PF_1} - d_{PF_2} = \pm 2a$, ou seja,

$$\sqrt{x^2 + (y - c)^2 + y^2} - \sqrt{x^2 + (y + c)^2} = \pm 2a$$

que equivale a

$$\sqrt{x^2 + (y - c)^2} = \pm 2a + \sqrt{x^2 + (y + c)^2}.$$

Elevando ao quadrado os dois membros duas vezes e simplificando, obtemos:

$$y^2(c^2 - a^2) - x^2a^2 = a^2(c^2 - a^2).$$

Como $c^2 - a^2 = b^2$, temos $y^2b^2 - x^2a^2 = a^2b^2$. Dividindo os dois membros por a^2b^2 obtemos outra forma de **equação reduzida** da hipérbole:

$$\frac{y^2}{a^2} - \frac{x^2}{b^2} = 1.$$

Exemplo 5.11: Determine as assíntotas e os focos da hipérbole cuja equação é

$$25y^2 - 16x^2 = 400.$$

Dividindo ambos os membros por 400, obtemos $\frac{25}{400}y^2 - \frac{16}{400}x^2 = \frac{400}{400}$, ou seja, $\frac{y^2}{16} - \frac{x^2}{25} = 1$. Como o x^2 aparece nessa equação em um termo negativo, o eixo real da hipérbole é vertical (contido no eixo dos y). O valor de a^2 nesse tipo padrão de equação é o denominador do termo positivo e b^2 é o denominador do termo negativo. Logo, $a^2 = 16$ e $b^2 = 25$ o que implica $a = 4$ e $b = 5$.

Como $c^2 = a^2 + b^2$, temos $c^2 = 16 + 25 = 41$ e, daí, $c = \sqrt{41}$. Concluímos então, que as assíntotas são as retas $y = \pm\frac{4}{5}x$ e os focos são $(0, \sqrt{41})$ e $(0, -\sqrt{41})$.

Observação: Resolvendo a equação $\frac{x^2}{a^2} - \frac{y^2}{b^2} = 1$ para y, obtemos $y = \pm\frac{b}{a}\sqrt{x^2 - a^2}$.

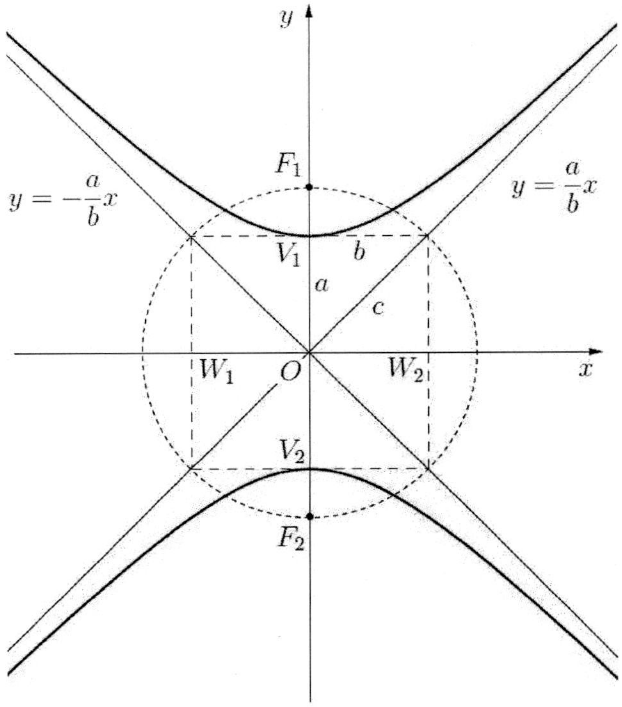

Figura 5.19: Hipérbole com eixo real no eixo dos y

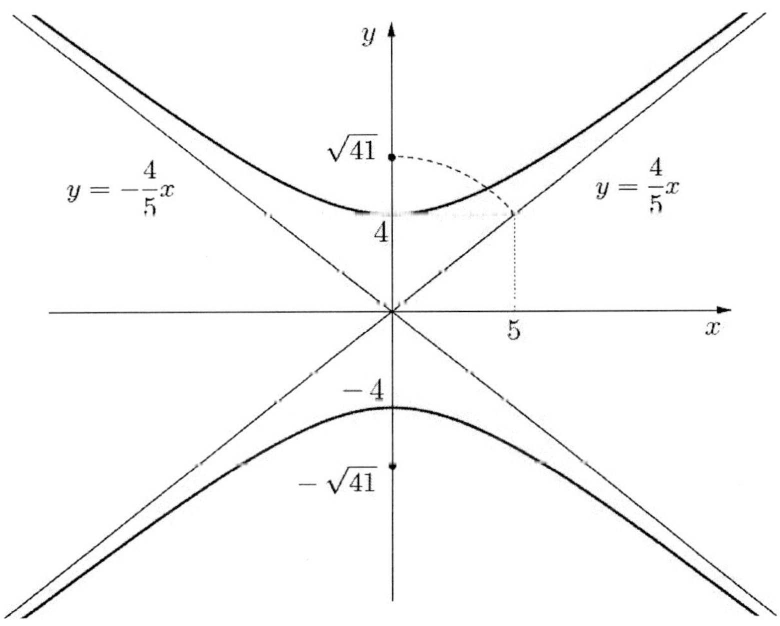

Figura 5.20: Hipérbole $25y^2 - 16x^2 = 400$

- Se $x^2 - a^2 < 0$ ou, equivalentemente, $-a < x < a$, então não existem pontos no gráfico. No entanto, existem pontos no gráfico se $x \geq a$ ou $x \leq -a$.

- No primeiro quadrante (ou seja, quando $x \geq 0$ e $y \geq 0$) temos que $y = \frac{b}{a}\sqrt{x^2 - a^2}$, uma parte do gráfico da hipérbole, se aproxima da reta $y = \frac{b}{a}x$. Para verificar isso, basta calcular o seguinte limite:

$$\lim_{x\to\infty}\left(\frac{b}{a}x - \frac{b}{a}\sqrt{x^2-a^2}\right) = \lim_{x\to\infty}\frac{b}{a}\left(x - \sqrt{x^2-a^2}\right) = \lim_{x\to\infty}\frac{b}{a}\left[\frac{(x-\sqrt{x^2-a^2})(x+\sqrt{x^2-a^2})}{x+\sqrt{x^2-a^2}}\right]$$

$$= \lim_{x\to\infty}\frac{b}{a}\left[\frac{x^2-(\sqrt{x^2-a^2})^2}{x+\sqrt{x^2-a^2}}\right] = \frac{b}{a}\lim_{x\to\infty}\frac{a^2}{x+\sqrt{x^2-a^2}} = 0.$$

Vale um resultado análogo para os outros quadrantes.

Hipérbole com centro em um ponto qualquer

Vamos determinar agora, a equação de uma hipérbole com centro no ponto (x_0, y_0) e eixo real paralelo ao eixo x medindo $2a$ e eixo conjugado $2b$.

Se considerarmos um outro sistema de eixos ortogonais X e Y de tal forma que a origem O' desse novo sistema coincida com (x_0, y_0) do sistema de eixos x e y, temos que $X = x - x_0$ e $Y = y - y_0$.

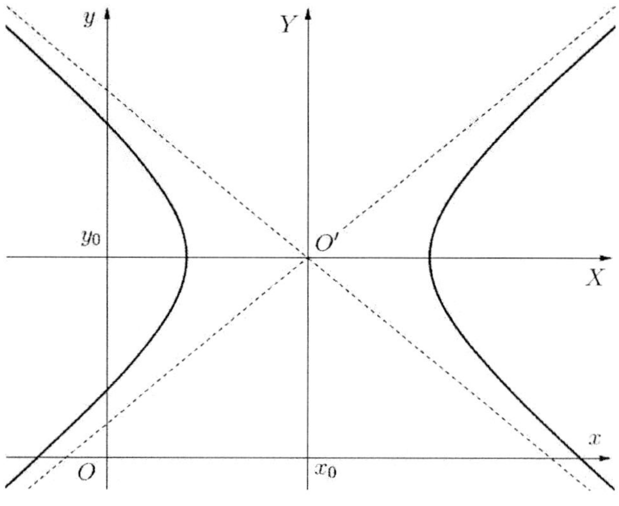

Figura 5.21:

No sistema de eixos X e Y, a equação da hipérbole é $\frac{X^2}{a^2} - \frac{Y^2}{b^2} = 1$. No sistema de eixos x e y, essa equação corresponde a

$$\frac{(x-x_0)^2}{a^2} - \frac{(y-y_0)^2}{b^2} = 1.$$

Nesse caso, os focos da hipérbole são $F_1 = (x_0 - c, y_0)$ e $F_2 = (x_0 + c, y_0)$ e as assíntotas são retas que passam pelo ponto (x_0, y_0) com declividades $\pm\frac{b}{a}$, isto é,

$$y - y_0 = \pm\frac{b}{a}(x - x_0).$$

Observação: Podemos obter de outro modo as equações dessas assíntotas: basta trocar "=1" por "= 0" na equação da hipérbole:

$$\frac{(x-x_0)^2}{a^2} - \frac{(y-y_0)^2}{b^2} = 0 \Rightarrow \left(\frac{x-x_0}{a} - \frac{y-y_0}{b}\right)\left(\frac{x-x_0}{a} + \frac{y-y_0}{b}\right) = 0$$

$$\Rightarrow \frac{x-x_0}{a} \mp \frac{y-y_0}{b} = 0 \Rightarrow y - y_0 = \pm\frac{b}{a}(x - x_0).$$

Isso funciona em todos os casos de hipérbole que tenha seus eixos paralelos aos eixos x e y.

Se a hipérbole tiver centro em (x_0, y_0), eixo real paralelo ao eixo y medindo $2a$ e eixo conjugado $2b$, no sistema de eixos X e Y, a equação é $\frac{X^2}{b^2} - \frac{Y^2}{a^2} = 1$. No sistema de eixos x e y, essa equação corresponde a

$$\frac{(x - x_0)^2}{b^2} - \frac{(y - y_0)^2}{a^2} = 1.$$

Nesse caso, os focos da hipérbole são as coordenadas do centro adicionadas de $(0, \pm c)$ ou $(\pm c, 0)$, ou seja, $F_1 = (x_0, y_0 - c)$ e $F_2 = (x_0, y_0 + c)$. As assíntotas são retas com declividades $\pm\frac{a}{b}$ que passam pelo centro cujas equações são

$$y - y_0 = \pm\frac{a}{b}(x - x_0).$$

Exemplo 5.12: Determinar os focos da hipérbole $x^2 - 8x - y^2 = 11$

Como $(\frac{-8}{2})^2 = 16$, somamos 16 aos dois membros da equação: $(x^2 - 8x + 16) - y^2 = 11 + 16$ que equivale a $(x - 4)^2 - y^2 = 27$. Dividindo os dois membros por 27, obtemos

$$\frac{(x - 4)^2}{27} - \frac{y^2}{27} = 1$$

de onde reconhecemos a equação de uma hipérbole de centro $(4, 0)$, $a^2 = 27$ e $b^2 = 27$. Daí, $c^2 = a^2 + b^2 = 54$ o que implica $c = \sqrt{54} = 3\sqrt{6}$.

Como na equação padrão o x aparece em um termo positivo, o eixo real é paralelo ao eixo dos x. Logo, os focos são $F_1 = (4 - 3\sqrt{6}, 0)$ e $F_2 = (4 + 3\sqrt{6}, 0)$.

Exemplo 5.13: Calcular os focos e as assíntotas da hipérbole $25x^2 - 4y^2 + 50x - 40y - 175 = 0$.

A equação dada pode ser escrita na forma $25(x^2 + 2x) - 4(y^2 + 10y) = 175$ que é equivalente a

$$25(x^2 + 2x + 1 - 1) - 4(y^2 + 10y + 25 - 25) = 175,$$

ou seja, $25(x + 1)^2 - 25 - 4(y + 5)^2 + 100 = 175$ isto é,

$$25(x + 1)^2 - 4(y + 5)^2 - 100.$$

Dividindo ambos os membros por 100, obtemos a equação da hipérbole no seu formato padrão:

$$\frac{(x + 1)^2}{4} - \frac{(y + 5)^2}{25} = 1.$$

Observando essa equação, concluímos que o centro da hipérbole é o ponto $(-1, -5)$, $a^2 = 4$, $b^2 = 25 \Rightarrow a = 2, b = 5$ e que o eixo real é paralelo ao eixo dos x (porque o x aparece no termo positivo da equação no formato padrão).

Daí, obtemos $c^2 = a^2 + b^2 = 29 \Rightarrow c = \sqrt{29}$, os focos são os pontos $F_1 = (-1 - \sqrt{29}, -5)$ e $F_2 = (-1 + \sqrt{29}, -5)$ e as assíntotas são $y + 5 = \pm\frac{5}{2}(x + 1)$.

Exemplo 5.14: Calcular os focos e as assíntotas da hipérbole $49y^2 - 9x^2 + 294y + 72x - 144 = 0$.

A equação dada pode ser escrita na forma $49(y^2 + 6y) - 9(x^2 - 8x) = 144$ que é equivalente a $49(y^2 + 6y + 9 - 9) - 9(x^2 - 8x + 16 - 16) = 144$, ou seja, $49(y + 3)^2 - 441 - 9(x - 4)^2 + 144 = 144$ isto é, $49(y + 3)^2 - 9(x - 4)^2 = 441$. Dividindo ambos os membros por 441, obtemos a equação da hipérbole no seu formato padrão:

$$\frac{(y + 3)^2}{9} - \frac{(x - 4)^2}{49} = 1.$$

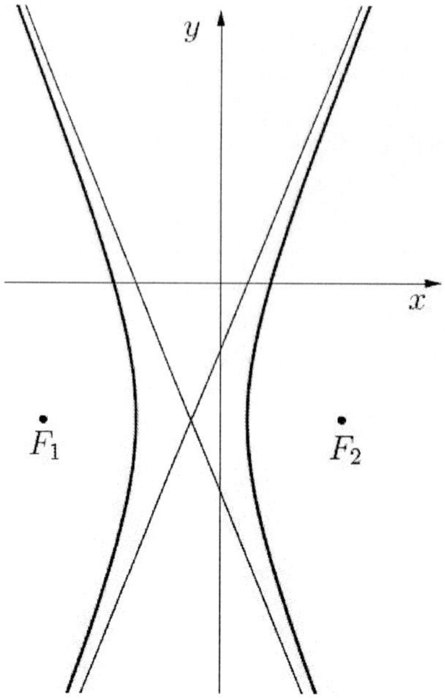

Figura 5.22: Hipérbole $\frac{(x+1)^2}{4} - \frac{(y+5)^2}{25} = 1$

A partir daí, concluímos que o centro da hipérbole é o ponto $(4, -3)$, $a^2 = 9$, $b^2 = 49 \Rightarrow a = 3, b = 7$ e que o eixo real é paralelo ao eixo dos y (porque o y aparece no termo positivo da equação no formato padrão).

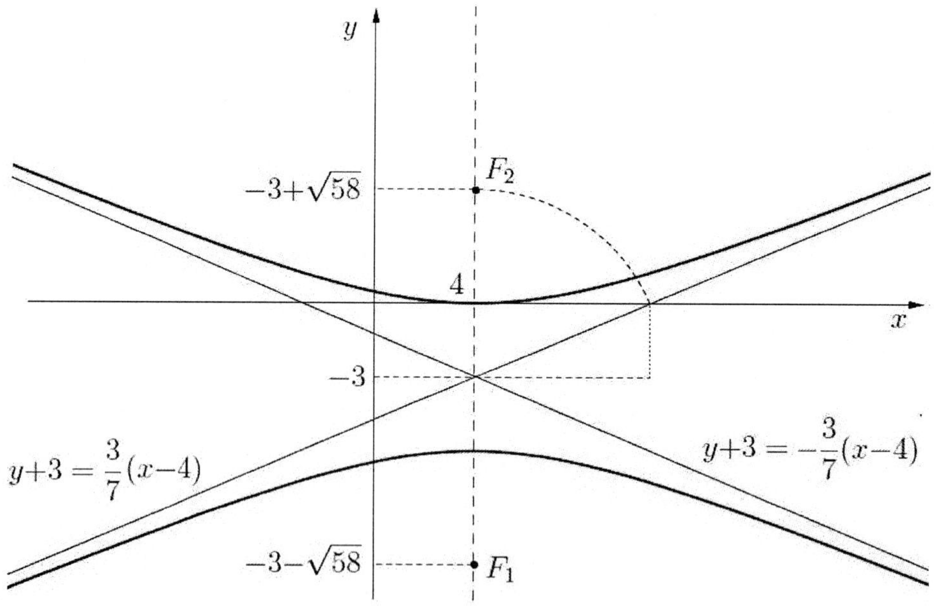

Figura 5.23: Hipérbole $\frac{(y+3)^2}{9} - \frac{(x-4)^2}{49} = 1$

Daí, obtemos $c^2 = a^2 + b^2 = 58 \Rightarrow c = \sqrt{58}$, os focos são os pontos $F_1 = (4, -3 - \sqrt{58})$ e $F_2 = (4, -3 + \sqrt{58})$ e as assíntotas são $y + 3 = \pm\frac{3}{7}(x - 4)$.

5.4 Parábola

Dados um ponto F e uma reta d em um plano α, com $F \notin d$, *parábola* é o conjunto de todos os pontos de α que são equidistantes de F e de d.

$$\text{Parábola} = \{P \in \alpha \mid d_{PF} = d_{Pd}\}$$

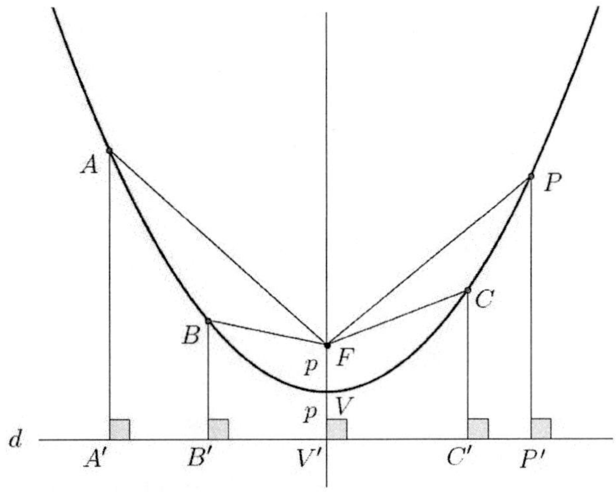

Figura 5.24: Definição de parábola

Na figura 5.24, temos: $d_{PF} = d_{PP'}$, $d_{AF} = d_{AA'}$, $d_{BF} = d_{BB'}$, $d_{CF} = d_{CC'}$ e $d_{VF} = d_{VV'}$, porque os pontos P, A, B, C, V pertencem a essa parábola.

Principais elementos de uma parábola

Ainda com relação à parábola da figura anterior:

- O ponto F é chamado *foco* da parábola.
- A reta d é a *diretriz*.
- O ponto V é o *vértice*.
- A reta que passa por V e F é o *eixo de simetria*.
- $p = d_{VF} = d_{VV'}$ é denominado o *parâmetro*.

Equação reduzida da parábola com vértice na origem e foco no eixo dos y

Em um sistema de eixos cartesianos, consideremos um ponto $P = (x, y)$ pertencente a uma parábola com vértice no ponto $V = (0, 0)$ e foco em $F = (0, p)$, conforme mostrado na seguinte figura:

Nesse caso, a diretriz é a reta d cuja equação é $y = -p$ e o ponto P' tem coordenadas $(x, -p)$. Como $d_{PF} = d_{PP'}$, temos:

$$\sqrt{(x-0)^2 + (y-p)^2} = \sqrt{(x-x)^2 + (y-(-p))^2},$$

ou seja,

$$\sqrt{x^2 + (y-p)^2} = \sqrt{(y+p)^2}.$$

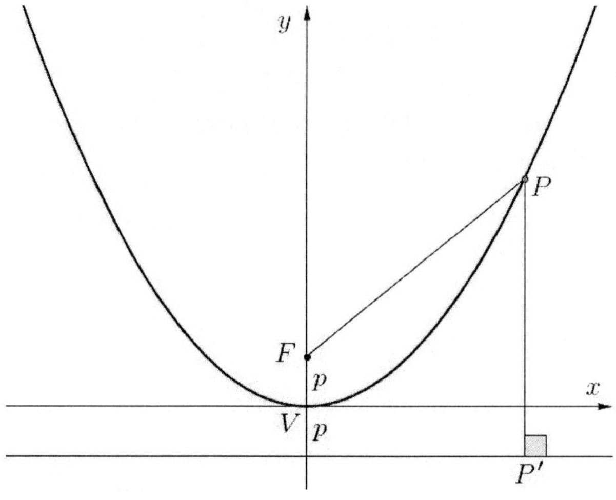

Figura 5.25: Definição de parábola

Daí, elevando-se ambos os membros ao quadrado, obtemos:

$$x^2 + (y - p)^2 = (y + p)^2.$$

Desenvolvendo os quadrados e simplificando, obtemos a *equação reduzida* da parábola:

$$x^2 = 4py.$$

Equação reduzida da parábola com vértice na origem e foco no eixo dos x

No caso do vértice ser o ponto $V = (0,0)$ e o foco $F = (p,0)$, então P' tem coordenadas $(-p, y)$ e $d_{PF} = d_{PP'}$ é equivalente a

$$\sqrt{(x-p)^2 + (y-0)^2} = \sqrt{(x+p)^2 + (y-y)^2}$$

que elevando-se ao quadrado os dois membros e simplificando o resultado, obtemos um outro caso de *equação reduzida* da parábola:

$$y^2 = 4px.$$

Equações de parábolas em posição padrão

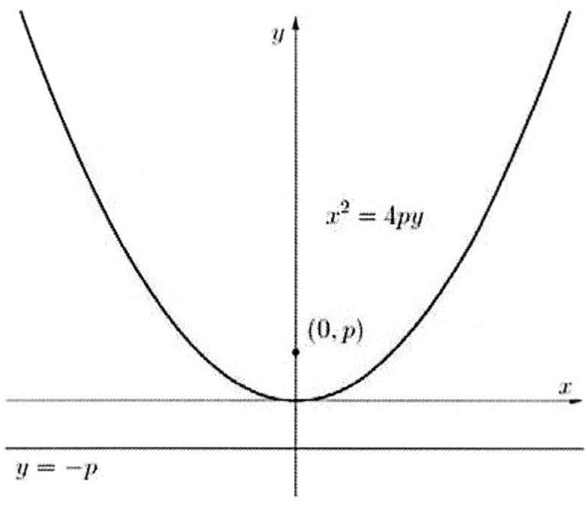

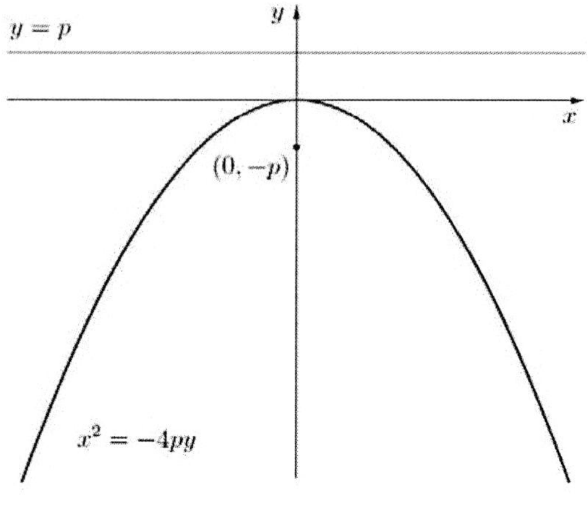

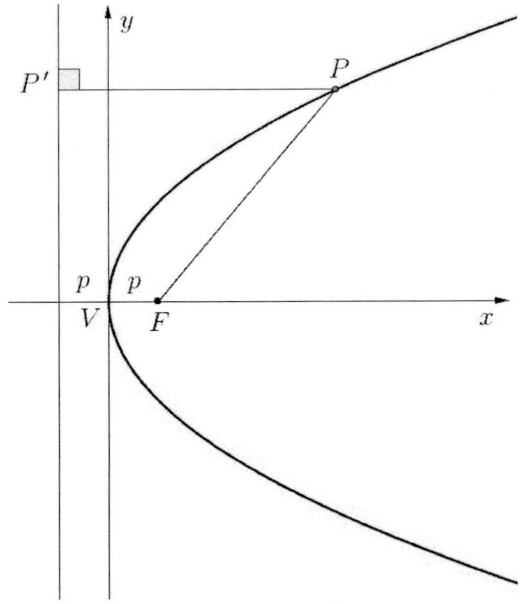

Figura 5.26: Definição de parábola

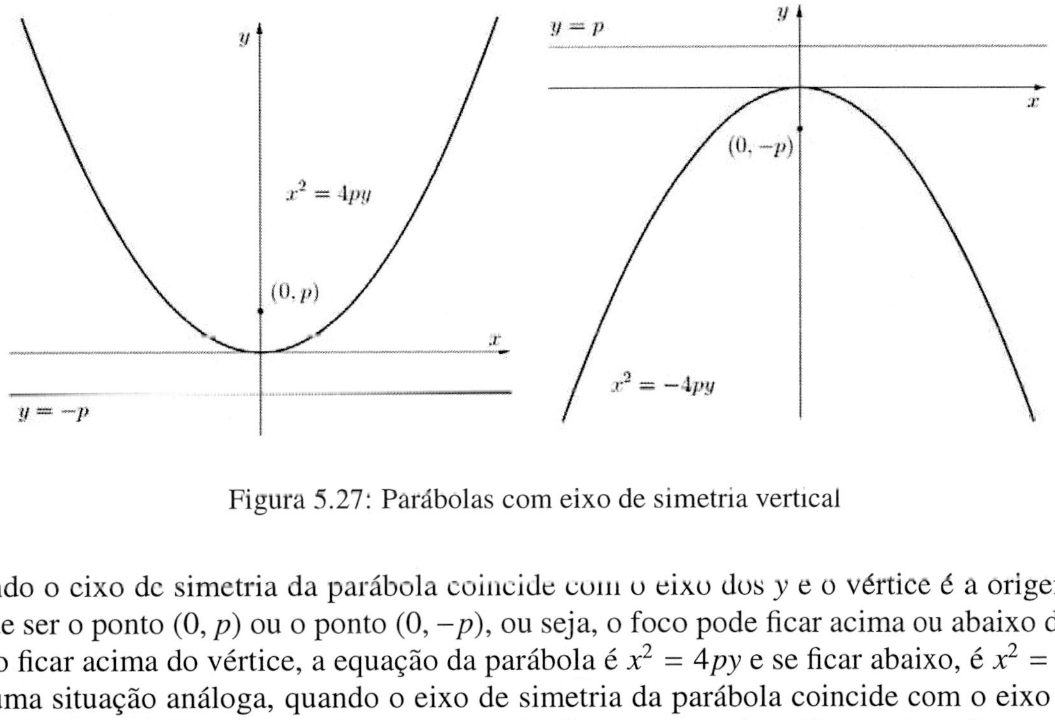

Figura 5.27: Parábolas com eixo de simetria vertical

Quando o eixo de simetria da parábola coincide com o eixo dos y e o vértice é a origem $(0, 0)$ o foco pode ser o ponto $(0, p)$ ou o ponto $(0, -p)$, ou seja, o foco pode ficar acima ou abaixo do vértice. Se o foco ficar acima do vértice, a equação da parábola é $x^2 = 4py$ e se ficar abaixo, é $x^2 = -4py$.

Em uma situação análoga, quando o eixo de simetria da parábola coincide com o eixo dos x e o vértice é a origem $(0, 0)$, o foco pode ser o ponto $(p, 0)$ ou o ponto $(-p, 0)$, ou seja, o foco pode ficar à direita ou à esquerda do vértice. Se o foco ficar à direita do vértice, a equação da parábola é $y^2 = 4px$ e se ficar à esquerda, é $y^2 = -4px$.

Uma parábola pode ser obtida através da interseção de um cone com um plano que não passe pelo vértice e seja paralelo à geratriz, conforme mostrado na figura 5.29.

Parábola com vértice em um ponto qualquer

Vamos determinar agora a equação de uma parábola com vértice no ponto (x_0, y_0), foco no ponto $(x_0, y_0 + p)$ e eixo de simetria paralelo ao eixo dos y.

Se considerarmos um sistema de eixos ortogonais X e Y de tal forma que a origem O' desse novo

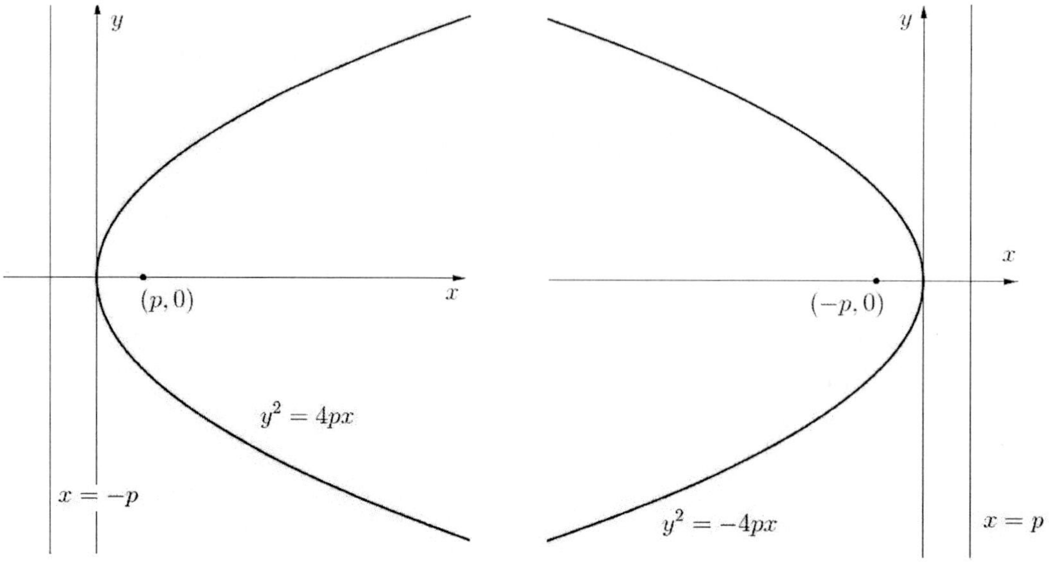

Figura 5.28: Parábolas com eixo de simetria horizontal

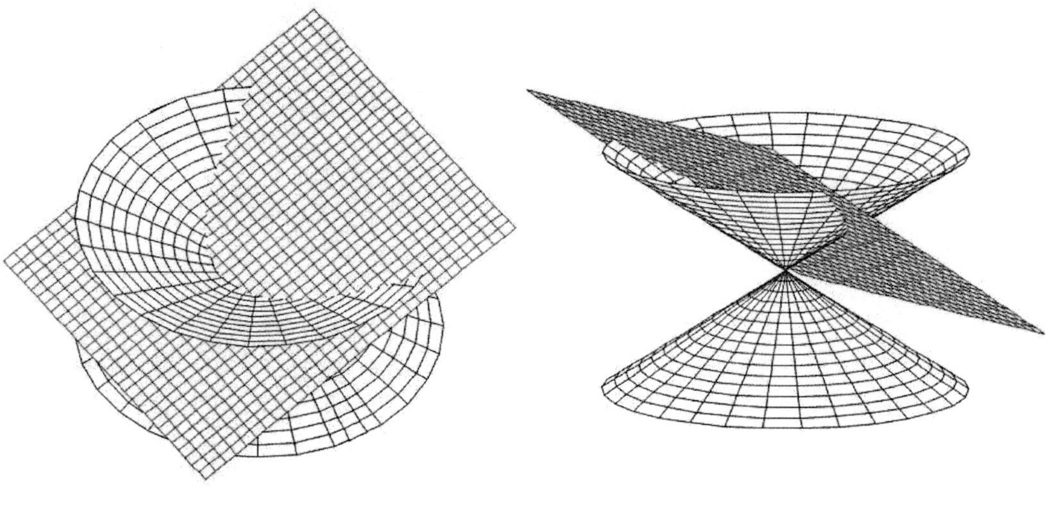

Figura 5.29: Parábola como interseção de cone e plano

sistema coincida com o ponto (x_0, y_0) do sistema de eixos x e y, então temos as seguintes relações: $X = x - x_0$ e $Y = y - y_0$.

No sistema de eixos X e Y, a equação da parábola é $X^2 = 4pY$. No sistema de eixos x e y, essa equação corresponde a

$$(x - x_0)^2 = 4p(y - y_0).$$

Nesse caso, a diretriz é a reta $y = y_0 - p$.

De forma semelhante, obtemos também, que a equação da parábola com vértice (x_0, y_0) e

- foco em $(x_0, y_0 - p)$ e eixo de simetria paralelo ao eixo dos y é $(x - x_0)^2 = -4p(y - y_0)$ e a diretriz é a reta $y = y_0 + p$.

- foco em $(x_0 + p, y_0)$ e eixo de simetria paralelo ao eixo dos x é $(y - y_0)^2 = 4p(x - x_0)$ e a diretriz é a reta $x = x_0 - p$.

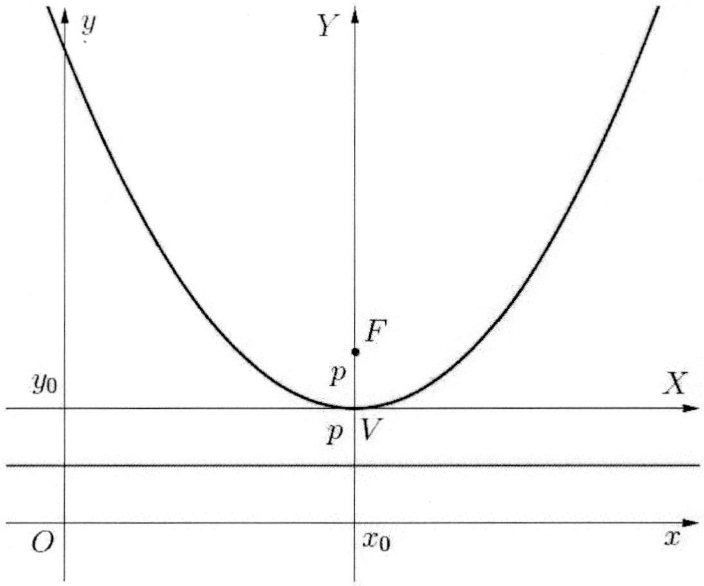

Figura 5.30: Parábola com vértice $V = (x_0, y_0)$

- foco em $(x_0 - p, y_0)$ e eixo de simetria paralelo ao eixo dos x é $(y - y_0)^2 = -4p(x - x_0)$ e a diretriz é a reta $x = x_0 + p$.

Exemplo 5.15: Determine o vértice, o foco e a diretriz da parábola $y = x^2 - 5x + 6$.

Como a metade de -5 elevada ao quadrado é igual a $\frac{25}{4}$, somamos e subtraímos esse valor da equação dada para obter:

$$y = \left(x^2 - 5x + \frac{25}{4}\right) - \frac{25}{4} + 6$$

que é o mesmo que

$$y = \left(x - \frac{5}{2}\right)^2 - \frac{1}{4},$$

ou seja,

$$\underbrace{\left(x - \frac{5}{2}\right)^2}_{x - x_0} = \underbrace{1}_{4p} \underbrace{\left(y + \frac{1}{4}\right)}_{y - y_0},$$

que é o formato padrão da equação de uma parábola com eixo de simetria paralelo ao eixo dos y, vértice $V = (x_0, y_0) = (\frac{5}{2}, -\frac{1}{4})$ e $4p = 1$, isto é, $p = \frac{1}{4}$. Logo, o foco é o ponto $F = (\frac{5}{2}, 0)$ $(= V + (0, p))$ e a diretriz é a reta $y = -\frac{1}{2}$ $(= -\frac{1}{4} - p)$.

Podemos agora fazer um pequeno teste para verificar se a propriedade básica da parábola é verificada nesse exemplo. Para isso, escolhemos um valor de x aleatoriamente, digamos $x = 4$, e calculamos o respectivo valor de y: $y = 16 - 20 + 6 = 2$. Logo, o ponto $P = (4, 2)$ pertence à parábola. Calculamos agora as distâncias de P a F e a $P' = (4, -\frac{1}{2})$ pertencente à diretriz.

- $d_{PF} = \sqrt{(4 - \frac{5}{2})^2 + (2 - 0)^2} = \sqrt{\frac{9}{4} + 4} = \sqrt{\frac{25}{4}} = \frac{5}{2}$
- $d_{PP'} = \sqrt{(4 - 4)^2 + (2 - (-\frac{1}{2}))^2} = \sqrt{(\frac{5}{2})^2} = \frac{5}{2}$

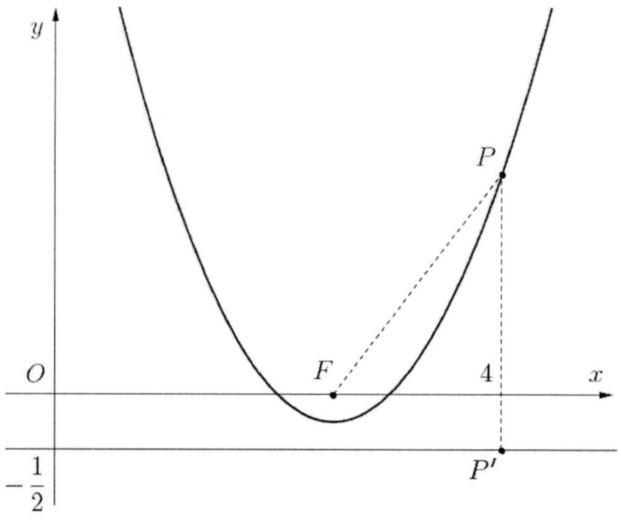

Figura 5.31: Parábola $y = x^2 - 5x + 6$

Observe que as distâncias obtidas são iguais e, assim, a propriedade básica da parábola fica verificada.

Exemplo 5.16: Determine o vértice, o foco e a diretriz da parábola $7x = y^2 - 6y + 16$.

Como a metade de -6 elevada ao quadrado é igual a 9, somamos e subtraímos esse valor da equação dada para obter: $7x = (y^2 - 6y + 9) - 9 + 16$ que é o mesmo que $7x = (y - 3)^2 + 7$, ou seja,

$$\underbrace{(y-3)}_{y-y_0}{}^2 = \underbrace{7}_{4p}\underbrace{(x-1)}_{x-x_0},$$

que é o formato padrão da equação de uma parábola de eixo de simetria paralelo ao eixo dos x, vértice $V = (x_0, y_0) = (1, 3)$ e $4p = 7$, isto é, $p = \frac{7}{4}$.

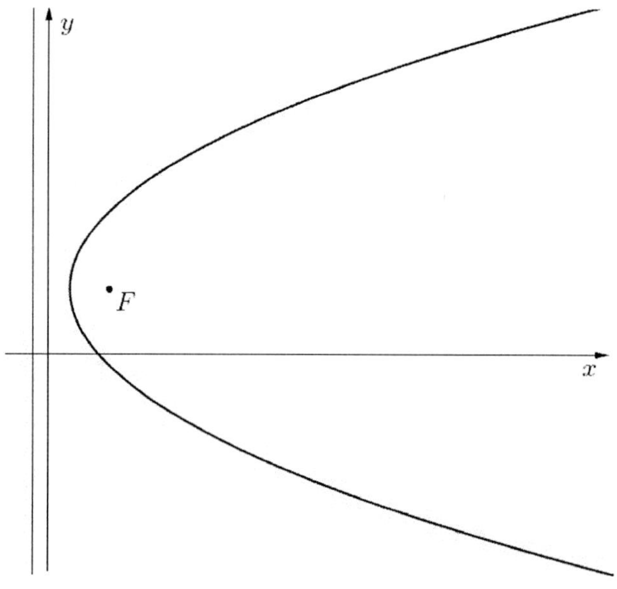

Figura 5.32: Parábola $7x = y^2 - 6y + 16$

Logo, o foco é o ponto $F = (\frac{11}{4}, 3)$ $(= V + (p, 0))$ e a diretriz é a reta $x = -\frac{3}{4}$ $(= x_0 - p)$.

5.5 Equações paramétricas

As funções trigonométricas podem ser usadas para parametrizar uma elipse ou uma hipérbole.

Elipse

Consideremos a elipse $\frac{x^2}{a^2} + \frac{y^2}{b^2} = 1$, seu centro O e as circunferências de centro em O e raios iguais a a e a b.

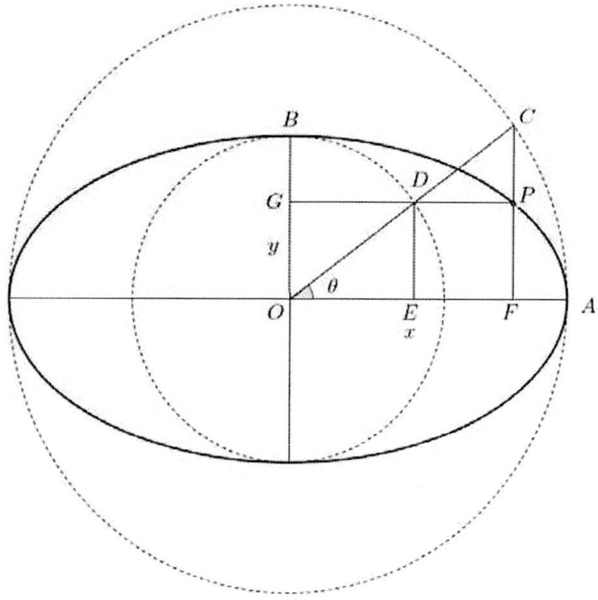

Figura 5.33: Equações paramétricas de uma elipse

Sejam $P(x, y)$ um ponto da elipse, D a interseção da circunferência de raio b com a reta que passa por P e paralela ao eixo dos x, C a interseção da circunferência de raio a com a reta que passa por P e paralela ao eixo dos y, E a interseção da reta que passa por D e paralela ao eixo dos y com o eixo maior, F a interseção da reta que passa por P e paralela ao eixo dos y com o eixo maior da elipse, θ a medida do ângulo $\widehat{EOD}$.

No triângulo retângulo EOD temos que $\frac{ED}{OD} = \operatorname{sen}\theta$, ou seja, $\frac{y}{b} = \operatorname{sen}\theta$ o que implica $y = b\operatorname{sen}\theta$. No triângulo retângulo FOC temos que $\frac{OF}{OC} = \cos\theta$, ou seja, $\frac{x}{a} = \cos\theta$ que implica $x = a\cos\theta$. Quando θ dá uma volta completa, o ponto P percorre toda a elipse. Assim, podemos considerar que as equações paramétricas da elipse $\frac{x^2}{a^2} + \frac{y^2}{b^2} = 1$ são $x = a\cos\theta$, $y = b\operatorname{sen}\theta$ com $\theta \in [0, 2\pi]$.

Hipérbole

Consideremos agora a hipérbole $\frac{x^2}{a^2} - \frac{y^2}{b^2} = 1$, seu centro O e as circunferências de centro em O e raios iguais a a e a b. Sejam $P(x, y)$ um ponto da hipérbole, A a interseção da circunferência de raio b com a reta paralela ao eixo dos x e passa pelo ponto O, B a interseção da reta que passa por P e paralela ao eixo dos x com a reta tangente à circunferência de raio b no ponto A, C a interseção da circunferência de raio a com a reta que passa pelos pontos O e B, D a interseção da reta que passa pelos pontos O e A com a reta tangente à circunferência de raio a no ponto C, θ a medida do ângulo $\widehat{AOB}$.

No triângulo retângulo AOB temos que $\frac{AB}{OA} = \operatorname{tg}\theta$, ou seja, $\frac{y}{b} = \operatorname{tg}\theta$ o que implica $y = b\operatorname{tg}\theta$. No triângulo retângulo OCD temos que $\frac{OC}{OD} = \cos\theta$, ou seja, $\frac{a}{x} = \cos\theta$ que implica $x = \frac{a}{\cos\theta}$ que equivale

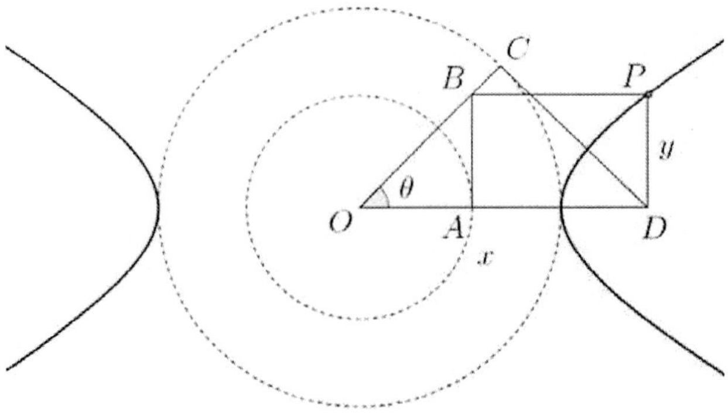

Figura 5.34: Equações paramétricas de uma hipérbole

a $x = a\sec\theta$. Quando θ dá uma volta completa, o ponto P percorre toda a hipérbole. Assim, podemos considerar que as equações paramétricas da hipérbole $\frac{x^2}{a^2} - \frac{y^2}{b^2} = 1$ são $x = a\sec\theta$, $y = b\operatorname{tg}\theta$ com $\theta \in [0, 2\pi]$, $\theta \neq \frac{\pi}{2}$ e $\theta \neq \frac{3\pi}{2}$.

Se o centro da elipse ou da hipérbole for um ponto (x_0, y_0), então basta trocar x por $x - x_0$ e y por $y - y_0$ nas parametrizações anteriores. Assim, as equações paramétricas da elipse $\frac{(x-x_0)^2}{a^2} + \frac{(y-y_0)^2}{b^2} = 1$ são $x = x_0 + a\cos\theta$, $y = y_0 + b\operatorname{sen}\theta$ e as da hipérbole $\frac{(x-x_0)^2}{a^2} - \frac{(y-y_0)^2}{b^2} = 1$ são $x = x_0 + a\operatorname{tg}\theta$, $y = y_0 + b\sec\theta$.

Outras parametrizações sem o uso das funções trigonométricas também são possíveis.

Rotação de eixos

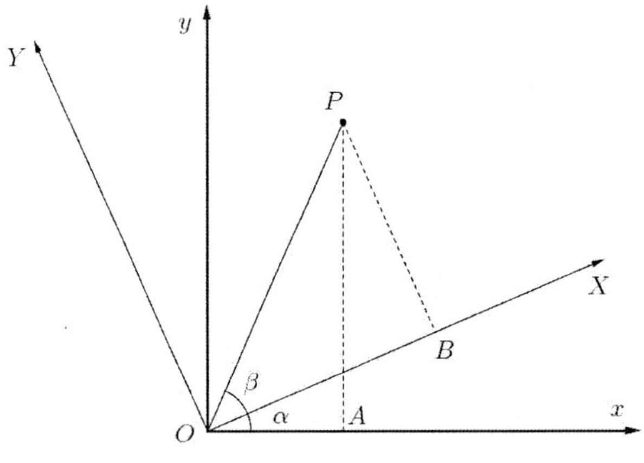

Figura 5.35: Rotação de eixos de ângulo α

Consideremos um ponto $P = (x, y)$ em um sistema de eixos ortogonais x e y. Girando os eixos x e y de um ângulo α em torno da origem, obtemos novos eixos X e Y. Queremos determinar as coordenadas do ponto P nesse novo sistema de eixos ortogonais. Essas coordenadas serão dadas pelas medidas dos segmentos $\overline{OB}$ e $\overline{BP}$.

Seja β a medida do ângulo $\widehat{BOP}$. No triângulo retângulo OBP, temos $\cos\beta = \frac{OB}{OP}$ e $\operatorname{sen}\beta = \frac{BP}{OP}$, que é o mesmo que $\cos\beta = \frac{X}{OP}$ e $\operatorname{sen}\beta = \frac{Y}{OP}$, isto é, $X = OP \cdot \cos\beta$ e $Y = OP \cdot \operatorname{sen}\beta$.

No triângulo retângulo OAP, temos que $\cos(\alpha + \beta) = \frac{OA}{OP}$ e $\operatorname{sen}(\alpha + \beta) = \frac{AP}{OP}$ que é o mesmo que $\cos(\alpha + \beta) = \frac{x}{OP}$ e $\operatorname{sen}(\alpha + \beta) = \frac{y}{OP}$, ou seja, $x = OP \cdot \cos(\alpha + \beta)$ e $y = OP \cdot \operatorname{sen}(\alpha + \beta)$. Usando as fórmulas trigonométricas para o seno e o cosseno da soma de dois arcos, obtemos:

$$x = \underbrace{OP\cos\beta}_{X}\cos\alpha - \underbrace{OP\,\mathrm{sen}\beta}_{Y}\,\mathrm{sen}\,\alpha,$$

$$y = \underbrace{OP\cos\beta}_{X}\,\mathrm{sen}\,\alpha + \underbrace{OP\,\mathrm{sen}\beta}_{Y}\cos\alpha.$$

Logo, a relação entre (X, Y) e (x, y) é dada pelas fórmulas:

$$x = X\cos\alpha - Y\,\mathrm{sen}\,\alpha,$$

$$y = X\,\mathrm{sen}\,\alpha + Y\cos\alpha.$$

Exemplo 5.17: Suponhamos que o sistema de eixos x e y seja girado de 45° no sentido anti-horário em torno da origem e que, obtemos, dessa forma, um sistema de eixos X e Y. Obtenha a equação da curva $xy = 1$ nesse novo sistema de eixos.

Como $\cos 45° = \mathrm{sen}\,45° = \frac{\sqrt{2}}{2}$, obtemos $x = X\cos 45° - Y\,\mathrm{sen}\,45° = \frac{X\sqrt{2}}{2} - \frac{Y\sqrt{2}}{2}$ e $y = X\cos 45° + Y\,\mathrm{sen}\,45° = \frac{X\sqrt{2}}{2} + \frac{Y\sqrt{2}}{2}$. Substituindo na equação dada, obtemos: $xy = 1 \Rightarrow (\frac{X\sqrt{2}}{2} - \frac{Y\sqrt{2}}{2})(\frac{X\sqrt{2}}{2} + \frac{Y\sqrt{2}}{2}) = 1 \Rightarrow (\frac{X\sqrt{2}}{2})^2 - (\frac{Y\sqrt{2}}{2})^2 = 1$, ou seja, $\frac{X^2}{2} - \frac{Y^2}{2} = 1$. Sendo assim, a equação dada é a de uma hipérbole.

Propriedades óticas das cônicas

As propriedades óticas estão entre as mais notáveis da elipse, hipérbole e parábola. Podem ser enunciadas da seguinte forma:

- A tangente à elipse em um ponto P forma ângulos α e β iguais com os segmentos dos raios focais $\overline{PF_1}$ e $\overline{PF_2}$ e passa por fora do ângulo $\widehat{F_1PF_2}$.
- A tangente à hipérbole em um ponto P forma ângulos α e β iguais com os segmentos dos raios focais $\overline{PF_1}$ e $\overline{PF_2}$ e passa no interior do ângulo $\widehat{F_1PF_2}$.
- O ângulo α que a tangente à parábola em um ponto P forma com a semirreta traçada a partir do ponto P, paralela ao eixo de simetria, é igual ao ângulo β que a tangente forma com o segmento do raio focal $\overline{PF}$.

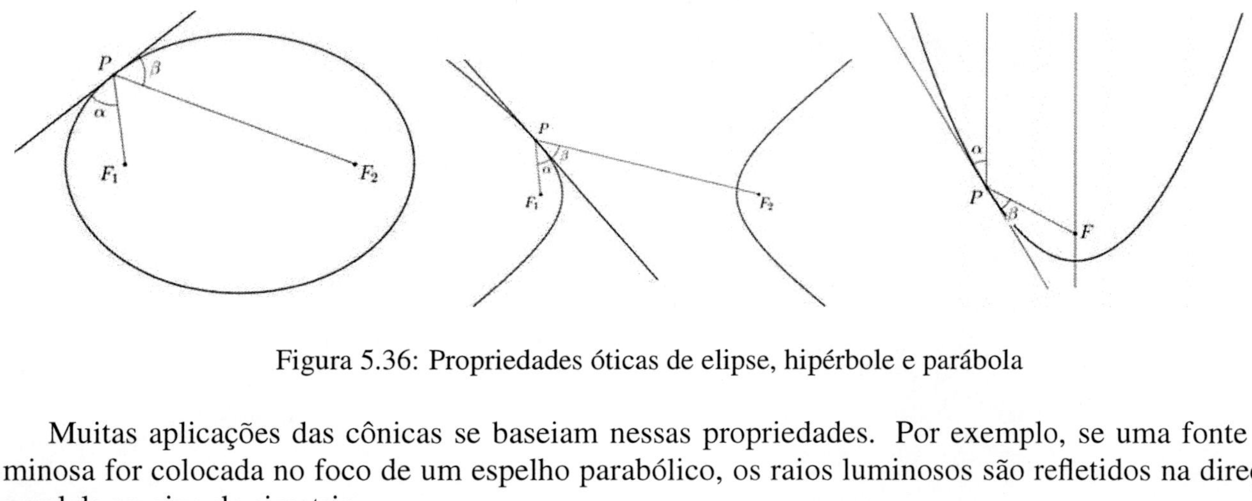

Figura 5.36: Propriedades óticas de elipse, hipérbole e parábola

Muitas aplicações das cônicas se baseiam nessas propriedades. Por exemplo, se uma fonte luminosa for colocada no foco de um espelho parabólico, os raios luminosos são refletidos na direção paralela ao eixo de simetria.

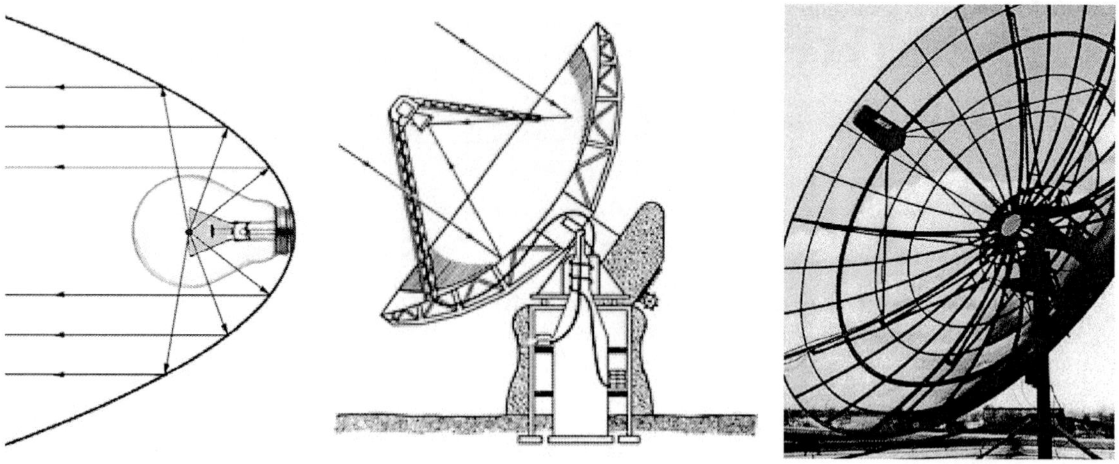

Figura 5.37: Objetos de formatos parabólicos

Além disso, as cônicas ocorrem, frequentemente, em fenômenos naturais como, por exemplo, na trajetória de um jato d'água que jorra de uma fonte, como na foto a seguir, tirada no *Sculpture Garden* em Washington, USA.

Figura 5.38: Jatos d'água no *Sculpture Garden*, Washington, USA

5.6 Exercícios Resolvidos

R40) Escreva a equação da hipérbole cujos focos são $F_1 = (1, 3)$ e $F_2 = (1, 9)$ e cuja diferença entre os raios focais é 4.

Solução: A distância focal é $2c = d_{F_1F_2} = 6 \Rightarrow c = 3$. A diferença entre os raios focais é denotada por $2a$; logo, $2a = 4 \Rightarrow a = 2$. Como $c^2 = a^2 + b^2$, temos $b^2 = c^2 - a^2 = 9 - 4 = 5$. Como o eixo real está contido na reta $x = 1$ (vertical) e o centro é $(1, 6)$, o ponto médio de $\overline{F_1F_2}$, a equação da hipérbole é $\frac{(y-6)^2}{a^2} - \frac{(x-1)^2}{b^2} = 1$, ou seja,

$$\frac{(y-6)^2}{4} - \frac{(x-1)^2}{5} = 1.$$

R41) Determine os focos da hipérbole $25y^2 - 100x^2 = 1$.

Solução: A equação da hipérbole é equivalente a $\dfrac{y^2}{\frac{1}{25}} - \dfrac{x^2}{\frac{1}{100}} = 1$. O denominador do termo positivo do primeiro membro é igual a $\frac{1}{25}$; logo $a^2 = \frac{1}{25}$ e $b^2 = \frac{1}{100} \Rightarrow c^2 = a^2 + b^2 = \frac{1}{25} + \frac{1}{100} = \frac{1}{20}$ $\Rightarrow c = \sqrt{\frac{1}{20}} = \frac{\sqrt{20}}{20} = \frac{\sqrt{5}}{10}$. Concluímos, dessa forma, que os focos da hipérbole são os pontos $F_1 = (0, \frac{\sqrt{5}}{10})$ e $F_2 = (0, -\frac{\sqrt{5}}{10})$.

R42) Determine o centro, os focos, os vértices e esboce o gráfico da elipse cuja equação é

$$9x^2 + 4y^2 - 18x - 16y - 11 = 0.$$

Solução: A equação pode ser escrita na forma $(9x^2 - 18x) + (4y^2 - 16y) = 11$ que é o mesmo que

$$9(x^2 - 2x) + 4(y^2 - 4y) = 11,$$

isto é,

$$9(x^2 - 2x + 1 - 1) + 4(y^2 - 4y + 4 - 4) = 11 \Rightarrow 9(x-1)^2 - 9 + 4(y-2)^2 - 16 = 11$$

que equivale a $9(\overbrace{x-1}^{x-x_0})^2 + 4(\overbrace{y-2}^{y-y_0})^2 = 36$.

Dividindo ambos os membros por 36, obtemos

$$\frac{(x-1)^2}{4} + \frac{(y-2)^2}{9} = 1.$$

Reconhecemos aí a equação reduzida de uma elipse com centro no ponto $(x_0, y_0) = (1, 2)$, $a^2 = 9$ e $b^2 = 4$ o que implica $a = 3, b = 2, c^2 = a^2 - b^2 = 9 - 4 = 5 \Rightarrow c = \sqrt{5}$. Como o eixo maior é paralelo ao eixo dos y, temos que os focos são os pontos $F_1 = (x_0, y_0 - c) = (1, 2 - \sqrt{5})$ e $F_2 = (x_0, y_0 + c) = (1, 2 + \sqrt{5})$ e os vértices são $(x_0, y_0 + a) = (1, 5)$, $(x_0, y_0 - a) = (1, -1)$, $(x_0 + b, y_0) = (3, 2)$ e $(x_0 - b, y_0) = (-1, 2)$.

R43) Determine centro, focos, assíntotas e gráfico da hipérbole cuja equação é

$$5y^2 - 4x^2 + 10y - 15 = 0.$$

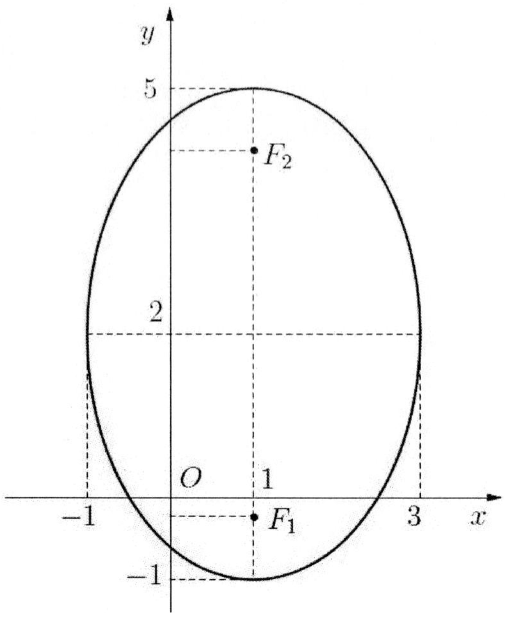

Figura 5.39: Elipse $\frac{(x-1)^2}{4} + \frac{(y-2)^2}{9} = 1$

Solução: A equação dada equivale a $5(y^2 + 2y) - 4x^2 = 15$. Acrescentando $+1 - 1$ para completar o quadrado da soma, resulta $5(y^2 + 2y + 1 - 1) - 4x^2 = 15$ que é o mesmo que $5(y + 1)^2 - 4x^2 = 20$. Dividindo os dois membros por 20, obtemos a equação da hipérbole no seu formato padrão:

$$\frac{(\overbrace{y+1}^{y-y_0})^2}{4} - \frac{(\overbrace{\ x\ }^{x-x_0})^2}{5} = 1.$$

A partir dessa equação, concluímos o seguinte:

- O centro é o ponto $(x_0, y_0) = (0, -1)$;
- $a^2 = 4$, $b^2 = 5$ o que implica $c^2 = a^2 + b^2 = 4 + 5 = 9 \Rightarrow a = 2, b = \sqrt{5}, c = 3$;
- O eixo real é paralelo ao eixo dos y (vertical);
- Os focos são $F_1 = (x_0, y_0 - c) = (0, -4)$ e $F_2 = (x_0, y_0 + c) = (0, 2)$;
- Os vértices são $V_1 = (x_0, y_0 - a) = (0, -3)$ e $V_2 = (x_0, y_0 + a) = (0, 1)$;
- As assíntotas são as retas $y - y_0 = \pm\frac{a}{b}(x - x_0)$, isto é, $y + 1 = \pm\frac{2}{\sqrt{5}}x$

O gráfico dessa hipérbole é mostrado na figura a seguir.

R44) Determine a diretriz, o foco, o vértice e esboce o gráfico da parábola cuja equação é

$$16y + x^2 - 2x - 15 = 0.$$

Solução: A equação é equivalente a $x^2 - 2x = -16y + 15$. Somando 1 para completar o quadrado da diferença, obtemos: $x^2 - 2x + 1 = -16y + 16$ que equivale a

$$(\underbrace{x-1}_{x-x_0})^2 = \underbrace{-16}_{-4p}(\underbrace{y-1}_{y-y_0})$$

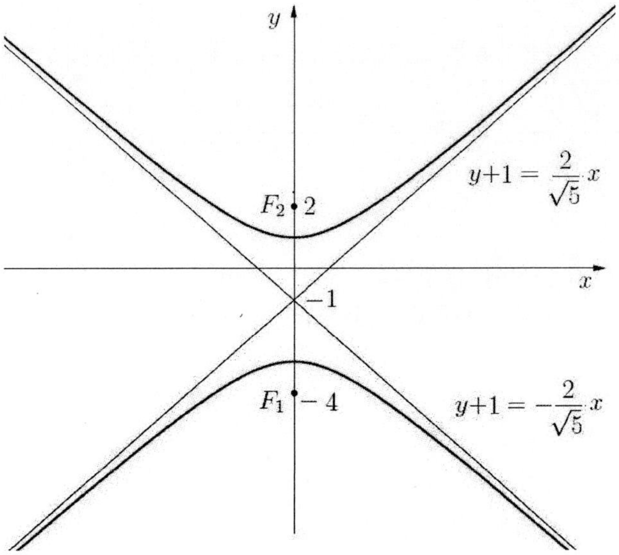

Figura 5.40: Hipérbole $5y^2 - 4x^2 + 10y - 15 = 0$

que é uma equação no formato padrão. Observando essa equação, concluímos que:

- O eixo de simetria é paralelo ao eixo y (porque o x é o que está elevado ao quadrado) e a parábola está voltada para baixo (por causa do sinal negativo do coeficiente do y);
- $-4p = -16 \Rightarrow p = 4$;
- O vértice é o ponto $(x_0, y_0) = (1, 1)$;
- O foco é o ponto $F = (x_0, y_0 - p) = (1, -3)$;
- A diretriz é a reta $y = y_0 + p$, ou seja, $y = 5$.

O gráfico é o mostrado na seguinte figura:

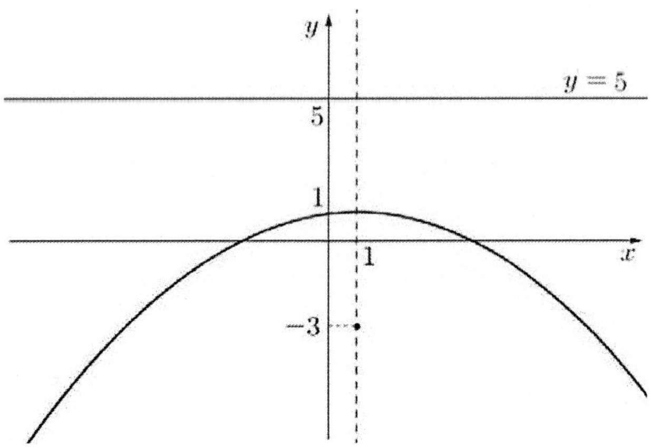

Figura 5.41: Parábola $16y + x^2 - 2x - 15 = 0$

R45) Sendo $A = (10, 0)$ e $B = (-5, p)$ pontos de uma elipse com focos em $F_1 = (8, 0)$ e $F_2 = (-8, 0)$, calcule o perímetro do triângulo BF_1F_2.

Solução: Em uma elipse, devemos ter soma constante dos raios focais:

$$d_{BF_1} + d_{BF_2} = d_{AF_1} + d_{AF_2} = \sqrt{(10-8)^2 + (0-0)^2} + \sqrt{(10-(-8))^2 + (0-0)^2} = 20.$$

O perímetro do triângulo BF_1F_2 é igual a $d_{BF_1} + d_{BF_2} + d_{F_1F_2} = 20 + 16 = 36.$

R46) Esboce os gráficos das hipérboles $\frac{x^2}{16} - \frac{y^2}{9} = 1$ e $\frac{y^2}{9} - \frac{x^2}{16} = 1$ em um mesmo sistema de eixos cartesianos e verifique que elas têm em comum as mesmas assíntotas. Nesse caso, essas hipérboles são chamadas **conjugadas**.

Solução: Considerando $\dfrac{x^2}{16} - \dfrac{y^2}{9} = 1$, temos:

- O eixo real está no eixo dos x;
- $a^2 = 16, b^2 = 9 \Rightarrow a = 4, b = 3$;
- $c^2 = a^2 + b^2 = 16 + 9 = 25 \Rightarrow c = \sqrt{25} = 5$; logo, os focos são $(\pm 5, 0)$.
- As assíntotas são as retas $y = \pm\frac{b}{a}x$, ou seja, $y = \pm\frac{3}{4}x$.

Considerando agora $\dfrac{y^2}{9} - \dfrac{x^2}{16} = 1$, temos:

- O eixo real está no eixo dos y;
- $a^2 = 9, b^2 = 16 \Rightarrow a = 3, b = 4$;
- $c^2 = a^2 + b^2 = 9 + 16 = 25 \Rightarrow c = 5$; logo, os focos são $(0, \pm 5)$.
- As assíntotas são as retas $y = \pm\frac{a}{b}x$, ou seja, $y = \pm\frac{3}{4}x$.

Os gráficos dessas duas hipérboles são mostrados na figura 5.42.

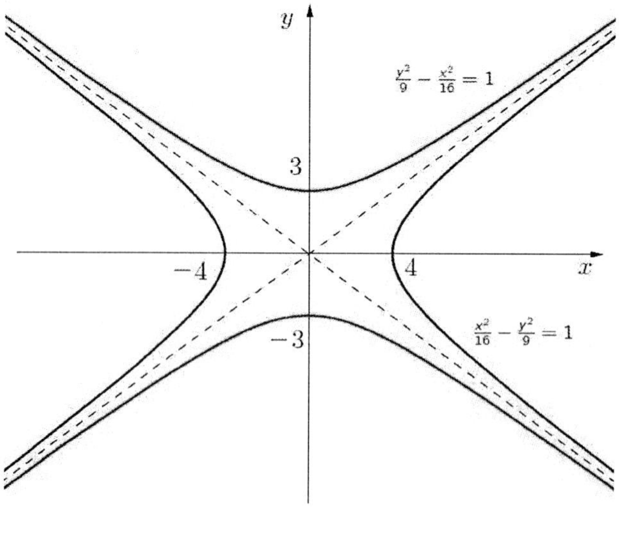

Figura 5.42: Hipérboles conjugadas $\frac{x^2}{16} - \frac{y^2}{9} = 1$ e $\frac{y^2}{9} - \frac{x^2}{16} = 1$

R47) Determine a equação da parábola com foco no ponto $F = (4, 3)$ e cuja diretriz é a reta $x - 8 = 0$

Solução: A distância do foco à diretriz é dada por $2p = 8 - 4 = 4$; logo, $p = 2$. Como a diretriz é vertical e está à direita do foco, deduzimos que o eixo de simetria é horizontal e o vértice é o ponto $(x_0, y_0) = (\frac{4+8}{2}, 3) = (6, 3)$. Concluímos daí que a equação da parábola é $(y - y_0)^2 = -4p(x - x_0)$, ou seja, $(y - 3)^2 = -8(x - 6)$ que é o mesmo que

$$y^2 - 6y + 8x - 39 = 0.$$

R48) Ache o foco e a diretriz da parábola $x = -y^2 + 2y - 3$.

Solução: A equação dada pode ser escrita na forma $y^2 - 2y = -x - 3$. Para completar o quadrado da diferença, somamos 1 a ambos os membros para obter: $y^2 - 2y + 1 = -x - 2$ que é o mesmo que

$$\underbrace{(y-1)}_{y-y_0}{}^2 = \underbrace{-1}_{-4p}\underbrace{(x+2)}_{x-x_0}.$$

Daí, temos que o vértice é o ponto $(x_0, y_0) = (-2, 1)$, $-4p = -1 \Rightarrow p = \frac{1}{4}$. Concluímos que o foco dessa parábola é o ponto $F = (x_0 - p, y_0) = (-\frac{9}{4}, 1)$ e que a diretriz é a reta $x = x_0 + p$, ou seja, $x = -\frac{7}{4}$.

R49) Determine os vértices e os focos da cônica cuja equação é

$$|\sqrt{(x-3)^2 + (y+2)^2} - \sqrt{(x-3)^2 + (y-5)^2}| = \sqrt{11}.$$

Solução: Se $P = (x, y)$ for um ponto qualquer dessa cônica, as raízes quadradas da equação representam as distâncias de P aos pontos $F_1(3, -2)$ e $F_2(3, 5)$ (raios focais). Como o módulo da diferença entre essas distâncias é constante e igual a $\sqrt{11}$, temos uma hipérbole em que $2a = \sqrt{11} \Rightarrow a = \frac{\sqrt{11}}{2}$. Como $2c = d_{F_1F_2} = 5 - (-2) = 7$, temos $c = \frac{7}{2}$. O ponto médio de $\overline{F_1F_2}$ é o centro da hipérbole que é o ponto $(x_0, y_0) = (3, \frac{3}{2})$. Como o eixo real está contido na reta $x = 3$ (vertical), temos que os vértices são os pontos $(x_0, y_0 - a)$ e $(x_0, y_0 + a)$, ou seja, são $(3, \frac{3-\sqrt{11}}{2})$ e $(3, \frac{3+\sqrt{11}}{2})$.

5.7 Apoio computacional

Exemplo 5.18: Com o comando *implicit_plot(equação, variação do x, variação do y, opções)* do pacote *implicit_plot* do *Maxima* podemos construir gráficos de curvas definidas implicitamente como as cônicas.

```
(%i01)  load(implicit_plot);
(%o01)  C:/PROGRA2/MAXIMA1.0/share/maxima/5.27.0/contrib/implicit_plot.lisp

(%i02) implicit_plot(x^2 - y^2 = x, [x, -3, 3], [y, -3, 3],
                    [style, [lines, 4]], [color, red]);
```

```
(%o02)
```

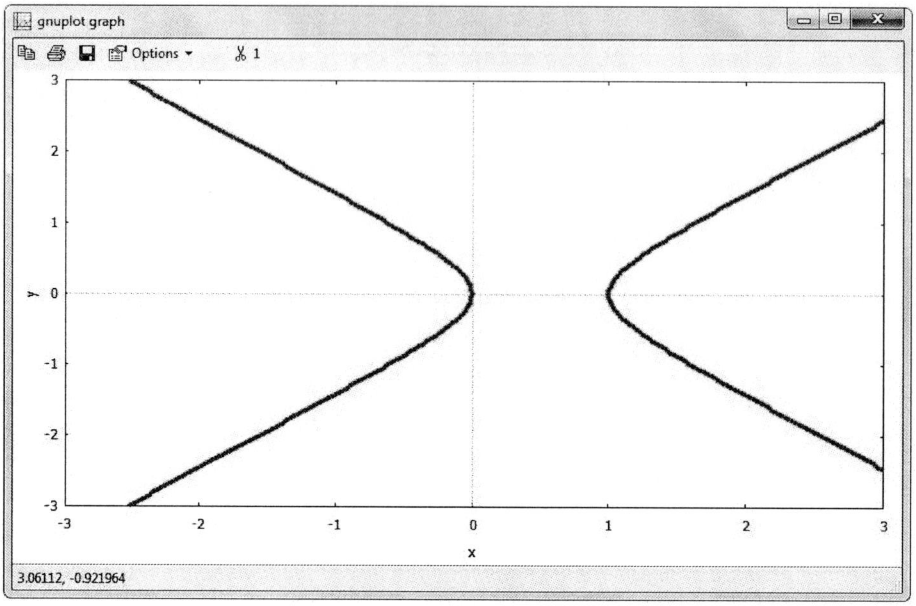

Figura 5.43: Hipérbole construída com o Maxima

Exemplo 5.19: Diversas curvas podem ser construídas em um mesmo sistema de eixos. Para isso, basta fornecer as equações na forma de lista entre colchetes, separadas por vírgulas. Neste exemplo, construímos a parábola $2x = -y^2 + 3$ e a elipse $\frac{x^2}{16} + \frac{y^2}{9} = 1$ com $-5 \leq x \leq 5$ e $-5 \leq y \leq 5$. A primeira curva é desenhada em cor azul e a segunda em vermelho.

```
(%i03) implicit_plot([2*x = -y^2 + 3, x^2/16 + y^2/9 = 1], [x, -5, 5],
                [y,-5, 5], [style, [lines, 4]], [color, blue, red]);
```

Além de construir gráficos, o Maxima pode ser usado para cálculos e simplificações algébricas. Nos exemplos a seguir, definimos duas funções que podem ser usadas no estudo da elipse.

Exemplo 5.20: Dada uma equação do segundo grau do tipo $ax^2 + by^2 + cx + dy + e = 0$, supondo que essa equação seja a de uma elipse, vamos construir no Maxima uma função *elipse(a, b, c, d, e)* que retorne a equação escrita na forma normal.

```
(%i01)  elipse(a, b, c, d, e) := block([],
                  sinal(x) := if x >= 0 then 1 else -1,
                  return((x + sinal(c/a)*abs(c/(2*a)))^2/
                 ((c^2/(4*a) + d^2/(4*b)-e)/a) +
                 (y + sinal(d/b)*abs(d/(2*b)))^2/
                 ((c^2/(4*a) + d^2/(4*b)-e)/b) = 1) )$
```

Por exemplo, dada a equação $4x^2 + 6y^2 - 40x - 24y + 100 = 0$, vamos escrevê-la de outra maneira.

```
(%i02) elipse(4, 6, -40, -24, 100);
```

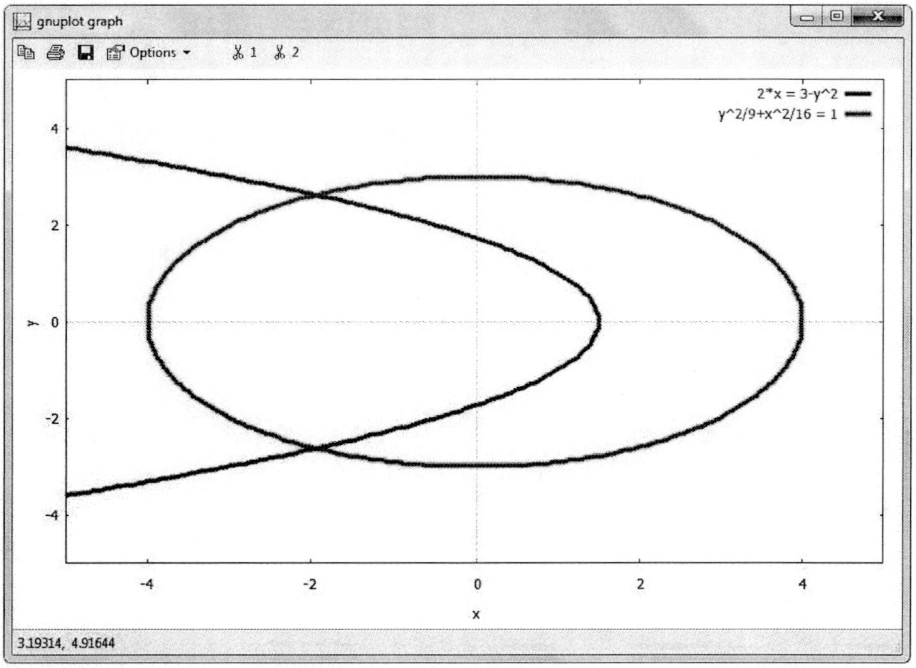

Figura 5.44: Parábola e elipse construídas pelo Maxima

(%o02) $\dfrac{(y-2)^2}{4} + \dfrac{(x-5)^2}{6} = 1$

Exemplo 5.21: Agora, vamos construir outra função que calcule os focos de uma elipse cuja equação é $ax^2 + by^2 + cx + dy + e = 0$.

```
(%i03)  focos(a, b, c, d, e):= block([cx, cy, fx, fy, a1, b1, c1, a0, b0],
              sinal(x) := if x >= 0 then 1 else -1,
              cx :  -sinal(c/a)*abs(c/(2*a)),
              cy :  -sinal(d/b)*abs(d/(2*b)),
              a0:  (c^2/(4*a) + d^2/(4*b)-e)/a,
              b0:  (c^2/(4*a) + d^2/(4*b)-e)/b,
              if (a0 > b0) then (a1:  sqrt(a0), b1:  sqrt(b0))
              else (b1:  sqrt(a0), a1:  sqrt(b0)),
              cc:  sqrt(a1^2 - b1^2),
              if (a0 > b0) then return([[cx + c1, cy], [cx - c1, cy]])
              else return([[cx, cy+c1], [cx, cy-c1]]) )$
```

Por exemplo, vamos calcular os focos da elipse $4x^2 + 6y^2 - 40x - 24y + 100 = 0$.

```
(%i04)  focos(4, 6, -40, -24, 100);
```

(%o04) $[[\sqrt{2} + 5, 2], [5 - \sqrt{2}, 2]]$

5.8 Exercícios Propostos

A53) Determine a equação e esboce o gráfico da elipse que passa pelo ponto $(-2, 5)$ e cujos focos são $(-2, -3)$ e $(-2, 3)$. Resp.: $\frac{(x+2)^2}{16} + \frac{y^2}{25} = 1$

A54) Determine a equação da elipse com centro na origem $(0, 0)$, passa pelo ponto $(-\sqrt{15}, 1)$, eixo maior no eixo dos x e distância focal igual a 8. Resp.: $\frac{x^2}{20} + \frac{y^2}{4} = 1$

A55) Determine os focos da elipse $4x^2 + 3y^2 - 4x - 6y = 8$. Resp.: $F_1 = (\frac{1}{2}, 0)$, $F_2 = (\frac{1}{2}, 2)$

A56) Determine os pontos de interseção da hipérbole $\dfrac{(y-1)^2}{4} - \dfrac{x^2}{3} = 1$ com a circunferência $x^2 + (y-6)^2 = 10$. Resp.: $(\pm 3, 5)$

A57) Determine a distância focal da hipérbole cuja equação é $\dfrac{x^2}{49} - \dfrac{y^2}{25} = 1$. Resp.: $2\sqrt{74}$

A58) Calcule a excentricidade da hipérbole cuja equação é $25x^2 - 9y^2 = 1$ Resp.: $\varepsilon = \frac{\sqrt{34}}{3}$

A59) Determine os focos e as equações das assíntotas da hipérbole $9x^2 - 16y^2 = 144$.
Resp.: $F_1 = (-5, 0)$, $F_2 = (5, 0)$, $y = \pm\frac{3}{4}x$

A60) Uma hipérbole em que $a = b$ é denominada *equilátera*. Calcule a excentricidade de uma hipérbole equilátera. Resp.: $\varepsilon = \sqrt{2}$

A61) Determine a equação do conjunto de pontos do plano que são equidistantes do ponto $F(0, 0)$ e da reta d cuja equação é $y = 4$. Resp.: $x^2 + 8y - 16 = 0$

A62) Achar as coordenadas do foco e a equação da diretriz da parábola de equação $y^2 = -16x$.
Resp.: $F = (-4, 0)$, $x = 4$

A63) Determine os focos da cônica cuja equação é

$$\sqrt{(x-1)^2 + (y-2)^2} + \sqrt{(x+2)^2 + (y-2)^2} = \sqrt{17}.$$

Resp.: $F_1(1, 2)$, $F_2(-2, 2)$

A64) Calcule a excentricidade da elipse $\dfrac{(x-1)^2}{9} + \dfrac{(y+1)^2}{25} = 4$. Resp.: $\varepsilon = \frac{4}{5}$

A65) Determine a equação de uma elipse de centro $(4, 2)$ sabendo que ela é tangente aos eixos coordenados. Resp.: $\frac{(x-4)^2}{16} + \frac{(y-2)^2}{4} = 1$

A66) Calcule a distância focal e a excentricidade da elipse $25x^2 + 16y^2 = 400$.
Resp.: $2c = 6$, $\varepsilon = \frac{3}{5}$

A67) Identifique os conjuntos de pontos do plano xOy representados pelas seguintes equações e, se possível, calcule os valores de a, b, c relacionados.

a) $\frac{x^2}{4} + \frac{y^2}{25} = 1$ b) $\frac{x^2}{4} - \frac{y^2}{25} = 1$ c) $\frac{x^2}{4} + \frac{y^2}{25} = 0$
d) $\frac{x^2}{4} - \frac{y^2}{25} = 0$ e) $\frac{y^2}{4} + \frac{x^2}{25} = 1$ f) $\frac{y^2}{4} - \frac{x^2}{25} = 1$
g) $\frac{x^2}{4} + \frac{y^2}{25} = -1$ h) $\frac{x^2}{4} - \frac{y^2}{25} = -1$ i) $\frac{x^2}{4} + \frac{y^2}{25} = 9$
j) $4x^2 + 25y^2 = 1$ k) $4x^2 - 25y^2 = 1$ l) $-4x^2 + 25y^2 = 100$

Resp.: a) elipse; b) hipérbole; c) um ponto; d) um par de retas; e) elipse; f) hipérbole; g) conjunto vazio; h) hipérbole; i) elipse; j) elipse; k) hipérbole; l) hipérbole.

A68) A equação de uma circunferência que passa por três pontos não colineares dados $P_1 = (x_1, y_1)$, $P_2 = (x_2, y_2)$ e $P_3 = (x_3, y_3)$ pode ser escrita no formato de determinante 4×4:

$$\begin{vmatrix} x^2 + y^2 & x & y & 1 \\ x_1^2 + y_1^2 & x_1 & y_1 & 1 \\ x_2^2 + y_2^2 & x_2 & y_2 & 1 \\ x_3^2 + y_3^2 & x_3 & y_3 & 1 \end{vmatrix} = 0.$$

Baseado nessa informação, encontre a equação da circunferência que passa por $(1, 2)$, $(-1, 3)$ e $(-2, -5)$. Resp.: $\begin{vmatrix} x^2 + y^2 & x & y & 1 \\ 5 & 1 & 2 & 1 \\ 10 & -1 & 3 & 1 \\ 29 & -2 & -5 & 1 \end{vmatrix} = 0$ que é o mesmo que $17x^2 + 17y^2 + 59x + 33y - 210 = 0$

B37) Um ponto $P(x, y)$ descreve uma curva no plano de tal forma que sua distância à reta $x = 4$ é sempre o dobro da sua distância ao ponto $A = (1, 0)$. Determine a equação da curva descrita por P.
Resp.: $\frac{x^2}{4} + \frac{y^2}{3} = 1$

B38) Calcule a área do quadrilátero que tem dois de seus vértices coincidindo com os focos da elipse $x^2 + 5y^2 = 20$ e os outros dois são as extremidades do eixo menor. Resp.: 16

B39) Determine a equação da elipse com centro na origem, que passa pelo ponto $P(-2, -2)$ e que tem um dos focos no ponto $(0, -\sqrt{6})$. Resp.: $2x^2 + y^2 = 12$

B40) Qual é a equação do conjunto de pontos $P(x, y)$ cuja soma das distâncias aos pontos $(0, -5)$ e $(0, 11)$ é constante igual a 36 ? Resp.: $\frac{x^2}{260} + \frac{(y-3)^2}{324} = 1$

B41) Determine os focos da hipérbole cuja equação é $2x^2 - 7y^2 - 4x + 14y - 19 = 0$.
Resp.: $F_1 = (4, 1)$ $F_2 = (-2, 1)$

B42) Determine as equações das assíntotas da hipérbole $4y^2 - 16x^2 - 32x - 24y = 44$.
Resp.: $y - 3 = \pm 2(x + 1)$

B43) Ache a equação da hipérbole de centro na origem que tem um foco no ponto $(0, -2)$ e que passa pelo ponto $(1, \sqrt{3})$. Resp.: $y^2 - x^2 = 2$

B44) Determine a interseção da circunferência $x^2 + y^2 = 9$ com a hipérbole $x^2 - 4y^2 = 4$ Resp.: $\{(2\sqrt{2}, 1), (-2\sqrt{2}, 1), (2\sqrt{2}, -1), (-2\sqrt{2}, -1)\}$

B45) Identifique a curva cujas equações paramétricas são $x = 4 + 3\,\text{sen}\,t$, $y = -2 - 5\cos t$, com $t \in \mathbb{R}$. Resp.: Elipse $\frac{(x-4)^2}{9} + \frac{(y+2)^2}{25} = 1$

B46) Encontre a diretriz e o foco da parábola $y = \frac{1}{4}x^2 + x + 2$. Resp.: $y = 0$, $F(-2, 2)$

B47) Os focos de uma hipérbole coincidem com os da elipse $\frac{x^2}{25} + \frac{y^2}{9} = 1$. Determine a equação dessa hipérbole sabendo que a sua excentricidade é igual a 2. Resp.: $\frac{x^2}{4} - \frac{y^2}{12} = 1$

B48) Mostre que a distância entre um foco da hipérbole $\frac{x^2}{a^2} - \frac{y^2}{b^2} = 1$ e uma das assíntotas é igual a b.

B49) Determine o foco e o vértice da parábola $x = y^2 - 6y + 8$. Resp.: $F = (-\frac{3}{4}, 3)$, $V = (-1, 3)$

B50) Determine os pontos de interseção da hipérbole $\frac{y^2}{5} - \frac{x^2}{20} = 1$ com a parábola $y^2 = 3x$. Resp.: $(2, \sqrt{6})$, $(2, -\sqrt{6})$, $(10, \sqrt{30})$, $(10, -\sqrt{30})$

B51) Determine a equação da parábola de foco $F(7, 1)$ e diretriz $x - 9 = 0$. Resp.: $y^2 - 2y + 4x - 31 = 0$

C33) Um segmento de comprimento 5 se desloca no plano, de modo que suas extremidades A e B ficam sempre nos eixos do x e y, respectivamente. Determine a equação da curva descrita por um ponto $P \in \overline{AB}$ situado a 2 unidades de A. Resp.: $\frac{x^2}{9} + \frac{y^2}{4} = 1$

C34) Determine os pontos de interseção das parábolas $y = x^2 - 2x + 1$ e $x = y^2 - 6y + 7$. Resp.: $(2, 1)$, $(-1, 4)$, $(\frac{3+\sqrt{13}}{2}, \frac{7+\sqrt{13}}{2})$, $(\frac{3-\sqrt{13}}{2}, \frac{7-\sqrt{13}}{2})$

C35) Obter as retas tangentes à elipse $5x^2 + 3y^2 = 15$ que são paralelas à reta $y = 2x$. Resp.: $y = 2x \pm 4\sqrt{\frac{17}{15}}$

C36) Uma elipse com focos $F_1 = (1, 2)$, $F_2 = (-1, -2)$ e soma dos raios focais igual a 6 unidades tem equação dada por

$$\sqrt{(x-1)^2 + (y-2)^2} + \sqrt{(x+1)^2 + (y+2)^2} = 6.$$

Mostre que o eixo maior dessa elipse não é paralelo ao eixo dos x, nem ao dos y e sua equação pode ser simplificada para $8x^2 - 4xy + 5y^2 = 36$.

C37) Mostre que se a equação geral do segundo grau nas variáveis x e y

$$Ax^2 + Bxy + Cy^2 + Dx + Ey + F = 0$$

com $B \neq 0$ se transforma em uma equação da forma

$$A'X^2 + C'Y^2 + D'X + E'Y + F' = 0$$

se o sistema de eixos for girado de um ângulo θ em torno da origem no sentido anti-horário, onde θ satisfaz à equação $\text{cotg}(2\theta) = \frac{A-C}{B}$.

C38) Verifique que a equação $4x^2 - 4xy + y^2 - 2x - 14y + 7 = 0$, ao ser rotacionada de um ângulo θ tal que $\text{cotg}(2\theta) = \frac{4-1}{-4} = -\frac{3}{4} \Rightarrow \cos(\theta) = \sqrt{\frac{1+\cos(2\theta)}{2}} = \frac{\sqrt{5}}{5}$ e $\text{sen}(\theta) = \sqrt{\frac{1-\cos(2\theta)}{2}} = \frac{2\sqrt{5}}{5}$ transforma-se na equação da parábola $(Y - \frac{\sqrt{5}}{5})^2 = \frac{6\sqrt{5}}{5}(X - \frac{\sqrt{5}}{5})$.

C39) Considerando ε a excentricidade da elipse $\frac{x^2}{a^2} + \frac{y^2}{b^2} = 1$, as retas $x = -\frac{a}{\varepsilon}$ e $x = \frac{a}{\varepsilon}$ são chamadas *diretrizes da elipse.* Consideremos a elipse $\dfrac{x^2}{4} + \dfrac{y^2}{9} = 1$.

a) Determine a excentricidade ε, as diretrizes e os focos dessa elipse.
Resp.: $\varepsilon = \frac{\sqrt{5}}{3}$, $x = \pm\frac{9}{\sqrt{5}}$, $F_1 = (-\sqrt{5}, 0)$, $F_2 = (\sqrt{5}, 0)$

b) Dê exemplo de um ponto P na elipse e calcule a distância d desse ponto à diretriz mais próxima e a distância r de P ao foco mais próximo.

c) Verifique que no item anterior temos $\frac{r}{d} = \varepsilon$.

C40) Considerando ε a excentricidade da hipérbole $\frac{x^2}{a^2} - \frac{y^2}{b^2} = 1$, as retas $x = -\frac{a}{\varepsilon}$ e $x = \frac{a}{\varepsilon}$ são chamadas *diretrizes da hipérbole.* Consideremos a hipérbole $\dfrac{x^2}{4} - \dfrac{y^2}{9} = 1$.

a) Determine a excentricidade ε, as diretrizes e os focos dessa hipérbole.
Resp.: $\varepsilon = \frac{\sqrt{13}}{2}$, $x = \pm\frac{4}{\sqrt{13}}$, $F_1 = (-\sqrt{13}, 0)$, $F_2 = (\sqrt{13}, 0)$

b) Dê exemplo de um ponto P na hipérbole e calcule a distância d desse ponto à diretriz mais próxima e a distância r de P ao foco mais próximo.

c) Verifique que no item anterior temos $\frac{r}{d} = \varepsilon$.

C41) Uma cônica que passa por cinco pontos dados $P_1 = (x_1, y_1)$, $P_1 = (x_2, y_2)$, $P_1 = (x_3, y_3)$, $P_1 = (x_4, y_4)$, $P_5 = (x_5, y_5)$ possui uma equação cartesiana no formato de uma equação geral do 2° grau $ax^2 + by^2 + cxy + dx + ey + f = 0$. Escreva a equação dessa cônica como sendo um determinante de uma matriz 6×6 igualado a zero. Resp.: $\begin{vmatrix} x^2 & y^2 & xy & x & y & 1 \\ x_1^2 & y_1^2 & x_1y_1 & x_1 & y_1 & 1 \\ x_2^2 & y_2^2 & x_2y_2 & x_2 & y_2 & 1 \\ x_3^2 & y_3^2 & x_3y_3 & x_3 & y_3 & 1 \\ x_4^2 & y_4^2 & x_4y_4 & x_4 & y_4 & 1 \\ x_5^2 & y_5^2 & x_5y_5 & x_5 & y_5 & 1 \end{vmatrix} = 0$

Capítulo 6

Quádricas

6.1 Introdução

As superfícies do espaço tridimensional $\mathbb{R}^3$ que podem ser representadas por uma equação do segundo grau nas variáveis x, y, z são denominadas *quádricas*. Podem ser dos seguintes tipos:

- Esfera (exemplo: $x^2 + y^2 + z^2 = 16$)
- Cilindro (exemplo: $x^2 + z^2 = 9$)
- Cone (exemplo: $x^2 + z^2 = y^2$)
- Elipsoide (exemplo: $\frac{x^2}{4} + \frac{y^2}{9} + \frac{z^2}{25} = 1$)
- Hiperboloide de uma folha (exemplo: $\frac{x^2}{4} + \frac{y^2}{9} - \frac{z^2}{25} = 1$)
- Hiperboloide de duas folhas (exemplo: $\frac{x^2}{4} - \frac{y^2}{9} - \frac{z^2}{25} = 1$)
- Paraboloide elíptico (exemplo: $z = 4x^2 + y^2$)
- Paraboloide hiperbólico (exemplo: $z = 4x^2 - y^2$)

Além desses tipos de superfícies, uma equação do segundo grau também pode representar um ponto (exemplo: $x^2 + y^2 + z^2 = 0$), uma reta (exemplo: $x^2 + (y - z)^2 = 0$), um plano (exemplo: $(x - y + 2z)^2 = 0$), entre outros.

6.2 Esfera

Dado um ponto $C(x_0, y_0, z_0) \in \mathbb{R}^3$ e um número real positivo R, chama-se **esfera de centro** C **e raio** R ao conjunto de todos os pontos do espaço cuja distância a C é constante e igual a R.

$$\text{Esfera} = \{P(x, y, z) \in \mathbb{R}^3 \mid d_{PC} = R\}$$

Considerando os pontos $P(x, y, z)$ e $C(x_0, y_0, z_0)$, temos que

$$d_{PC} = R \Rightarrow \sqrt{(x - x_0)^2 + (y - y_0)^2 + (z - z_0)^2} = R$$

que elevando ambos os membros ao quadrado resulta na equação da esfera de centro (x_0, y_0, z_0) e raio R:

$$(x - x_0)^2 + (y - y_0)^2 + (z - z_0)^2 = R^2.$$

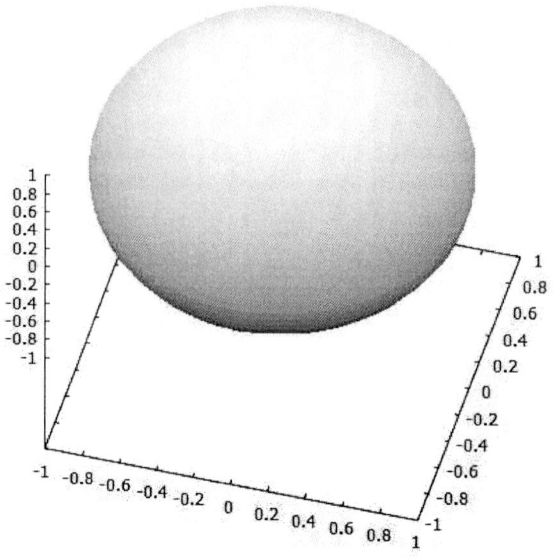

Figura 6.1: Esfera

Exemplo 6.1: A equação da esfera de centro na origem $(0, 0, 0)$ e raio igual a 3 é $(x-0)^2 + (y-0)^2 + (z-0)^2 = 3^2$, isto é, $x^2 + y^2 + z^2 = 9$.

Exemplo 6.2: Vamos determinar o centro e o raio da esfera cuja equação é dada por

$$x^2 + y^2 + z^2 - 6x + 4y - 10z + 34 = 0.$$

Aqui, precisamos completar o quadrado da soma ou da diferença para podermos reconhecer o centro e o raio na equação. A equação dada pode ser escrita na forma

$$(x^2 - 6x + \_\_\_\_ - \_\_\_\_) + (y^2 + 4y + \_\_\_\_ - \_\_\_\_) + (z^2 - 10z + \_\_\_\_ - \_\_\_\_) + 34 = 0.$$

A metade de -6 elevada ao quadrado dá resultado 9, a metade de 4 elevada ao quadrado dá 4 e a metade de -10 ao quadrado dá 25. Portanto, somamos e subtraímos $9, 4$ e 25 na equação dada:

$$(x^2 - 6x + 9 - 9) + (y^2 + 4y + 4 - 4) + (z^2 - 10z + 25 - 25) + 34 = 0,$$

que equivale a

$$(x-3)^2 - 9 + (y+2)^2 - 4 + (z-5)^2 - 25 + 34 = 0,$$

ou seja,

$$(\underbrace{x-3}_{x-x_0})^2 + (\underbrace{y+2}_{y-y_0})^2 + (\underbrace{z-5}_{z-z_0})^2 = \underbrace{4}_{R^2}.$$

Dessa forma, reconhecemos aqui a equação de uma esfera de centro no ponto $C(3, -2, 5)$ e raio $R = 2$.

6.3 Cilindro

Dado uma curva C em um plano π e r uma reta não pertencente a esse plano, chama-se **cilindro** de geratriz r e diretriz C à superfície obtida pelo deslocamento de r ao longo da curva C, de modo que a reta esteja sempre paralela a r.

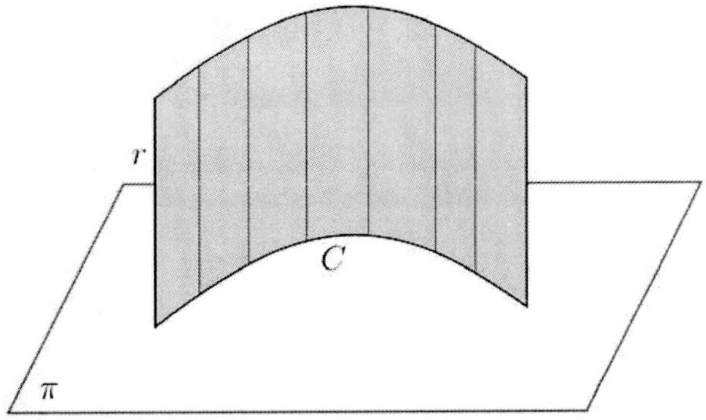

Figura 6.2: Definição de cilindro

Se a curva C for uma circunferência, elipse, hipérbole ou parábola, então temos um **cilindro circular, elíptico, hiperbólico** ou **parabólico**, respectivamente. Quando o cilindro puder ser descrito por uma equação do segundo grau nas variáveis x, y, z, então ele se chama **cilindro quádrico**.

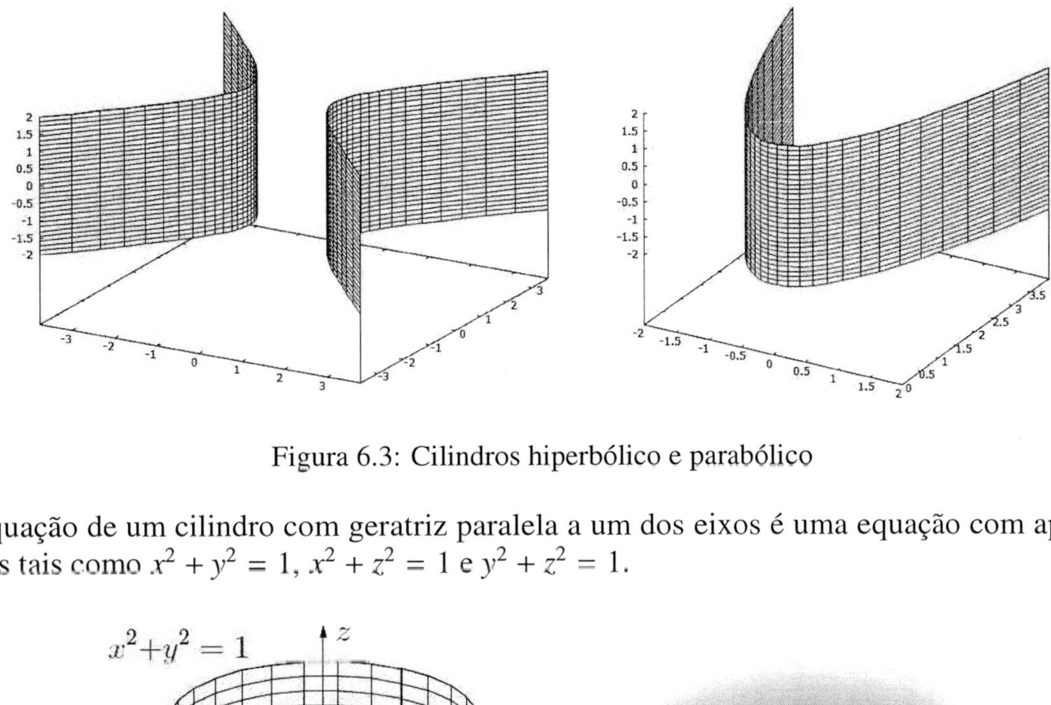

Figura 6.3: Cilindros hiperbólico e parabólico

A equação de um cilindro com geratriz paralela a um dos eixos é uma equação com apenas duas variáveis tais como $x^2 + y^2 = 1$, $x^2 + z^2 = 1$ e $y^2 + z^2 = 1$.

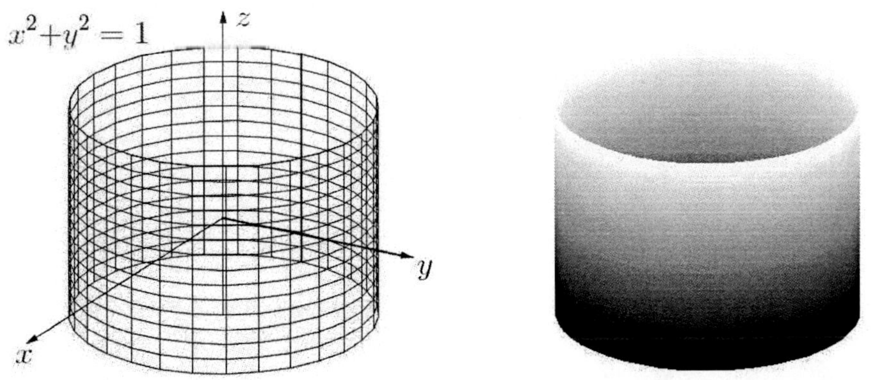

Figura 6.4: Cilindro circular $x^2 + y^2 = 1$

Se na equação de uma superfície nas variáveis x, y, z o x for trocado por $x - x_0$, o y por $y - y_0$ e o z por $z - z_0$, então é feita uma translação de $(0, 0, 0)$ para (x_0, y_0, z_0) em todo o gráfico da superfície.

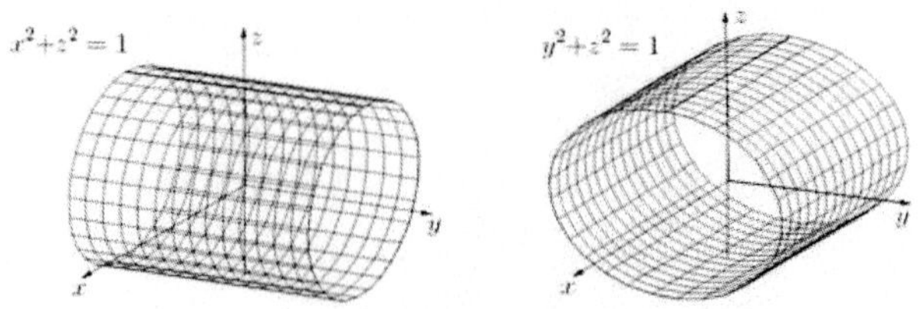

Figura 6.5: Cilindros circulares $x^2 + z^2 = 1$ e $y^2 + z^2 = 1$

6.4 Cone Quádrico

Dados uma curva C, uma reta r e um ponto V fora de C, um **cone** de vértice V e geratriz r é a superfície obtida quando r se desloca ao longo de C, passando sempre pelo ponto V.

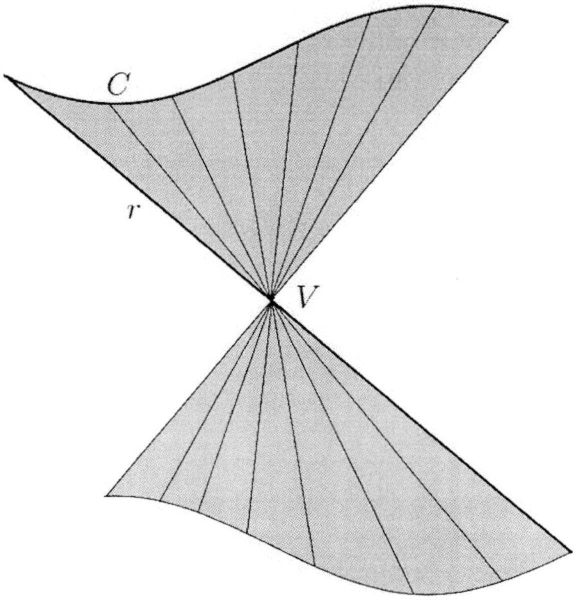

Figura 6.6: Definição de cone

Se o cone puder ser descrito por uma equação do segundo grau nas variáveis x, y, z, então ele é denominado **cone quádrico**. Se a curva C for uma elipse, então a superfície pode ser denominada **cone elíptico**, se C for uma circunferência, então é um **cone circular**.

Equação do cone quádrico: $\dfrac{x^2}{a^2} + \dfrac{y^2}{b^2} = z^2$, onde $a, b > 0$.

- Interseções com os planos coordenados:
  - Fazendo $x = 0$ na equação do cone, obtemos $\frac{y^2}{b^2} = z^2$ que equivale a $(\frac{y}{b} + z)(\frac{y}{b} - z) = 0$ que é um par de retas no plano yz.
  - Fazendo $y = 0$, obtemos $\frac{x^2}{a^2} = z^2$ que equivale a $(\frac{x}{a} + z)(\frac{x}{a} - z) = 0$ que é um par de retas no plano xz.
  - Fazendo $z = 0$, obtemos $\frac{x^2}{b^2} + \frac{y^2}{b^2} = 0$ que implica $x = 0$, $y = 0$; logo, a interseção é o ponto $(0, 0, 0)$.

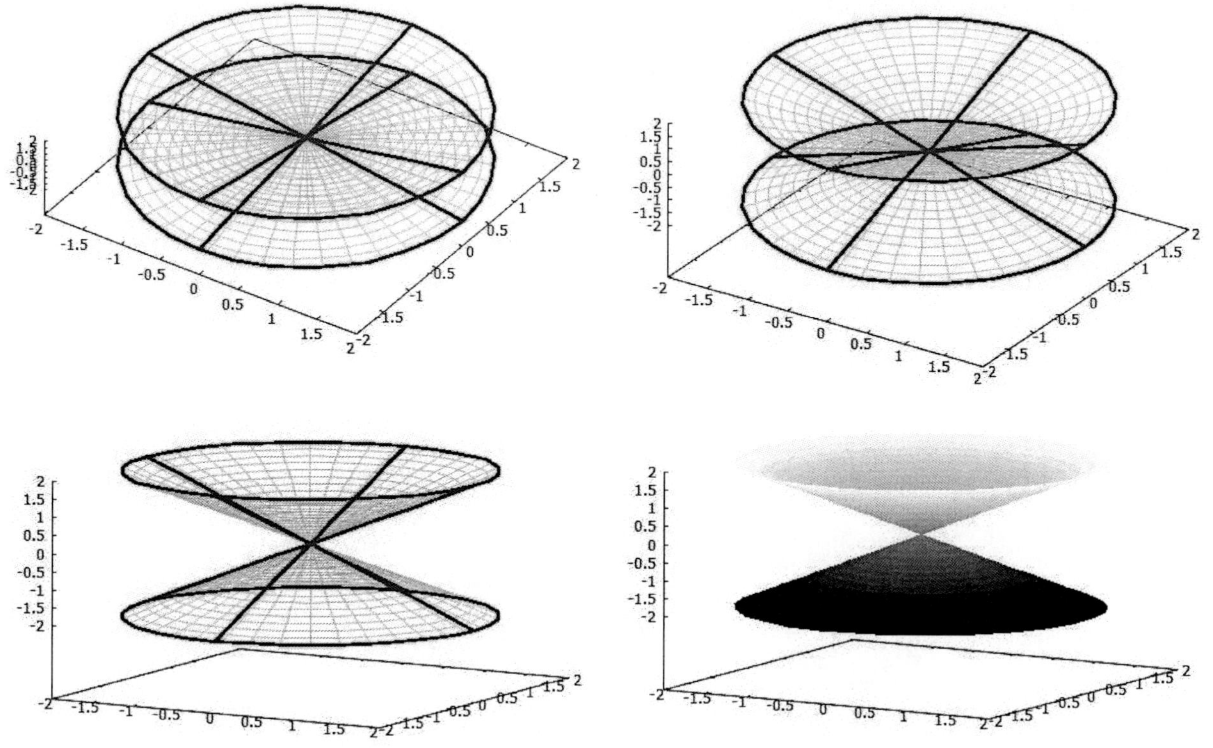

Figura 6.7: Cone quádrico $\frac{x^2}{a^2} + \frac{y^2}{b^2} = z^2$

- O plano $z = k$ intersecta a superfície na curva de equação $\frac{x^2}{a^2} + \frac{y^2}{b^2} = k^2$, ou seja, na elipse $\frac{x^2}{a^2k^2} + \frac{y^2}{b^2k^2} = 1$, $k \neq 0$.

- Simetrias: Como $\frac{x^2}{a^2} + \frac{y^2}{b^2} = z^2$ equivale a $\frac{(-x)^2}{a^2} + \frac{(-y)^2}{b^2} = (-z)^2$, temos que se $P = (x, y, z)$ é um ponto dessa superfície, então $Q = (-x, -y, -z)$ também é. Por isso, a superfície é simétrica com relação à origem. Além disso, $(-x, y, z)$, $(x, -y, z)$ e $(x, y, -z)$ também pertencem à superfície, isso significa que ela é simétrica com relação aos planos coordenados xy, xz e yz.

- Se o vértice do cone for o ponto (x_0, y_0, z_0), então sua equação é

$$\frac{(x - x_0)^2}{a^2} + \frac{(y - y_0)^2}{b^2} = (z - z_0)^2.$$

- Se $a = b$, o cone é circular.

- Outras equações semelhantes como $\frac{y^2}{a^2} + \frac{z^2}{b^2} = x^2$ ou $\frac{x^2}{a^2} + \frac{z^2}{b^2} = y^2$ também correspondem ao cone quádrico em outras posições.

6.5 Elipsoide

Elipsoide de centro na origem é uma superfície descrita por uma equação do tipo

$$\frac{x^2}{a^2} + \frac{y^2}{b^2} + \frac{z^2}{c^2} = 1$$

onde a, b, c são números reais positivos.

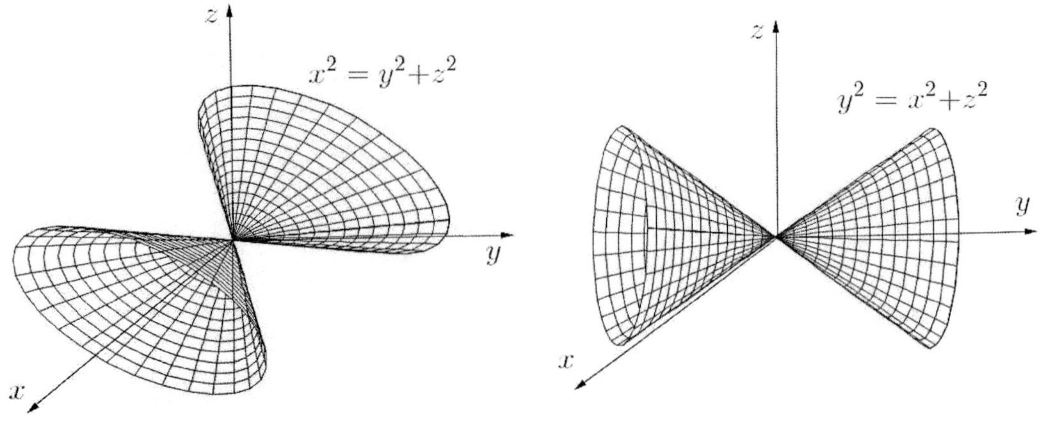

Figura 6.8: cones $x^2 = y^2 + z^2$ e $y^2 = x^2 + z^2$

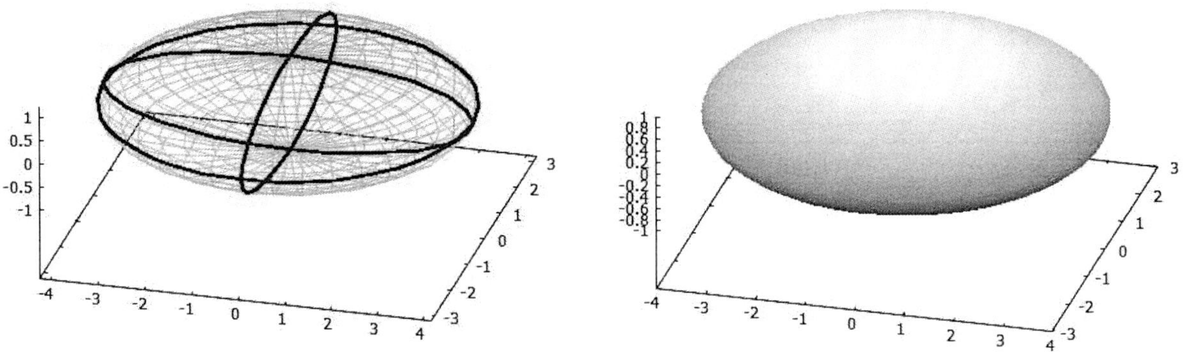

Figura 6.9: Elipsoide $\frac{x^2}{a^2} + \frac{y^2}{b^2} + \frac{z^2}{c^2} = 1$

- Interseções com os planos coordenados:
  - Fazendo $x = 0$ na equação do elipsoide, obtemos $\frac{y^2}{b^2} + \frac{z^2}{c^2} = 1$ que é uma elipse no plano yz.
  - Fazendo $y = 0$, obtemos $\frac{x^2}{a^2} + \frac{z^2}{c^2} = 1$ que é uma elipse no plano xz.
  - Fazendo $z = 0$, obtemos $\frac{x^2}{a^2} + \frac{y^2}{b^2} = 1$ que é uma elipse no plano xy.
- Se $|k| < c$, o plano $z = k$ intersecta a superfície na curva de equação $\frac{x^2}{a^2} + \frac{y^2}{b^2} + \frac{k^2}{c^2} = 1$, ou seja, na elipse $\dfrac{x^2}{a^2(1 - \frac{k^2}{c^2})} + \dfrac{y^2}{b^2(1 - \frac{k^2}{c^2})} = 1$. As interseções da superfície com os planos $y = k, |k| < b$ e $x = k, |k| < a$ também são elipses.
- Interseções com os eixos x, y e z:
  - As interseções com o eixo z são os pontos $(0, 0, c)$ e $(0, 0, -c)$ porque $x = 0$, $y = 0 \Rightarrow \frac{z^2}{c^2} = 1 \Rightarrow z = \pm c$.
  - As interseções com o eixo y são os pontos $(0, b, 0)$ e $(0, -b, 0)$ porque $x = 0$, $z = 0 \Rightarrow \frac{y^2}{b^2} = 1 \Rightarrow y = \pm b$.
  - As interseções com o eixo x são os pontos $(a, 0, 0)$ e $(-a, 0, 0)$ porque $x = 0$, $y = 0 \Rightarrow \frac{x^2}{a^2} = 1 \Rightarrow x = \pm a$.

Esses pontos de interseção com os eixos são denominados *vértices* do elipsoide.

- Simetrias: se $P(x, y, z)$ é um ponto dessa superfície, então $Q(-x, -y, -z)$ também é. Por isso, a superfície é simétrica com relação à origem. Além disso, $(-x, y, z)$, $(x, -y, z)$ e $(x, y, -z)$ também pertencem à superfície, isso significa que ela é simétrica com relação aos planos coordenados xy, xz e yz.

- Se o centro do elipsoide for o ponto (x_0, y_0, z_0), então sua equação é

$$\frac{(x - x_0)^2}{a^2} + \frac{(y - y_0)^2}{b^2} + \frac{(z - z_0)^2}{c^2} = 1.$$

- Se $a = b = c$, o elipsoide é uma esfera de raio a.

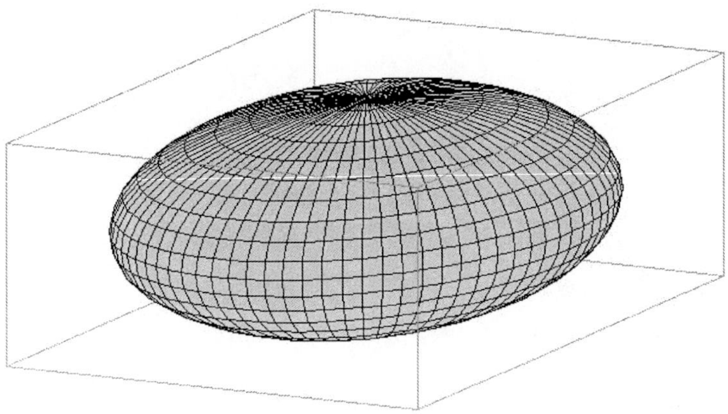

Figura 6.10: Elipsoide

6.6 Hiperboloide de Uma Folha

Hiperboloide de Uma Folha de centro na origem é uma superfície descrita por uma equação do tipo

$$\frac{x^2}{a^2} + \frac{y^2}{b^2} - \frac{z^2}{c^2} = 1$$

onde a, b, c são números reais positivos.

- Interseções com os planos coordenados:
  - Fazendo $x = 0$ na equação do hiperboloide, obtemos $\frac{y^2}{b^2} - \frac{z^2}{c^2} = 1$ que é uma hipérbole no plano yz.
  - Fazendo $y = 0$, obtemos $\frac{x^2}{a^2} - \frac{z^2}{c^2} = 1$ que é uma hipérbole no plano xz.

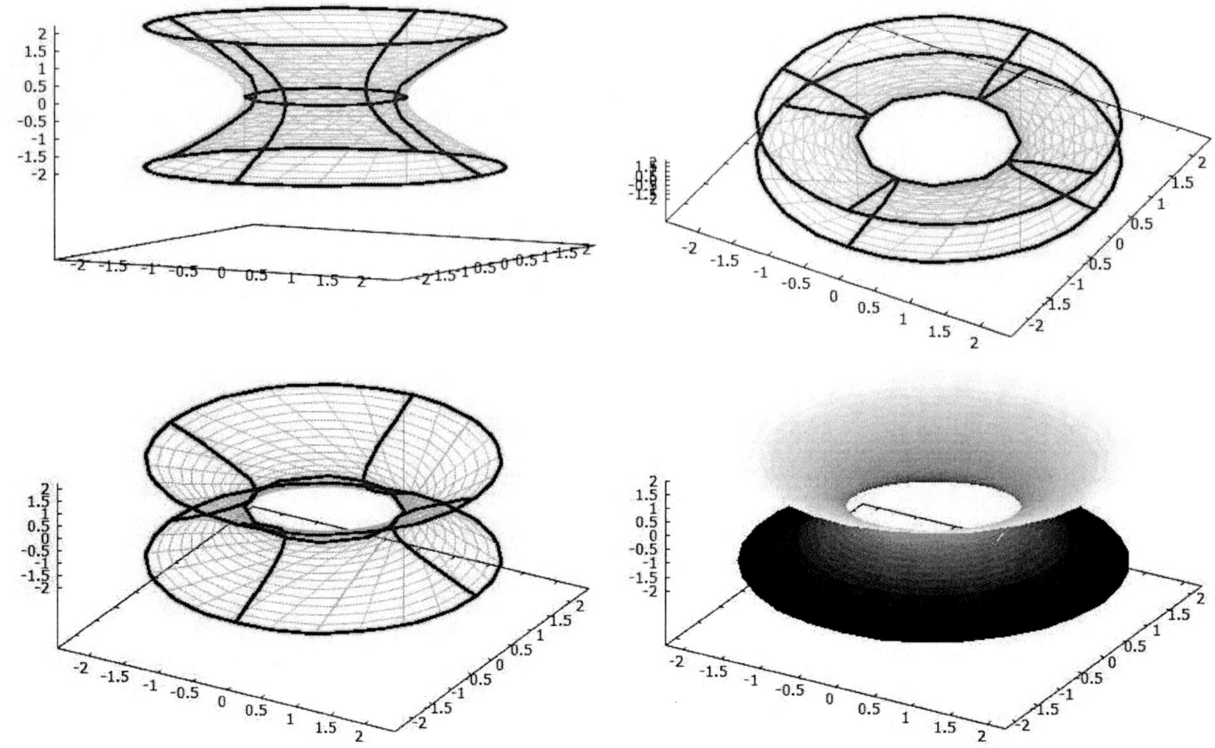

Figura 6.11: Hiperboloide de Uma Folha $\frac{x^2}{a^2} + \frac{y^2}{b^2} - \frac{z^2}{c^2} = 1$

– Fazendo $z = 0$, obtemos $\frac{x^2}{a^2} + \frac{y^2}{b^2} = 1$ que é uma elipse no plano xy.

- O plano $z = k$ intersecta a superfície na curva de equação $\frac{x^2}{a^2} + \frac{y^2}{b^2} - \frac{k^2}{c^2} = 1$, ou seja, na elipse $\frac{x^2}{a^2(1 + \frac{k^2}{c^2})} + \frac{y^2}{b^2(1 + \frac{k^2}{c^2})} = 1$. As interseções da superfície com os planos $y = k, k \neq b$ e $x = k, k \neq a$ são hipérboles.

- Simetrias: se $P(x, y, z)$ é um ponto dessa superfície, então $Q(-x, -y, -z)$ também é. Por isso, a superfície é simétrica com relação à origem. Além disso, $(-x, y, z)$, $(x, -y, z)$ e $(x, y, -z)$ também pertencem à superfície, isso significa que ela é simétrica com relação aos planos coordenados xy, xz e yz.

- Se o centro do hiperboloide for o ponto (x_0, y_0, z_0), então sua equação é

$$\frac{(x - x_0)^2}{a^2} + \frac{(y - y_0)^2}{b^2} - \frac{(z - z_0)^2}{c^2} = 1.$$

- Outras equações semelhantes como $-\frac{x^2}{a^2} + \frac{y^2}{b^2} + \frac{z^2}{c^2} = 1$ ou $\frac{x^2}{a^2} - \frac{y^2}{b^2} + \frac{z^2}{c^2} = 1$ também correspondem ao hiperboloide de uma folha em outras posições.

6.7 Hiperboloide de Duas Folhas

Hiperboloide de Duas Folhas de centro na origem é uma superfície descrita por uma equação

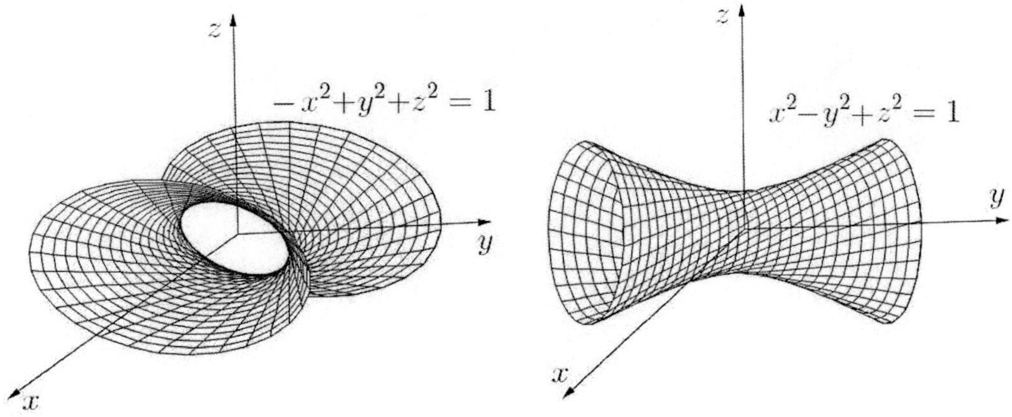

Figura 6.12: Hiperboloides $-x^2 + y^2 + z^2 = 1$ e $x^2 - y^2 + z^2 = 1$

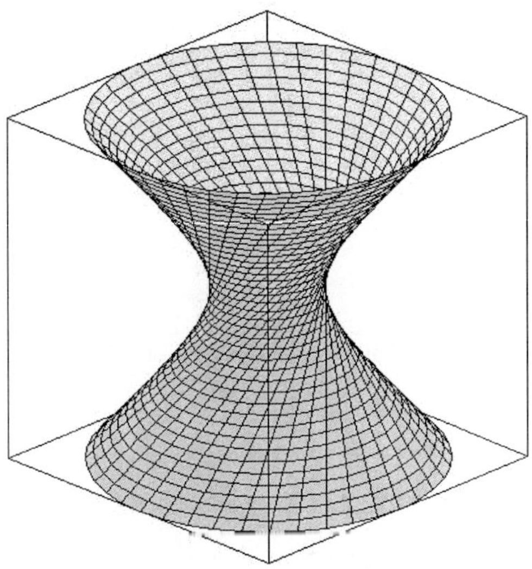

Figura 6.13: Hiperboloide de Uma Folha $x^2 + y^2 - z^2 = 1$

do tipo

$$\frac{x^2}{a^2} + \frac{y^2}{b^2} - \frac{z^2}{c^2} = 1$$

onde a, b, c são números reais positivos.

- Interseções com os planos coordenados:
  - Fazendo $x = 0$ na equação do hiperboloide, obtemos $\frac{y^2}{b^2} - \frac{z^2}{c^2} = 1$ que é uma hipérbole no plano yz.
  - Fazendo $y = 0$, obtemos $-\frac{x^2}{a^2} - \frac{z^2}{c^2} = 1$ que é o conjunto vazio, ou seja, o plano xz não encontra o hiperboloide.
  - Fazendo $z = 0$, obtemos $\frac{x^2}{a^2} + \frac{y^2}{b^2} = 1$ que é uma hipérbole no plano xy.
- O plano $z = k$ intersecta a superfície na curva de equação $-\frac{x^2}{a^2} + \frac{y^2}{b^2} - \frac{k^2}{c^2} = 1$, ou seja, na hipérbole $-\frac{x^2}{a^2(1 + \frac{k^2}{c^2})} + \frac{y^2}{b^2(1 + \frac{k^2}{c^2})} = 1$. As interseções da superfície com o plano $x = k$ também são

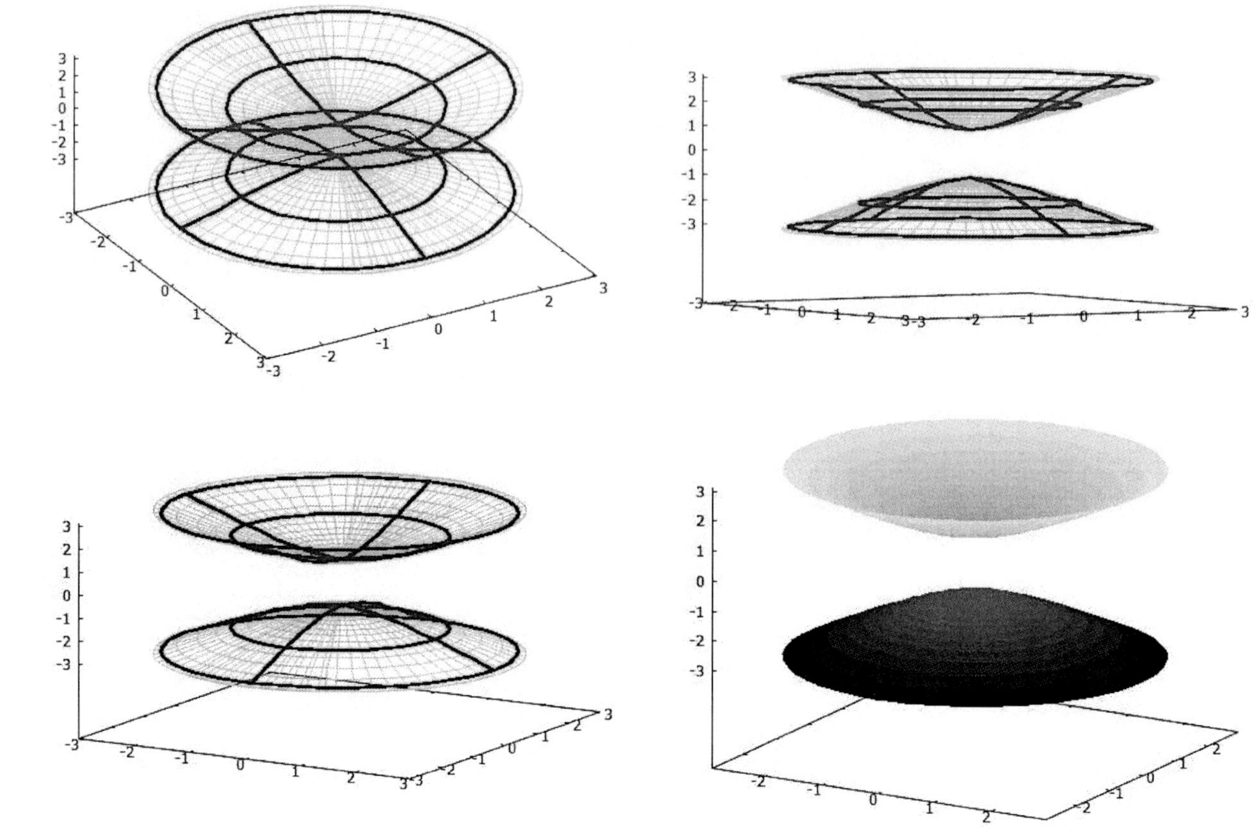

Figura 6.14: Hiperboloide de Duas Folhas $-\frac{x^2}{a^2} + \frac{y^2}{b^2} - \frac{z^2}{c^2} = 1$

hipérboles e com o plano $y = k, |k| > b$ são elipses.

- Simetrias: se $P(x, y, z)$ é um ponto dessa superfície, então $Q(-x, -y, -z)$ também é. Por isso, a superfície é simétrica com relação à origem. Além disso, $(-x, y, z)$, $(x, -y, z)$ e $(x, y, -z)$ também pertencem à superfície, isso significa que ela é simétrica com relação aos planos coordenados xy, xz e yz.

- Se o centro do hiperboloide for o ponto (x_0, y_0, z_0), então sua equação é

$$-\frac{(x - x_0)^2}{a^2} + \frac{(y - y_0)^2}{b^2} - \frac{(z - z_0)^2}{c^2} = 1.$$

- Outras equações semelhantes como $\frac{x^2}{a^2} - \frac{y^2}{b^2} - \frac{z^2}{c^2} = 1$ ou $-\frac{x^2}{a^2} + \frac{y^2}{b^2} - \frac{z^2}{c^2} = 1$ também correspondem ao hiperboloide de duas folhas em outras posições.

6.8 Paraboloide Elíptico

Paraboloide Elíptico de centro na origem é uma superfície descrita por uma equação do tipo

$$\frac{x^2}{a^2} + \frac{y^2}{b^2} = cz$$

onde $a > 0, b > 0$ e $c \neq 0$ são números reais.

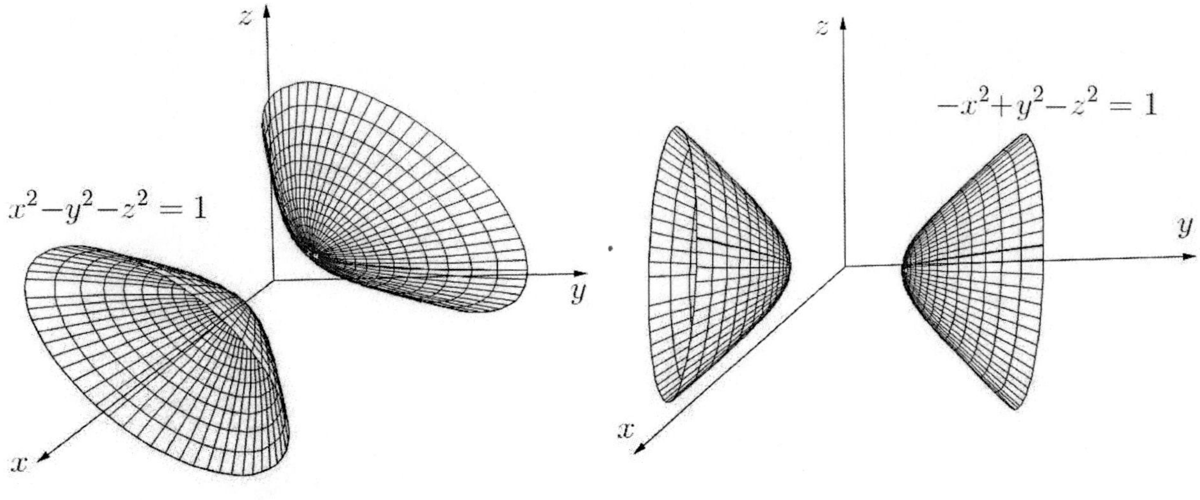

Figura 6.15: Hiperboloides $x^2 - y^2 - z^2 = 1$ e $-x^2 + y^2 - z^2 = 1$

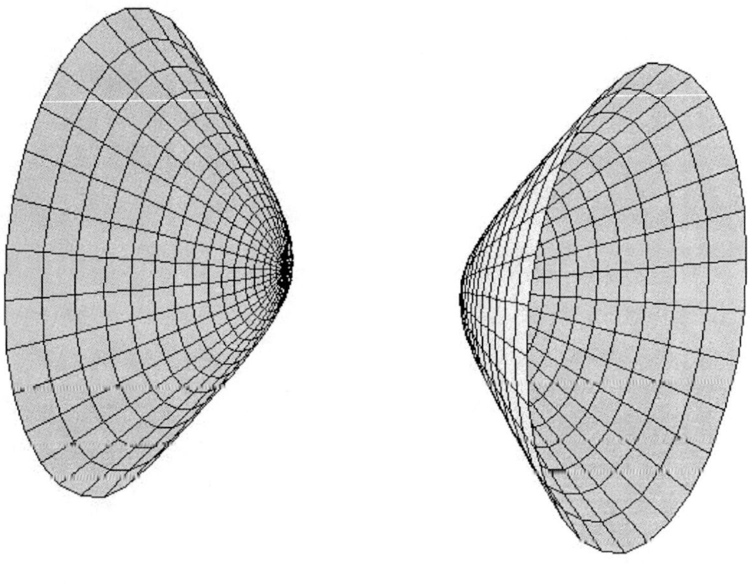

Figura 6.16: Hiperboloide de Duas Folhas

- Interseções com os planos coordenados:
  - Fazendo $x = 0$ na equação do paraboloide, obtemos $\frac{y^2}{b^2} = cz$ que é uma parábola no plano yz que pode ser voltada para cima (se $c > 0$) ou para baixo (se $c < 0$).
  - Fazendo $y = 0$, obtemos $\frac{x^2}{a^2} = cz$ que é uma parábola no plano xz que pode ser voltada para cima ou para baixo dependendo do sinal do c.
  - Fazendo $z = 0$, obtemos $\frac{x^2}{a^2} + \frac{y^2}{b^2} = 0$ que implica $x = 0$ e $y = 0$. Logo, a interseção com esse plano é o ponto $(0, 0, 0)$.
- A interseção com o eixo z é o ponto $(0, 0, 0)$ porque $x = 0, y = 0 \Rightarrow 0 = cz \Rightarrow z = 0$. Esse ponto de interseção com o eixo z é denominado *vértice* do paraboloide.

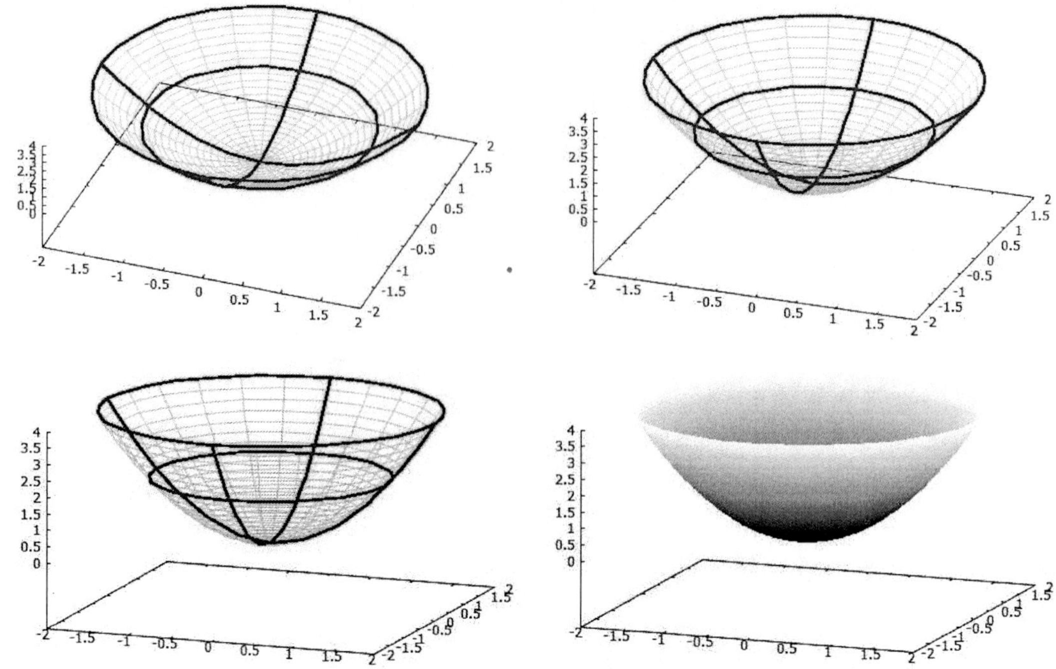

Figura 6.17: Paraboloide elíptico $\frac{x^2}{a^2} + \frac{y^2}{b^2} = cz$

- Se $c > 0$, o plano $z = k, k > 0$ intersecta a superfície na elipse $\frac{x^2}{a^2ck} + \frac{y^2}{b^2ck} = 1$. Não há interseção com o plano $z = k$ se $k < 0$. As interseções com os planos $x = k$ ou $y = k$ são parábolas.
- Simetrias: se $P(x, y, z)$ é um ponto dessa superfície, então $Q(-x, y, z)$ e $R(x, -y, z)$ e $S(-x, -y, z)$ também são. Por isso, a superfície é simétrica com relação aos planos coordenados xz e yz e ao eixo z.
- Se o vértice do paraboloide for o ponto (x_0, y_0, z_0), então sua equação é

$$\frac{(x - x_0)^2}{a^2} + \frac{(y - y_0)^2}{b^2} = c(z - z_0).$$

- Outras equações semelhantes como $\frac{x^2}{a^2} + \frac{z^2}{c^2} = by$ ou $\frac{y^2}{b^2} + \frac{z^2}{c^2} = ax$ também correspondem ao hiperboloide de duas folhas em outras posições.

6.9 Paraboloide Hiperbólico

Paraboloide Hiperbólico de centro na origem é uma superfície descrita por uma equação do tipo

$$-\frac{x^2}{a^2} + \frac{y^2}{b^2} = cz$$

onde $a > 0, b > 0$ e $c \neq 0$ são números reais.

- Interseções com os planos coordenados:
  - Fazendo $x = 0$ na equação do paraboloide, obtemos $\frac{y^2}{b^2} = cz$ que é uma parábola no plano yz que pode ser voltada para cima (se $c > 0$) ou para baixo (se $c < 0$).

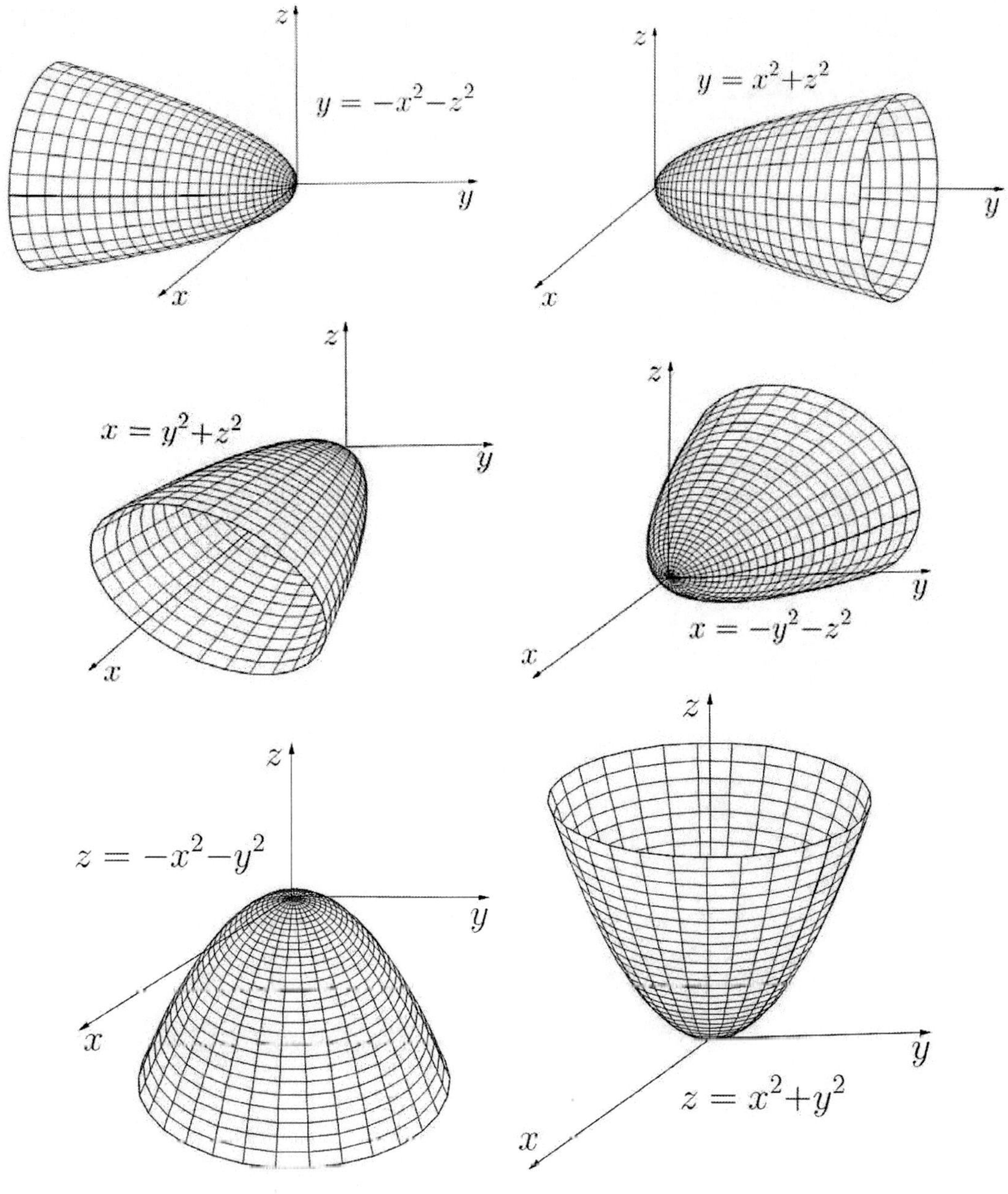

Figura 6.18: Paraboloides $x = \pm(y^2 + z^2)$, $y = \pm(x^2 + z^2)$, $z = \pm(x^2 + y^2)$

- Fazendo $y = 0$, obtemos $-\frac{x^2}{a^2} = cz$ que é uma parábola no plano xz que pode ser voltada para cima ou para baixo dependendo do sinal do c.

- Fazendo $z = 0$, obtemos $-\frac{x^2}{a^2} + \frac{y^2}{b^2} = 0$ que implica $(-\frac{x}{a} + \frac{y}{b})(\frac{x}{a} + \frac{y}{b}) = 0$. Logo, a interseção com esse plano é o par de retas $-\frac{x}{a} + \frac{y}{b} = 0, z = 0$ e $\frac{x}{a} + \frac{y}{b} = 0, z = 0$.

- Se $c > 0$, o plano $z = k, k > 0$ intersecta a superfície na hipérbole $-\dfrac{x^2}{a^2ck} + \dfrac{y^2}{b^2ck} = 1$. As interseções com os planos $x = k$ e $y = k$ são parábolas.

- Simetrias: se $P(x, y, z)$ é um ponto dessa superfície, então $Q(-x, y, z)$ e (x, -y, z) também são. Por isso, a superfície é simétrica com relação aos planos coordenados xz e yz.

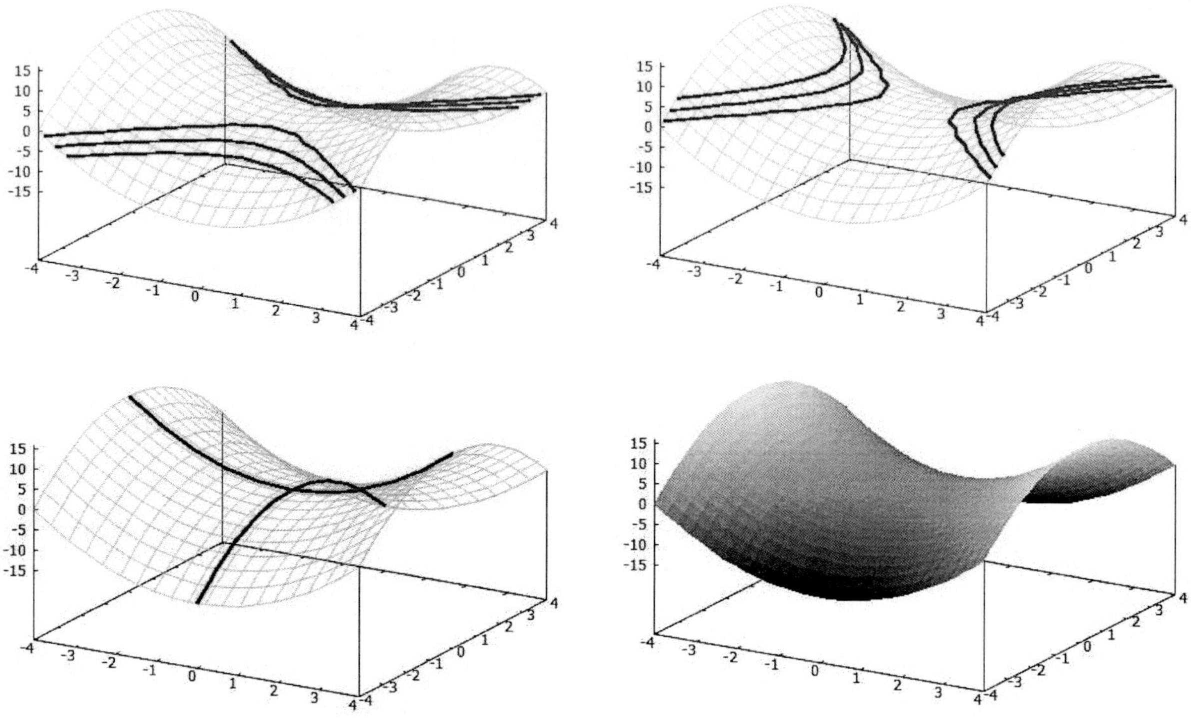

Figura 6.19: Paraboloide hiperbólico $-\frac{x^2}{a^2} + \frac{y^2}{b^2} = cz$

- Se o vértice do paraboloide for o ponto (x_0, y_0, z_0), então sua equação é

$$-\frac{(x - x_0)^2}{a^2} + \frac{(y - y_0)^2}{b^2} = c(z - z_0).$$

- Outras equações semelhantes como $-\frac{x^2}{a^2} + \frac{z^2}{c^2} = by$ ou $-\frac{y^2}{b^2} + \frac{z^2}{c^2} = ax$ também correspondem ao paraboloide hiperbólico em outras posições.

É muito comum o paraboloide hiperbólico ser chamado de *sela* e desenhado "cortado" na parte de cima e de baixo, como na figura 6.21.

6.10 Superfícies de revolução

Consideremos um plano π, uma curva C e uma reta r contidas em π. A superfície obtida pela curva C quando o plano π gira em torno da reta r é denominada **superfície de revolução** ou **superfície de rotação**.

Se o plano π for o plano yOz, a reta r for o eixo z e a curva C for dada pelo gráfico da função $y = f(z)$, então qualquer plano paralelo ao plano xOy intersecta a superfície de revolução na circunferência de raio $r = f(z)$ nas variáveis x e y cuja equação é $x^2 + y^2 = r^2$, $z = r$. Assim, quando z varia livremente, temos a equação da superfície:

$$x^2 + y^2 = f(z)^2.$$

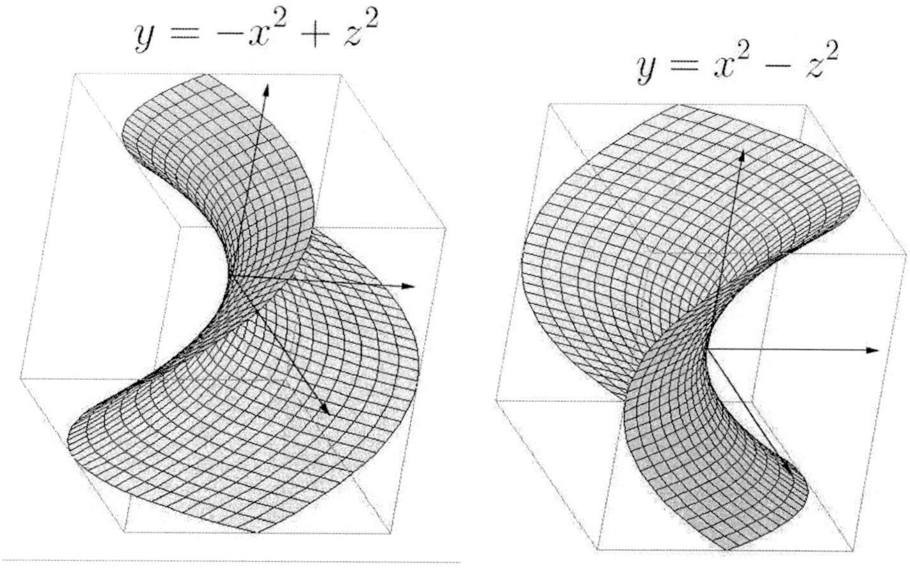

Figura 6.20: Paraboloides hiperbólicos $y = -x^2 + z^2$ e $y = x^2 - z^2$

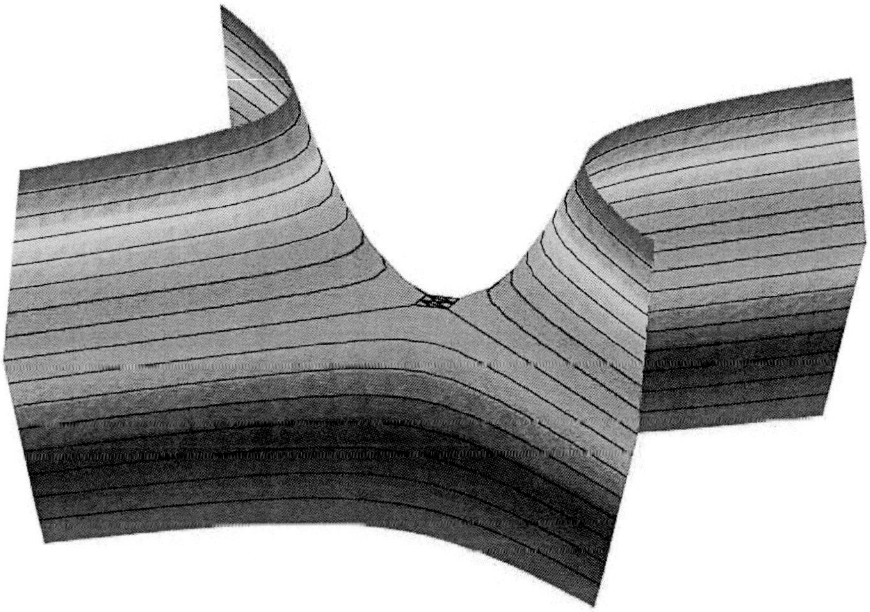

Figura 6.21: Paraboloide hiperbólico $z = x^2 - y^2$

Pelo mesmo motivo, se o plano π for o plano xOz, a reta r for o eixo x e a curva C for dada por $z = f(x)$, então a equação da superfície de revolução de C em torno de r é dada por

$$y^2 + z^2 = f(x)^2.$$

E se o plano π for o plano xOy, a reta r for o eixo y e a curva C for dada por $z = f(y)$, então a equação da superfície de revolução de C em torno de r é dada por

$$x^2 + z^2 = f(y)^2.$$

Exemplo 6.3: Consideremos a reta $y = 2x$ no plano xy. Vamos determinar a equação da superfície

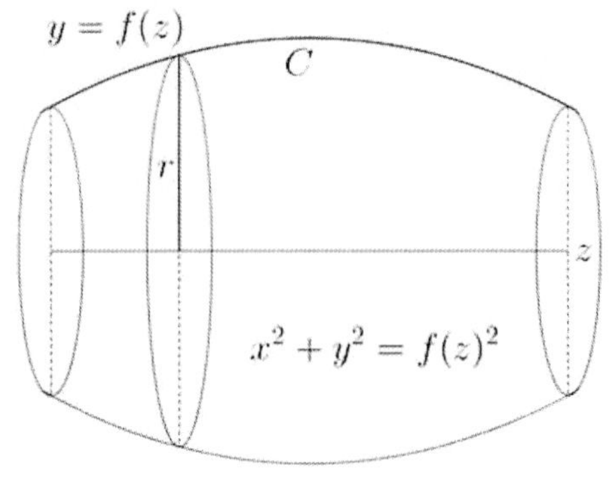

Figura 6.22: Superfície de revolução em torno do eixo dos z

obtida quando essa reta gira em torno do eixo y. Da equação da reta, temos $x = \frac{y}{2} = f(y)$. Daí, a equação da superfície de revolução é $x^2 + z^2 = f(y)^2 \Rightarrow x^2 + z^2 = (\frac{y}{2})^2$, ou seja, $x^2 + z^2 = \frac{y^2}{4}$. Essa é a equação de um cone circular com vértice na origem.

Exemplo 6.4: Consideremos a elipse $\frac{x^2}{4} + \frac{y^2}{10} = 1$ no plano xy. Vamos determinar as equações das superfícies obtidas pela rotação dessa elipse em torno dos eixos x e y.

- **[Rotação em torno do eixo dos** x**]** Isolando o y na equação da elipse resulta em $\frac{y^2}{10} = 1 - \frac{x^2}{4} \Rightarrow y = \sqrt{10(1 - \frac{x^2}{4})} = f(x)$. Logo, a equação da superfície de revolução é $y^2 + z^2 = f(x)^2 \Rightarrow y^2 + z^2 = 10(1 - \frac{x^2}{4})$ que equivale a $\dfrac{x^2}{4} + \dfrac{y^2}{10} + \dfrac{z^2}{10} = 1$ que é a equação de um elipsoide de centro na origem, denominado também de *elipsoide de revolução*).

- **[Rotação em torno do eixo dos** y**]** Isolando o x na equação da elipse resulta em $\frac{x^2}{4} = 1 - \frac{y^2}{10} \Rightarrow x = \sqrt{4(1 - \frac{y^2}{10})} = f(y)$. Logo, a equação da superfície de revolução é $x^2 + z^2 = f(y)^2 \Rightarrow x^2 + z^2 = 4(1 - \frac{y^2}{10})$ que equivale a $\dfrac{x^2}{4} + \dfrac{y^2}{10} + \dfrac{z^2}{4} = 1$ que também é a equação de um elipsoide de revolução.

Exemplo 6.5: Consideremos a hipérbole $\frac{x^2}{9} - \frac{y^2}{16} = 1$ no plano xy. Vamos determinar as equações das superfícies obtidas pela rotação dessa hipérbole em torno dos eixos x e y.

- **[Rotação em torno do eixo dos** x**]** Isolando o y na equação da hipérbole resulta em $\frac{y^2}{16} = \frac{x^2}{9} - 1 \Rightarrow y = \sqrt{16(\frac{x^2}{9} - 1)} = f(x)$. Logo, a equação da superfície de revolução é $y^2 + z^2 = f(x)^2 \Rightarrow y^2 + z^2 = 16(\frac{x^2}{9} - 1)$ que equivale a $\dfrac{x^2}{9} - \dfrac{y^2}{16} - \dfrac{z^2}{16} = 1$, a equação de um hiperboloide de duas folhas.

- **[Rotação em torno do eixo dos** y**]** Isolando o x na equação da hipérbole resulta em $\frac{x^2}{9} = 1 + \frac{y^2}{16} \Rightarrow x = \sqrt{9(1 + \frac{y^2}{16})} = f(y)$. Logo, a equação da superfície de revolução é $x^2 + z^2 = f(y)^2 \Rightarrow x^2 + z^2 = 9(1 + \frac{y^2}{16})$ que equivale a $\dfrac{x^2}{9} - \dfrac{y^2}{16} + \dfrac{z^2}{9} = 1$, a equação de um hiperboloide de uma folha.

6.11 Cone assintótico

A todo hiperboloide (de uma ou duas folhas) pode ser associado um cone de tal forma que o hiperboloide se aproxima cada vez mais do cone à medida que as superfícies se estendem para mais longe de seus centros. Por isso, esse tipo de cone é denominado **cone assintótico ao hiperboloide**.

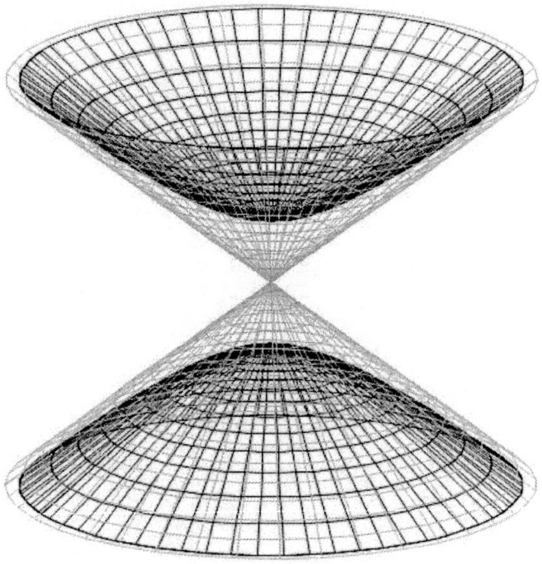

Figura 6.23: Cone assintótico

Caso o hiperboloide tenha equação do tipo $\frac{x^2}{a^2} - \frac{y^2}{b^2} - \frac{z^2}{c^2} = 1$, então o cone assintótico é dado por $\frac{x^2}{a^2} - \frac{y^2}{b^2} - \frac{z^2}{c^2} = 0$. Note que basta trocar o "1"pelo "0"na equação.

Os cones assintóticos de outros hiperboloides também podem ser encontrados por um procedimento semelhante. Por exemplo, o cone assintótico do hiperboloide de uma folha $\frac{x^2}{a^2} + \frac{y^2}{b^2} - \frac{z^2}{c^2} = 1$ é definido pela equação $\frac{x^2}{a^2} + \frac{y^2}{b^2} - \frac{z^2}{c^2} = 0$.

6.12 Rotações de eixos

Todas as quádricas apresentadas neste capítulo têm simetrias com relação a algum plano paralelo a um dos planos coordenados. Suas equações são da forma

$$Ax^2 + By^2 + Cz^2 + Dx + Ey + Fz + G = 0,$$

onde $A, B, C, D, E, F, G \in \mathbb{R}$.

No entanto, além dos termos mostrados nessa equação, a equação de uma quádrica pode conter termos Hxy, Ixz ou Jyz com $H, I, J \in \mathbb{R}$. Nesses casos, os planos ou eixos de simetrias podem ser inclinados com relação aos planos coordenados. Por exemplo, $xy + xz + yz = 1$ é a equação de um hiperboloide de duas folhas "inclinado". É possível girar um sistema de eixos x, y, z e obtermos um sistema X, Y, Z no qual a equação da quádrica não tem termos mistos como xy, xz e nem yz e, assim, podemos fazer seu reconhecimento. É possível mostrar que

$$\begin{cases} x = X\cos\alpha_1 + Y\cos\alpha_2 + Z\cos\alpha_3 \\ y = X\cos\beta_1 + Y\cos\beta_2 + Z\cos\beta_3 \\ z = X\cos\gamma_1 + Y\cos\gamma_2 + Z\cos\gamma_3 \end{cases}$$

onde os ângulos $\alpha_1, \alpha_2, \alpha_3, \beta_1, \beta_2, \beta_3, \gamma_1, \gamma_2, \gamma_3$ devem ser convenientemente escolhidos de modo a eliminar os termos em xy, xz e yz da equação. Por exemplo, considerando a quádrica cuja equação é

$$6x^2 + 3y^2 + 3z^2 + 4xy + 4xz - 8yz = 1,$$

se escolhermos $\cos\alpha_1 = \frac{2}{\sqrt{5}}$, $\cos\alpha_2 = \frac{2}{3\sqrt{5}}$, $\cos\alpha_3 = \frac{1}{3}$, $\cos\beta_1 = 0$, $\cos\beta_2 = \frac{\sqrt{5}}{3}$, $\cos\beta_3 = -\frac{2}{3}$, $\cos\gamma_1 = \frac{1}{\sqrt{5}}$, $\cos\gamma_2 = -\frac{4}{3\sqrt{5}}$, $\cos\gamma_3 = -\frac{2}{3}$ nas equações anteriores, obtemos

$$\begin{cases} x = \frac{2}{\sqrt{5}}X + \frac{2}{3\sqrt{5}}Y + \frac{1}{3}Z, \\ y = \frac{\sqrt{5}}{3}Y - \frac{2}{3}Z, \\ z = \frac{1}{\sqrt{5}}X - \frac{4}{3\sqrt{5}}Y - \frac{2}{3}Z \end{cases}$$

que se forem substituídas na equação da quádrica, depois de uma simplificação, resulta em

$$7X^2 + 7Y^2 - 2Z^2 = 1$$

que é a equação de um hiperboloide de uma folha. A maneira mais fácil de escolher os ângulos $\alpha_1, \alpha_2, \ldots$ é usando os conceitos de autovalores e autovetores da Álgebra Linear.

6.13 Reconhecendo uma quádrica a partir de sua equação

Na tabela a seguir, fornecemos alguns exemplos básicos de equações de quádricas em posição canônica e algumas de suas características que podem facilitar na sua identificação.

Exemplo	Característica	Classificação
$x^2 + y^2 + z^2 = 1$	Três termos de 2° grau com mesmos coeficientes	Esfera
$\frac{x^2}{a^2} + \frac{y^2}{b^2} + \frac{z^2}{c^2} = 1$	Três termos de 2° grau e e nenhum sinal negativo	Elipsoide
$\frac{x^2}{a^2} + \frac{y^2}{b^2} - \frac{z^2}{c^2} = 1$	Três termos de 2° grau e um sinal negativo	Hiperboloide de uma folha
$\frac{x^2}{a^2} - \frac{y^2}{b^2} - \frac{z^2}{c^2} = 1$	Três termos de 2° grau e dois sinais negativos	Hiperboloide de duas folhas
$\frac{x^2}{a^2} + \frac{y^2}{b^2} - z^2 = 0$	Combinação de termos de 2° grau igualada a zero	Cone
$z - \frac{x^2}{a^2} - \frac{y^2}{b^2} = 0$	Um termo do 1° grau e dois de 2° grau com mesmos sinais	Paraboloide elíptico
$z - \frac{x^2}{a^2} + \frac{y^2}{b^2} = 0$	Um termo do 1° grau e dois de 2° grau com sinais contrários	Paraboloide hiperbólico
$\frac{x^2}{a^2} + \frac{y^2}{b^2} = 1$	Apenas duas variáveis	Cilindro com geratriz paralela ao eixo x, y ou z

6.14 Exercícios Resolvidos

R50) Identifique cada uma das seguintes superfícies definidas pelas equações:

a) $25x^2 + 9y^2 - 81z^2 = 0$

b) $25x^2 + 9y^2 + 81z^2 = -16$

c) $25x^2 + 9y^2 + 81z^2 = 16$

d) $-25x^2 - 9y^2 + 81z^2 = 16$

e) $25x^2 + 9y^2 - 81z^2 = 16$

f) $25x^2 + 9y^2 + 81z^2 = 0$

g) $25x - 9y^2 + 81z^2 = 0$

h) $25x - 9y^2 - 81z^2 = 0$

i) $25x - 9x^2 - 81z^2 = 0$

Solução:

a) Temos uma combinação de termos de segundo grau, com diferentes sinais, dando igual a zero. Logo, a equação representa um **cone elíptico**.

b) O primeiro membro da equação é sempre maior ou igual a zero; o segundo membro é sempre negativo. Logo, a equação representa um **conjunto vazio**.

c) Não tem sinal negativo nos coeficientes de x^2, y^2, z^2. Portanto, trata-se de um **elipsoide**.

d) Tem dois sinais negativos como coeficientes dos termos que contêm variáveis ao quadrado. Logo, trata-se de um **hiperboloide de duas folhas**.

e) Tem um único sinal negativo no coeficiente de um dos termos que contém variáveis ao quadrado. Logo, trata-se de um **hiperboloide de uma folha**.

f) Temos uma combinação de potências de variáveis ao quadrado dando igual a zero, sem sinais negativos. Por isso, a equação representa **um único ponto**: a origem $(0, 0, 0)$.

g) Um termo de grau 1 e dois termos de grau 2 com sinais contrários; logo, trata-se de um **paraboloide hiperbólico**.

h) Um termo de grau 1 e dois termos de grau 2 com mesmos sinais; logo, trata-se de um **paraboloide elíptico**.

i) Tem apenas duas variáveis na equação. Como os coeficentes dos termos de grau 2 têm sinais contrários, temos um **cilindro hiperbólico**.

R51) Mostre que as equações $x = \cos u - v \operatorname{sen} u, y = \operatorname{sen} u + v \cos u, z = v$, com $u \in [0, 2\pi]$ e $v \in \mathbb{R}$, podem ser usadas para descrever um hiperboloide de uma folha. Neste caso, elas são chamadas as *equações paramétricas* do hiperboloide de uma folha.

Solução: Vamos investigar quanto é $x^2 + y^2$ nesse caso. Temos que

$$x^2 + y^2 = (\cos u - v \operatorname{sen} u)^2 + (\operatorname{sen} u + v \cos u)^2$$
$$= \cos^2 u - 2v \operatorname{sen} u \cos u + \operatorname{sen}^2 u + v^2 \operatorname{sen}^2 u + 2v \operatorname{sen} u \cos u + v^2 \cos^2 u$$
$$= (\cos^2 u + \operatorname{sen}^2 u) + v^2(\operatorname{sen}^2 u + \cos^2 u) = 1 + v^2.$$

Como $v^2 = z^2$, temos que $x^2 + y^2 = 1 + z^2$, ou seja, $x^2 + y^2 - z^2 = 1$ que é a equação de um hiperboloide de uma folha.

R52) Determine a equação de uma esfera que tem o mesmo centro que

$$x^2 + y^2 + z^2 + 6y - 4z + 9 = 0$$

e é tangente ao plano $\pi : 2x + 3y - 2z + 7 = 0$.

Solução: A equação da esfera dada pode ser escrita na forma

$$x^2 + (y^2 + 6y + 9 - 9) + (z^2 - 4z + 4 - 4) + 9 = 0$$

que equivale a $x^2 + (y + 3)^2 + (z - 2)^2 = 4$. Assim, o centro da esfera é o ponto $C(0, -3, 2)$. O raio da esfera tangente ao plano dado é igual à distância do seu centro ao plano:

$$R = d_{C,\pi} = \frac{|2 \cdot 0 + 3 \cdot (-3) - 2 \cdot 2 + 7|}{\sqrt{2^2 + 3^2 + (-2)^2}} = \frac{6}{\sqrt{17}}.$$

Logo, a equação da esfera tangente ao plano π é

$$x^2 + (y + 3)^2 + (z - 2)^2 = \frac{36}{17}.$$

R53) Mostre que o paraboloide elíptico $\frac{x^2}{9} + \frac{z^2}{4} = 2y$ e plano $2x - 2y - z - 10 = 0$ têm um único ponto em comum (ou seja, são tangentes).

Solução: É um simples cálculo de interseção de duas superfícies, ou seja, resolução de um sistema de equações.

Da equação do plano, temos $2y = 2x - z - 10$ que substituindo na equação do paraboloide resulta em $\frac{x^2}{9} + \frac{z^2}{4} = 2x - z - 10$. Multiplicando os dois membros dessa última equação por 36, obtemos $4x^2 + 9z^2 = 72x - 36z - 360$ que é o mesmo que

$$4(x^2 - 18x) + 9(z^2 + 4z) + 360 = 0.$$

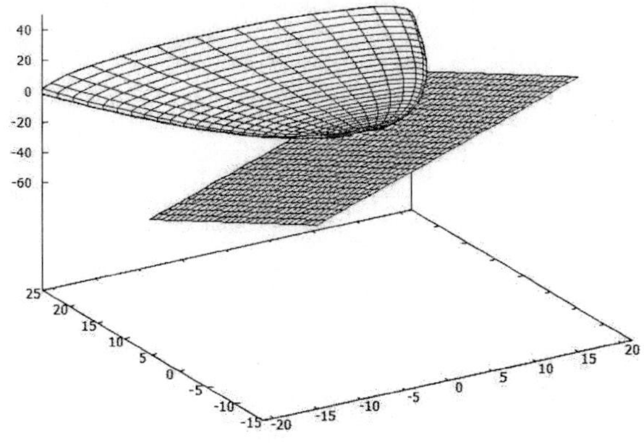

Figura 6.24: Interseção de plano com paraboloide

Para completar o quadrado da diferença (em x) e o quadrado da soma (em z), vamos somar e subtrair os seguintes valores: $(\frac{-18}{2})^2 = 81$ e $(\frac{4}{2})^2 = 4$. Com isso, a equação anterior pode ser escrita na forma

$$4(\underbrace{x^2 - 18x + 81}_{(x-9)^2} - 81) + 9(\underbrace{z^2 + 4z + 4}_{(z+2)^2} - 4) + 360 = 0,$$

ou seja,

$$4(x-9)^2 - 324 + 9(z+2)^2 - 36 + 360 = 0$$

que equivale a

$$4(x-9)^2 + 9(z+2)^2 = 0.$$

Essa soma de quadrados só resulta em 0, quando todas as parcelas forem nulas, ou seja, quando $x - 9 = 0$ e $z + 2 = 0$. Isso implica $x = 9, z = -2 \Rightarrow y = \frac{2x-z-10}{2} = \frac{18+2-10}{2} = 5$. Assim, o único ponto da interseção do paraboloide com o plano é o ponto $(9, 5, -2)$.

R54) Escreva a equação de um hiperboloide de uma folha cuja interseção com o plano xOy é a elipse $\frac{x^2}{9} + \frac{y^2}{4} = 1, z = 0$, e com o plano yOz é a hipérbole $\frac{y^2}{4} - \frac{z^2}{16} = 1, x = 0$.

Solução: Para que a elipse $\frac{x^2}{9} + \frac{y^2}{4} = 1, z = 0$, seja uma interseção do hiperboloide é preciso que sua equação seja da forma $\frac{x^2}{9} + \frac{y^2}{4} - \frac{z^2}{c^2} = 1$. Fazendo agora $x = 0$ nessa equação, obtemos $\frac{y^2}{4} - \frac{z^2}{c^2} = 1$. Comparando essa equação com a da hipérbole dada, temos $c^2 = 16$. Logo, a equação do hiperboloide de uma folha procurado é

$$\frac{x^2}{9} + \frac{y^2}{4} - \frac{z^2}{16} = 1.$$

R55) Encontre a equação de um paraboloide com vértice na origem que contém a elipse cujos vértices são os pontos $A = (\sqrt{5}, 0, -3)$, $B = (-\sqrt{5}, 0, -3)$, $C = (0, 2, -3)$ e $D = (0, -2, -3)$.

Solução: O eixo maior da elipse é a distância entre os vértices A e B; logo, $2a = 2\sqrt{5}$ o que implica $a = \sqrt{5}$. O eixo menor é a distância entre C e D; logo, $2b = 4 \Rightarrow b = 2$.

A elipse está contida no plano $z = -3$ (horizontal). Como o vértice $(0, 0, 0)$ está acima desse plano, a equação do paraboloide elíptico pode ser da forma $cz = \frac{x^2}{a^2} + \frac{y^2}{b^2}$, isto é, $cz = \frac{x^2}{5} + \frac{y^2}{4}$. Substituindo as coordenadas de um dos pontos dados (por exemplo, o ponto A) nessa equação, obtemos: $-3c = \frac{(\sqrt{5})^2}{5} + 0 \Rightarrow -3c = 1 \Rightarrow c = -\frac{1}{3}$. Portanto, a equação do paraboloide procurado é

$$\frac{-z}{3} = \frac{x^2}{5} + \frac{y^2}{4}.$$

R56) Determine os focos da elipse definida pela interseção do plano $x = 8$ com o hiperboloide de duas folhas

$$\frac{x^2}{16} - \frac{y^2}{4} - \frac{z^2}{9} = 1.$$

Solução: Substituindo $x = 8$ na equação do hiperboloide, obtemos $\frac{64}{16} - \frac{y^2}{4} - \frac{z^2}{9} = 1$ que pode ser escrita na forma $\frac{y^2}{4} + \frac{z^2}{9} = 3 \Rightarrow \frac{y^2}{12} + \frac{z^2}{27} = 1$ que é a equação de uma elipse em que $a^2 = 27$ e $b^2 = 12$.

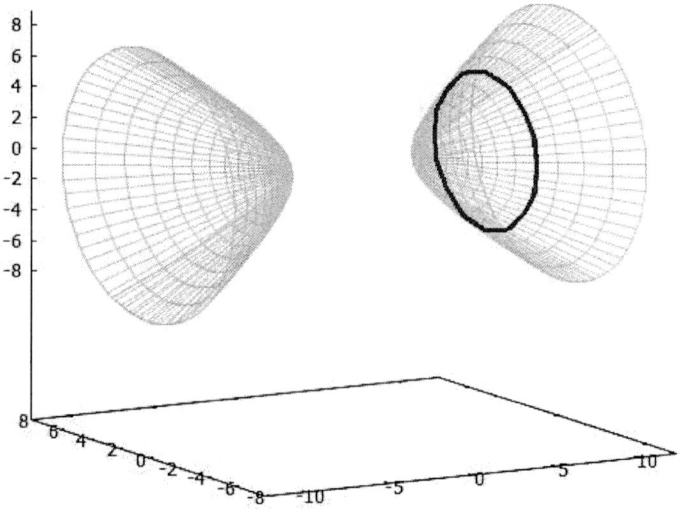

Figura 6.25: Interseção de plano com hiperboloide de duas folhas

Como $c^2 = a^2 - b^2$, temos $c^2 = 27 - 12 = 15 \Rightarrow c = \sqrt{15}$. Como o centro da elipse é o ponto $(8, 0, 0)$ e o eixo maior é paralelo ao eixo z (porque o maior denominador na equação padrão da elipse aparece na fração que tem o z^2), temos que os focos dessa elipse são os pontos $F_1(8, 0, -\sqrt{15})$ e $F_2(8, 0, \sqrt{15})$.

R57) Dados um ponto $F = (3, 2, 1)$ e um plano π cuja equação é $z - 5 = 0$, determine a equação da superfície formada por todos os pontos $P = (x, y, z)$ que possui a seguinte propriedade: a distância de P ao plano π é igual a distância entre os pontos P a F.

Solução: Devemos ter $d_{P,\pi} = d_{PF}$, ou seja,

$$\frac{|z-5|}{\sqrt{0^2+0^2+1^2}} = \sqrt{(x-3)^2+(y-2)^2+(z-1)^2}.$$

Elevando os dois membros dessa equação ao quadrado,

$$|z-5|^2 = (x-3)^2+(y-2)^2+(z-1)^2$$

que é o mesmo que

$$\cancel{z^2} - 10z + 25 = (x-3)^2+(y-2)^2+\cancel{z^2}-2z+1,$$

ou seja,

$$-8(z-3) = (x-3)^2+(y-2)^2$$

que é a equação de um paraboloide de revolução com vértice no ponto $V = (3,2,3)$, voltado para baixo.

6.15 Apoio computacional

O Maxima pode ser usado para construir uma variedade de gráficos, tanto planos quanto tridimensionais. A equação do gráfico pode ser fornecida em vários formatos: cartesianas, paramétricas, implícitas etc.

Exemplo 6.6: Nesse exemplo, construímos o gráfico da função $f(x,y) = x^2$ que corresponde ao cilindro parabólico $z = x^2$. Para isso, usamos um comando do tipo

plot3d(função, [variação do x], [variação do y]);

```
(%i01)  f(x, y) := x^2;
(%o01)  f(x,y) := x^2

(%i02)  plot3d(f(x, y), [x, -2, 2], [y, -2, 2]);
(%o02)
```

Nesse caso, o gráfico é construído em uma janela a parte.

Depois de construído, esse gráfico pode ser girado para outra posição. Para isso, basta "arrastar" o gráfico com o auxílio do *mouse*.

Exemplo 6.7: Aqui, construímos o paraboloide $z = \dfrac{x^2+y^2}{5}$ usando uma única cor.

```
(%i03) plot3d((x^2 + y^2)/5, [x, -1.5, 1.5], [y, -1.5, 1.5],
[palette, false], [color, red]);
(%o03)
```

Exemplo 6.8: O *plot3d(..)* também constrói gráficos de superfícies definidas por equações paramétricas. Para isso, basta fornecer as equações da superfície entre colchetes. Vários gráficos podem ser construídos em um mesmo sistema de eixos. Neste exemplo, construímos a superfície $x = v\cos u, y = v \operatorname{sen} u, z = v$ (um cone) juntamente com o plano $x = u, y = v, z = 1 + v$.

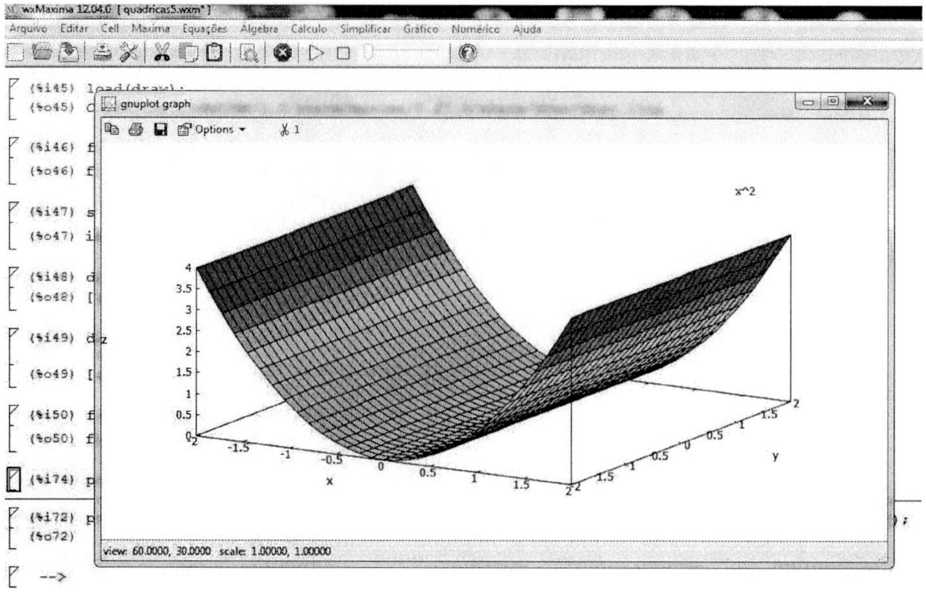

Figura 6.26: Cilindro parabólico construído pelo Maxima

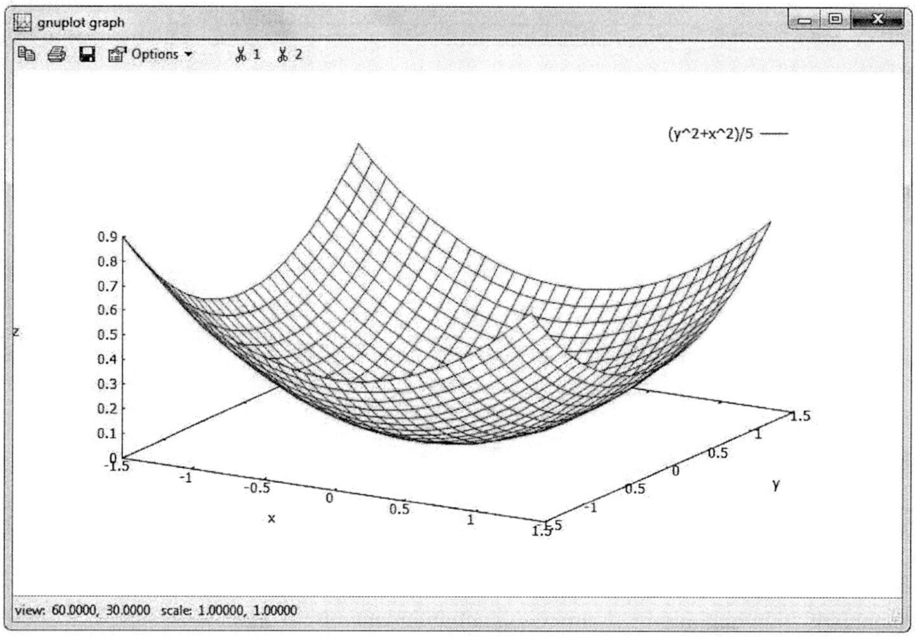

Figura 6.27: Paraboloide construído pelo Maxima

```
(%i07)  cone :  [v*cos(u), v*sin(u), v]$
(%i08)  plano:  [u, v, 1+v]$
(%i09) plot3d([cone, [u, -3.2, 3.2], [v, - 2, 2], plano, [u, -2, 2],
                     [v, - 2, 2]], [palette, false], [color, blue, red],
                     [axes, false], [box,false], [legend,false]);
(%o09)
```

Exemplo 6.9: O comando *plot3d(...)* serve para construir gráficos de funções ou de superfícies

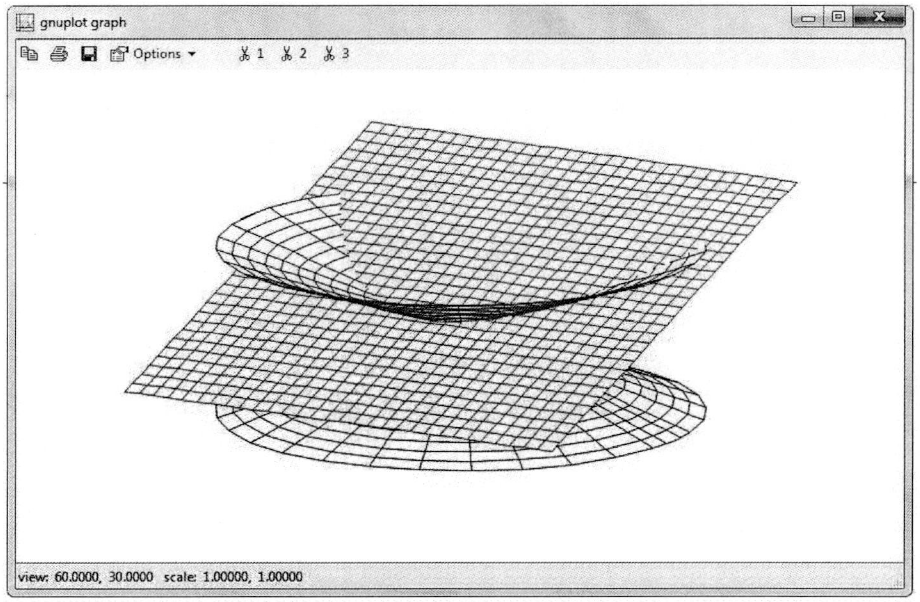

Figura 6.28: Interseção entre plano e cone com o Maxima

definidas por equações paramétricas, como os mostrados nos exemplos anteriores. Para construir outros gráficos, devemos chamar antes, um pacote de comandos intitulado *draw*. Para isso, basta usar um comando *load(pacote):*

```
(%i10)  load(draw);
```

(%o10) $C : /PROGRA2/MAXIMA1.0/share/maxima/5.27.0/share/draw/draw.lisp$

Agora, vamos construir o gráfico do hiperboloide definido implicitamente pela equação $-x^2+y^2-z^2 = 1$. Para isso, usamos um comando do tipo

NomeDoGráfico: implicit(equaçao, variaçao do x, variação do y, variação do z);

e, depois, um comando do tipo

draw3d(opções, NomeDoGráfico) ;

```
(%i11)  grhiperb:  implicit(-x^2+y^2-z^2 = 1, x,-3, 3, y,-3, 3, z,-3, 3);
(%o11)

(%i12)  draw3d(color=blue, view=[80,30], xu_grid=25, yv_grid= 25, grhiperb);
(%o12)
```

O desenho do gráfico pode ser melhorado, se for acrescentado na linha de comando, uma opção *enhanced3d=true*, conforme mostrado na figura a seguir.

```
(%i13) draw3d(colorbox = false, xu_grid = 80, yv_grid = 80, palette = gray,
                   enhanced3d = true, view = [44, 56], grhiperb);
(%o13)
```

Exemplo 6.10: Neste exemplo, é construído o gráfico da superfície cujas equações paramétricas são $x = \cos u - v \operatorname{sen} u$, $y = \operatorname{sen} u + v \cos u$, $z = v$, $0 \leq u \leq 2\pi$, $-2 \leq v \leq 2$. Para isso, são usados os

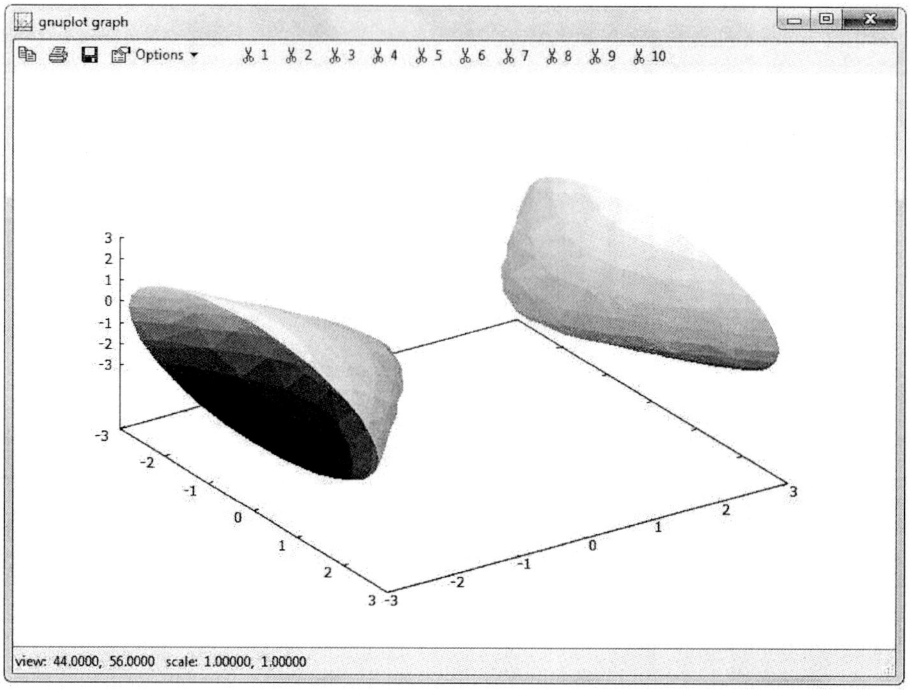

Figura 6.29: Hiperboloide de duas folhas construído pelo Maxima

comandos *parametric_surface(...)* e *draw3d(...)* do pacote *draw*. Essa superfície é um hiperboloide cuja equação cartesiana é $x^2+y^2-z^2=1$. São desenhadas, também, as curvas definidas implicitamente por $(c_1:)\, y^2-z^2=1,\ x=0,\ (c_2:)\, x^2-z^2=1,\ y=0,\ (c_3:)\, x^2+y^2=1,\ z=0,\ (c_4:)\, x^2+y^2=5,\ z=2$ e $(c_5:)\, x^2+y^2=5,\ z=-2$.

```
(%i14) load(draw)$
(%i15) s: parametric_surface(cos(u)-v*sin(u), sin(u)+v*cos(u), v,
              u, 0, 6.29, v, -2, 2)$
(%i16) f(x, y, z) := x^2 +y^2 - z^2 - 1$ e: 0.22$
(%i17) c1: implicit(f(0,y,z)=0, x, 0, 0, y, -2-e, 2+e, z, -2-e, 2+e)$
(%i18) c2: implicit(f(x,0,z)=0, x, -2-e, 2+e, y, 0, 0, z, -2-e, 2+e)$
(%i18) c3: implicit(f(x,y,0)=0, x, -2-e, 2+e, y, -2-e, 2+e, z, 0, 0)$
(%i19) c4: implicit(f(x,y,2)=0, x, -2-e, 2+e, y, -2-e, 2+e, z, 2, 2)$
(%i20) c5: implicit(f(x,y,-2)=0, x, -2-e, 2+e, y, -2-e, 2+e, z, -2, -2)$
(%i21) draw3d(color=gray, view=[33, 46], xu_grid=25, yv_grid= 25, s,
              color=red, line_width=2, c1, c2, c3, c4, c5)$
```

6.16 Exercícios Propostos

A69) Escreva a equação da esfera de centro no ponto $(3,-5,4)$ e que passa pelo ponto $(5,-3,2)$. Resp.: $(x-3)^2+(y+5)^2+(z-4)^2=12$

A70) Determine a equação de uma esfera de centro no ponto $(1,2,3)$ e tangente ao plano $2x+5y+z-11=0$. Resp.: $(x-1)^2+(y-2)^2+(z-3)^2=\frac{8}{15}$

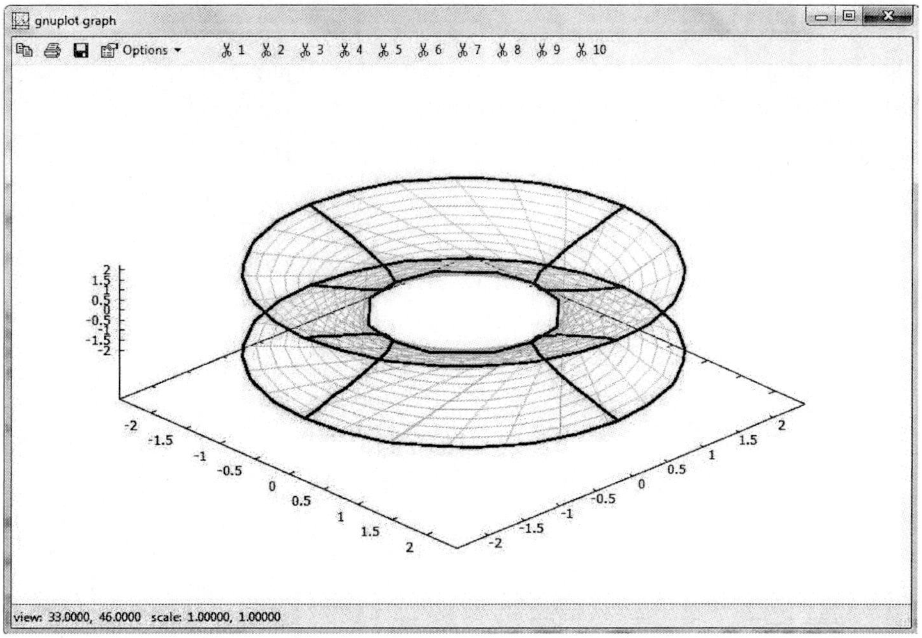

Figura 6.30: Hiperboloide de uma folha construído pelo Maxima

A71) Obtenha a equação da esfera com centro no eixo x e que passa pelos pontos $(3, -4, 2)$ e $(6, 2, -1)$. Resp.: $(x-2)^2 + y^2 + z^2 = 21$

A72) Determine o centro e o raio da esfera cuja equação é $x^2 + y^2 + z^2 + 6x - 14y + 12z + 89 = 0$. Resp.: $C(-3, 7, -6)$, $R = \sqrt{5}$

A73) Determine a equação do elipsoide de centro $(5, 4, 2)$ e que é tangente aos planos coordenados. Resp.: $\frac{(x-5)^2}{25} + \frac{(y-4)^2}{16} + \frac{(z-2)^2}{4} = 1$

A74) Determine o centro do elipsoide definido pela equação

$$36x^2 + 900y^2 + 100z^2 + 108x - 4200y + 800z + 5681 = 0.$$

Resp.: $(-\frac{3}{2}, \frac{7}{3}, -4)$

A75) Identifique cada uma das superfícies definidas pelas seguintes equações:

a) $x^2 + 4y^2 + 9z^2 = 36$

b) $x^2 - 4y^2 - 9z^2 = 36$

c) $x^2 + 4y^2 - 9z^2 = 36$

d) $x^2 + (y-3)^2 + (z-1)^2 = 4$

e) $x^2 = 4y^2 + 4z^2$

f) $x^2 + y^2 - 2x - 2y + 2 = 2z$

g) $-4x^2 + y^2 - 4z^2 + 2y - 3 = 0$

h) $16y + x^2 - 2x - 15 = 0$

Resp.: a) elipsoide; b) hiperboloide de duas folhas; c) hiperboloide de uma folha; d) esfera; e) cone; f) paraboloide elíptico; g) hiperboloide de duas folhas; h) cilindro parabólico.

A76) Determine os pontos de interseção do elipsoide $4x^2 + 9y^2 + 36z^2 = 324$ com a reta $\dfrac{x-3}{3} = \dfrac{y-2}{2} = \dfrac{z-4}{4}$.
Resp.: $\left(\pm\frac{3\sqrt{2}}{2}, \pm\sqrt{2}, \pm 2\sqrt{2}\right)$

A77) Escreva a equação de um hiperboloide de uma folha cuja interseção com o plano xOy é a elipse $\frac{x^2}{4} + \frac{y^2}{25} = 1, z = 0$, e com o plano yz é a hipérbole $\frac{y^2}{25} - \frac{z^2}{4} = 1, x = 0$.
Resp.: $\frac{x^2}{4} + \frac{y^2}{25} - \frac{z^2}{4} = 1$

A78) Escreva a equação de um hiperboloide de duas folhas cuja interseção com o plano xOy é a hipérbole $\frac{x^2}{9} - 4y^2 = 1, z = 0$, e com o plano $x = 4$ é a elipse $36y^2 + 81z^2 = 7, x = 4$.
Resp.: $\frac{x^2}{9} - 4y^2 - 9z^2 = 1$

A79) Encontre a equação de um paraboloide com vértice na origem que contém a elipse cujos vértices são os pontos $A(4, 2, 0)$, $B(-4, 2, 0)$, $C(0, 2, 2)$ e $D(0, 2, -2)$. Resp.: $\frac{y}{2} = \frac{x^2}{16} + \frac{z^2}{4}$

A80) Escreva a equação do elipsoide de centro na origem que contém o ponto $(1, 1, 1)$ e que intersecta o plano xOz segundo a elipse $\frac{x^2}{4} + \frac{z^2}{2} = 1,\ y = 0$. Resp.: $\frac{x^2}{4} + \frac{y^2}{4} + \frac{z^2}{2} = 1$

A81) Obtenha a equação do paraboloide obtido pela rotação da parábola $x^2 = 4z, y = 0$ em torno do eixo z. Resp.: $x^2 + y^2 = 4z$

A82) Obtenha a equação da esfera obtida pela rotação da circunferência $x^2 + (y-4)^2 = 5, z = 0$ em torno do eixo y. Resp.: $x^2 + (y-4)^2 + z^2 = 5$

A83) Obtenha a equação do hiperboloide obtido pela rotação da hipérbole $4y^2 - 9z^2 = 5, x = 0$ em torno do eixo z. Resp.: $4x^2 + 4y^2 - 9z^2 = 5$

B52) Mostre que o plano $5x + 2z + 5 = 0$ e o hiperboloide de duas folhas $-\dfrac{x^2}{3} - \dfrac{y^2}{4} + \dfrac{z^2}{25} = 1$ têm um único ponto em comum e encontre as coordenadas desse ponto. Resp.: $(3, 0, -10)$

B53) Determine os focos e os vértices da elipse definida pela interseção do plano $y = 2$ com o elipsoide $\dfrac{x^2}{25} + \dfrac{y^2}{16} + \dfrac{z^2}{4} = 1$ Resp.: focos: $(\pm\frac{\sqrt{63}}{2}, 2, 0)$, vértices: $(\frac{\pm\sqrt{75}}{2}, 2, \pm\sqrt{3})$

B54) Mostre que

$$45x^2 - 5y^2 - 9z^2 - 90x + 20y - 36z - 11 = 0$$

é a equação do cone assintótico do hiperboloide de duas folhas definido pela equação

$$45x^2 - 5y^2 - 9z^2 - 90x + 20y - 36z - 56 = 0.$$

B55) Determine a interseção da reta $x = 1 + t, y = -2t, z = 2 - t, t \in \mathbb{R}$ com o hiperboloide $4x^2 - y^2 + z^2 = 10$.
Resp.: $P_1 = (-1 + \sqrt{6}, 4 - 2\sqrt{6}, 4 - \sqrt{6})$ e $P_2 = (-1 - \sqrt{6}, 4 + 2\sqrt{6}, 4 + \sqrt{6})$

B56) Mostre que o gráfico de

$$8x^2 + 9y^2 + z^2 - 8x + 6y - 2z + 8 = 0$$

é o conjunto vazio. Resp.: a equação equivale a $8(x - \frac{1}{2})^2 + 9(y + \frac{1}{3})^2 + (z - 1)^2 = -4$

B57) Determine a equação do cilindro que é circunscrito às esferas $(x + 2)^2 + (y - 3)^2 + (z - 4)^2 = 9$ e $(x + 2)^2 + (y + 1)^2 + (z - 4)^2 = 9$. Resp.: $(x + 2)^2 + (z - 4)^2 = 9$

B58) Deduza a equação de um paraboloide com vértice na origem, sabendo que sua interseção com o plano $z = 2$ é uma circunferêcia de centro $(0, 0, 2)$ e raio 3. Resp.: $9z = 2x^2 + 2y^2$

B59) Escreva as seguintes equações do segundo grau no formato padrão

$$\pm\frac{(x - x_0)^2}{a^2} \pm \frac{(y - y_0)^2}{b^2} \pm \frac{(z - z_0)^2}{c^2} = 1 :$$

a) $4x^2 + 9y^2 + z^2 - 8z = -3$

b) $x^2 - 5y^2 = z^2 + 3x$

c) $28z^2 - 112z - 49y^2 + 98y + 4x^2 + 8x - 129 = 0$

d) $-4z^2 - 16z - 4y^2 + 24y + x^2 + 4x - 64 = 0$

e) $z^2 - 9y^2 + 54y - 4x^2 - 8x - 86 = 0$

Resp.: a) $\frac{x^2}{(\frac{1}{2\sqrt{13}})^2} + \frac{y^2}{(\frac{1}{3\sqrt{13}})^2} + \frac{(z-4)^2}{(\sqrt{13})^2} = 1$; b) $\frac{(x-\frac{3}{2})^2}{(\frac{3}{2})^2} - \frac{y^2}{(\frac{3}{2\sqrt{5}})^2} - \frac{z^2}{(\frac{3}{2})^2} = 1$; c) $\frac{(x+1)^2}{7^2} - \frac{(y-1)^2}{2^2} + \frac{(z-2)^2}{(\sqrt{7})^2} = 1$; d) $\frac{(x+2)^2}{4^2} - \frac{(y-3)^2}{2^2} - \frac{(z+2)^2}{2^2} = 1$; e) $-\frac{(x+1)^2}{(\frac{1}{2})^2} - \frac{(y-3)^2}{(\frac{1}{3})^2} + z^2 = 1$.

C42) Verifique que cada quádrica listada a seguir pode ter as seguintes equações paramétricas:

a) Esfera: $x = r\cos u \cos v, y = r \operatorname{sen} u \cos v, z = r \operatorname{sen} v, 0 \leqslant u \leqslant 2\pi, 0 \leqslant v \leqslant \pi$.

b) Elipsoide: $x = a\cos u \cos v, y = b \operatorname{sen} u \cos v, z = c \operatorname{sen} v, 0 \leqslant u \leqslant 2\pi, 0 \leqslant v \leqslant \pi$.

c) Cone: $x = v\cos u, y = v \operatorname{sen} u, z = v, 0 \leqslant u \leqslant 2\pi, v \geqslant 0$.

d) Paraboloide Elíptico: $x = v\cos u, y = v \operatorname{sen} u, z = v^2, 0 \leqslant u \leqslant 2\pi, v \geqslant 0$.

e) Hiperboloide de Uma Folha: $x = \sec u \cos v, y = \sec u \operatorname{sen} v, z = \operatorname{tg} v, 0 \leqslant v \leqslant 2\pi, -\frac{\pi}{2} < v < \frac{\pi}{2}$.

f) Hiperboloide de Duas Folhas: $x = \operatorname{senh} u \cos v, y = \operatorname{senh} u \operatorname{sen} v, z = \pm \cosh u$ onde $\cosh u = \frac{e^u + e^{-u}}{2}$ e $\operatorname{senh} u = \frac{e^u - e^{-u}}{2}$, $u \geq 0, 0 \leqslant v \leqslant 2\pi$.

C43) Mostre que por qualquer ponto do hiperboloide de uma folha $\frac{x^2}{a^2} + \frac{y^2}{b^2} - \frac{z^2}{c^2} = 1$ passa uma reta do tipo $\frac{x}{a} + \frac{z}{c} = k(1 + \frac{y}{b})$, $\frac{x}{a} - \frac{z}{c} = \frac{1}{k}(1 - \frac{y}{b})$, onde $k \neq 0$, e que essa reta está inteiramente contida no hiperboloide.

C44) Deduza a equação da esfera em forma de determinante que passa por quatro pontos não coplanares $P_1 = (x_1, y_1, z_1)$, $P_2 = (x_2, y_2, z_2)$, $P_3 = (x_3, y_3, z_3)$, $= P_4(x_4, y_4, z_4)$ dados.

Resp.: $\begin{vmatrix} x^2 + y^2 + z^2 & x & y & z & 1 \\ x_1^2 + y_1^2 + z_1^2 & x_1 & y_1 & z_1 & 1 \\ x_2^2 + y_2^2 + z_2^2 & x_2 & y_2 & z_2 & 1 \\ x_3^2 + y_3^2 + x_3^2 & x_3 & y_3 & z_3 & 1 \\ x_4^2 + y_4^2 + x_4^2 & x_4 & y_4 & z_4 & 1 \end{vmatrix} = 0$

C45) Consideremos os pontos $F_1 = (-c, 0, 0)$ e $F_2 = (c, 0, 0)$ e uma constante positiva $2a$ tais que $a > 0$, $c > 0$ e $a > c$. Determine a equação da superfície formada por todos os pontos $P = (x, y, z)$ tais que $d_{PF_1} + d_{PF_2} = 2a$. Resp.: $\frac{x^2}{a^2} + \frac{y^2}{b^2} + \frac{z^2}{b^2} = 1$, onde $b^2 = a^2 - c^2$.

C46) Obtenha a equação da superfície formada por todos os pontos $P = (x, y, z)$ tais que $|d_{PF_1} - d_{PF_2}| = 2a$ onde $F_1 = (0, -c, 0)$, $F_2 = (0, c, 0)$, $a > 0$, $c > 0$, $c > a$.
Resp.: $-\frac{x^2}{b^2} + \frac{y^2}{a^2} - \frac{z^2}{b^2} = 1$, onde $b^2 = c^2 - a^2$.

Capítulo 7

Testes

Neste capítulo, apresentamos algumas questões do tipo múltipla escolha sobre os mais diversos assuntos. Para cada questão proposta, é apresentada uma lista de alternativas de respostas, identificadas pelas letras A, B, C, D, ... Entre essas alternativas, somente uma delas corresponde à resposta correta do problema.

7.1 Operações com vetores e combinações lineares

T1) Dado um triângulo ABC com vértices $A = (x_1, y_1, z_1)$, $B = (x_2, y_2, z_2)$ e $C = (x_3, y_3, z_3)$, determine as coordenadas de um ponto D tal que $\overrightarrow{DA} + \overrightarrow{DB} + \overrightarrow{DC} = \vec{0}$.

A) $\left(\frac{x_1 + x_2 + x_3}{3}, \frac{y_1 + y_2 + y_3}{3}, \frac{z_1 + z_2 + z_3}{3}\right)$ B) $\left(\frac{x_1 - x_2 - x_3}{3}, \frac{y_1 - y_2 - y_3}{3}, \frac{z_1 - z_2 - z_3}{3}\right)$

C) $\left(\frac{-x_1 + x_2 + x_3}{3}, \frac{-y_1 + y_2 + y_3}{3}, \frac{-z_1 + z_2 + z_3}{3}\right)$ D) $\left(\frac{x_1 - x_2 + x_3}{3}, \frac{y_1 - y_2 + y_3}{3}, \frac{z_1 - z_2 + z_3}{3}\right)$

E) $\left(\frac{x_1 + x_2 - x_3}{3}, \frac{y_1 + y_2 - y_3}{3}, \frac{z_1 + z_2 - z_3}{3}\right)$ F) $\left(\frac{x_1 + x_2 + x_3}{6}, \frac{y_1 + y_2 + y_3}{6}, \frac{z_1 + z_2 + z_3}{6}\right)$

T2) Os vértices consecutivos de um quadrilátero são os pontos O, A, B e C. Se M é o ponto médio do lado AB, N é o ponto médio de BC e P é o ponto médio de MN, então escreva o vetor $\overrightarrow{OP}$ como combinação linear dos vetores $\overrightarrow{OA}$, $\overrightarrow{OB}$ e $\overrightarrow{OC}$.

A) $\overrightarrow{OP} = \frac{1}{4}\overrightarrow{OA} + \frac{1}{2}\overrightarrow{OB} + \frac{1}{4}\overrightarrow{OC}$ B) $\overrightarrow{OP} = \frac{1}{2}\overrightarrow{OA} + \frac{1}{3}\overrightarrow{OB} + \frac{1}{4}\overrightarrow{OC}$ C) $\overrightarrow{OP} = \frac{1}{8}\overrightarrow{OA} + \frac{1}{4}\overrightarrow{OB} + \frac{1}{2}\overrightarrow{OC}$

D) $\overrightarrow{OP} = \frac{1}{8}\overrightarrow{OA} + \frac{1}{4}\overrightarrow{OB} + \frac{1}{4}\overrightarrow{OC}$ E) $\overrightarrow{OP} = \frac{1}{2}\overrightarrow{OA} + \frac{1}{2}\overrightarrow{OB} + \frac{1}{2}\overrightarrow{OC}$ F) $\overrightarrow{OP} = \frac{1}{6}\overrightarrow{OA} + \frac{1}{5}\overrightarrow{OB} + \frac{1}{4}\overrightarrow{OC}$

T3) No seguinte retângulo $ABCD$, os pontos M, N e P situados nos lados AD, CD e AB, respectivamente, satisfazem as relações $MD = 2AM$, $DN = 3NC$ e $AB = 4AP$. Escreva os vetores $\vec{x} = \overrightarrow{PM}$, $\vec{y} = \overrightarrow{MN}$ e $\vec{z} = \overrightarrow{NP}$ como combinações lineares de $\vec{a}$ e $\vec{b}$.

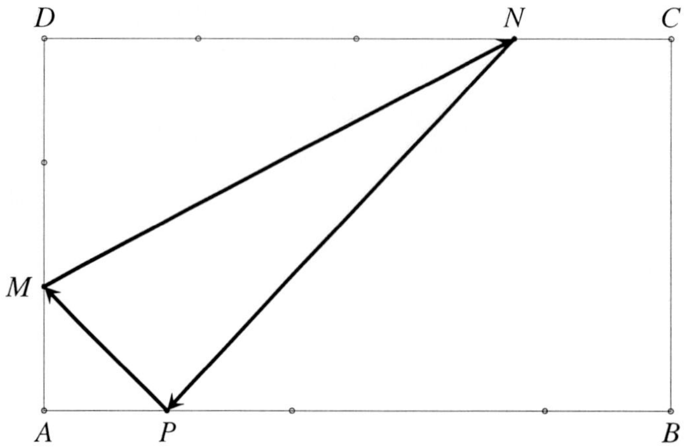

A) $\vec{x} = -\frac{1}{2}\vec{a} + \frac{2}{3}\vec{b},\ \vec{y} = \frac{1}{2}\vec{a} - \frac{11}{4}\vec{b}\ \ \vec{z} = -\frac{1}{20}\vec{a} + \frac{1}{5}\vec{b}$

B) $\vec{x} = -\frac{1}{5}\vec{a} + \frac{3}{4}\vec{b},\ \vec{y} = -\frac{1}{4}\vec{a} - \frac{1}{4}\vec{b}\ \ \vec{z} = -\frac{4}{5}\vec{a} - 2\vec{b}$

C) $\vec{x} = -\frac{1}{5}\vec{a} + \frac{1}{3}\vec{b},\ \vec{y} = \frac{2}{3}\vec{a} + \frac{3}{4}\vec{b}\ \ \vec{z} = -\frac{11}{20}\vec{a} - \vec{b}$

D) $\vec{x} = -\frac{1}{4}\vec{a} + \frac{1}{3}\vec{b},\ \vec{y} = -\frac{1}{5}\vec{a} - \frac{1}{3}\vec{b}\ \ \vec{z} = -\frac{1}{11}\vec{a} + \vec{b}$

E) $\vec{x} = -\frac{1}{4}\vec{a} + \frac{1}{4}\vec{b},\ \vec{y} = -\frac{1}{6}\vec{a} + \frac{1}{2}\vec{b}\ \ \vec{z} = -\frac{4}{5}\vec{a} + 3\vec{b}$

F) $\vec{x} = -\frac{4}{5}\vec{a} + \frac{1}{2}\vec{b},\ \vec{y} = -\frac{3}{4}\vec{a} + \frac{2}{3}\vec{b}\ \ \vec{z} = -\frac{4}{11}\vec{a} - \frac{1}{3}\vec{b}$

T4) No seguinte cubo $ABCDEFGH$, os pontos médios das arestas FG, GH e CD são os pontos M, N e P, respectivamente. Se $\vec{a} = \overrightarrow{AB}$, $\vec{b} = \overrightarrow{BF}$, $\vec{c} = \overrightarrow{FG}$, $\vec{x} = \overrightarrow{AM}$, $\vec{y} = \overrightarrow{AN}$ e $\vec{z} = \overrightarrow{AP}$, então escreva o vetor $\vec{v} = 3\vec{x} + 5\vec{y} - 7\vec{z}$ como combinação linear dos vetores $\vec{a}$, $\vec{b}$ e $\vec{c}$.

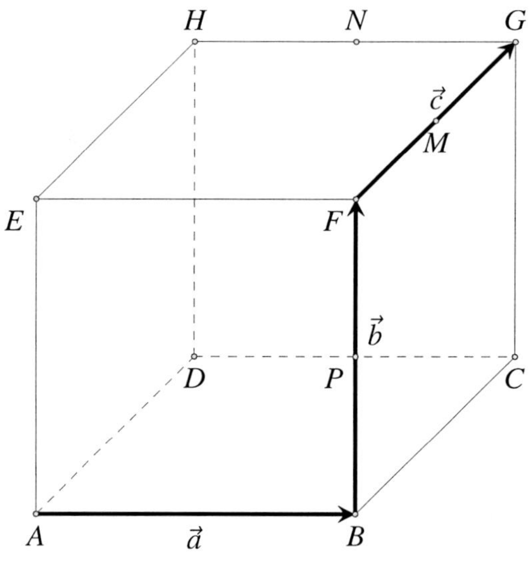

A) $\vec{v} = \frac{1}{4}\vec{a} + 2\vec{b} - 4\vec{c}$ B) $\vec{v} = \vec{a} - \frac{1}{2}\vec{b} - 3\vec{c}$ C) $\vec{v} = \vec{a} - 4\vec{b} + \frac{3}{4}\vec{c}$ D) $\vec{v} = \frac{1}{2}\vec{a} + \vec{b} - 8\vec{c}$

E) $\vec{v} = 2\vec{a} - \frac{3}{2}\vec{b} + \vec{c}$ F) $\vec{v} = 3\vec{a} + 5\vec{b} - 8\vec{c}$ G) $\vec{v} = 2\vec{a} + 8\vec{b} - \frac{1}{2}\vec{c}$ H) $\vec{v} = 4\vec{a} - 2\vec{b} + \frac{1}{4}\vec{c}$

T5) No paralelogramo $ABCD$ a seguir, o lado AB é dividido pelos pontos P, Q, R e S em cinco partes de mesmo comprimento e o lado CD em três partes de mesmo comprimento pelos pontos M e N. Sendo E a interseção dos segmentos QN e e MS, $\vec{a} = \overrightarrow{AB}$, $\vec{b} = \overrightarrow{AD}$, escreva $\vec{c} = \overrightarrow{QE}$ como combinação linear de $\vec{a}$ e $\vec{b}$.

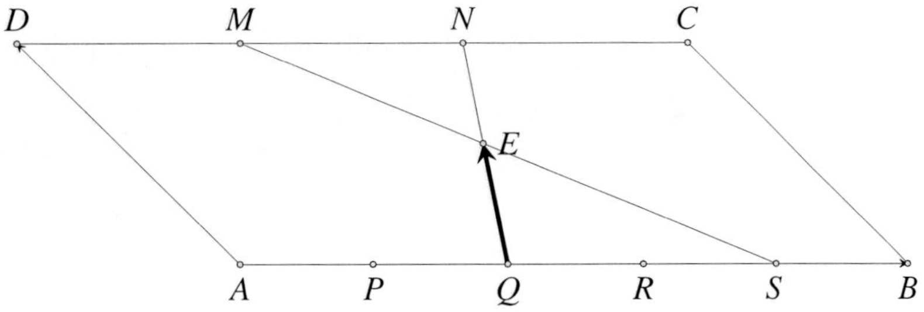

A) $\vec{c} = \frac{3}{5}\vec{a} + \frac{11}{145}\vec{b}$ B) $\vec{c} = \frac{2}{5}\vec{a} + \frac{1}{3}\vec{b}$ C) $\vec{c} = \frac{24}{165}\vec{a} + \frac{6}{11}\vec{b}$ D) $\vec{c} = \frac{6}{11}\vec{a} + \frac{6}{115}\vec{b}$ E) $\vec{c} = \frac{6}{125}\vec{a} + \frac{4}{15}\vec{b}$

T6) Se M é o ponto médio de um segmento AB e P é um ponto fora desse segmento, então podemos afirmar que

A) $\overrightarrow{PA} + \overrightarrow{PB} = \overrightarrow{AB}$ B) $\overrightarrow{PA} + \overrightarrow{PB} = \overrightarrow{PM}$ C) $\overrightarrow{PA} + \overrightarrow{PB} = 2\overrightarrow{PM}$ D) $\overrightarrow{PA} - \overrightarrow{PB} = 2\overrightarrow{PM}$
E) $\overrightarrow{PA} - \overrightarrow{PB} = \overrightarrow{PM}$ F) $\overrightarrow{PA} - \overrightarrow{PB} = \vec{0}$ G) $\overrightarrow{PA} + \overrightarrow{PB} = \vec{0}$ H) $\overrightarrow{PA} - \overrightarrow{PB} = 2\overrightarrow{AM}$

T7) Na pirâmide $OABC$ a seguir, M é o ponto médio do lado BC. Sendo $\vec{a} = \overrightarrow{OA}$, $\vec{b} = \overrightarrow{OB}$, $\vec{c} = \overrightarrow{OC}$ e $\vec{m} = \overrightarrow{AM}$, escreva $\vec{m}$ como combinação linear de $\vec{a}$, $\vec{b}$ e $\vec{c}$.

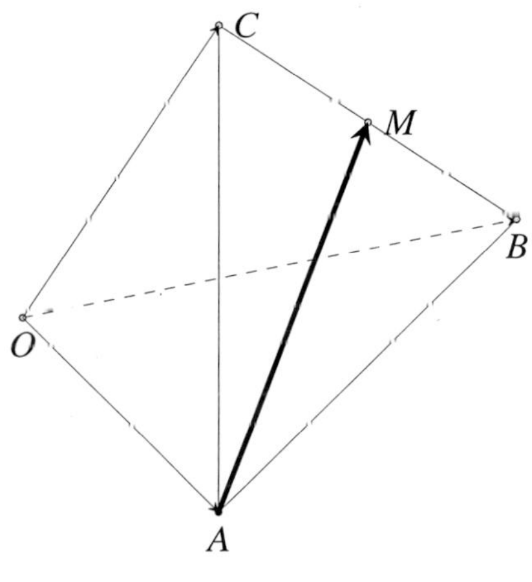

A) $\vec{m} = \frac{1}{2}(-2\vec{a} + \vec{b} + \vec{c})$ B) $\vec{m} = \frac{1}{2}(2\vec{a} + \vec{b} + \vec{c})$ C) $\vec{m} = \frac{1}{2}(\vec{a} + 2\vec{b} - \vec{c})$ D) $\vec{m} = \frac{1}{2}(\vec{a} - 3\vec{b} + \vec{c})$
E) $\vec{m} = \frac{1}{4}(-2\vec{a} + 2\vec{b} + \vec{c})$ F) $\vec{m} = \frac{1}{4}(4\vec{a} + 2\vec{b} + \vec{c})$ G) $\vec{m} = \frac{1}{4}(\vec{a} + 4\vec{b} - 2\vec{c})$ H) $\vec{m} = \frac{1}{4}(2\vec{a} - 4\vec{b} + \vec{c})$

T8) No quadrado $ABCD$ a seguir, M é o ponto médio do lado BC, N é o ponto médio de AB e P é a interseção entre DM e CN. Sendo $\vec{a} = \overrightarrow{AB}$, $\vec{b} = \overrightarrow{AD}$ e $\vec{c} = \overrightarrow{PC}$, escreva $\vec{c}$ como combinação linear de $\vec{a}$ e $\vec{b}$.

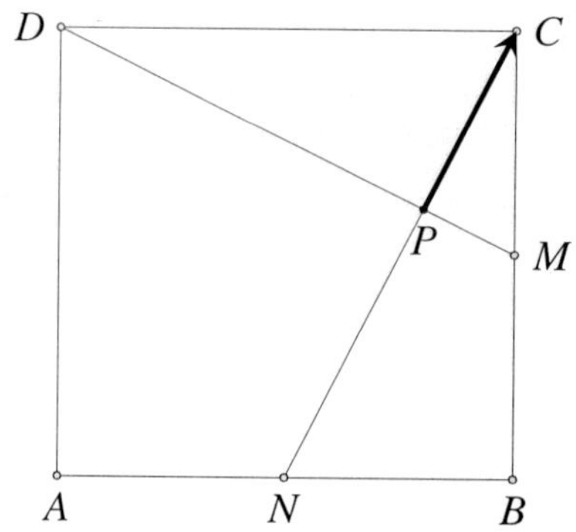

A) $\vec{c} = \frac{1}{2}(2\vec{a} + \vec{b})$ B) $\vec{c} = \frac{1}{5}(2\vec{a} - \vec{b})$ C) $\vec{c} = \frac{1}{5}(\vec{a} + 2\vec{b})$ D) $\vec{c} = \frac{1}{4}(2\vec{a} - 3\vec{b})$
E) $\vec{c} = \frac{1}{3}(4\vec{a} + 5\vec{b})$ F) $\vec{c} = \frac{1}{3}(2\vec{a} - 5\vec{b})$ G) $\vec{c} = \frac{1}{5}(4\vec{a} + 6\vec{b})$ H) $\vec{c} = \frac{1}{4}(2\vec{a} + 5\vec{b})$

7.2 Dependência linear e bases

T9) Considere os pontos O, A, B, C e os vetores $\vec{a}$ e $\vec{b}$ que são linearmente independentes. Determine o valor de $k \in \mathbb{R}$ sabendo que os vetores $\overrightarrow{AC}$ e $\overrightarrow{BC}$ são linearmente dependentes e $\overrightarrow{OA} = \vec{a} + 4\vec{b}$, $\overrightarrow{OB} = 4\vec{a} - \vec{b}$ e $\overrightarrow{OC} = k\vec{a} - 2\vec{b}$.

A) $k = \frac{11}{2}$ B) $k = \frac{17}{3}$ C) $k = \frac{18}{5}2$ D) $k = \frac{21}{8}$ E) $k = \frac{17}{3} - 2$ F) $k = \frac{19}{4}$ G) $k = \frac{21}{4}2$ H) $k = \frac{31}{6}$

T10) Sabendo que $\{\vec{a}, \vec{b}, \vec{c}\}$ é uma base do $\mathbb{R}^3$, determine $k \in \mathbb{R}$ para que $\{2\vec{a} + k\vec{c},\ \vec{a} + 2\vec{c},\ \vec{a} - k\vec{b}\}$ também seja uma base do $\mathbb{R}^3$.

A) $k \neq -2$ e $k \neq 2$ B) $k \neq 0$ e $k \neq 1$ C) $k \neq -2$ e $k \neq -1$ D) $k \neq 1$ e $k \neq 2$
E) $k \neq 0$ e $k \neq 2$ F) $k \neq 2$ e $k \neq 3$ G) $k \neq -2$ e $k \neq -3$ H) $k \neq -1$ e $k \neq 1$

T11) No triângulo ABC a seguir, M é o ponto médio do lado BC, N é o ponto médio de AB e P é a interseção entre AM e CN. Se $\vec{a} = \overrightarrow{AB}$, $\vec{b} = \overrightarrow{AC}$ e $\vec{v} = \overrightarrow{PM}$, escreva $\vec{v}$ como combinação linear de $\vec{a}$ e $\vec{b}$.

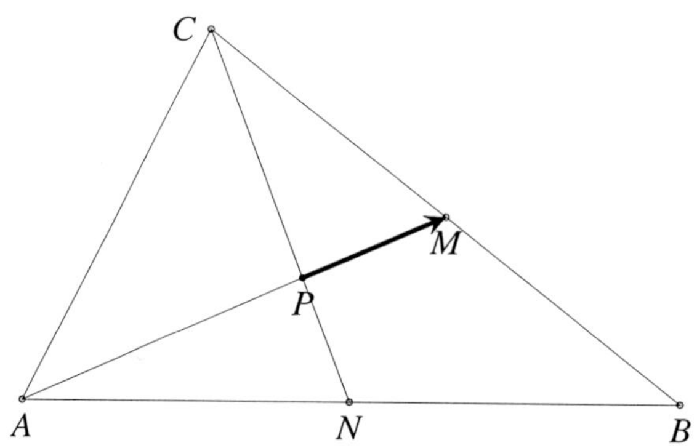

A) $\vec{v} = \frac{1}{2}(\vec{a} + \vec{b})$ B) $\vec{v} = \frac{1}{3}(\vec{a} + \vec{b})$ C) $\vec{v} = \frac{1}{4}(\vec{a} + \vec{b})$ D) $\vec{v} = \frac{1}{5}(\vec{a} + \vec{b})$ E) $\vec{v} = \frac{1}{6}(\vec{a} + \vec{b})$
F) $\vec{v} = \frac{1}{2}(\vec{a} - 2\vec{b})$ G) $\vec{v} = \frac{1}{3}(\vec{a} - 2\vec{b})$ H) $\vec{v} = \frac{1}{4}(\vec{a} - 2\vec{b})$ I) $\vec{v} = \frac{1}{5}(\vec{a} - 2\vec{b})$ J) $\vec{v} = \frac{1}{6}(\vec{a} - 2\vec{b})$

T12) No triângulo ABG a seguir, os pontos C, D, E e F subdividem o lado BG em cinco segmentos BC, CD, DE, EF e FG de mesmo comprimento. Calcule os valores de α e β para que $\overrightarrow{AE} = \alpha\overrightarrow{AB} + \beta\overrightarrow{AG}$.

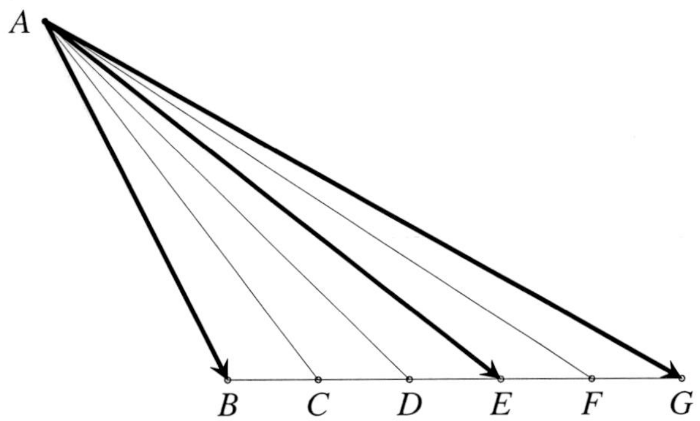

A) $\alpha = \frac{1}{2}, \beta = \frac{1}{2}$ B) $\alpha = \frac{1}{3}, \beta = \frac{2}{3}$ C) $\alpha = \frac{1}{4}, \beta = \frac{3}{4}$ D) $\alpha = \frac{2}{5}, \beta = \frac{3}{5}$ E) $\alpha = \frac{1}{6}, \beta = \frac{5}{6}$

T13) Os valores de x para os quais os vetores $\vec{u} = \vec{i} + (x+1)\vec{j} + (x+2)\vec{k}$, $\vec{v} = (x+3)\vec{i} + \vec{j} + (x+4)\vec{k}$, $\vec{w} = (x+5)\vec{i} + (x+6)\vec{j} + \vec{k}$, são linearmente dependentes são

A) $-1,\ 1 \pm \sqrt{2}$ B) $-2,\ -1 \pm \sqrt{2}$ C) $-3,\ \pm\sqrt{2}$ D) $-4,\ \pm\sqrt{2}$ E) $-5,\ -2 \pm \sqrt{2}$ F) $\forall x \in \mathbb{R}$

T14) Os valores de x para os quais os vetores $\vec{u} = \vec{i} + (x+1)\vec{j} + (x+2)\vec{k}$, $\vec{v} = \vec{i} + (x+3)\vec{j} + (x+4)\vec{k}$, $\vec{w} = \vec{i} + (x+5)\vec{j} + (x+6)\vec{k}$, são linearmente dependentes são

A) $1,\ 1 \pm \sqrt{2}$ B) $-2,\ -1 \pm \sqrt{2}$ C) $-3,\ \pm\sqrt{2}$ D) $-4,\ \pm\sqrt{2}$ E) $-5,\ -2 \pm \sqrt{2}$ F) $\forall x \in \mathbb{R}$

T15) Determine a relação que deve ter entre os escalares a, b, c não nulos para que os pontos $A(3-a, 3, 3)$, $B(3, 3-b, 3)$, $C(3, 3, 3-c)$ e $D(2, 2, 2)$ sejam coplanares.

A) $ab + bc + ac = 3$ B) $abc = 1$ C) $(3-a-b)^2 = (3-b-c)^2$ D) $\dfrac{1}{ab} + \dfrac{1}{bc} + \dfrac{1}{ac} = 2$

E) $ab + bc + ac = 0$ F) $abc = 3$ G) $\dfrac{1}{a} + \dfrac{1}{b} + \dfrac{1}{c} = 1$ H) $\dfrac{1}{a^2} + \dfrac{1}{b^2} + \dfrac{1}{c^2} = 2$

T16) Se $\{\vec{a}, \vec{b}, \vec{c}\}$ é uma base, então também é base o seguinte conjunto:

A) $\{\vec{a} + \vec{c},\ \vec{a} - \vec{b},\ \vec{a} + 2\vec{b} + 3\vec{b}\}$ B) $\{\vec{a},\ \vec{a} + \vec{b},\ \vec{a} + \vec{b} + \vec{c}\}$ C) $\{2\vec{a},\ \vec{a} + \vec{b} + \vec{c}, \vec{b} + \vec{c}\}$
D) $\{\vec{a} - \vec{c},\ \vec{b},\ 2\vec{a} + \vec{b} - 2\vec{c}\}$ E) $\{\vec{a} + \vec{b}, 8\vec{c}, -\vec{a} - \vec{b} + \vec{c}\}$ F) $\{\vec{c},\ \vec{a} + \vec{b},\ 3\vec{a} + 3\vec{b} - 5\vec{c}\}$

T17) Determine o valor de k para que os vetores $\vec{a} = \vec{i} + \vec{j} + \vec{k}$, $\vec{b} = k\vec{i} + 2\vec{j} + 3\vec{k}$, $\vec{c} = k^2\vec{i} + 4\vec{j} + 9\vec{k}$ sejam linearmente dependentes.

A) $k = 0$ ou $k = 1$ B) $k = 1$ ou $k = 2$ C) $k = 2$ ou $k = 3$ D) $k = 3$ ou $k = 4$ E) $k = 4$ ou $k = 5$

T18) Sejam $\vec{a} = \vec{i} + \vec{j}$, $\vec{b} = 3\vec{i} - \vec{k}$, $\vec{c} = m\vec{i} + n\vec{j} + 3\vec{k}$ e $\vec{d} = 2\vec{j} - 5\vec{k}$ com $m, n \in \mathbb{R}$. Determine os valores de m e n de modo que os conjuntos $\{\vec{a}, \vec{b}, \vec{c}\}$ e $\{\vec{b}, \vec{c}, \vec{d}\}$ sejam conjuntos de vetores linearmente dependentes.

A) $m = -1,\ n = 9$ B) $m = 0,\ n = -9$ C) $m = 9,\ n = 0$ D) $m = -9,\ n = 0$ E) $m = 1,\ n = 3$
F) $m = 1,\ n = 9$ G) $m = -1,\ n = -3$ H) $m = 0,\ n = -3$ I) $m = 3,\ n = 0$ J) $m = -1,\ n = 0$

T19) Escreva o vetor $\vec{v} = 2\vec{i} + 7\vec{j} - 11\vec{k}$ como uma combinação linear dos elementos da base $\beta = \{\vec{a},\ \vec{b},\ vecc\}$, sabendo que $\vec{a} = 3\vec{i}$, $\vec{b} = 5\vec{i} + 2\vec{j} + \vec{k}$ e $\vec{c} = -\vec{i} - \vec{j} + \vec{k}$.

A) $\vec{v} = \frac{2}{3}\vec{a} - \frac{2}{5}\vec{b} + \frac{19}{2}\vec{c}$ B) $\vec{v} = -\frac{1}{6}\vec{a} + \frac{3}{4}\vec{b} - \frac{19}{3}\vec{c}$ C) $\vec{v} = -\frac{1}{5}\vec{a} + \frac{1}{2}\vec{b} + \frac{19}{4}\vec{c}$
D) $\vec{v} = \frac{1}{2}\vec{a} - \frac{1}{3}\vec{b} + \frac{29}{5}\vec{c}$ E) $\vec{v} = -\frac{1}{4}\vec{a} + \frac{1}{4}\vec{b} - \frac{29}{4}\vec{c}$ F) $\vec{v} = -\frac{1}{3}\vec{a} - \frac{4}{3}\vec{b} - \frac{29}{3}\vec{c}$

7.3 Ângulo, norma e produto interno

T20) Considerando os vetores $\vec{a} \neq \vec{0}$, $\vec{b} \neq \vec{0}$ e $\vec{v} \neq \vec{0}$ definido por $\vec{v} = \|\vec{b}\|\vec{a} + \|\vec{a}\|\vec{b}$ e os ângulos $\alpha = \widehat{(\vec{v}, \vec{a})}$ e $\beta = \widehat{(\vec{v}, \vec{b})}$, então temos a seguinte relação entre esses ângulos:

A) $\alpha = \beta$ B) $\alpha = \beta + 1$ C) $\alpha = \beta - 1$ D) $\alpha = 2\beta$ E) $\alpha = \frac{\beta}{2}$ F) $\alpha = \beta + \frac{\pi}{2}$ G) $\alpha = \beta + \frac{\pi}{4}$

T21) Sejam $\vec{a} = 2\vec{i} - 2\vec{j} + \vec{k}$ e $\vec{b} = \vec{i} + 2\vec{j} + 3\vec{k}$. Determine um vetor $\vec{v}$ tal que $\widehat{(\vec{a}, \vec{v})} = \widehat{(\vec{b}, \vec{v})}$.

A) $(3 + 2\sqrt{14})\vec{i} + (6 - 2\sqrt{14})\vec{j} + (9 + \sqrt{14})\vec{k}$ B) $(3 - 2\sqrt{2})\vec{i} + (6 + 2\sqrt{2})\vec{j} + (9 - \sqrt{2})\vec{k}$
C) $(3 + 4\sqrt{7})\vec{i} + (3 - 2\sqrt{7})\vec{j} + (3 + \sqrt{7})\vec{k}$ D) $(3 - 2\sqrt{21})\vec{i} + (6 + 2\sqrt{21})\vec{j} + (3 + \sqrt{21})\vec{k}$
E) $(2 + 3\sqrt{14})\vec{i} + (4 - 2\sqrt{14})\vec{j} + (3 + \sqrt{14})\vec{k}$ F) $(3 - 4\sqrt{2})\vec{i} + (1 + 2\sqrt{2})\vec{j} + (1 + \sqrt{2})\vec{k}$

T22) Se $\vec{a}$ e $\vec{b}$ são vetores unitários, qual o valor máximo de $\|\vec{a} + \vec{b}\| + \|\vec{a} - \vec{b}\|$?

A) 0 B) 1 C) 2 D) 3 E) 4 F) $\frac{\sqrt{2}}{2}$ G) $\frac{3\sqrt{2}}{2}$ H) $\frac{5\sqrt{2}}{2}$ I) $\sqrt{2}$ J) $2\sqrt{2}$ K) $3\sqrt{2}$ L) $4\sqrt{2}$

T23) Calcule $\|\vec{a} + \vec{b} + \vec{c}\|$ sabendo que $\|\vec{a}\| = 2$, $\|\vec{b}\| = 3$, $\|\vec{c}\| = 4$, $\vec{a} \cdot (\vec{b} + \vec{c}) = 5$, $\vec{b} \cdot (\vec{a} + \vec{c}) = 6$ e $\vec{c} \cdot (\vec{a} + \vec{b}) = 7$.

A) 1 B) 2 C) 3 D) 4 E) 5 F) $\sqrt{7}$ G) $\sqrt{11}$ H) $\sqrt{17}$ I) $\sqrt{33}$ J) $\sqrt{47}$ K) $\sqrt{51}$

T24) Se $\vec{a}$, $\vec{b}$ e $\vec{a} + \vec{b}$ são vetores unitários e $\theta = \widehat{(\vec{a}, \vec{b})}$, então

A) $\theta = 0$ B) $\theta = 1$ C) $\theta = \pi$ D) $\theta = \frac{\pi}{2}$ E) $\theta = \frac{\pi}{3}$ F) $\theta = \frac{\pi}{4}$ G) $\theta = \frac{2\pi}{3}$ H) $\theta = \frac{3\pi}{4}$ I) $\theta = \frac{5\pi}{4}$

T25) Se $\vec{v} \neq \vec{0}$ é um vetor de $\mathbb{R}^3$ e α, β e γ são os ângulos entre $\vec{v}$ e $\vec{i}$, entre $\vec{v}$ e $\vec{j}$ e entre $\vec{v}$ e $\vec{k}$, respectivamente, então calcule o valor de $\operatorname{sen}^2\alpha + \operatorname{sen}^2\beta + \operatorname{sen}^2\gamma$.

A) 0 B) 1 C) 2 D) 3 E) 4 F) $\sqrt{2}$ G) $\sqrt{3}$ H) $\sqrt{5}$ I) $\frac{\sqrt{2}}{2}$ J) $\frac{\sqrt{3}}{2}$ K) $\frac{\sqrt{3}}{3}$ L) $\frac{3\sqrt{2}}{4}$

T26) Seja $\vec{v}$ um vetor que forma o mesmo ângulo com cada um dos seguintes vetores: $\vec{a} = \frac{1}{3}(2\vec{i} + 2\vec{j} - \vec{k})$, $\vec{b} = \frac{1}{\sqrt{5}}(\vec{i} + 2\vec{k})$, $\vec{c} = \frac{1}{\sqrt{5}}(\vec{j} + 2\vec{k})$. Dê exemplo de um múltiplo de $\vec{v}$.

A) $(6 + \sqrt{2})\vec{i} + (6 + \sqrt{2})\vec{j} + (5\sqrt{2} - 3)\vec{k}$
B) $(6 - \sqrt{5})\vec{i} + (6 - \sqrt{5})\vec{j} + (4\sqrt{5} + 3)\vec{k}$
C) $(1 - \sqrt{3})\vec{i} + (1 - \sqrt{3})\vec{j} + (3\sqrt{3} - 1)\vec{k}$
D) $(1 + \sqrt{3})\vec{i} + (1 + \sqrt{3})\vec{j} + (3\sqrt{3} + 1)\vec{k}$
E) $(6 + \sqrt{5})\vec{i} + (6 + \sqrt{5})\vec{j} + (4\sqrt{5} - 3)\vec{k}$
F) $(6 - \sqrt{2})\vec{i} + (6 - \sqrt{2})\vec{j} + (4\sqrt{2} + 3)\vec{k}$

T27) Se $\vec{a}$, $\vec{b}$ e $\vec{c}$ são vetores não nulos tais que $\vec{a} + \vec{b} + \vec{c} = \vec{0}$, então o ângulo entre $\vec{a}$ e $\vec{b}$ é igual a

A) $\arccos\left(\frac{||\vec{c}||^2 - ||\vec{a}||^2 - ||\vec{b}||^2}{2||\vec{a}|| \cdot ||\vec{b}||}\right)$
B) $\arccos\left(\frac{||\vec{c}||^2 + ||\vec{a}||^2 + ||\vec{b}||^2}{2||\vec{a}|| \cdot ||\vec{b}||}\right)$
C) $\arccos\left(\frac{||\vec{a}||^2 - ||\vec{c}||^2 - ||\vec{b}||^2}{2||\vec{c}|| \cdot ||\vec{b}||}\right)$
D) $\arccos\left(\frac{||\vec{a}||^2 + ||\vec{c}||^2 + ||\vec{b}||^2}{2||\vec{c}|| \cdot ||\vec{b}||}\right)$
E) $\arccos\left(\frac{||\vec{b}||^2 - ||\vec{a}||^2 - ||\vec{c}||^2}{2||\vec{a}|| \cdot ||\vec{c}||}\right)$
F) $\arccos\left(\frac{||\vec{b}||^2 + ||\vec{a}||^2 + ||\vec{c}||^2}{2||\vec{a}|| \cdot ||\vec{c}||}\right)$

7.4 Produto vetorial e produto misto

T28) Se $\vec{v}$ é um vetor qualquer, determine o valor de $||\vec{v} \times \vec{i}||^2 + ||\vec{v} \times \vec{j}||^2 + ||\vec{v} \times \vec{k}||^2$.

A) 0 B) 1 C) 2 D) $||\vec{v}||$ E) $||\vec{v}||^2$ F) $2||\vec{v}||$ D) $2||\vec{v}||^2$ E) $3||\vec{v}||$ F) $3||\vec{v}||^2$ G) $4||\vec{c}||$ H) $4||\vec{v}||^2$

T29) Determine o valor de $\vec{a} \cdot \vec{b}$ sabendo que $||\vec{a}|| = 3$, $||\vec{b}|| = 5$ e $||\vec{a} \times \vec{b}|| = 7$.

A) $\pm\sqrt{2}$ B) $\pm\sqrt{3}$ C) $\pm\sqrt{6}$ D) $\pm\sqrt{17}$ E) $\pm\sqrt{51}$ F) $\pm\sqrt{103}$ G) $\pm\sqrt{149}$ H) $\pm\sqrt{176}$

T30) Calcule a área do quadrilátero $ABCD$ sabendo que suas diagonais são $\overrightarrow{AC} = 5\vec{i} - 3\vec{k}$ e $\overrightarrow{BD} = 2\vec{i} + 4\vec{k}$.

A) 2 B) 5 C) 7 D) 11 E) 13 F) 15 G) 16 H) 17 I) 21 J) 25 K) 56 L) 97 M) 99

T31) Se $\vec{a}$, $\vec{b}$ e $\vec{c}$ são vetores não coplanares, então calcule o valor de

$$\frac{\vec{a} \cdot (\vec{b} \times \vec{c})}{\vec{b} \cdot (\vec{c} \times \vec{a})} + \frac{\vec{b} \cdot (\vec{c} \times \vec{a})}{\vec{c} \cdot (\vec{a} \times \vec{b})} + \frac{\vec{c} \cdot (\vec{a} \times \vec{b})}{\vec{a} \cdot (\vec{b} \times \vec{c})}.$$

A) 0 B) 1 C) -1 D) 2 E) -2 F) 3 D) -3 E) $\|\vec{a}\|$ F) $\|\vec{b}\|$ G) $\|\vec{c}\|$ H) $\|\vec{a}\|\|\vec{b}\|\|\vec{c}\|$

T32) Se $\vec{a} \neq \vec{0}$, $\vec{b} \neq \vec{0}$ e $\vec{a} \cdot \vec{b} = \|\vec{a} \times \vec{b}\|$, então o ângulo entre $\vec{a}$ e $\vec{b}$ é igual a

A) 0 B) π C) 2π D) $\frac{\pi}{2}$ E) $\frac{\pi}{3}$ F) $\frac{\pi}{4}$ G) $\frac{\pi}{6}$ H) $\frac{2\pi}{3}$ I) $\frac{3\pi}{4}$ J) $\frac{5\pi}{4}$ K) $\frac{7\pi}{6}$ L) $\frac{5\pi}{3}$ M) $\frac{7\pi}{4}$

T33) Calcule o ângulo entre $\vec{a}$ e $\vec{b}$ sabendo que $\|\vec{a}\| = 2$, $\|\vec{b}\| = 3$ e $[\vec{a}, \vec{b}, \vec{a} \times \vec{b}] = 4$.

A) $\widehat{(\vec{a}, \vec{b})} = \text{arccos}\,\frac{1}{5}$ B) $\widehat{(\vec{a}, \vec{b})} = \text{arccos}\,\frac{1}{4}$ C) $\widehat{(\vec{a}, \vec{b})} = \text{arccos}\,\frac{1}{3}$ D) $\widehat{(\vec{a}, \vec{b})} = \text{arccos}\,\frac{2}{3}$
E) $\widehat{(\vec{a}, \vec{b})} = \text{arcsen}\,\frac{1}{5}$ F) $\widehat{(\vec{a}, \vec{b})} = \text{arcsen}\,\frac{1}{4}$ G) $\widehat{(\vec{a}, \vec{b})} = \text{arcsen}\,\frac{1}{3}$ H) $\widehat{(\vec{a}, \vec{b})} = \text{arcsen}\,\frac{2}{3}$

T34) Calcule $\vec{v} \times (\vec{v} \times (\vec{v} \times (v \times w)))$ sabendo que $\vec{v} \cdot \vec{w} = 0$, $\|\vec{v}\| = 3$ e $\|\vec{w}\| = 5$.

A) $\vec{v}$ B) $-\vec{v}$ C) $3\vec{v}$ D) $-3\vec{v}$ E) $5\vec{v}$ F) $-5\vec{v}$ G) $27\vec{v}$ H) $-27\vec{v}$ I) $81\vec{v}$ J) $-81\vec{v}$
K) $\vec{w}$ L) $-\vec{w}$ M) $3\vec{w}$ N) $-3\vec{w}$ O) $5\vec{w}$ P) $-5\vec{w}$ Q) $27\vec{w}$ R) $-27\vec{w}$ S) $81\vec{w}$ T) $-81\vec{w}$

T35) Sejam $\beta = \{\vec{a}, \vec{b}, \vec{c}\}$ uma base do $\mathbb{R}^3$ e $\vec{v} \in \mathbb{R}^3$. Calcule o valor de

$$S = [\vec{v}, \vec{a}, \vec{c}]\vec{b} + [\vec{v}, \vec{b}, \vec{a}]\vec{c} + [\vec{v}, \vec{c}, \vec{b}]\vec{a} + [\vec{a}, \vec{b}, \vec{c}]\vec{v}.$$

A) $S = 0$ B) $S = 1$ C) $S = -1$ D) $S = 2$ E) $S = -2$ F) $S = 3$ G) $S = -3$ H) $S = 4$

T36) O produto vetorial quádruplo $(\vec{a} \times \vec{b}) \times (\vec{c} \times \vec{d})$ é igual a

A) $[\vec{a}, \vec{b}, \vec{c}]\vec{d} - [\vec{b}, \vec{c}, \vec{d}]\vec{a}$ B) $[\vec{a}, \vec{b}, \vec{d}]\vec{c} - [\vec{a}, \vec{b}, \vec{c}]\vec{d}$ C) $[\vec{a}, \vec{b}, \vec{d}]\vec{c} - [\vec{c}, \vec{d}, \vec{a}]\vec{b}$
D) $[\vec{a}, \vec{b}, \vec{c}]\vec{d} - [\vec{a}, \vec{c}, \vec{d}]\vec{b}$ E) $[\vec{a}, \vec{b}, \vec{c}]\vec{c} - [\vec{b}, \vec{a}, \vec{c}]\vec{d}$ F) $[\vec{a}, \vec{b}, \vec{d}]\vec{c} - [\vec{c}, \vec{d}, \vec{a}]\vec{d}$

T37) Sejam $\beta = \{\vec{a}, \vec{b}, \vec{c}\}$ uma base do $\mathbb{R}^3$ e $\vec{v} \in \mathbb{R}^3$. Determine o valor de $k \in \mathbb{R}$ sabendo que

$$(\vec{v} \times \vec{a}) \times (\vec{b} \times \vec{c}) + (\vec{v} \times \vec{b}) \times (\vec{c} \times \vec{a}) + (\vec{v} \times \vec{c}) \times (\vec{a} \times \vec{b}) = k\vec{v}.$$

A) $[\vec{a}, \vec{b}, \vec{c}]$ B) $-[\vec{a}, \vec{b}, \vec{c}]$ C) $2[\vec{a}, \vec{b}, \vec{c}]$ D) $-2[\vec{a}, \vec{b}, \vec{c}]$ E) $3[\vec{a}, \vec{b}, \vec{c}]$ F) $-3[\vec{a}, \vec{b}, \vec{c}]$ G) $4[\vec{a}, \vec{b}, \vec{c}]$

T38) Se $\vec{u} = 2\vec{a} - 5\vec{b} + \vec{c}$, $\vec{v} = \vec{a} + 3\vec{c}$ e $\vec{w} = 3\vec{b} - 4\vec{c}$, então $[\vec{u}, \vec{v}, \vec{w}]$ é igual a

A) $2[\vec{a}, \vec{b}, \vec{c}]$ B) $-5[\vec{a}, \vec{b}, \vec{d}]$ C) $7[\vec{a}, \vec{b}, \vec{c}]$ D) $11[\vec{a}, \vec{b}, \vec{c}]$ E) $-35[\vec{a}, \vec{b}, \vec{c}]$ F) $-51[\vec{a}, \vec{b}, \vec{c}]$

T39) Sejam $\beta = \{\vec{a}, \vec{b}, \vec{c}\}$ uma base do $\mathbb{R}^3$. Determine escalares $x, y, z \in \mathbb{R}$ tais que

$$\vec{a} \times \vec{b} = x\vec{a} + y\vec{b} + z\vec{c}.$$

A) $x = \frac{1}{[\vec{a},\vec{b},\vec{c}]}\begin{vmatrix}\vec{b}\cdot\vec{b} & \vec{b}\cdot\vec{c}\\ \vec{b}\cdot\vec{c} & \vec{c}\cdot\vec{c}\end{vmatrix},\quad y = \frac{-1}{[\vec{a},\vec{b},\vec{c}]}\begin{vmatrix}\vec{a}\cdot\vec{b} & \vec{b}\cdot\vec{c}\\ \vec{a}\cdot\vec{c} & \vec{c}\cdot\vec{c}\end{vmatrix},\quad z = \frac{1}{[\vec{a},\vec{b},\vec{c}]}\begin{vmatrix}\vec{a}\cdot\vec{b} & \vec{b}\cdot\vec{b}\\ \vec{a}\cdot\vec{c} & \vec{b}\cdot\vec{c}\end{vmatrix}$

B) $x = \frac{1}{[\vec{a},\vec{b},\vec{c}]}\begin{vmatrix}\vec{a}\cdot\vec{b} & \vec{a}\cdot\vec{c}\\ \vec{b}\cdot\vec{b} & \vec{b}\cdot\vec{c}\end{vmatrix},\quad y = \frac{-1}{[\vec{a},\vec{b},\vec{c}]}\begin{vmatrix}\vec{a}\cdot\vec{a} & \vec{a}\cdot\vec{c}\\ \vec{a}\cdot\vec{b} & \vec{b}\cdot\vec{c}\end{vmatrix},\quad z = \frac{1}{[\vec{a},\vec{b},\vec{c}]}\begin{vmatrix}\vec{a}\cdot\vec{a} & \vec{a}\cdot\vec{b}\\ \vec{a}\cdot\vec{b} & \vec{b}\cdot\vec{b}\end{vmatrix}$

C) $x = \frac{1}{[\vec{a},\vec{b},\vec{c}]}\begin{vmatrix}\vec{a}\cdot\vec{b} & \vec{b}\cdot\vec{c}\\ \vec{b}\cdot\vec{b} & \vec{c}\cdot\vec{c}\end{vmatrix},\quad y = \frac{-1}{[\vec{a},\vec{b},\vec{c}]}\begin{vmatrix}\vec{a}\cdot\vec{a} & \vec{b}\cdot\vec{c}\\ \vec{a}\cdot\vec{c} & \vec{c}\cdot\vec{c}\end{vmatrix},\quad z = \frac{1}{[\vec{a},\vec{b},\vec{c}]}\begin{vmatrix}\vec{c}\cdot\vec{c} & \vec{b}\cdot\vec{c}\\ \vec{a}\cdot\vec{c} & \vec{c}\cdot\vec{c}\end{vmatrix}$

D) $x = \frac{1}{[\vec{a},\vec{b},\vec{c}]}\begin{vmatrix}\vec{b}\cdot\vec{b} & \vec{b}\cdot\vec{c}\\ \vec{b}\cdot\vec{c} & \vec{c}\cdot\vec{c}\end{vmatrix},\quad y = \frac{-1}{[\vec{a},\vec{b},\vec{c}]}\begin{vmatrix}\vec{a}\cdot\vec{b} & \vec{b}\cdot\vec{c}\\ \vec{b}\cdot\vec{b} & \vec{c}\cdot\vec{c}\end{vmatrix},\quad z = \frac{1}{[\vec{a},\vec{b},\vec{c}]}\begin{vmatrix}\vec{a}\cdot\vec{b} & \vec{b}\cdot\vec{b}\\ \vec{a}\cdot\vec{a} & \vec{c}\cdot\vec{c}\end{vmatrix}$

E) $x = \frac{1}{[\vec{a},\vec{b},\vec{c}]}\begin{vmatrix}\vec{b}\cdot\vec{b} & \vec{b}\cdot\vec{c}\\ \vec{c}\cdot\vec{c} & \vec{a}\cdot\vec{a}\end{vmatrix},\quad y = \frac{-1}{[\vec{a},\vec{b},\vec{c}]}\begin{vmatrix}\vec{b}\cdot\vec{b} & \vec{b}\cdot\vec{c}\\ \vec{a}\cdot\vec{c} & \vec{c}\cdot\vec{c}\end{vmatrix},\quad z = \frac{1}{[\vec{a},\vec{b},\vec{c}]}\begin{vmatrix}\vec{a}\cdot\vec{a} & \vec{c}\cdot\vec{b}\\ \vec{a}\cdot\vec{c} & \vec{b}\cdot\vec{c}\end{vmatrix}$

F) $x = \frac{1}{[\vec{a},\vec{b},\vec{c}]}\begin{vmatrix}\vec{b}\cdot\vec{b} & \vec{b}\cdot\vec{c}\\ \vec{b}\cdot\vec{c} & \vec{c}\cdot\vec{c}\end{vmatrix},\quad y = \frac{-1}{[\vec{a},\vec{b},\vec{c}]}\begin{vmatrix}\vec{b}\cdot\vec{b} & \vec{c}\cdot\vec{c}\\ \vec{a}\cdot\vec{c} & \vec{c}\cdot\vec{c}\end{vmatrix},\quad z = \frac{1}{[\vec{a},\vec{b},\vec{c}]}\begin{vmatrix}\vec{a}\cdot\vec{b} & \vec{b}\cdot\vec{b}\\ \vec{c}\cdot\vec{c} & \vec{b}\cdot\vec{b}\end{vmatrix}$

T40) Seja $\beta = \{\vec{a},\vec{b},\vec{c}\}$ uma base do $\mathbb{R}^3$. Determine escalares $x, y, z \in \mathbb{R}$ tais que

$$\vec{a} = x(\vec{b}\times\vec{c}) + y(\vec{c}\times\vec{a}) + z(\vec{a}\times\vec{b}).$$

A) $x = \frac{\vec{a}\cdot\vec{a}}{[\vec{a},\vec{b},\vec{c}]}, y = \frac{\vec{a}\cdot\vec{b}}{[\vec{a},\vec{b},\vec{c}]}, z = \frac{\vec{a}\cdot\vec{c}}{[\vec{a},\vec{b},\vec{c}]}$ B) $x = \frac{\vec{a}\cdot\vec{a}}{[\vec{a},\vec{b},\vec{c}]}, y = -\frac{\vec{a}\cdot\vec{b}}{[\vec{a},\vec{b},\vec{c}]}, z = -\frac{\vec{a}\cdot\vec{c}}{[\vec{a},\vec{b},\vec{c}]}$

C) $x = -\frac{\vec{a}\cdot\vec{a}}{[\vec{a},\vec{b},\vec{c}]}, y = -\frac{\vec{a}\cdot\vec{b}}{[\vec{a},\vec{b},\vec{c}]}, z = \frac{\vec{a}\cdot\vec{c}}{[\vec{a},\vec{b},\vec{c}]}$ D) $x = \frac{\vec{b}\cdot\vec{a}}{[\vec{a},\vec{b},\vec{c}]}, y = \frac{\vec{b}\cdot\vec{b}}{[\vec{a},\vec{b},\vec{c}]}, z = \frac{\vec{b}\cdot\vec{c}}{[\vec{a},\vec{b},\vec{c}]}$

E) $x = \frac{-\vec{b}\cdot\vec{a}}{[\vec{a},\vec{b},\vec{c}]}, y = \frac{\vec{b}\cdot\vec{b}}{[\vec{a},\vec{b},\vec{c}]}, z = \frac{-\vec{b}\cdot\vec{c}}{[\vec{a},\vec{b},\vec{c}]}$ F) $x = \frac{\vec{c}\cdot\vec{a}}{[\vec{a},\vec{b},\vec{c}]}, y = \frac{\vec{c}\cdot\vec{b}}{[\vec{a},\vec{b},\vec{c}]}, z = \frac{\vec{c}\cdot\vec{c}}{[\vec{a},\vec{b},\vec{c}]}$

T41) Calcule o ângulo entre $\vec{a}$ e $\vec{b}$ sabendo que $\vec{a}\cdot\vec{b} > 0$, $\vec{b}\cdot\vec{c} > 0$ e $\vec{a}\times(\vec{b}\times\vec{c}) = (\vec{a}\times\vec{b})\times\vec{c}$.

A) 0 B) 1 C) π D) 2π E) $\frac{\pi}{2}$ F) $\frac{\pi}{3}$ G) $\frac{\pi}{4}$ H) $\frac{\pi}{6}$ I) $\frac{2\pi}{3}$ J) $\frac{3\pi}{4}$ K) $\frac{5\pi}{6}$ L) $\frac{7\pi}{4}$ M) $\frac{7\pi}{6}$

T42) Calcule o ângulo entre $\vec{a}$ e $\vec{b}$ sabendo que $\{\vec{a},\vec{b},\vec{c}\}$ é uma base de vetores unitários do $\mathbb{R}^3$ e $\vec{a}\times(\vec{b}\times\vec{c}) = \frac{\sqrt{2}}{2}(\vec{b}+\vec{c})$.

A) 0 B) 1 C) π D) 2π E) $\frac{\pi}{2}$ F) $\frac{\pi}{3}$ G) $\frac{\pi}{4}$ H) $\frac{\pi}{6}$ I) $\frac{2\pi}{3}$ J) $\frac{3\pi}{4}$ K) $\frac{5\pi}{6}$ L) $\frac{7\pi}{4}$ M) $\frac{7\pi}{6}$

T43) Calcule o ângulo entre $\vec{b}$ e $\vec{c}$ sabendo que $\vec{a}\neq\vec{0}$, $\vec{b}\neq\vec{0}$ e $\vec{c}\neq\vec{0}$ e $(\vec{a}\times\vec{b})\times\vec{c} = \frac{1}{5}\,||\vec{b}||\,||\vec{c}||\,\vec{a}$.

A) 0 B) π C) $\frac{\pi}{2}$ D) $\frac{\pi}{4}$ E) $\arccos\left(-\frac{1}{5}\right)$ F) $\arccos\left(-\frac{2}{5}\right)$ G) $\arccos\left(-\frac{3}{5}\right)$ H) $\arccos\left(-\frac{4}{5}\right)$

7.5 Retas e planos

T44) Determine P, o ponto comum aos planos cujas equações são $x + y + z = 5$, $x + 2y = 1$ e $2x + z = 4$.

A) $P = (3, -1, 0)$ B) $P = \left(\frac{1}{3}, \frac{2}{5}, -\frac{14}{5}\right)$ C) $P = \left(\frac{2}{3}, -\frac{2}{5}, \frac{4}{5}\right)$ D) $P = \left(-\frac{1}{3}, \frac{4}{5}, \frac{14}{5}\right)$ E) $P = \left(\frac{2}{3}, \frac{3}{5}, \frac{4}{5}\right)$
F) $P = (0, -3, 2)$ G) $P = \left(-\frac{2}{3}, \frac{2}{3}, \frac{4}{3}\right)$ H) $P = \left(\frac{4}{3}, \frac{1}{3}, -\frac{4}{3}\right)$ I) $P = \left(-\frac{5}{3}, \frac{1}{3}, -\frac{14}{3}\right)$ J) $P = \left(-\frac{1}{3}, \frac{2}{3}, \frac{14}{3}\right)$

T45) Determine a equação da reta que é a interseção dos planos $3x - y - z = 10$, $x + 5y + 4z = -3$ e $x - 27y - 22z = 35$.

A) $x = \frac{13}{16} - \frac{17}{13}t,\ y = 2t,\ z = -2 + t,\ t \in \mathbb{R}$
B) $x = \frac{11 - 4t}{3},\ y = -2t,\ z = 2 + t,\ t \in \mathbb{R}$
C) $x = -\frac{t + 35}{23},\ y = \frac{3t - 5}{23},\ z = -1 + 3t,\ t \in \mathbb{R}$
D) $x = -\frac{t + 4}{25},\ y = \frac{-3t}{25},\ z = t,\ t \in \mathbb{R}$
E) $x = \frac{t + 35}{13},\ y = \frac{19 - t}{13},\ z = -1 + t,\ t \in \mathbb{R}$
F) $x = \frac{t + 47}{16},\ y = \frac{-13t - 19}{16},\ z = t,\ t \in \mathbb{R}$

T46) Determine a projeção ortogonal $Q \in \alpha$ do ponto $P = (1, 2, 3)$ sobre o plano $\alpha : 2x - 5y + 9z = 10$.

A) $Q = \left(\frac{1}{55}, \frac{53}{52}, -\frac{23}{110}\right)$ B) $Q = \left(\frac{43}{55}, -\frac{3}{22}, -\frac{49}{110}\right)$ C) $Q = \left(\frac{41}{56}, -\frac{5}{22}, \frac{29}{110}\right)$ D) $Q = \left(\frac{46}{11}, \frac{53}{52}, \frac{119}{110}\right)$
E) $Q = \left(\frac{51}{45}, \frac{17}{52}, \frac{139}{110}\right)$ F) $Q = \left(\frac{41}{46}, \frac{13}{52}, \frac{39}{110}\right)$ G) $Q = \left(\frac{46}{55}, \frac{53}{22}, \frac{249}{110}\right)$ H) $Q = \left(\frac{41}{55}, \frac{53}{52}, \frac{219}{110}\right)$

T47) Consideremos os pontos $A = (-1, 2, 1)$, $B = (3, 1, 0)$, $C = (2, 2, 1)$ e $D = (1, -2, 0)$. Determine a distância do ponto D à reta r que passa pelos pontos A e B.

A) $d_{D,r} = \sqrt{\frac{101}{7}}$ B) $d_{D,r} = \sqrt{\frac{109}{8}}$ C) $d_{D,r} = \sqrt{\frac{109}{13}}$ D) $d_{D,r} = \sqrt{\frac{209}{11}}$ E) $d_{D,r} = \sqrt{\frac{209}{18}}$

T48) Ainda com relação aos pontos A, B, C e D do **T47**, determine a distância do ponto D ao plano α que passa pelos pontos A, B e C.

A) $d_{D,\alpha} = \frac{3\sqrt{7}}{7}$ B) $d_{D,\alpha} = \frac{4\sqrt{5}}{5}$ C) $d_{D,\alpha} = \frac{2\sqrt{13}}{13}$ D) $d_{D,\alpha} = \frac{5\sqrt{3}}{3}$ E) $d_{D,\alpha} = \frac{3\sqrt{2}}{2}$

T49) No seguinte cubo $ABCDEFGH$, a equação da reta r que contém a aresta AB é $x = t + 2,\ y = -3t,\ z = 0,\ t \in \mathbb{R}$ e a da reta s da aresta GH é $x = 3s + 4,\ y = s + 5,\ z = 2,\ s \in \mathbb{R}$. Determine o vetor $\overrightarrow{BG}$.

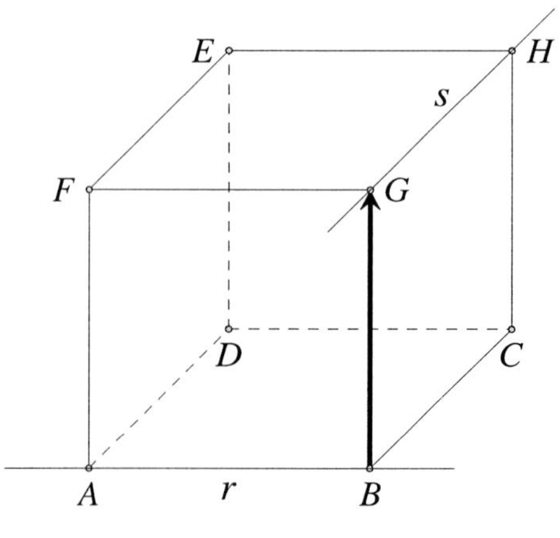

A) $\overrightarrow{BG} = \vec{i} + \vec{j}$ B) $\overrightarrow{BG} = \vec{i} + \vec{k}$ C) $\overrightarrow{BG} = \vec{j} - \vec{k}$ D) $\overrightarrow{BG} = 2\vec{i} + \vec{j}$ E) $\overrightarrow{BG} = \vec{i} - 3\vec{j}$
F) $\overrightarrow{BG} = 4\vec{i} - \vec{j}$ G) $\overrightarrow{BG} = \vec{i} + 2\vec{k}$ H) $\overrightarrow{BG} = 3\vec{i}$ I) $\overrightarrow{BG} = 4\vec{j}$ J) $\overrightarrow{BG} = 2\vec{k}$

T50) Determine $\lambda \in \mathbb{R} - \{0\}$ para o qual as retas $x + 1 = \dfrac{y-6}{\lambda} = \dfrac{z-4}{5}$ e $\dfrac{x-3}{\lambda} = \dfrac{y+2}{4} = \dfrac{z}{2}$ sejam perpendiculares.

A) $\lambda = -3$ B) $\lambda = -2$ C) $\lambda = -1$ D) $\lambda = 0$ E) $\lambda = 1$ F) $\lambda = 2$ G) $\lambda = 3$ H) $\lambda = 4$

T51) Sendo $a, b, c, p, q, r \in \mathbb{R} - \{0\}$, determine a interseção das retas $\dfrac{x-a}{p} = \dfrac{x-b}{q} = \dfrac{x-c}{r}$ e $\dfrac{x-p}{a} = \dfrac{x-q}{b} = \dfrac{x-r}{c}$.

A) $\left(\dfrac{a}{p}, \dfrac{b}{q}, \dfrac{c}{r}\right)$ B) $\left(\dfrac{p}{a}, \dfrac{q}{b}, \dfrac{r}{c}\right)$ C) $\left(\dfrac{1}{a}, \dfrac{1}{b}, \dfrac{1}{c}\right)$ D) $\left(\dfrac{1}{a+p}, \dfrac{1}{b+q}, \dfrac{1}{c+r}\right)$
E) $(ap,\ bq,\ cr)$ F) $(p-a,\ q-b,\ r-c)$ G) $(a-p,\ b-q,\ c-r)$ H) $(a+p,\ b+q,\ c+r)$

T52) Determine a área do triângulo ABC sabendo que os vértices A, B e C são as interseções do plano $\dfrac{x}{a} + \dfrac{y}{b} + \dfrac{z}{c} = 1$ com os eixos coordenados Ox, Oy e Oz.

A) $\dfrac{1}{2}\sqrt{a^2b^2 + b^2c^2 + c^2a^2}$ B) $\dfrac{1}{2}\sqrt{a^4b^2 + b^4c^2 + c^4a^2}$ C) $\dfrac{1}{2}\sqrt{ab^2 + bc^2 + ca^2}$
D) $\dfrac{1}{2}\sqrt{(a-b)^2 + (b-c)^2 + 1}$ E) $\dfrac{1}{2}\sqrt{abc(a+b+c) + 1}$ F) $\dfrac{1}{2}\sqrt{abc(a^2 + b^2 + c^2)}$

T53) No paralelepípedo $ABCDEFGH$ a seguir, os lados AD, AB e AF medem a, b e c, respectivamente. Calcule a distância entre a diagonal BE e a aresta GH.

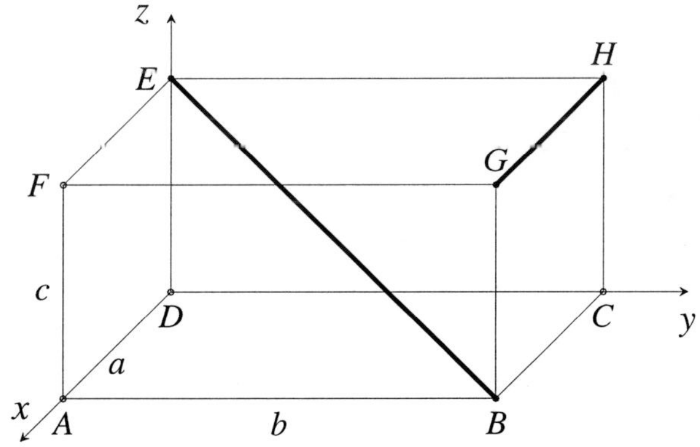

A) $\dfrac{a}{\sqrt{b^2c^2+1}}$ B) $\dfrac{b}{\sqrt{a^2c^2+1}}$ C) $\dfrac{c}{\sqrt{a^2b^2+1}}$ D) $\dfrac{ab}{\sqrt{a^2+b^2}}$ E) $\dfrac{ac}{\sqrt{a^2+c^2}}$ F) $\dfrac{bc}{\sqrt{b^2+c^2}}$

T54) Se $m, n, p, \alpha, \beta, \gamma \in \mathbb{R} - \{0\}$ e as retas $\dfrac{x}{\alpha} = \dfrac{y}{\beta} = \dfrac{z}{\gamma}$, $\dfrac{mx}{\alpha} = \dfrac{ny}{\beta} = \dfrac{pz}{\gamma}$, e $\dfrac{x}{m\alpha} = \dfrac{y}{n\beta} = \dfrac{z}{p\gamma}$ são coplanares, então

A) $(m\alpha - n\beta)(n\beta - p\gamma)(p\gamma - m\alpha) = 0$
B) $(m\alpha + n\beta)(n\beta + p\gamma)(p\gamma + m\alpha) = 0$
C) $(m + n)(n + p)(p + m) = 0$
D) $(m - n)(n - p)(p - m) = 0$
E) $(\alpha + \beta)(\beta + \gamma)(\gamma + \alpha) = 0$
F) $(\alpha - \beta)(\beta - \gamma)(\gamma - \alpha) = 0$

T55) Dados escalares a, b, c, d, e, f, g, h tais que $e \neq 0$, $f \neq 0$, $e \neq \pm h$, $f \neq \pm g$ e $eg - fh \neq 0$, determine a equação do plano que contenha as retas

$$\frac{x - a + d}{e - h} = \frac{y - a}{e} = \frac{z - a - d}{e + h} \quad \text{e} \quad \frac{x - b + c}{f - g} = \frac{y - b}{f} = \frac{z - b - c}{f + g}.$$

A) $x + 2y + z = 0$
B) $x - 2y - z = 0$
C) $x - 2y + z = 0$
D) $x + 2y - z = 0$
E) $x - 2y + 2z = 0$
F) $x + 2y + 2z = 0$
G) $x - 2y - 2z = 0$
H) $x + 2y - 2z = 0$

T56) Determine as equações dos planos paralelos ao plano $2x-4y+4z = 13$ que estão a uma distância de 3 unidades do ponto $P = (-1, 2, -1)$.

A) $x - 2y + 2z = 10, \quad x - 2y + 2z = 19$
B) $x - 2y + 2z = -10, \quad x - 2y + 2z = -16$
C) $x - 2y + 2z = 10, \quad x - 2y + 2z = 16$
D) $x - 2y + 2z = -16, \quad x - 2y + 2z = 2$
E) $x - 2y + 2z = 8, \quad x - 2y + 2z = 2$
F) $x - 2y + 2z = -8, \quad x - 2y + 2z = -2$
G) $x - 2y + 2z = 10, \quad x - 2y + 2z = 12$
H) $x - 2y + 2z = -8, \quad x - 2y + 2z = 16$

T57) Determine o ângulo formado pelas retas r e s definidas através das interseções de planos:

$$r: \begin{cases} 2x + 3y - z = 5 \\ x + y + 3z = 4 \end{cases} \quad \text{e} \quad s: \begin{cases} x + 2y - z = 8 \\ 4x + 3y - 5z = 10 \end{cases}$$

A) $\widehat{(r, s)} = \arccos\left(-\frac{15\sqrt{2}}{41}\right)$
B) $\widehat{(r, s)} = \arccos\left(\frac{3\sqrt{2}}{5}\right)$
C) $\widehat{(r, s)} = \arccos\left(-\frac{12\sqrt{2}}{25}\right)$
D) $\widehat{(r, s)} = \arccos\left(-\frac{11\sqrt{3}}{25}\right)$
E) $\widehat{(r, s)} = \arccos\left(\frac{13\sqrt{3}}{25}\right)$
F) $\widehat{(r, s)} = \arccos\left(-\frac{14\sqrt{3}}{25}\right)$

T58) Determine a equação do plano que passa pelas retas r e s definidas pelas interseções de planos:

$$r: \begin{cases} a_1x + b_1y + c_1z = 0 \\ a_2x + b_2y + c_2z = 0 \end{cases} \quad \text{e} \quad s: \begin{cases} a_3x + b_3y + c_3z = 0 \\ a_4x + b_4y + c_4z = 0 \end{cases}$$

A) $\begin{vmatrix} x & y & z \\ \sqrt{b_1c_2 - b_2c_1} & \sqrt{c_1a_2 - c_2a_1} & \sqrt{a_1b_2 - a_2b_1} \\ \sqrt{b_3c_4 - b_4c_3} & \sqrt{c_3a_4 - c_4a_3} & \sqrt{a_3b_4 - a_4b_3} \end{vmatrix} = 0$

B) $\begin{vmatrix} x & y & z \\ \sqrt{b_1c_2 + b_2c_1} & \sqrt{c_1a_2 + c_2a_1} & \sqrt{a_1b_2 + a_2b_1} \\ \sqrt{b_3c_4 + b_4c_3} & \sqrt{c_3a_4 + c_4a_3} & \sqrt{a_3b_4 + a_4b_3} \end{vmatrix} = 0$

C) $\begin{vmatrix} x & y & z \\ b_1c_2 - b_2c_1 & c_1a_2 - c_2a_1 & a_1b_2 - a_2b_1 \\ b_3c_4 - b_4c_3 & c_3a_4 - c_4a_3 & a_3b_4 - a_4b_3 \end{vmatrix} = 0$

D) $\begin{vmatrix} x & y & z \\ b_1c_2 + b_2c_1 & c_1a_2 + c_2a_1 & a_1b_2 + a_2b_1 \\ b_3c_4 + b_4c_3 & c_3a_4 + c_4a_3 & a_3b_4 + a_4b_3 \end{vmatrix} = 0$

E) $\begin{vmatrix} x & y & z \\ (b_1c_2 - b_2c_1)^2 & (c_1a_2 - c_2a_1)^2 & (a_1b_2 - a_2b_1)^2 \\ (b_3c_4 - b_4c_3)^2 & (c_3a_4 - c_4a_3)^2 & (a_3b_4 - a_4b_3)^2 \end{vmatrix} = 0$

F) $\begin{vmatrix} x & y & z \\ (b_1c_2 + b_2c_1)^2 & (c_1a_2 + c_2a_1)^2 & (a_1b_2 + a_2b_1)^2 \\ (b_3c_4 + b_4c_3)^2 & (c_3a_4 + c_4a_3)^2 & (a_3b_4 + a_4b_3)^2 \end{vmatrix} = 0$

T59) Determinar a equação do plano que contém a interseção dos planos $x+y+2z = 4$ e $x-2y-3z = 5$ e que é perpendicular ao plano $4x + 5y - 10z = 11$.

A) $30x - 21y + 11z = 171$ B) $35x + 2y + 15z = 151$ C) $13x - 12y + 101z = 17$
D) $23x - 2y + 110z = 172$ E) $30x - 21y + 11z = 16$ F) $3x - 2y + 35z = 251$

T60) Dados o ponto $P = (1, 2, 3)$ e a reta $r : \dfrac{x+5}{8} = \dfrac{y+5}{3} = \dfrac{z-1}{4}$, determine o ponto P' simétrico de P com relação à reta r.

A) $P' = \left(\frac{153}{89}, -\frac{406}{89}, \frac{127}{89}\right)$ B) $P' = \left(\frac{255}{89}, -\frac{676}{89}, \frac{327}{89}\right)$ C) $P' = \left(\frac{357}{89}, -\frac{166}{89}, \frac{427}{89}\right)$
D) $P' = \left(\frac{135}{89}, -\frac{476}{89}, \frac{227}{89}\right)$ E) $P' = \left(\frac{253}{89}, -\frac{606}{89}, \frac{527}{89}\right)$ F) $P' = \left(\frac{455}{89}, -\frac{303}{89}, \frac{127}{89}\right)$

7.6 Cônicas

T61) Se $a, b \in \mathbb{R} - \{0\}$, as assíntotas da hipérbole $\dfrac{(x-x_0)^2}{a^2} - \dfrac{(y-y_0)^2}{b^2} = 1$ satisfazem a seguinte equação:

A) $\dfrac{(x-x_0)^2}{a^2}-\dfrac{(y-y_0)^2}{b^2}=\left(\dfrac{x-x_0}{a}+\dfrac{y-y_0}{b}\right)\left(\dfrac{x-x_0}{a}-\dfrac{y-y_0}{b}\right)=0$

B) $\dfrac{(x-x_0)^2}{a^2}-\dfrac{(y-y_0)^2}{b^2}=\left(\dfrac{x-x_0}{a}+\dfrac{y-y_0}{b}\right)\left(\dfrac{x-x_0}{a}-\dfrac{y-y_0}{b}\right)=1$

C) $\dfrac{(x-x_0)^2}{a^2}-\dfrac{(y-y_0)^2}{b^2}=\left(\dfrac{x-x_0}{a}+\dfrac{y-y_0}{b}\right)\left(\dfrac{x-x_0}{a}-\dfrac{y-y_0}{b}\right)=-1$

D) $\dfrac{(x-x_0)^2}{a^2}-\dfrac{(y-y_0)^2}{b^2}=\left(\dfrac{x-x_0}{a}+\dfrac{y-y_0}{b}\right)\left(\dfrac{x-x_0}{a}-\dfrac{y-y_0}{b}\right)=\dfrac{a}{b}$

E) $\dfrac{(x-x_0)^2}{a^2}-\dfrac{(y-y_0)^2}{b^2}=\left(\dfrac{x-x_0}{a}+\dfrac{y-y_0}{b}\right)\left(\dfrac{x-x_0}{a}-\dfrac{y-y_0}{b}\right)=\dfrac{b}{a}$

T62) Sendo $C=(5,0)$, calcule a área do triângulo ABC sabendo que A e B são os pontos de interseção entre a elipse $x^2+9y^2=9$ e as retas tangentes à elipse que passam por C.

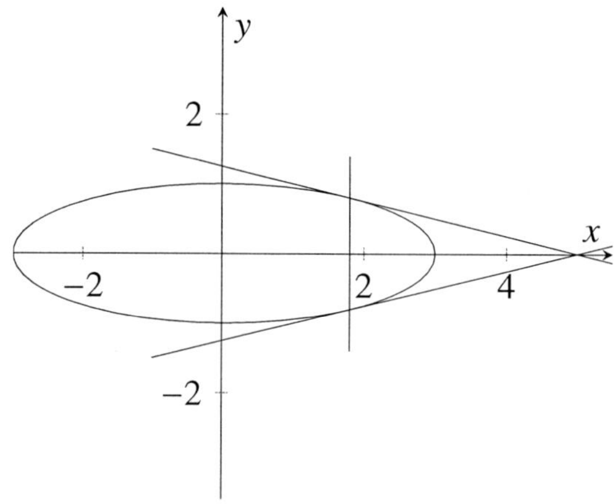

A) $\dfrac{8}{5}$ B) $\dfrac{4}{5}$ C) $\dfrac{8}{25}$ D) $\dfrac{4}{25}$ E) $\dfrac{64}{5}$ F) $\dfrac{64}{25}$ G) $\dfrac{25}{64}$ H) $\dfrac{5}{64}$ I) $\dfrac{25}{8}$ J) $\dfrac{5}{8}$ K) $\dfrac{25}{4}$

T63) Dados cinco pontos no plano $P_1=(x_1,y_1)$, $P_2=(x_2,y_2)$, $P_3=(x_3,y_3)$, $P_4=(x_4,y_4)$ e $P_5=(x_5,y_5)$, entre os quais não há três colineares, existe uma única cônica que passa por esses pontos e sua equação

$$Ax^2+By^2+Cxy+Dx+Ey+F=0$$

pode ser determinada através do seguinte determinante 6×6:

$$\begin{vmatrix} x^2 & y^2 & xy & x & y & 1\\ x_1^2 & y_1^2 & x_1y_1 & x_1 & y_1 & 1\\ x_2^2 & y_2^2 & x_2y_2 & x_2 & y_2 & 1\\ x_3^2 & y_3^2 & x_3y_3 & x_3 & y_3 & 1\\ x_4^2 & y_4^2 & x_4y_4 & x_4 & y_4 & 1\\ x_5^2 & y_5^2 & x_5y_5 & x_5 & y_5 & 1 \end{vmatrix}=0.$$

Baseando-se nessa informação, determine a equação da cônica que passa pelos pontos $(1,0)$, $(-1,0)$, $(\sqrt{2},2)$, $(-\sqrt{2},2)$ e $(2,2\sqrt{3})$.

A) $x^2-y=1$ B) $2x^2-y=2$ C) $4x^2+y^2=4$ D) $x^2+4y^2=4$
E) $x-y^2=1$ F) $2x-y^2=2$ G) $4x^2-y^2=4$ H) $x^2-4y^2=4$

T64) Determine a equação da cônica na qual a soma das distâncias dos seus pontos $P = (x, y)$ aos pontos $F_1 = (2, 2)$ e $F_2 = (-2, -2)$ é constante e igual a 10.

A) $21x^2 + 21y^2 - 4xy = 625$ B) $21x^2 + 21y^2 + 8xy = 225$ C) $21x^2 + 21y^2 - 8xy = 425$
D) $15x^2 + 15y^2 - 8xy = 425$ E) $15x^2 + 15y^2 - 4xy = 225$ F) $15x^2 + 15y^2 + 8xy = 625$

T65) Determine todos os valores de $k \in \mathbb{R}$ para os quais a equação

$$5x^2 + 3y^2 + 8x - 10y = k$$

representa uma elipse.

A) $k < 1$ B) $-5 < k < \frac{17}{14}$ C) $k \geqslant \frac{101}{5}$ D) $k > -\frac{173}{15}$ E) $k > -\frac{13}{108}$ F) $k \geqslant \frac{145}{7}$ G) $-4 \leqslant k \leqslant 2$

T66) Determine a equação da hipérbole que passa pelo ponto $(5, 3)$ cujas assíntotas são as retas $\frac{x-1}{2} = \frac{y-4}{7}$ e $\frac{x-1}{2} = -\frac{y-4}{7}$. (Sugestão: *as assíntotas da hipérbole* $\frac{(x-x_0)^2}{a^2} - \frac{(y-y_0)^2}{b^2} = k$ *são as retas* $\frac{x-x_0}{a} \pm \frac{y-y_0}{b} = 0$ *que satisfazem a equação* $\frac{(x-x_0)^2}{a^2} - \frac{(y-y_0)^2}{b^2} = 0$)

A) $\left(\frac{x-2}{2}\right)^2 - \left(\frac{y-4}{7}\right)^2 = \frac{437}{196}$ B) $\left(\frac{x-2}{2}\right)^2 - \left(\frac{y-4}{7}\right)^2 = \frac{196}{437}$ C) $-\left(\frac{x-2}{2}\right)^2 + \left(\frac{y-4}{7}\right)^2 = \frac{437}{196}$
D) $-\left(\frac{x-2}{2}\right)^2 + \left(\frac{y-4}{7}\right)^2 = \frac{196}{437}$ E) $\left(\frac{x-2}{2}\right)^2 - \left(\frac{y-4}{7}\right)^2 = \frac{186}{337}$ F) $-\left(\frac{x-2}{2}\right)^2 + \left(\frac{y-4}{7}\right)^2 = \frac{337}{186}$

T67) A excentricidade da elipse $\frac{(x-x_0)^2}{a^2} + \frac{(y-y_0)^2}{b^2} = 1$ é

A) $e = \sqrt{\frac{a^2+b^2}{a^2}}$ B) $e = \sqrt{\frac{a^2+b^2}{b^2}}$ C) $e = \sqrt{\frac{a^2-b^2}{a^2}}$ D) $e = \sqrt{\frac{a^2-b^2}{b^2}}$ E) $e = \sqrt{\frac{a^2}{a^2-b^2}}$
F) $e = \sqrt{\frac{b^2}{a^2-b^2}}$ G) $e = \sqrt{\frac{b^2}{a^2+b^2}}$ H) $e = \sqrt{\frac{a^2}{a^2+b^2}}$ I) $e = \sqrt{\frac{a^2-b^2}{a^2+b^2}}$ J) $e = \sqrt{\frac{a^2+b^2}{a^2-b^2}}$

T68) Determine m para que a reta $y = \frac{3}{2}x + m$ seja tangente à hipérbole $\frac{x^2}{25} - \frac{y^2}{36} = 1$.

A) $m = \pm\frac{1}{2}$ B) $m = \pm\frac{3}{2}$ C) $m = \pm\frac{5}{2}$ D) $m = \pm\frac{7}{2}$ E) $m = \pm\frac{9}{2}$ F) $m = \pm\frac{1}{4}$ G) $m = \pm\frac{3}{4}$

T69) Determine a equação da parábola com vértice no ponto $V = (4, -3)$ e cuja diretriz é a reta $x + 2y + 12 = 0$.

A) $49x^2 + 105y^2 - 8xy - 1900x - 246y + 4369 = 0$
B) $105x^2 + 49y^2 - 4xy + 1900x + 246y + 4369 = 0$
C) $108x^2 + 115y^2 - 2xy - 1800x - 746y + 3568 = 0$
D) $145x^2 + 148y^2 - 4xy - 346x - 1812y - 5369 = 0$
E) $148x^2 + 145y^2 - 4xy - 1812x - 346y + 5369 = 0$

7.7 Quádricas

T70) O centro C e o raio R da esfera cuja equação é $x^2 + y^2 + z^2 - 6x + 4y + 7z - 4 = 0$ são

A) $C = (3, 1, -\frac{9}{2})$, $R = \frac{\sqrt{157}}{2}$ B) $C = (-3, 1, -\frac{7}{2})$, $R = \frac{\sqrt{117}}{2}$ C) $C = (3, -2, -\frac{9}{2})$, $R = \frac{\sqrt{137}}{2}$
D) $C = (3, -1, -\frac{7}{2})$, $R = \frac{\sqrt{147}}{2}$ E) $C = (3, -2, -\frac{7}{2})$, $R = \frac{\sqrt{117}}{2}$ F) $C = (3, -2, -\frac{7}{2})$, $R = \frac{\sqrt{157}}{2}$

T71) A equação da esfera que passa pelos pontos $(-1, 1, 0)$, $(1, -2, -3)$, $(3, 2, 1)$ e $(0, -1, 5)$ é

A) $x^2 + y^2 + z^2 - \frac{168}{49}x + \frac{204}{49}y - \frac{120}{49}z - \frac{470}{49} = 0$ B) $x^2 + y^2 + z^2 + \frac{168}{49}x - \frac{204}{49}y - \frac{120}{49}z + \frac{470}{49} = 0$
C) $x^2 + y^2 + z^2 - \frac{28}{19}x + \frac{32}{19}y - \frac{48}{19}z - \frac{178}{19} = 0$ D) $x^2 + y^2 + z^2 + \frac{28}{19}x - \frac{32}{19}y - \frac{48}{19}z + \frac{178}{19} = 0$
E) $x^2 + y^2 + z^2 - \frac{68}{49}x + \frac{104}{49}y - \frac{38}{49}z - \frac{271}{49} = 0$ F) $x^2 + y^2 + z^2 + \frac{68}{49}x - \frac{104}{49}y - \frac{38}{49}z + \frac{271}{49} = 0$

T72) Os três gráficos a seguir representam uma mesma superfície quádrica em posições diferentes. Determine suas respectivas equações sabendo que o eixo dos x é o que aponta para a frente, o y para a direita e o z para cima.

Posição 1

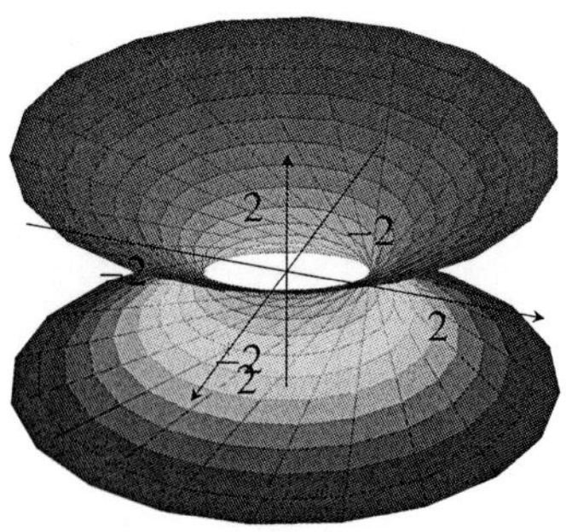

Posição 2

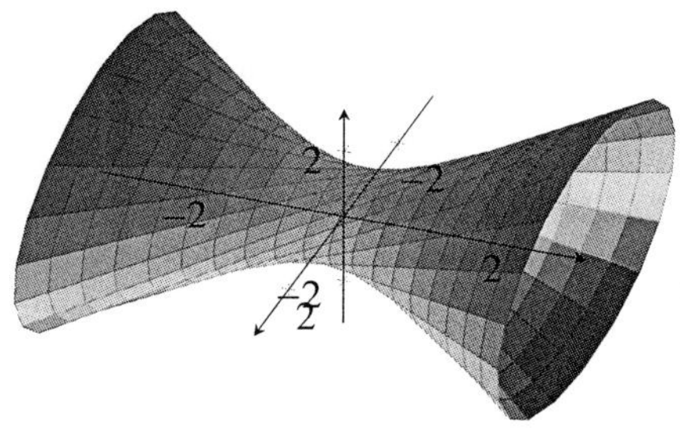

Posição 3

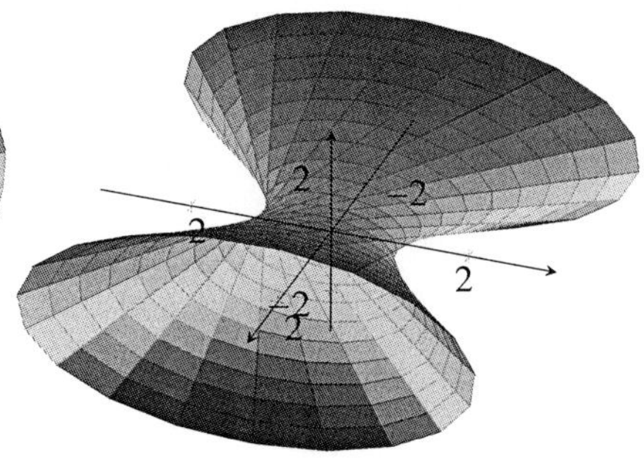

A) (1) $x^2 + y^2 - z^2 = 1$, (2) $x^2 - y^2 + z^2 = 1$, (3) $-x^2 + y^2 + z^2 = 1$
B) (1) $x^2 + y^2 - z^2 = 1$, (2) $-x^2 + y^2 + z^2 = 1$, (3) $x^2 - y^2 + z^2 = 1$
C) (1) $x^2 - y^2 + z^2 = 1$, (2) $-x^2 + y^2 + z^2 = 1$, (3) $x^2 + y^2 - z^2 = 1$
D) (1) $x^2 - y^2 + z^2 = 1$, (2) $x^2 + y^2 - z^2 = 1$, (3) $-x^2 + y^2 + z^2 = 1$
E) (1) $-x^2 + y^2 + z^2 = 1$, (2) $x^2 - y^2 + z^2 = 1$, (3) $x^2 + y^2 - z^2 = 1$
F) (1) $-x^2 + y^2 + z^2 = 1$, (2) $x^2 + y^2 - z^2 = 1$, (3) $x^2 - y^2 + z^2 = 1$
G) (1) $x^2 - y^2 - z^2 = 1$, (2) $-x^2 - y^2 + z^2 = 1$, (3) $-x^2 + y^2 - z^2 = 1$
H) (1) $-x^2 - y^2 + z^2 = 1$, (2) $x^2 - y^2 - z^2 = 1$, (3) $-x^2 + y^2 - z^2 = 1$
I) (1) $-x^2 + y^2 - z^2 = 1$, (2) $x^2 - y^2 - z^2 = 1$, (3) $-x^2 - y^2 + z^2 = 1$

T73) O gráfico a seguir representa um cone de revolução com vértice no ponto $(2, 3, 4)$. Determine sua equação cartesiana sabendo que o eixo dos x é o que aponta para a frente, o y para a direita e o z para cima.

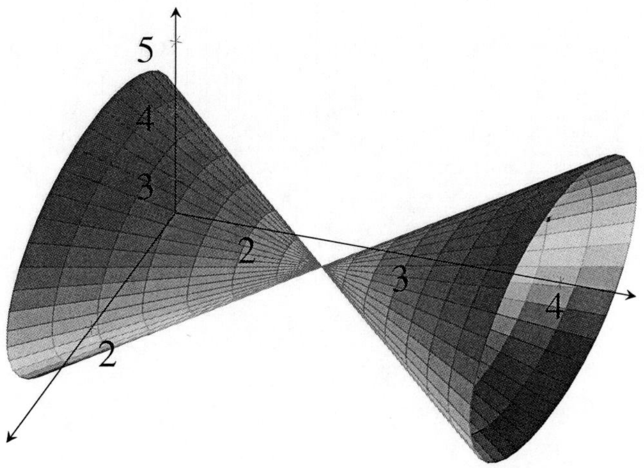

A) $(y-4)^2 = (x-3)^2 + (z-2)^2$ B) $(y-2)^2 = (x-3)^2 + (z-4)^2$
C) $(y-3)^2 = (x-2)^2 + (z-4)^2$ D) $(x-4)^2 = (y-2)^2 + (z-3)^2$
E) $(x-3)^2 = (y-2)^2 + (z-4)^2$ F) $(z-2)^2 = (x-3)^2 + (y-4)^2$
G) $(z-4)^2 = (x-2)^2 + (y-3)^2$ H) $(z-3)^2 = (x-2)^2 + (y-4)^2$

T74) Determine a equação de uma quádrica

$$Ax^2 + By^2 + Cz^2 + Dx + Ey + Fz + G = 0$$

na forma de determinante 7×7, sabendo que a superfície passa pelos seis pontos seguintes: $P_1 = (1,2,3)$, $P_2 = (-1,0,2)$, $P_3 = (-3,0,0)$, $P_4 = (1,1,-1)$, $P_5 = (-2,2,0)$ e $P_6 = (3,1,-3)$.

A) $$\begin{vmatrix} x^2 & y^2 & z^2 & x & y & z & 1 \\ 1 & 2 & 3 & 1 & 2 & 3 & 1 \\ -1 & 0 & 2 & -1 & 0 & 2 & 1 \\ -3 & 0 & 0 & -3 & 0 & 0 & 1 \\ 1 & -1 & 1 & 1 & 1 & -1 & 1 \\ -2 & 2 & 0 & -2 & 2 & 0 & 1 \\ 3 & 1 & -3 & 3 & 1 & -3 & 1 \end{vmatrix} = 0$$

B) $$\begin{vmatrix} x^2 & y^2 & z^2 & x & y & z & 1 \\ 1 & -4 & -9 & 0 & 0 & 0 & 1 \\ 1 & 0 & -4 & 0 & 0 & 0 & 1 \\ 9 & 0 & 0 & 0 & 0 & 0 & 1 \\ 1 & -1 & -1 & 0 & 0 & 0 & 1 \\ 4 & -2 & 0 & 0 & 0 & 0 & 1 \\ 9 & -1 & -9 & 0 & 0 & 0 & 1 \end{vmatrix} = 0$$

C) $$\begin{vmatrix} x^2 & y^2 & z^2 & x & y & z & 1 \\ 0 & 0 & 0 & 1 & 2 & 3 & 1 \\ 0 & 0 & 0 & -1 & 0 & 2 & 1 \\ 0 & 0 & 0 & -3 & 0 & 0 & 1 \\ 0 & 0 & 0 & 1 & 1 & -1 & 1 \\ 0 & 0 & 0 & -2 & 2 & 0 & 1 \\ 0 & 0 & 0 & 3 & 1 & -3 & 1 \end{vmatrix} = 0$$

D) $$\begin{vmatrix} x^2 & y^2 & z^2 & x & y & z & 1 \\ 1 & 4 & 9 & 1 & 2 & 3 & 1 \\ 1 & 0 & 4 & -1 & 0 & 2 & 1 \\ 9 & 0 & 0 & -3 & 0 & 0 & 1 \\ 1 & 1 & 1 & 1 & 1 & -1 & 1 \\ 4 & 2 & 0 & -2 & 2 & 0 & 1 \\ 9 & 1 & 9 & 3 & 1 & -3 & 1 \end{vmatrix} = 0$$

E) $$\begin{vmatrix} x^2 & y^2 & z^2 & x & y & z & 1 \\ 1 & 4 & 9 & 1 & 2 & 3 & 1 \\ 0 & 0 & 4 & -1 & 0 & 2 & 1 \\ 0 & 0 & 0 & -3 & 0 & 0 & 1 \\ 0 & 0 & 0 & 1 & 1 & -1 & 1 \\ 0 & 0 & 0 & 0 & 2 & 0 & 1 \\ 0 & 0 & 0 & 0 & 0 & -3 & 1 \end{vmatrix} = 0$$

F) $$\begin{vmatrix} x^2 & y^2 & z^2 & x & y & z & 1 \\ 1 & 0 & 0 & 0 & 0 & 0 & 1 \\ 1 & 0 & 0 & 0 & 0 & 0 & 1 \\ 9 & 0 & 0 & 0 & 0 & 0 & 1 \\ 1 & -1 & -1 & 1 & 0 & 0 & 1 \\ 4 & -2 & 0 & -2 & 2 & 0 & 1 \\ 9 & -1 & -9 & 3 & 1 & -3 & 1 \end{vmatrix} = 0$$

T75) Determine a equação de uma superfície quádrica cuja interseção com o plano $z = 1$ é a hipérbole $45x^2 - 20y^2 = 144$, $z = 1$, e com o plano $x = 0$ é outra hipérbole $9z^2 - 5y^2 = 45$, $x = 0$.

A) $-\dfrac{x^2}{4} + \dfrac{y^2}{9} + \dfrac{z^2}{5} = 1$ B) $-\dfrac{x^2}{4} - \dfrac{y^2}{9} + \dfrac{z^2}{5} = 1$ C) $-\dfrac{x^2}{4} + \dfrac{y^2}{9} - \dfrac{z^2}{5} = 1$

D) $\dfrac{x^2}{4} - \dfrac{y^2}{9} - \dfrac{z^2}{5} = 1$ E) $\dfrac{x^2}{4} + \dfrac{y^2}{9} - \dfrac{z^2}{5} = 1$ F) $\dfrac{x^2}{4} - \dfrac{y^2}{9} + \dfrac{z^2}{5} = 1$

T76) Determine a equação do cone de revolução obtido através de uma rotação de 360° da reta $y - 3x = 5$, $z = 0$ em torno do eixo dos x.

A) $\dfrac{y^2}{3} + \dfrac{z^2}{3} = \left(x + \dfrac{3}{5}\right)^2$ B) $\dfrac{y^3}{9} + \dfrac{z^2}{3} = \left(x - \dfrac{3}{5}\right)^2$ C) $\dfrac{y^2}{25} + \dfrac{z^2}{25} = \left(x + \dfrac{3}{5}\right)^2$

D) $\dfrac{y^2}{25} + \dfrac{z^2}{25} = \left(x - \dfrac{5}{3}\right)^2$ E) $\dfrac{y^2}{9} + \dfrac{z^2}{9} = \left(x + \dfrac{5}{3}\right)^2$ F) $\dfrac{y^2}{9} + \dfrac{z^2}{9} = \left(x - \dfrac{5}{3}\right)^2$

T77) Determine todos os valores de $k \in \mathbb{R}$ para os quais a equação

$$2x^2 + 3y^2 + 4z^2 + 6x - 12y - 8z = k$$

representa um elipsoide.

A) $k < 1$ B) $-3 < k < \dfrac{17}{4}$ C) $k \geqslant \dfrac{101}{5}$ D) $k > -\dfrac{41}{2}$ E) $k > -\dfrac{3}{8}$ F) $k \geqslant \dfrac{45}{7}$ G) $-5 \leqslant k \leqslant 2$

T78) O paraboloide hiperbólico $z = \dfrac{x^2}{25} - \dfrac{y^2}{16}$ é girado em torno do eixo x por 90°. Qual a equação desse paraboloide depois de efetuada essa rotação?

$z = \dfrac{x^2}{25} - \dfrac{y^2}{16}$

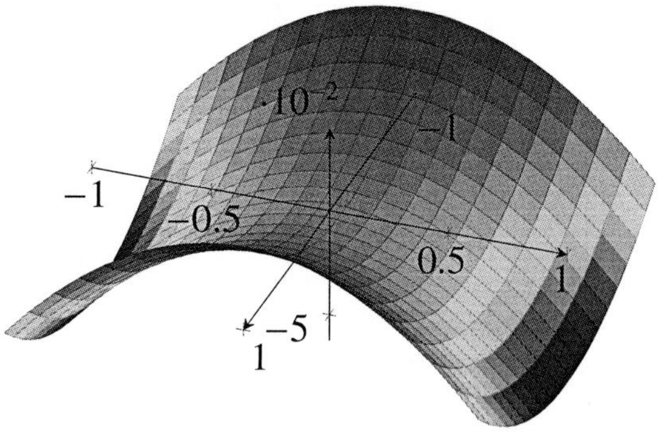

Depois da rotação de 90°

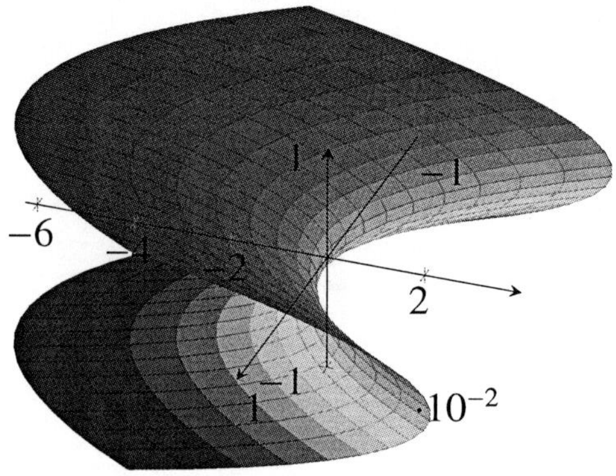

A) $x = \dfrac{z^2}{25} - \dfrac{y^2}{16}$ B) $y = \dfrac{x^2}{25} - \dfrac{z^2}{16}$ C) $z = \dfrac{x^2}{25} - \dfrac{y^2}{16}$ D) $x = -\dfrac{z^2}{25} + \dfrac{y^2}{16}$ E) $y = -\dfrac{x^2}{25} + \dfrac{z^2}{16}$

T79) Determine a equação da superfície na qual a soma das distâncias de seus pontos $P = (x, y, z)$ aos pontos $F_1 = (2, 0, 0)$ e $F_2 = (-2, 0, 0)$ é constante e igual a 8.

A) $\frac{x^2}{16} + \frac{y^2}{12} + \frac{z^2}{16} = 1$ B) $\frac{x^2}{16} + \frac{y^2}{16} + \frac{z^2}{12} = 1$ C) $\frac{x^2}{16} + \frac{y^2}{12} + \frac{z^2}{12} = 1$

D) $\frac{x^2}{12} + \frac{y^2}{12} + \frac{z^2}{16} = 1$ E) $\frac{x^2}{12} + \frac{y^2}{16} + \frac{x^2}{12} = 1$ F) $\frac{x^2}{12} + \frac{y^2}{16} + \frac{z^2}{16} = 1$

T80) Determine a equação da superfície na qual o módulo da diferença das distâncias de seus pontos $P = (x, y, z)$ aos pontos $F_1 = (1, 2, 3)$ e $F_2 = (1, -2, 3)$ é constante e igual a 2.

A) $-\frac{(x-1)^2}{3} + y^2 + \frac{(z-3)^2}{3} = 1$ B) $\frac{(x-1)^2}{3} - \frac{y^2}{3} + (z-3)^2 = 1$

C) $-\frac{(x-1)^2}{3} + y^2 - \frac{(z-3)^2}{3} = 1$ D) $\frac{(x-1)^2}{3} + \frac{y^2}{3} - (z-3)^2 = 1$

E) $\frac{(x-1)^2}{3} - y^2 - \frac{(z-3)^2}{3} = 1$ F) $-\frac{(x-1)^2}{3} - \frac{y^2}{3} + (z-3)^2 = 1$

7.8 Respostas dos testes

1) **A**	2) **A**	3) **C**	4) **G**	5) **C**	6) **C**	7) **A**	8) **C**	9) **F**	10) **A**
11) **E**	12) **D**	13) **E**	14) **F**	15) **G**	16) **B**	17) **C**	18) **D**	19) **F**	20) **A**
21) **A**	22) **J**	23) **J**	24) **G**	25) **C**	26) **E**	27) **A**	28) **D**	29) **H**	30) **E**
31) **F**	32) **F**	33) **H**	34) **S**	35) **A**	36) **B**	37) **D**	38) **E**	39) **B**	40) **A**
41) **A**	42) **J**	43) **E**	44) **J**	45) **F**	46) **G**	47) **E**	48) **E**	49) **J**	50) **B**
51) **H**	52) **A**	53) **F**	54) **D**	55) **C**	56) **D**	57) **C**	58) **C**	59) **B**	60) **C**
61) **A**	62) **F**	63) **G**	64) **E**	65) **D**	66) **A**	67) **C**	68) **E**	69) **E**	70) **E**
71) **A**	72) **A**	73) **C**	74) **D**	75) **F**	76) **E**	77) **D**	78) **B**	79) **C**	80) **C**

Apêndice A

Esferas de Dandelin

As curvas planas elipse, hipérbole e parábola são denominadas *cônicas* porque elas podem ser obtidas através da interseção de um cone com um plano.

Essas curvas costumam ser definidas através de uma propriedade que envolve distâncias focais. Foi assim que as definimos no capítulo 5.

O matemático belga Germinal Dandelin (1794–1847) provou que as curvas definidas como seções transversais de um cone são as mesmas definidas usando raios focais. Suas demonstrações são puramente geométricas e, para isso, ele usou esferas inscritas em um cone. Essas esferas são chamadas *esferas de Dandelin* e estão descritas a seguir.

A.1 Elipse

Consideremos um cone circular que é cortado por um plano π conforme mostrado na figura A.1.

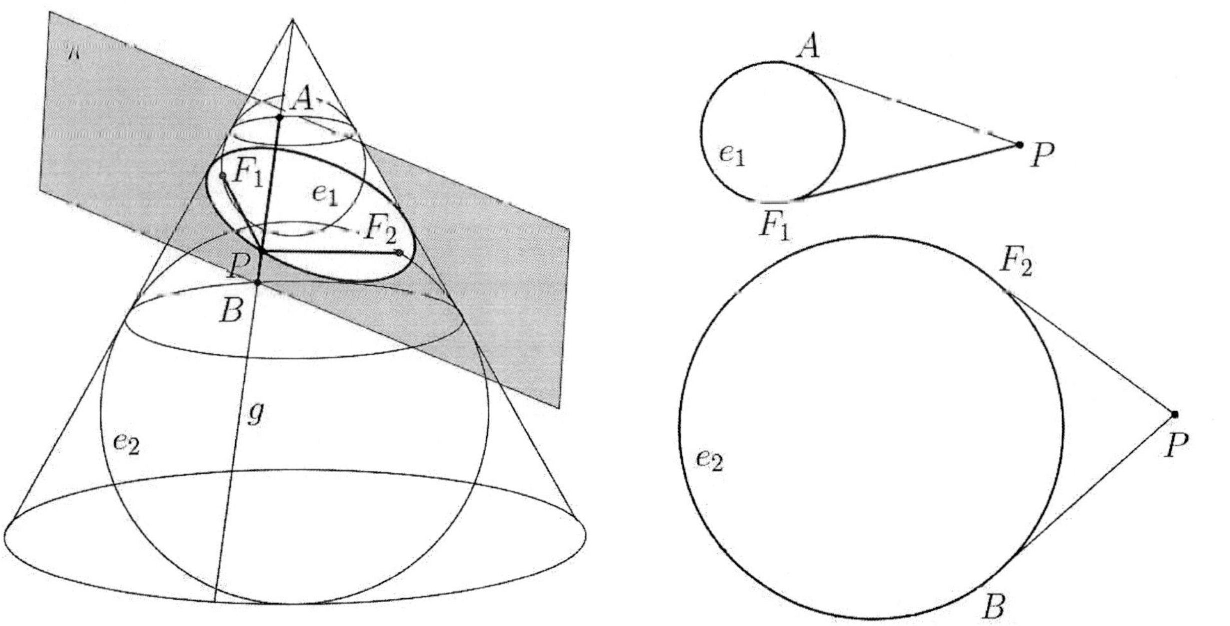

Figura A.1: Cone, plano, esferas e elipse

Consideremos duas esferas e_1 e e_2 tangenciando o plano e também o cone internamente. Inicialmente, observe que quaisquer segmentos contidos em geratrizes do cone que iniciem em um ponto na interseção de uma esfera com o cone e terminem na interseção da outra esfera com o cone têm o mesmo comprimento constante.

Sejam F_1 e F_2 os pontos do plano π que tangenciam as esferas e_1 e e_2, respectivamente, e P um ponto qualquer da interseção do plano com o cone. Seja g a geratriz do cone que passa pelo ponto P e sejam A e B as interseções de g com as esferas e_1 e e_2, respectivamente. Como $\overline{PA}$ e $\overline{PF_1}$ são tangentes à esfera e_1, temos que eles têm o mesmo comprimento, ou seja, que $d_{P,A} = d_{P,F_1}$. De modo semelhante, $\overline{PB}$ e $\overline{PF_2}$ são tangentes a e_2 e, consequentemente, $d_{P,B} = d_{P,F_2}$. Somando-se as duas últimas igualdades, membro a membro, obtemos:

$$d_{P,F_1} + d_{P,F_2} = d_{P,A} + d_{P,B} = d_{A,B} = \text{constante.}$$

Dessa forma, percebemos que a soma das distâncias de P aos pontos F_1 e F_2 é constante e igual à distância entre A e B. Como P é um ponto genérico da interseção de π com o cone, concluímos que a interseção é uma elipse cujos focos são F_1 e F_2.

Um procedimento semelhante a esse poderia ser usado para mostrar que a interseção de um cilindro com um plano "transversal" também é uma elipse.

A.2 Hipérbole

Consideremos um cone de duas folhas, que é cortado em cada folha por um plano π, conforme mostrado na seguinte figura.

Consideremos duas esferas e_1 e e_2 tangenciando o plano e também o cone internamente, uma esfera em cada uma das folhas do cone. Observe que segmentos contidos em geratrizes do cone que iniciem no vértice do cone e terminem na interseção do cone com uma das esferas têm constante o mesmo módulo da diferença de comprimentos.

Sejam F_1 e F_2 os pontos do plano π que tangenciam as esferas e_1 e e_2, respectivamente, e P um ponto qualquer da interseção do plano com o cone. Seja g a geratriz do cone que passa pelo ponto P e sejam A e B as interseções de g com as esferas e_1 e e_2, respectivamente. Como $\overline{PA}$ e $\overline{PF_1}$ são tangentes à esfera e_1 e $\overline{PB}$ e $\overline{PF_2}$ são tangentes a e_2 , temos que $d_{P,A} = d_{P,F_1}$ e $d_{P,B} = d_{P,F_2}$. Subtraindo-se as duas últimas igualdades, obtemos:

$$|d_{P,F_1} - d_{P,F_2}| = |d_{P,A} - d_{P,B}| = d_{A,B} = \text{constante.}$$

Dessa forma, vemos que o módulo da diferença das distâncias de P aos pontos F_1 e F_2 é constante e igual à distância entre A e B. Como P é um ponto genérico da interseção de π com o cone, concluímos que a interseção é uma hipérbole cujos focos são F_1 e F_2.

A.3 Parábola

Consideremos agora um cone que é intersectado por um plano π_1 paralelo a uma de suas geratrizes, conforme ilustrado a seguir.

Consideremos uma esfera e tangenciando o plano π_1 e o cone internamente. Sejam π_2 o plano que contém a interseção da esfera com o cone e d a reta na qual π_1 intersecta π_2.

Seja F a interseção da esfera com o plano π_1. Para todo ponto P na interseção de π_1 com o cone temos que $\overline{PA}$ e $\overline{PF}$ têm o mesmo comprimento, pois são tangentes à esfera e passam por um mesmo ponto P. Logo, $d_{P,F} = d_{P,A}$. Temos $d_{P,A} = d_{C,B}$ e $d_{C,B} = d_{P,D}$ pois os segmentos $\overline{CB}$ e $\overline{PD}$ são paralelos e ambos iniciam e terminam em planos paralelos. Concluímos dessa forma que $d_{P,F} = d_{P,D} = d_{P,d}$. Como P é um ponto genérico da interseção de π_1 com o cone, temos que a distância de um ponto da curva ao ponto F é a mesma distância desse ponto à reta d. Isso significa que a interseção é uma parábola de foco F e diretriz d.

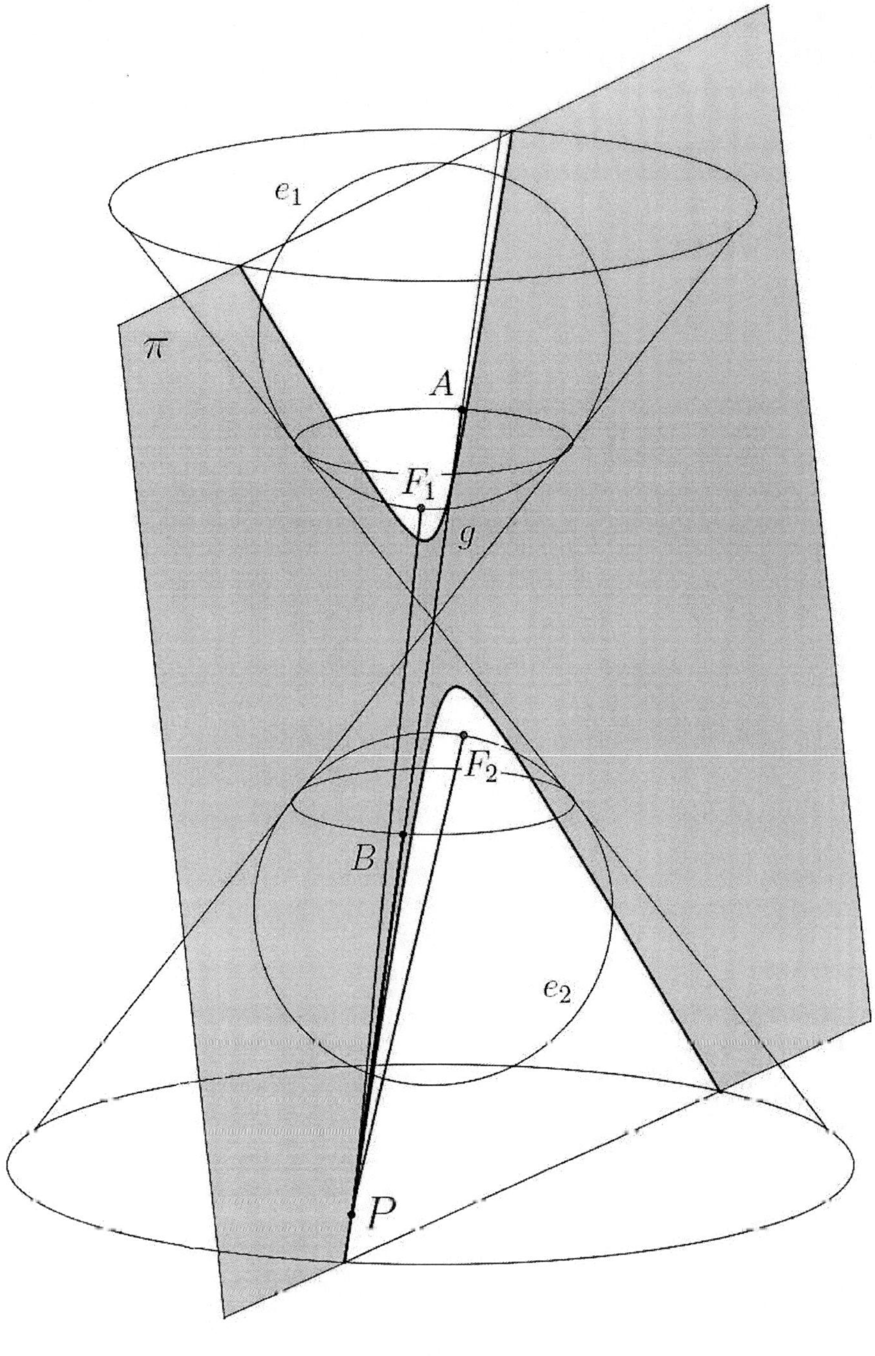

Figura A.2: Cone, plano, esferas e hipérbole

E assim, mostramos, graficamente, que uma curva obtida pela interseção de um plano com um cone, dependendo da posição relativa do plano, resulta em uma elipse, uma parábola ou uma hipérbole.

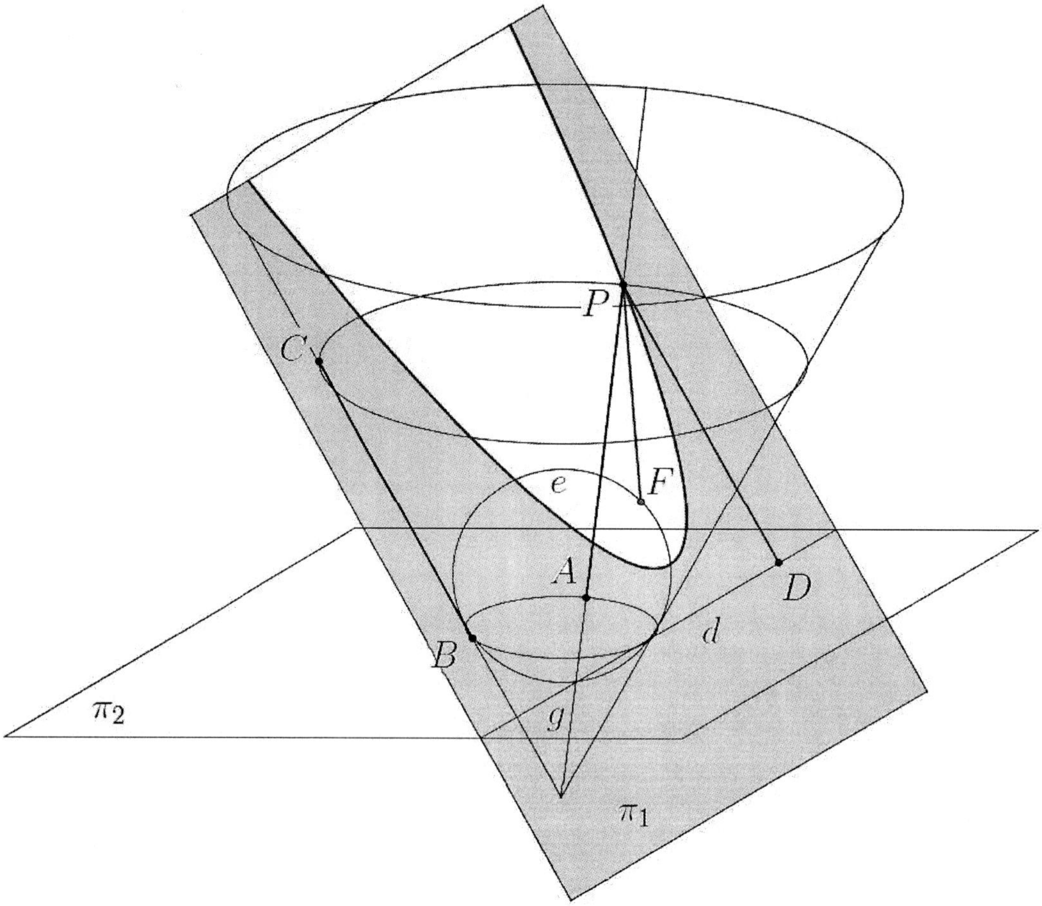

Figura A.3: Cone, plano, esfera e parábola

Apêndice B

Programas recomendados

Diversos programas gratuitos podem ser encontrados facilmente na Internet e que podem servir de apoio aos diferentes assuntos estudados. Esses programas podem ser usados como um "assistente matemático", realizando cálculos complicados, efetuando todo tipo de operação com expressões numéricas ou algébricas, construindo gráficos dos mais variados tipos.

Aqui, vamos citar apenas três desses programas e listar alguns dos comandos ou operações básicas de cada um. Na Internet podem ser encontrados muitos tutoriais e manuais gratuitos deles. Esses programas que estamos recomendando são os seguintes:

- GeoGebra
- K3DSurf
- Maxima

B.1 Geometria dinâmica com o *GeoGebra*

GeoGebra (= **Geo**metria + **Álgebra**) é um programa austríaco gratuito que reúne Geometria, Álgebra e Cálculo. De um modo bem simples, podem ser construídos pontos, segmentos de reta, polígonos, circunferências, vetores, gráficos de funções, cônicas e, depois, podem ser dinamicamente modificados com um simples movimento do *mouse*. Pode ser utilizado em dezenas de idiomas, inclusive português. Sua execução depende de se ter a linguagem Java previamente instalada. Recebeu vários prêmios internacionais, incluindo o prêmio de melhor *software* educacional europeu.

Cada objeto geométrico que aparece na área de desenhos, tem uma expressão algébrica na janela ao lado que corresponde a ele. As alterações em cada objeto podem também ser feitas diretamente nas suas equações.

Sua tela inicial é parecida com a que é mostrada na figura B.1. Cada versão do programa pode mostrar uma imagem diferente da que é mostrada agora.

Por exemplo, para se desenhar uma reta que passa por dois pontos dados, pode-se proceder de uma das seguintes formas:

- Usando-se apenas o *mouse*:
  - Na barra de ferramentas, damos um clique com o *mouse* no ícone denominado "Novo ponto".
  - Na área de desenhos, escolhemos uma posição e damos mais um clique. Com isso, é criado um ponto A.

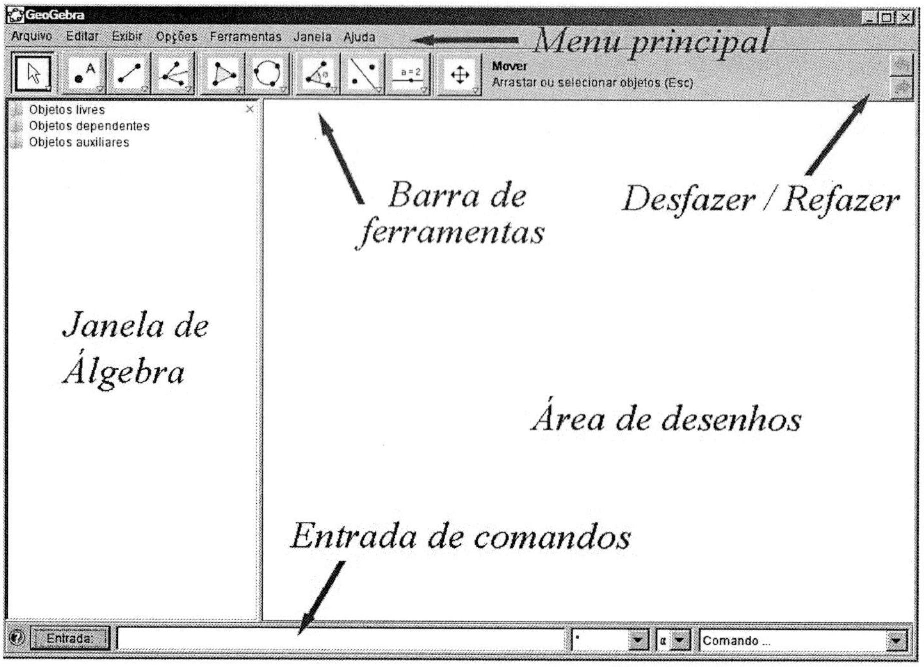

Figura B.1: Tela inicial do GeoGebra

- Escolhemos outra posição e definimos um outro ponto B. À medida que esses pontos são desenhados, eles vão sendo definidos por suas coordenadas na janela de Álgebra na seção dos objetos livres (independentes).
- Novamente na barra de ferramentas, escolhemos outro item. Dessa vez, damos um clique no item "Reta definida por dois pontos".
- Damos um clique em cima do ponto A e outro em cima de B. E, assim, a reta AB está definida. Sua equação passa a fazer parte da janela de Álgebra na seção dos objetos dependentes.
- Depois de definidos, os objetos livres podem ser movimentados arrastando-os com o *mouse*. Todos os objetos que dependerem deles acompanharão as mudanças.

• Através da janela de entrada de comandos:

- À direita do botão com a palavra "Entrada" que aparece na parte de baixo, digitamos as coordenadas dos pontos desejados. Por exemplo, digitamos $A = (3,4)$ e, depois, $B = (0,-2)$.
- Digitamos r = reta[A, B] para criar a reta r que passa pelos pontos A e B. Note que os nomes dos comandos também podem ser em português, se o programa estiver configurado para essa língua. Para ajustar o idioma, basta usar o item "Opções" do menu e escolher "Idioma".
- Com isso, uma reta definida por dois pontos fica desenhada na área de desenhos. Agora, ela pode ser modificada arrastando-se os pontos com o *mouse* ou dando um clique com o botão direito em cima das equações da janela de Álgebra e redefinindo-os.

Cada objeto definido pode ter sua aparência modificada através do item "Propriedades", que aparece depois que for pressionado o botão direito do mouse em cima do objeto selecionado. Podem ser alterados a cor, a largura do traço, se é pontilhado, se é fixo etc.

No exemplo da tela a seguir, ilustramos a *"regra do paralelogramo"* para a soma de dois vetores. Depois de construído, os vetores $\vec{v}$ e $\vec{w}$ podem ser arrastados (modificados) com o *mouse* e observamos que sua soma $\vec{v} + \vec{w}$ se adapta a cada nova posição.

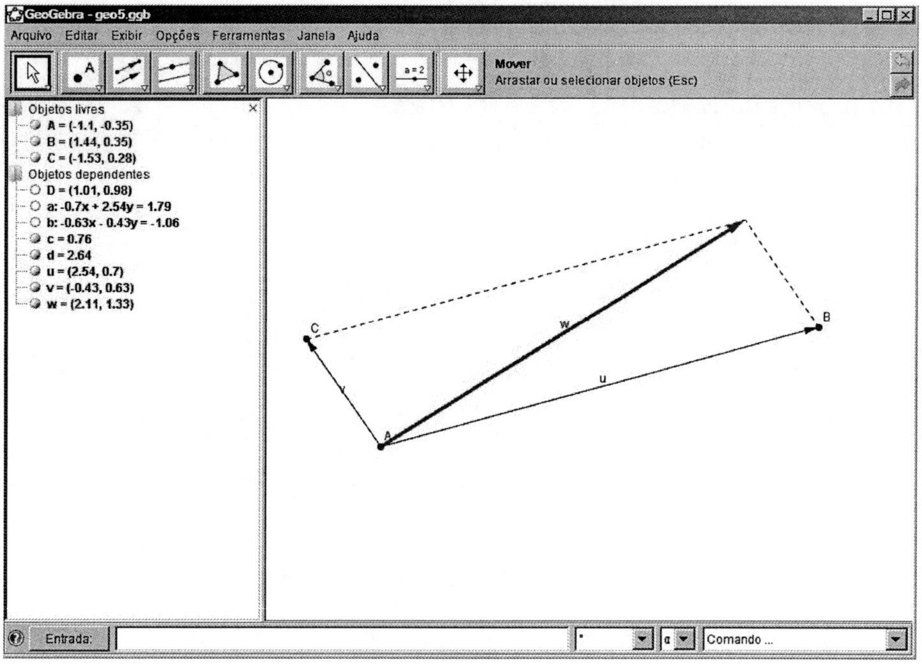

Figura B.2: Somando vetores com o GeoGebra

E nesse exemplo, construímos uma hipérbole fornecendo ao programa sua equação $\frac{x^2}{a^2} - \frac{y^2}{b^2} = 1$ e ajustando os valores de a e b através de controles deslizantes.

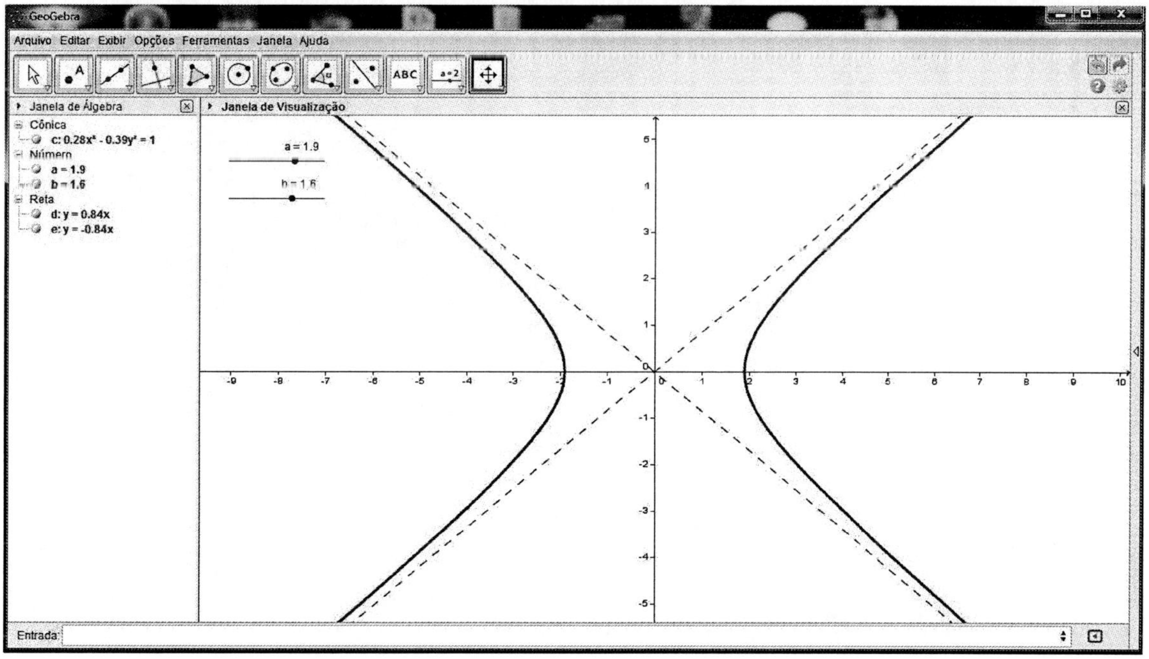

Figura B.3: Hipérbole construída pelo GeoGebra

B.2 Gráficos de superfícies com o K3DSurf

O K3DSurf é pequeno em tamanho, mas extremamente eficiente na hora de construir gráficos de superfícies, sejam dados de forma implícita (que o programa chama "ISO Surface") ou na forma de equações paramétricas. Também constrói facilmente animações com as superfícies.

A equação da superfície definida implicitamente por uma equação do tipo $f(x, y, z) = 0$ pode ser fornecida em uma janelinha na parte superior esquerda da tela. Por exemplo, podemos entrar com a equação de um hiperboloide de uma folha na forma `x^2 + y^2 - z^2 - 0.3` . Existem 51 exemplos de superfícies predefinidas em uma lista denominada "Examples" que podem ser escolhidas clicando no nome da superfície desejada.

Ao lado da janelinha onde a equação da superfície é definida, existem controles para se definir os intervalos em que x, y, z variam.

Opcionalmente, pode-se definir algum trecho da superfície em uma janelinha intitulada "Activate the condition CND". Por exemplo, podemos destacar os pontos da superfície que têm o $z > \frac{1}{2}$ e $z < 1$. Para isso, é só escrever a condição "`z > 1/2 & z < 1`" e marcar a opção "Activate the condition CND".

Ao se pressionar no botão "Compute" o gráfico é construído.

Na parte de baixo da tela, encontram-se opções de construção do gráfico e um quadrinho para ser marcado, em caso de se desejar uma animação.

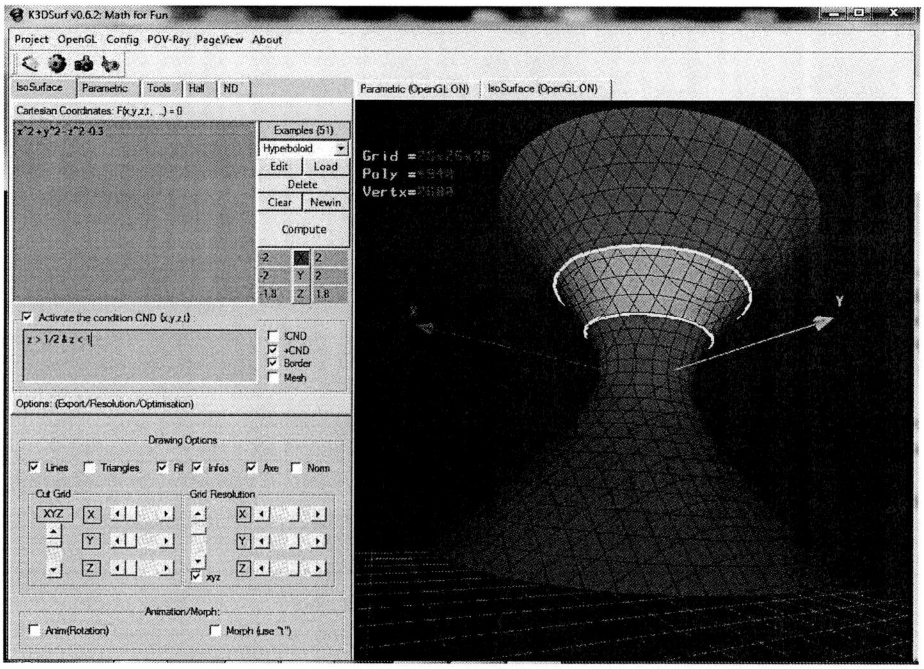

Figura B.4: Hiperboloide de Uma Folha com o K3DSurf

Neste segundo exemplo, construímos o paraboloide de revolução $z = x^2+y^2$. Para isso, fornecemos a expressão `z - x^2 - y^2` na janelinha superior esquerda e pressionamos em "Compute". Se quiséssemos uma animação com esse paraboloide, bastaria marcar a opção "Anim (Rotation)".

B.3 Computação Algébrica com o Maxima

Maxima é um programa que executa cálculos numéricos e simbólicos, em desenvolvimento desde 1969. Seu nome original era Macsyma e foi elaborado nos laboratórios do MIT, nos Estados Unidos,

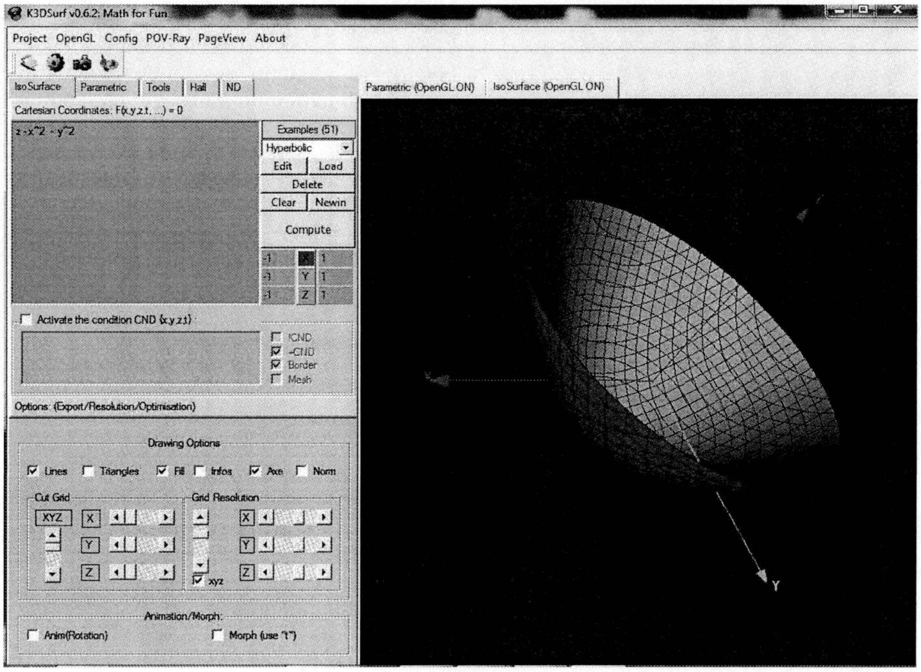

Figura B.5: Paraboloide de revolução com o K3DSurf

com financiamento de várias agências governamentais norte-americanas.

É capaz de simplificar expressões algébricas e trigonométricas, efetuar cálculos com matrizes e com números complexos, construir diversos tipos de gráficos, fatorar polinômios, resolver diversos tipos de equações e sistemas etc.

É considerado um Sistema de Computação Algébrica de uso geral, podendo ser usado nos sistemas operacionais Windows, Linux e Mac-OS.

São várias as formas pelas quais o *Maxima* comunica-se com o usuário. Vamos citar apenas a interface denominada wxMaxima, que é bastante amigável, intuitiva e fácil de se usar. Sua tela inicial é parecida com a mostrada na figura B.6.

Podemos digitar os comandos para o *Maxima* linha por linha e observar as respostas dadas pelo programa. Para isso, seguimos as seguintes regras:

- Os comandos vão sendo digitados ao lado de (%i1), (%i2), (%i3) etc. e o *Maxima* vai dando suas respostas ao lado de (%o1), (%o2), (%o3) etc.

- A linha de comando deve ser encerrada com um ponto e vírgula ou com um cifrão. Se for encerrada com um ponto e vírgula, o resultado obtido é mostrado imediatamente. Se for encerrada com um cifrão, o resultado não será mostrado de imediato, ficando guardado internamente.

- As operações aritméticas básicas são indicadas pelos símbolos $+$, $-$, $*$ (multiplicação), / (divisão) e ^ (potenciação).

- A raiz quadrada de x é indicada por $sqrt(x)$, o logaritmo natural de x é $log(x)$, as funções trigonométricas são $sin(x)$, $cos(x)$, $tan(x)$, $sec(x)$, $cot(x)$, $csc(x)$ e as trigonométricas inversas são $asin(x)$, $acos(x)$, $atan(x)$.

- Uma variável pode ter seu nome formado por uma única letra como x, y, z, ... ou ter um nome longo onde apareçam várias letras, algarismos e caracter de sublinhado como em $expr1$, $expr2$, $result\_1$, $result\_2$, ...

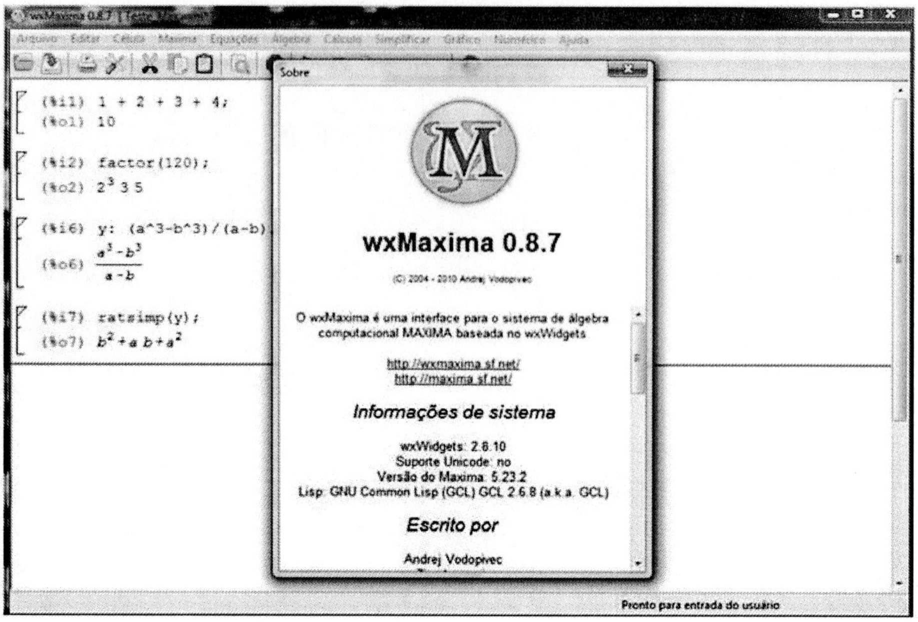

Figura B.6: Tela inicial do Maxima

- Podemos atribuir valor a qualquer variável digitando o seu nome seguido de dois pontos e do valor da variável como em $x : 2$, $y : 4$, $z : -1 \ldots$
- O último resultado calculado pode ser referenciado por um símbolo de porcentagem (%).
- As constantes matemáticas $\pi = 3,14159\ldots$, $e = 2,71828\ldots$, $i = \sqrt{-1}$, $\phi = \frac{1+\sqrt{5}}{2}$ são representadas por %pi, %e, %i e %phi, respectivamente.
- Usamos o comando $float(x)$ para obtermos a representação decimal de x.
- Uma função pode ser definida utilizando-se um :=, como no exemplo $f(x) := \cos(x) + x/5 - 3$.

Algumas vezes, ao invés de digitar linhas de comando, pode-se escolher uma janela no menu principal e usá-la, exclusivamente, para digitação do comando. O menu principal aparece no topo da tela: "Arquivo Editar Célula Maxima Equações Álgebra ...".

A seguir, alguns exemplos de comandos digitados no Maxima, bem como suas respectivas respostas. Calculamos $30 \times 50 + 8 \times 10$, fatoramos o resultado em produto de potências de primos, calculamos $a = \sqrt{49}$, $b = \frac{\sqrt{81}}{6}$, $a + b$, $x = \log(\cos(\frac{\pi}{6}) + \text{sen}(\frac{\pi}{4}))$.

(%i1) `30*50 + 8*10;`
(%o1) 1580

(%i2) `factor(%);`
(%o2) $2^2\ 5\ 79$

(%i3) `a: sqrt(49)$   b: sqrt(81)/6$   a+b;`
(%o3) $\frac{17}{2}$

(%i4) `x: log(cos(%pi/6) + sin(%pi/4));`
(%o4) $\log(\frac{\sqrt{3}}{2} + \frac{1}{\sqrt{2}})$

Um comando é executado pressionando-se [Enter], [Shift][Enter] ou [Ctrl][Enter] na linha, dependendo do que estiver definido em "Editar/Configurações/Enter calcula células" no menu principal.

Simplificação e desenvolvimento de expressões

Expressões algébricas podem ser simplificadas com o comando *ratsimp(...)* e desenvolvidas com um comando *expand(...)*. Se houver alguma função trigonométrica envolvida, então a expressão pode ser simplificada com um *trigsimp(...)* e ser desenvolvida com um *trigexpand(...)*.

```
(%i6) ex1: a^3/((a-b)*(a-c)) + b^3/((b-c)*(b-a)) + c^3/((c-a)*(c-b));
```

(%o6) $\frac{a^3}{(a-b)(a-c)} + \frac{b^3}{(b-c)(b-a)} + \frac{c^3}{(c-a)(c-b)}$

```
(%i7) ratsimp(ex1);
```

(%o7) $c + b + a$

```
(%i8) ex2:((3*x^2+4*x+1)^2-(3*x^2+10*x+1)^2)/((3*x^2+11*x+1)^2-(3*x^2+3*x+1)^2);
```

(%o8) $\frac{(3x^2+4x+1)^2-(3x^2+10x+1)^2}{(3x^2+11x+1)^2-(3x^2+3x+1)^2}$

```
(%i9) ratsimp(ex2);
```

(%o9) $-\frac{3}{4}$

Equações e sistemas

Uma equação pode ser resolvida com um comando *solve(equação, variável)*. Podemos digitar uma linha de comando ou fornecer a equação em uma janela exclusiva para entrada de equações (figura B.7). Para obter essa janela de equações, escolhemos no menu principal do programa a opção "Equações" e depois escolhemos "Resolver ...". Resolvemos a equação $x^4 - 5x^2 + 6 = 0$.

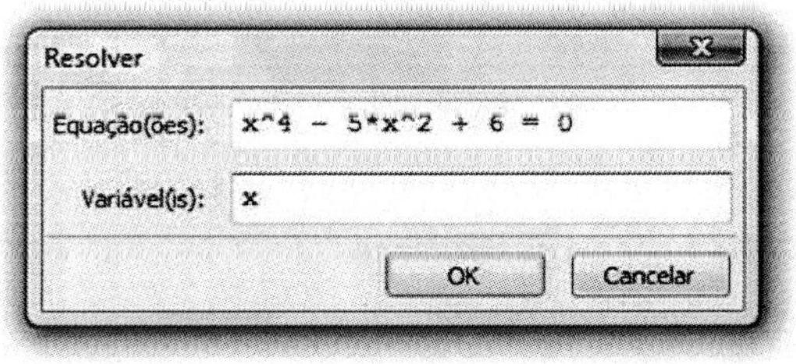

Figura B.7: Janela para definição de equação no Maxima

```
(%i18) solve(x^4 - 5*x^2 + 6 = 0, x);
```

(%o18) $[x = -\sqrt{2}, x = \sqrt{2}, x = -\sqrt{3}, x = \sqrt{3}]$

Um sistema pode ser resolvido da mesma forma que uma equação, bastando colocar as equações e as variáveis entre colchetes. Resolvemos o sistema linear formado pelas equações $3x + 4y = 2$ e $2x - y = 3$.

```
(%i19) solve([3*x + 4*y = 2, 2*x - y = 3], [x, y]);
```

(%o19) $[[x = \frac{14}{11}, y = -\frac{5}{11}]]$

Operações com matrizes

É possível fornecer uma matriz ao *Maxima* com um comando *matrix([linha 1], [linha 2], ...)* ou através de uma janela específica, obtida nos itens "Álgebra" e "Introduzir matriz..." do menu principal (figura B.8). A multiplicação de matrizes pode ser feita com um ponto como em $A.B$, o determinante com um comando *determinant*(...) e a inversa com um comando *invert*(...). Definimos neste exemplo uma matriz M e calculamos seu determinante e sua matriz inversa.

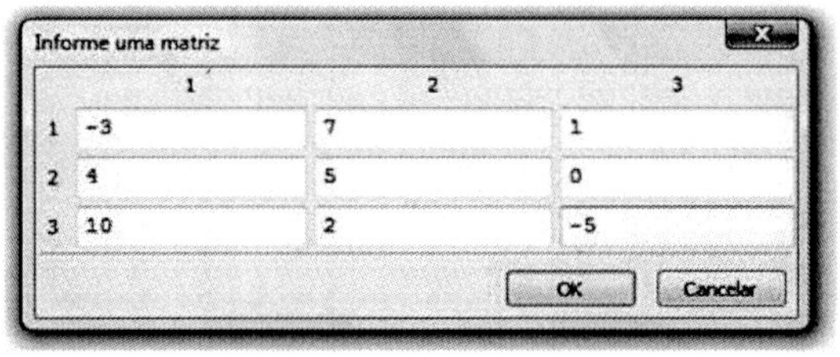

Figura B.8: Janela para entrada de matriz no Maxima

(%i21) `M: matrix( [-3,7,1], [4,5,0], [10,2,-5]);`

(%o21) $\begin{bmatrix} -3 & 7 & 1 \\ 4 & 5 & 0 \\ 10 & 2 & -5 \end{bmatrix}$

(%i22) `determinant(%);`

(%o22) 173

(%i23) `invert(%);`

(%o23) $\begin{bmatrix} -\frac{25}{173} & \frac{37}{173} & -\frac{5}{173} \\ \frac{20}{173} & \frac{5}{173} & \frac{4}{173} \\ -\frac{42}{173} & \frac{76}{173} & -\frac{43}{173} \end{bmatrix}$

Limites, derivadas e integrais

- O limite de $f(x)$ quando x tende a x_0 é calculado com um comando *limit*$(f(x), x, x_0)$. O infinito pode ser codificado por *inf* e o menos infinito por *minf*.
- A derivada de $f(x)$ com relação a x pode ser calculada com um $diff(f(x), x)$ e a derivada de ordem n com um comando $diff(f(x), x, n)$.
- Integrais definidas em $[a, b]$ podem ser calculadas com comando *integrate*$(f(x), x, a, b)$.
- Se for colocado um apóstrofo antes do comando, ele será apenas mostrado, mas não calculado.

(%i30) `limit(sin(4*x)/x, x, 0);`

(%o30) 4

(%i31) `limit((1 + 3/n)^n, n, minf);`

(%o31) $\%e^3$

(%i32) `'limit( sqrt(x + sqrt(x)) - sqrt(x), x, inf);`

(%o32) $\lim_{x\to\infty} \sqrt{x + \sqrt{x}} - \sqrt{x}$

```
(%i33) limit( sqrt(x + sqrt(x)) - sqrt(x), x, inf);
```
(%o33) $\frac{1}{2}$

```
(%i34) diff(x^7 + 11*sin(x), x);
```
(%o34) $11\cos(x) + 7x^6$

```
(%i35) 'diff(cos(x^5), x) = diff(cos(x^5, x);
```
(%o35) $\frac{d}{dx}\cos(x^5) = -5x^4\sin(x^5)$

```
(%i40) 'integrate( x^4*cos(x), x);
```
(%o40) $\int x^4\cos(x)dx$

```
(%i41) integrate( x^4*cos(x), x);
```
(%o41) $(x^4 - 12x^2 + 24)\sin(x) + (4x^3 - 24x)\cos(x)$

```
(%i42) 'integrate(x^5, x, a, b) = integrate(x^5, x, a, b);
```
(%o42) $\int_a^b x^5 dx = \frac{b^6}{6} - \frac{a^6}{6}$

B.4 De onde copiar esses programas

- O GeoGebra tem sua página na Internet no endereço **www.geogebra.org**. A partir dessa página, o programa pode ser baixado (28 megabytes), bem como sua documentação em dezenas de idiomas.
- O K3DSurf pode ser copiado a partir de **k3dsurf.sourceforge.net** (4,9 megabytes).
- O *Maxima* tem sua própria página: **maxima.sourceforge.net/download.html** , é a *"Maxima, a Computer Algebra System"* e a partir dela pode se copiar o programa (cerca de 30 megabytes), além da sua documentação.

Apêndice C

Resumos

C.1 Principais definições e fórmulas sobre vetores

- $\vec{i}$ = vetor unitário (comprimento = 1) na direção do eixo x
- $\vec{j}$ = vetor unitário na direção do eixo y
- $\vec{k}$ = vetor unitário na direção do eixo z
- $\vec{a} = (a_1, a_2, a_3) = a_1\vec{i} + a_2\vec{j} + a_3\vec{k}$
- $\vec{b} = (b_1, b_2, b_3) = b_1\vec{i} + b_2\vec{j} + b_3\vec{k}$
- $\vec{c} = (c_1, c_2, c_3) = c_1\vec{i} + c_2\vec{j} + c_3\vec{k}$
- Se $P = (p_1, p_2, p_3)$ e $Q = (q_1, q_2, q_3)$, então

$$\overrightarrow{PQ} = Q - P = (q_1 - p_1, q_2 - p_2, q_3 - p_3) = (q_1 - p_1)\vec{i} + (q_2 - p_2)\vec{j} + (q_3 - p_3)\vec{k}.$$

Adição de vetores e produto por escalar

- $\vec{a} + \vec{b} \;=\; (a_1 + b_1)\vec{i} + (a_2 + b_2)\vec{j} + (a_3 + b_3)\vec{k}$
- $\alpha\vec{a} \;=\; (\alpha a_1, \alpha a_2, \alpha a_3)$, onde $\alpha \in \mathbb{R}$

Norma e produto interno

- $||\vec{a}|| = \sqrt{a_1^2 + a_2^2 + a_3^2}$ = comprimento (norma) de $\vec{a}$
- $\vec{a} \cdot \vec{b} = a_1b_1 + a_2b_2 + a_3b_3 = ||a||||b|| \cos\widehat{(\vec{a}, \vec{b})}$, onde $\widehat{(\vec{a}, \vec{b})}$ é o ângulo entre $\vec{a}$ e $\vec{b}$
- $\vec{a} \cdot \vec{a} = ||\vec{a}||^2$, ou seja, $||\vec{a}|| = \sqrt{\vec{a} \cdot \vec{a}}$.
- $\vec{a} \cdot \vec{b} = 0 \Leftrightarrow \vec{a}$ é perpendicular ao vetor $\vec{b}$.

Produto vetorial

$$\vec{a}\times\vec{b}=\begin{vmatrix}\vec{i} & \vec{j} & \vec{k}\\ a_1 & a_2 & a_3\\ b_1 & b_2 & b_3\end{vmatrix}$$

- $\|\vec{a}\times\vec{b}\| = \|\vec{a}\|\|\vec{b}\|\,\mathrm{sen}\,\widehat{(\vec{a},\vec{b})}$ = área do paralelogramo determinando por $\vec{a}$ e $\vec{b}$
- $\vec{a}\times\vec{a}=\vec{0}$, $\vec{a}\times\vec{b}=-\vec{b}\times\vec{a}$
- $\vec{a}\times\vec{b}=\vec{0} \Leftrightarrow \vec{a}$ e $\vec{b}$ são LD (colineares)
- $\vec{a}\times\vec{b}$ é perpendicular aos vetores $\vec{a}$ e $\vec{b}$, simultaneamente
- $\vec{a}\times(\vec{b}\times\vec{c}) = (\vec{a}\cdot\vec{c})\vec{b}-(\vec{a}\cdot\vec{b})\vec{c}$
- $(\vec{a}\times\vec{b})\times\vec{c}) = (\vec{c}\cdot\vec{a})\vec{b}-(\vec{c}\cdot\vec{b})\vec{a}$
- Área do triângulo $ABC = \frac{1}{2}\|\overrightarrow{AB}\times\overrightarrow{AC}\|$
- Área do quadrilátero $ABCD$ (plano) $= \frac{1}{2}\|\overrightarrow{AC}\times\overrightarrow{BD}\|$

Produto misto

$$[\vec{a},\vec{b},\vec{c}]=\vec{a}\times\vec{b}\cdot\vec{c}=\begin{vmatrix}a_1 & a_2 & a_3\\ b_1 & b_2 & b_3\\ c_1 & c_2 & c_3\end{vmatrix}$$

- $\|[\vec{a},\vec{b},\vec{c}]\|$ = volume do paralelepípedo determinado por $\vec{a},\vec{b},\vec{c}$
- $[\vec{a},\vec{b},\vec{c}]=0 \Leftrightarrow \vec{a},\vec{b},\vec{c}$ são LD (coplanares)
- $[\vec{a},\vec{b},\vec{c}]\neq 0 \Leftrightarrow \vec{a},\vec{b},\vec{c}$ são LI , ou seja, $\{\vec{a},\vec{b},\vec{c}\}$ é uma base do $\mathbb{R}^3$.
- Volume da pirâmide $ABCD = \frac{1}{6}\|\overrightarrow{AB}\times\overrightarrow{AC}\|$

Bases ortogonais e ortonormais

- Se $\vec{a}\cdot\vec{b}=\vec{a}\cdot\vec{c}=\vec{b}\cdot\vec{c}=0$, então $\{\vec{a},\vec{b},\vec{c}\}$ é uma base ortogonal
- Se $\vec{a}\cdot\vec{b}=\vec{a}\cdot\vec{c}=\vec{b}\cdot\vec{c}=0$ e $\|\vec{a}\|=\|\vec{b}\|=\|\vec{c}\|=1$, então $\{\vec{a},\vec{b},\vec{c}\}$ é uma base ortonormal
- Se $\{\vec{a},\vec{b},\vec{c}\}$ é uma base ortonormal e $\vec{v}=x\vec{a}+y\vec{b}+z\vec{c}$, então $x=\vec{a}\cdot\vec{v}$, $y=\vec{b}\cdot\vec{v}$ e $z=\vec{c}\cdot\vec{v}$

C.2 Retas e planos

Equação do plano

- A equação cartesiana do plano que passa por $A=(x_1,y_1,z_1)$, $B=(x_2,y_2,z_2)$, e $C=(x_3,y_3,z_3)$ é da forma $ax+by+cy+d=0$ e pode ser obtida desenvolvendo-se o produto misto $[\overrightarrow{AP},\overrightarrow{AB},\overrightarrow{AC}]=0$, onde $P(x,y,z)$ é um ponto genérico do plano.

- As equações paramétricas desse mesmo plano são da forma

$$\begin{cases} x = x_1 + r(x_2 - x_1) + s(x_3 - x_1) \\ y = y_1 + r(y_2 - y_1) + s(y_3 - y_1), \quad r, s \in \mathbb{R}, \\ z = z_1 + r(z_2 - z_1) + s(z_3 - z_1) \end{cases}$$

que é o mesmo que $\overrightarrow{AP} = r\overrightarrow{AB} + s\overrightarrow{AC}$.

- O vetor normal a esse plano é o vetor $\vec{n} = \overrightarrow{AB} \times \overrightarrow{AC} = a\vec{i} + b\vec{j} + c\vec{k}$.

Equação da reta

- As equações paramétricas da reta que passa pelo ponto $P_0(x_0, y_0, z_0)$ e tem direção dada pelo vetor $\vec{v} = v_1\vec{i} + v_2\vec{j} + v_3\vec{k}$ são

$$\begin{cases} x = x_0 + v_1 t \\ y = y_0 + v_2 t, \quad t \in \mathbb{R}, \\ z = z_0 + v_3 t \end{cases}$$

que pode ser escrito de forma resumida na forma $\overrightarrow{PP_0} = t\vec{v}$, onde $P(x, y, z)$ é um ponto genérico da reta e t é o parâmetro.

- Isolando, depois eliminando o parâmetro t nas equações paramétricas, obtemos

$$\frac{x - x_0}{v_1} = \frac{y - y_0}{v_2} = \frac{z - z_0}{v_3}$$

que são denominadas *equações simétricas* da reta r.

Ângulo entre dois planos

O ângulo $\widehat{(\alpha, \beta)}$ entre dois planos α e β cujos vetores normais são $\vec{n}_1$ e $\vec{n}_2$ é dado por

$$\cos\widehat{(\alpha, \beta)} = \frac{|\vec{n}_1 \cdot \vec{n}_2|}{||\vec{n}_1||||\vec{n}_2||}.$$

Ângulo entre duas retas

O ângulo $\widehat{(r, s)}$ entre duas retas r e s cujos vetores diretores são $\vec{v}_1$ e $\vec{v}_2$ é dado por

$$\cos\widehat{(r, s)} = \frac{|\vec{v}_1 \cdot \vec{v}_2|}{||\vec{v}_1||||\vec{v}_2||}.$$

Ângulo entre uma reta e um plano

O ângulo $\widehat{(r, \alpha)}$ entre uma reta r cujo vetor diretor é $\vec{v}$ e um plano α cujo vetor normal é $\vec{n}$ é dado por $\widehat{(r, \alpha)} = \frac{\pi}{2} - \theta$, com θ definido por $\cos\theta = \frac{|\vec{n} \cdot \vec{v}|}{||\vec{n}||||\vec{v}||}$.

Distância de um ponto a um plano

A distância entre um ponto $P_0(x_0, y_0, z_0)$ e um plano α cuja equação é $ax + by + cz + d = 0$ é dada por

$$d_{P_0,\alpha} = \frac{|ax_0 + by_0 + cz_0 + d|}{\sqrt{a^2 + b^2 + c^2}}$$

Distância entre um ponto e uma reta

A distância entre um ponto $P_0(x_0, y_0, z_0)$ e uma reta r com vetor diretor $\vec{v}$ é dada por

$$d_{P_0,r} = \frac{||\vec{v} \times \overrightarrow{P_0P_1}||}{||\vec{v}||}$$

Distância entre duas retas

Se as retas r e s forem reversas, P_1 for um ponto em r, P_2 for um ponto em s, $\vec{v}$ for o vetor diretor de r e $\vec{w}$ for o vetor diretor de s, então a distância entre elas é

$$d_{r,s} = \frac{|[\overrightarrow{P_1P_2}, \vec{v}, \vec{w}]|}{||\vec{v} \times \vec{w}||} = \frac{|\overrightarrow{P_1P_2} \cdot (\vec{v} \times \vec{w})|}{||\vec{v} \times \vec{w}||}.$$

C.3 Cônicas

Circunferência

É o conjunto de pontos do plano cuja distância de um ponto $C = (x_0, y_0)$ (denominado centro) é constante e igual a R (denominado raio), com equação cartesiana dada por

$$(x - x_0)^2 + (y - y_0)^2 = R^2.$$

Elipse

- Elipse é o conjunto dos pontos $P(x, y)$ cuja soma das distâncias a dois pontos F_1 e F_2 (denominados focos) é constante e usualmente denotada por $2a$: $d_{PF_1} + d_{PF_2} = 2a$.
- O ponto médio O do segmento $\overline{F_1F_2}$ é denominado centro da elipse.
- Os casos mais simples ocorrem quando $\overline{F_1F_2}$ está contido no eixo dos x ou no eixo dos y e o centro é a origem $(0, 0)$.
  - Se $\overline{F_1F_2}$ estiver contido no eixo dos x, e os focos F_1 e F_2 tiverem coordenadas $(-c, 0)$ e $(c, 0)$, respectivamente, então a equação da elipse será da forma $\frac{x^2}{a^2} + \frac{y^2}{b^2} = 1$, onde b é definido pela relação $a^2 = b^2 + c^2$ (figura C.1).
  - Se $\overline{F_1F_2}$ estiver contido no eixo dos y, e os focos F_1 e F_2 tiverem coordenadas $(0, -c)$ e $(0, c)$, respectivamente, então a equação da elipse será da forma $\frac{x^2}{b^2} + \frac{y^2}{a^2} = 1$, onde b também é definido pela relação $a^2 = b^2 + c^2$ (figura C.2).
- Se o centro da elipse for o ponto (x_0, y_0), então sua equação pode ser escrita na forma padrão $\frac{(x - x_0)^2}{a^2} + \frac{(y - y_0)^2}{b^2} = 1$, se $\overline{F_1F_2}$ for paralelo ao eixo dos x, ou na forma $\frac{(x - x_0)^2}{b^2} + \frac{(y - y_0)^2}{a^2} = 1$, se $\overline{F_1F_2}$ for paralelo ao eixo dos y. O a^2 é o maior denominador e o b^2 é o menor.
- A razão $\varepsilon = \frac{c}{a}$ é denominada excentricidade e temos que $0 \leqslant \varepsilon < 1$.

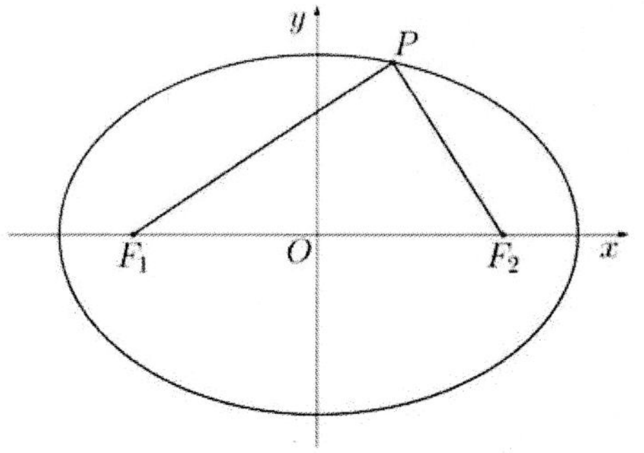

Figura C.1: Elipse $\frac{x^2}{a^2} + \frac{y^2}{b^2} = 1$

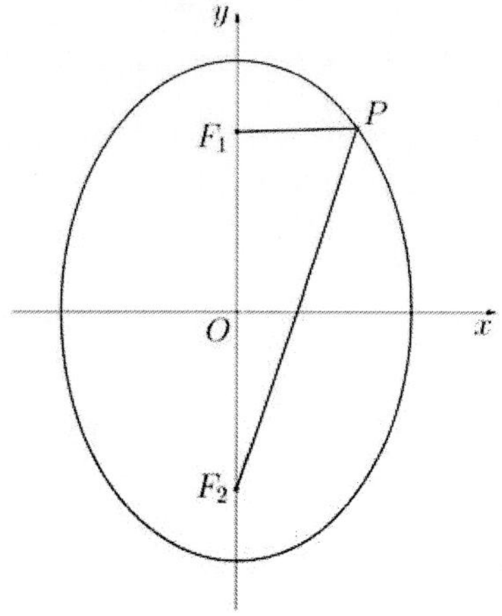

Figura C.2: Elipse $\frac{x^2}{b^2} + \frac{y^2}{a^2} = 1$

Hipérbole

- Hipérbole é o conjunto dos pontos $P(x, y)$ do plano cujo módulo da diferença das distâncias a dois pontos F_1 e F_2 (denominados focos) é constante e usualmente denotada por $2a$: $|d_{PF_1} - d_{PF_2}| = 2a$.
- O ponto médio O do segmento $\overline{F_1F_2}$ é denominado centro da hipérbole.
- Os casos mais simples ocorrem quando $\overline{F_1F_2}$ está contido no eixo dos x ou no eixo dos y e o centro é a origem $(0, 0)$.
  - Se $\overline{F_1F_2}$ estiver contido no eixo dos x, e os focos F_1 e F_2 tiverem coordenadas $(-c, 0)$ e $(c, 0)$, respectivamente, então a equação da hipérbole será da forma $\dfrac{x^2}{a^2} - \dfrac{y^2}{b^2} = 1$, onde b é definido pela relação $c^2 = a^2 + b^2$. As retas $y = \pm\frac{b}{a}x$ que passam pelo centro e têm declividades iguais a $\pm\frac{b}{a}$ são as assíntotas da hipérbole.

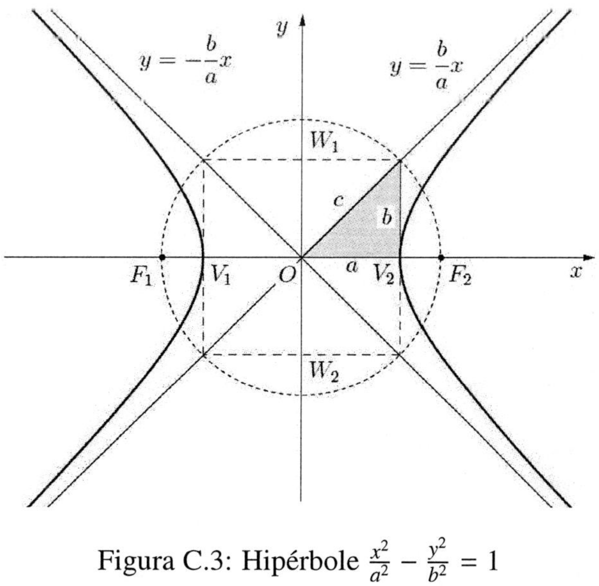

Figura C.3: Hipérbole $\frac{x^2}{a^2} - \frac{y^2}{b^2} = 1$

– Se $\overline{F_1F_2}$ estiver contido no eixo dos y, e os focos F_1 e F_2 tiverem coordenadas $(0, c)$ e $(0, -c)$, respectivamente, então a equação da hipérbole será da forma $\frac{y^2}{a^2} - \frac{x^2}{b^2} = 1$, onde b também é definido pela relação $c^2 = a^2 + b^2$. As retas $y = \pm\frac{a}{b}x$ que passam pelo centro e têm declividades iguais a $\pm\frac{a}{b}$ são as assíntotas da hipérbole.

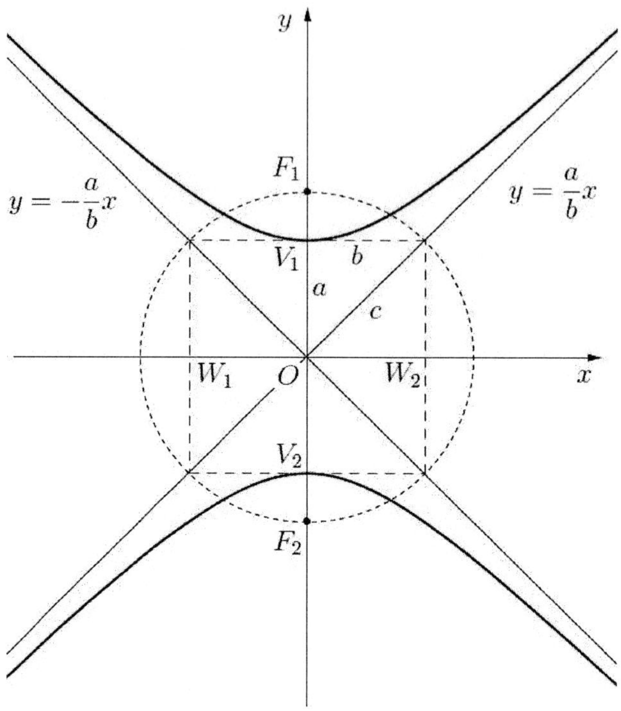

Figura C.4: Hipérbole $\frac{y^2}{a^2} - \frac{x^2}{b^2} = 1$

- Se o centro da hipérbole for o ponto (x_0, y_0), então sua equação pode ser escrita na forma padrão $\frac{(x - x_0)^2}{a^2} - \frac{(y - y_0)^2}{b^2} = 1$, se $\overline{F_1F_2}$ for paralelo ao eixo dos x, ou na forma $\frac{(y - y_0)^2}{a^2} - \frac{(x - x_0)^2}{b^2} = 1$, se $\overline{P_1P_2}$ for paralelo ao eixo dos y. O a^2 é o denominador da fração positiva, enquanto que b^2 é o da negativa. Nesses casos, as equações das assíntotas são $\frac{x - x_0}{a} \pm \frac{y - y_0}{b} = 0$ ou da forma $\frac{y - y_0}{a} \pm \frac{x - x_0}{b} = 0$.

- A razão $\varepsilon = \frac{c}{a}$ é denominada excentricidade e temos que $\varepsilon > 1$.

Parábola

- Parábola é o conjunto dos pontos $P(x, y)$ do plano que são equidistantes de um ponto F (denominado foco) e de uma reta d (denominada diretriz) dados: $d_{PF} = d_{Pd} = p$.

- O ponto da parábola que estiver mais próximo da reta diretriz é o vértice V. A reta que passa por F e V é o eixo de simetria.

- Os casos mais simples ocorrem quando o eixo de simetria coincide com o eixo dos x ou com o eixo dos y e o vértice é a origem $(0, 0)$.

– Se o eixo de simetria for o eixo dos x, e o foco F tiver coordenadas $(0, p)$, então a equação da parábola será da forma $x^2 = 4py$ (figura C.5). Se o foco for o ponto $(0, -p)$, então a equação é $x^2 = -4py$ (figura C.6).

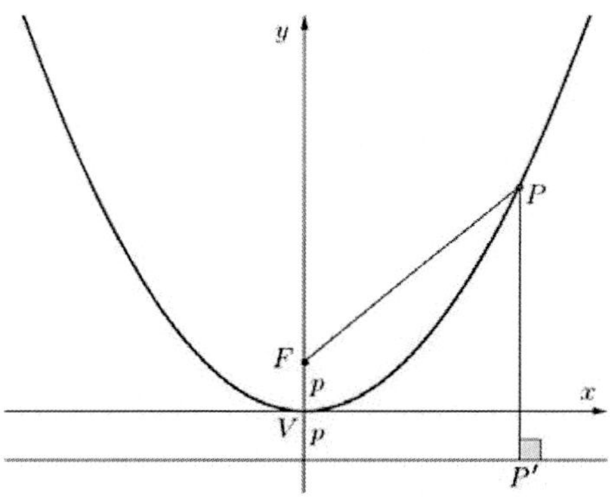

Figura C.5: Parábola $x^2 = 4py$

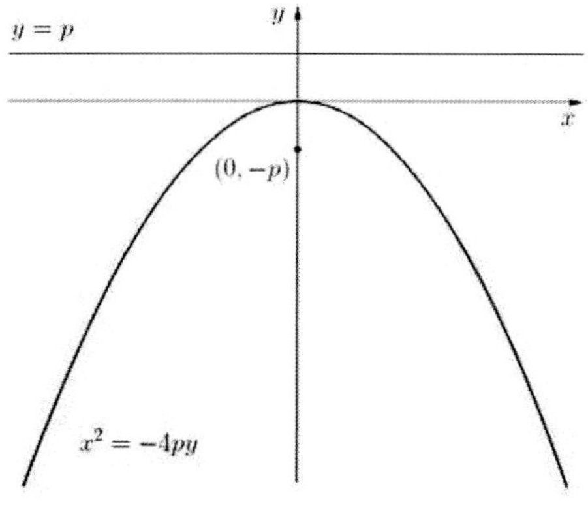

Figura C.6: Parábola $x^2 = -4py$

– Se o eixo de simetria for o eixo dos y, e o foco F tiver coordenadas $(p, 0)$, então a equação da parábola será da forma $y^2 = 4px$ (figura C.7). Se o foco for o ponto $(-p, 0)$, então a equação é $y^2 = -4px$ (figura C.8).

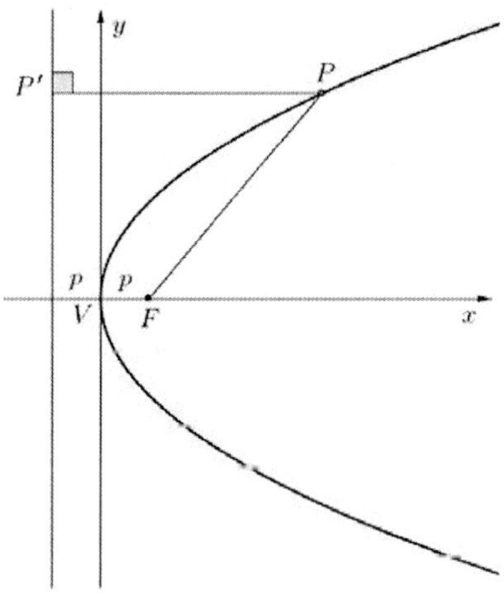

Figura C.7: Parábola $y^2 = 4px$

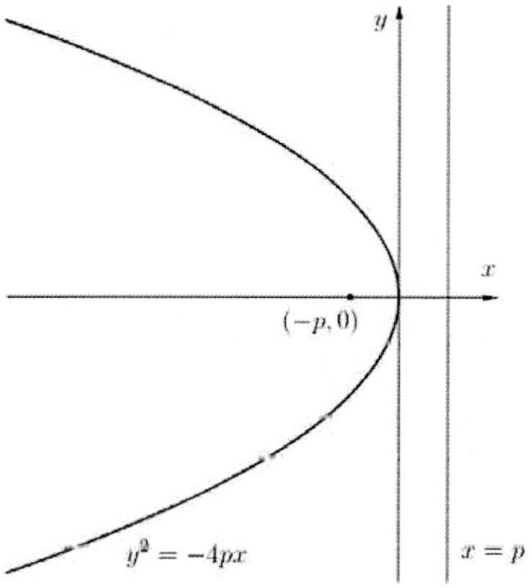

Figura C.8: Parábola $y^2 = -4px$

- Se o vértice da parábola for o ponto (x_0, y_0), então sua equação pode ser escrita na forma padrão $(x - x_0)^2 = \pm 4p(y - y_0)$ se o eixo de simetria for paralelo ao eixo dos x, ou na forma $(y - y_0)^2 = \pm 4p(x - x_0)$, se o eixo de simetria for paralelo ao eixo dos y.

Completamento de quadrado

Uma equação geral do segundo grau nas variáveis x e y pode representar uma cônica. Para escrever essa equação em um formato padrão, é útil fazer um completamento de quadrado em cada variável para depois identificar o centro, o vértice e outros valores como a, b ou p.

Para obter o quadrado de uma soma ou de uma diferença a partir de $x^2 + bx$ ou de $x^2 - bx$ basta somar (e subtrair) o termo constante $\left(\frac{b}{2}\right)^2$:

- $x^2 + bx = x^2 + bx + \left(\frac{b}{2}\right)^2 - \left(\frac{b}{2}\right)^2 = \left(x + \frac{b}{2}\right)^2 - \left(\frac{b}{2}\right)^2$

- $x^2 - bx = x^2 - bx + \left(\frac{b}{2}\right)^2 - \left(\frac{b}{2}\right)^2 = \left(x - \frac{b}{2}\right)^2 - \left(\frac{b}{2}\right)^2$
- $ax^2 \pm bx = a\left(x^2 \pm \frac{b}{a}x + \left(\frac{b}{2a}\right)^2 - \left(\frac{b}{2a}\right)^2\right) = a\left(x \pm \frac{b}{2a}\right)^2 - \frac{b^2}{4a}$

C.4 Quádricas

As quádricas são superfícies tridimensionais que podem ser descritas por equações do segundo grau nas variáveis x, y e z. Nos casos mais simples, os centros ou os vértices são a origem $(0, 0, 0)$, os eixos de simetria são paralelos aos eixos x, y e z e, consequentemente, as equações não têm termos "mistos" como xy, xz e nem yz.

Temos os seguintes tipos de quádricas (com centros ou vértices na origem):

- **Esfera** – sua equação é da forma $x^2 + y^2 + z^2 = r^2$, onde r é o raio.
- **Elipsoide** – equação da forma $\frac{x^2}{a^2} + \frac{y^2}{b^2} + \frac{z^2}{c^2} = 1$. Se $a = b$ ou $a = c$ ou $b = c$, então temos um elipsoide de revolução, ou seja, pode ser obtido através da rotação de uma elipse em torno de um eixo.

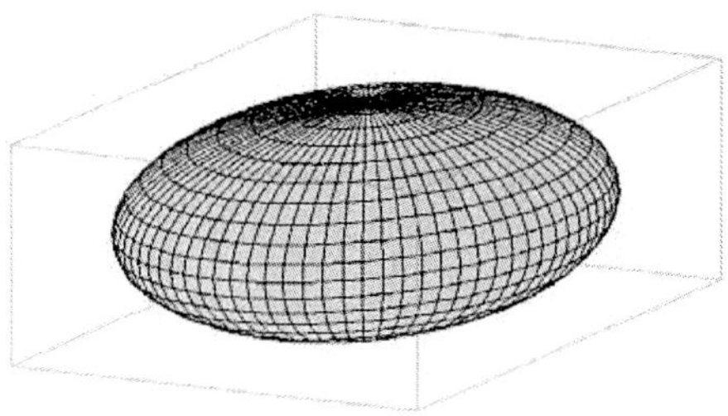

Figura C.9: Elipsoide

- **Cilindro** – sua equação só envolve duas das variáveis se a geratriz for paralela a um dos eixos x, y ou z. Se a equação for $x^2 + y^2 = r^2$ ou $x^2 + z^2 = r^2$ ou $y^2 + z^2 = r^2$, então temos um cilindro circular reto.

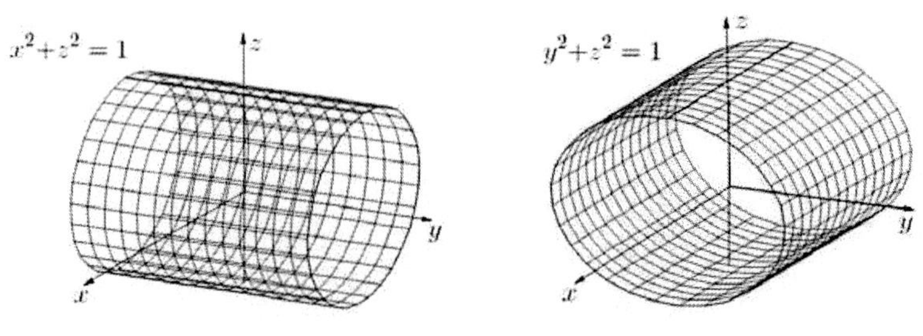

Figura C.10: Cilindro circular

- **Cone** – equação da forma $\frac{x^2}{a^2} + \frac{y^2}{b^2} = \frac{z^2}{c^2}$, ou $\frac{x^2}{a^2} + \frac{z^2}{c^2} = \frac{y^2}{b^2}$ ou $\frac{y^2}{b^2} + \frac{z^2}{c^2} = \frac{x^2}{a^2}$. Se $a = b$ ou $a = c$ ou $b = c$, então temos um cone de revolução (circular), ou seja, pode ser obtido através da rotação de uma reta em torno de um eixo.

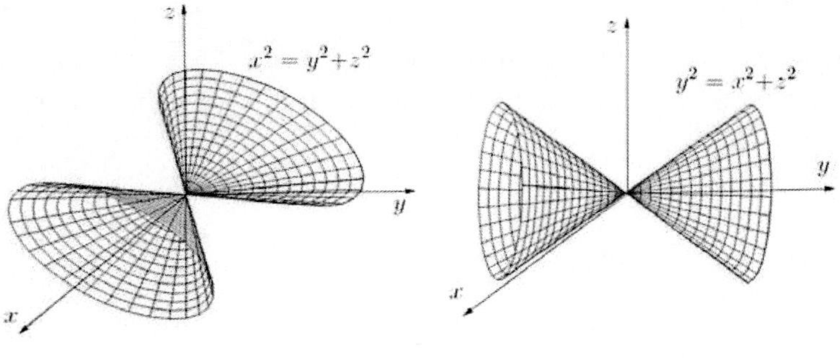

Figura C.11: Cone circular

- **Hiperboloide de Uma Folha** – equação da forma $-\frac{x^2}{a^2} + \frac{y^2}{b^2} + \frac{z^2}{c^2} = 1$, $\frac{x^2}{a^2} - \frac{y^2}{b^2} + \frac{z^2}{c^2} = 1$ ou $\frac{x^2}{a^2} + \frac{y^2}{b^2} - \frac{z^2}{c^2} = 1$. Se $a = b$ ou $a = c$ ou $b = c$, então temos um hiperboloide de uma folha de revolução, ou seja, pode ser obtido através da rotação de uma hipérbole em torno de um eixo.

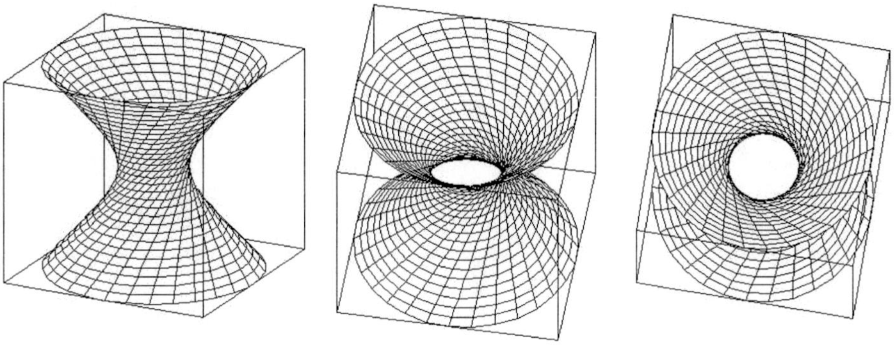

Figura C.12: Hiperboloide de Uma Folha

- **Hiperboloide de Duas Folhas** – equação da forma $-\frac{x^2}{a^2} - \frac{y^2}{b^2} + \frac{z^2}{c^2} = 1$, $\frac{x^2}{a^2} - \frac{y^2}{b^2} - \frac{z^2}{c^2} = 1$ ou $-\frac{x^2}{a^2} + \frac{y^2}{b^2} - \frac{z^2}{c^2} = 1$. Se $a = b$ ou $a = c$ ou $b = c$, então temos um hiperboloide de duas folhas de revolução, ou seja, pode ser obtido através da rotação de uma hipérbole em torno de um eixo.

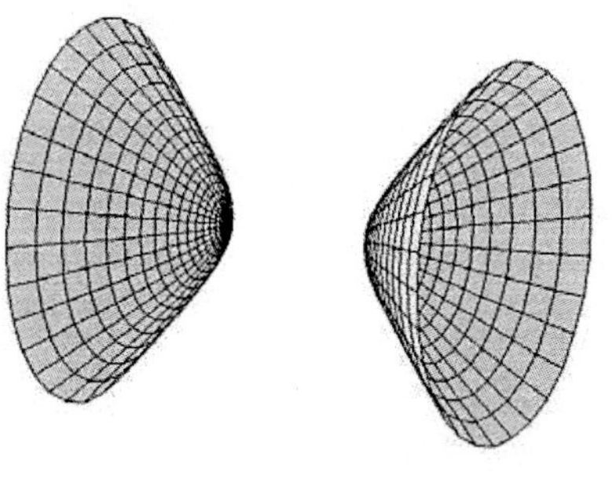

Figura C.13: Hiperboloide de Duas Folhas

- **Paraboloide Elíptico** – equação da forma $cz = \frac{x^2}{a^2} + \frac{y^2}{b^2}$ ou $cy = \frac{x^2}{a^2} + \frac{z^2}{c^2}$ ou $cx = \frac{y^2}{b^2} + \frac{z^2}{c^2}$. Se $a = b$ ou $a = c$ ou $b = c$, então temos um paraboloide de revolução, ou seja, pode ser obtido através da rotação de uma parábola em torno do seu eixo de simetria (figura C.14).

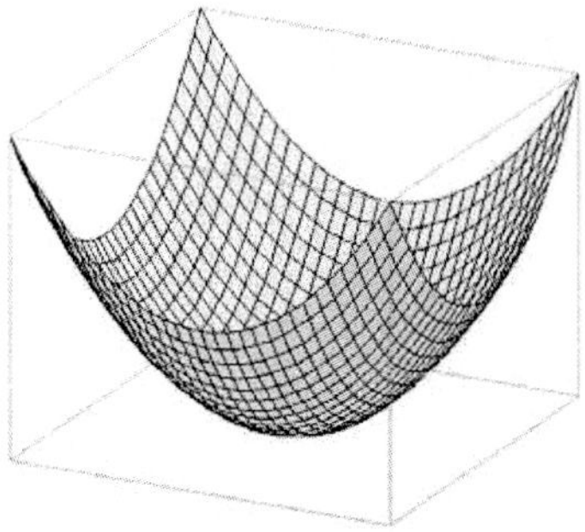

Figura C.14: Paraboloide elíptico

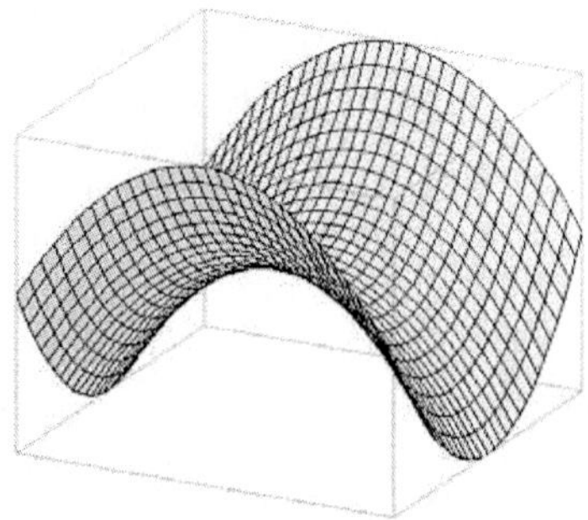

Figura C.15: Paraboloide hiperbólico

- **Paraboloide Hiperbólico** – equação da forma $cz = \frac{x^2}{a^2} - \frac{y^2}{b^2}$ ou $cy = \frac{x^2}{a^2} - \frac{z^2}{c^2}$ ou $cx = \frac{y^2}{b^2} - \frac{z^2}{c^2}$. Também conhecido como "sela" (figura C.15).

Se o centro ou o vértice for o ponto (x_0, y_0, z_0), então trocam-se x, y, z nas equações anteriores por $x - x_0$, $y - y_0$, $z - z_0$, respectivamente. Isso vale para todas as quádricas.

Referências Bibliográficas

[1] Agarwal, A. M., *Vectors and 3D Geometry – Skills in Mathematics for JEE Main and Advanced*, Arihant Publications, India.

[2] Apostol, T. M. (1975) *Cálculo*, vol. 1, Editora Reverté Ltda.

[3] Colley, S. J. (2001), *Vector Calculus*, 4th. ed.

[4] Donato, R. (2009), *Calculus and Vectors*, Nelson.

[5] Efimov, N. (1972), *Elementos de Geometria Analítica*, Editora Mir.

[6] Feitosa, M. O. (1983), *Cálculo Vetorial e Geometria Analítica – Exercícios Propostos e Resolvidos*, 4a. ed., Editora Atlas.

[7] Galván, J. R. R. (2007), *Maxima con wxMaxima: software libre en el aula de matemáticas*, Oficina de Software Libre de la Universidad de Cádiz, disponível em `http://maxima.sourceforge.net/documentation.html`

[8] Khattar, D. (2012), *The Pearson Guide To Complete Mathematics For The JEE/ISEET*, Dorling Kindersley, India.

[9] Kletenik, D. (1969), *Problems in Analytic Geometry*, Mir Publishers.

[10] Kreyszig, E., (1999), *Advanced Engineering Mathematics*, 8th edition, J. Wiley & Sons.

[11] Lima, R. B., (1972), *Elementos de Geometria Analítica*, 3ª edição, Companhia Editora Nacional.

[12] Lima, R. B., (1973), *Elementos de Álgebra Vetorial*, 2ª edição, Companhia Editora Nacional.

[13] Reis, G. L., Silva, V. V. (1984), *Geometria Analítica*, Livros Técnicos e Científicos Editora Ltda.

[14] Spiegel, M. S. (1959), *Análise Vetorial*, Coleção Schaum, Ed. McGraw Hill.

[15] Stewart, E. W. (2016), *Cálculo*, vol. 2, Cengage Learning.

[16] Thomas, G. B. (2012), *Cálculo*, vol. 2, 12ª edição, Pearson.

Índice Remissivo

Impressão e acabamento
Gráfica da Editora Ciência Moderna Ltda.
Tel: (21) 2201-6662